Word 排版技巧必学必会

赵 军 等编著

图书在版编目（CIP）数据

Word排版技巧必学必会/赵军等编著. —北京：机械工业出版社，2018.8（2021.3重印）

ISBN 978-7-111-60742-7

Ⅰ.①W… Ⅱ.①赵… Ⅲ.①文字处理系统 Ⅳ.①TP391.12

中国版本图书馆CIP数据核字（2018）第194870号

本书全方位讲解用 Word 进行“专业”排版的技巧，目的在于协助读者使用 Word 高效率地制作和编排出具有专业水准的文件。书中从印刷流程、纸张开本、版面结构、装订裁切、文件类型、排版原则、页面布局、文本结构、样式设置、模板制作、图文编排、内容图形化、快速修正错误等各项编辑和排版的知识中，归纳出上班族和学生必备的简单实用的 Word 使用技巧和应用要诀。全书辅以实际范例进行解说，并配备了丰富的图解，让读者能够一目了然。另外，在各个章节中规划了“实践”单元，让读者真正从无到有地实际完成一本书的排版，体验排版工作所遇到的各种问题，并给出解决问题的方法，达到轻松活用Word进行专业排版的目的。

Word排版技巧必学必会

出版发行：机械工业出版社（北京市西城区百万庄大街22号 邮政编码：100037）

责任编辑：夏非彼 迟振春

责任校对：闫秀华

印 刷：中国电影出版社印刷厂

版 次：2021年3月第1版第3次印刷

开 本：180mm×230mm 1/16

印 张：21.25

书 号：ISBN 978-7-111-60742-7

定 价：59.00元

凡购本书，如有缺页、倒页、脱页，由本社发行部调换

客服热线：（010）88379426 88361066

投稿热线：（010）88379604

购书热线：（010）68326294 88379649 68995259

读者信箱：hzit@hzbook.com

前言 Preface

对于上班族或学生来说，使用Word处理办公文件或研究报告是必须掌握的基本工作技能。无论是通知书、会议记录、表格、图表、宣传单、卡片、价目表、手册、网页还是书面报告，大多数人都会使用Word来制作与编排，但完成的作品美观度却参差不齐。

文件的编排能否给人既专业又清新的感觉，文件的呈现是否具有视觉效果且易于阅读，文件层级结构的表达是否清楚而统一，使得读者与作者之间的沟通无障碍，错误的修正是否万无一失，既迅速又准确，等等，都是大家在使用Word时所遇到的问题。本书将为上述问题提供具体的解答和说明。

本书除了让大家对Word的熟悉度达到“炉火纯青”的地步外，更着重于讲解如何使用Word进行“专业”的排版，目的在于协助读者使用已熟悉的Word高效率地制作出具有专业水准的文件。因此，我们从印刷流程、纸张开本、版面结构、装订裁切、文件类型、排版原则、页面布局、文本结构、样式设置、模板制作、图文编排、内容图形化、快速修正错误等各项上班族和学生必备的知识中归纳出许多既简单又实用的使用技巧和要诀，辅以实际范例进行解说，让读者能够一目了然。再加上读者已熟悉的Word功能，就能快速和轻松地制作、编排具有“专业质感”的文件。

本书秉持深入浅出、活学活用的风格，将Word排版概念与运用技巧融入各个章节中，使读者把握正规的编辑和排版方法，并且掌握各种设计要领，让繁复的编排工作变得轻松而高效，即便是别出心裁的效果与匠心独具的版面也能轻松展现。

另外，各个章节中规划了“实践”单元，让读者真正从无到有地完成一本书的排版，包含文字处理、版面布局和编排、格式设置、样式应用、模板制作、图文设置、目录设置、封面处理、主控文档处理等，亲自体验排版工作所遇到的各种问题以及解决问题的方法。

读者可从如下网址下载本书用到的所有范例及其辅助文件：

https://pan.baidu.com/s/1GWKWQrLzgAHsh_XppoMqZg（注意区分数字和英文大小写）

也可以登录机械工业出版社华章公司的网站（www.hzbook.com）下载，搜索到本书，然后在页面上的“资料下载”模块下载即可。

本书主要由赵军编著，同时参与编写工作的还有卞诚君、施妍然、王国春、王金柱、王叶、周晓娟、王然等。如果读者在学习过程中遇到无法解决的问题，或者对本书持有意见或建议，可以通过邮箱booksaga@126.com直接与编者联系。

由于编者水平有限，疏漏之处在所难免，恳请广大读者批评指正。

想用Word进行专业排版吗？本书绝对是你理想的选择！

编　者

2018年6月

目录 Contents

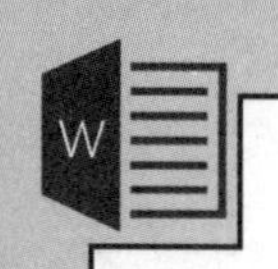

第1章

认识数字排版

“数字排版”是指通过计算机将文字和图像等素材融入排版软件中，使用软件所提供的各项功能和命令（如版面布局、文件格式、插入、文字 / 段落样式等）将文件内容编排成册，如图 1-1 所示。由于是通过计算机辅助设计的，因此添加和删除文字内容或修改图形和图像都非常容易。

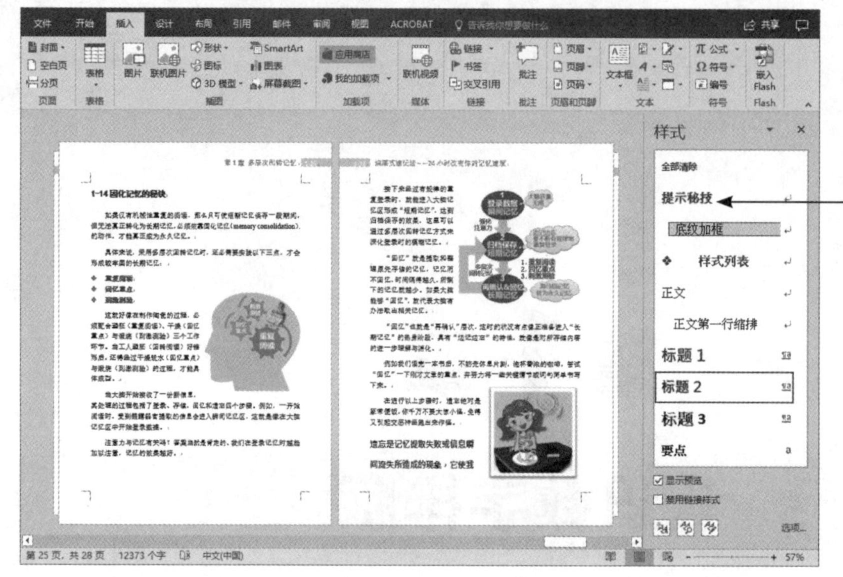

图 1-1

早期，文件和书籍的编辑与排版相当费时费力，必须由美术设计人员先将文稿内容输入并照相，再将相纸输出，利用美工刀来切割文本块，然后修剪、拼贴到终稿纸上，而线条图形则必须用黑色的马克笔来绘制，插图也必须经由照相处理，然后通过美工设计人员的美感与巧思，实时将照片粘贴到终稿纸上，经过如此繁复的步骤才能完成一张页面的编辑和排版。一旦稿件中的文字内容有所增减，就必须以美工刀切割移除错误的区域再进行修补，所以没有一双灵巧的手与细致的心，要完成完美的稿件是难以想象的。

如今，文件的编辑和排版已经数字化，只要计算机中安装了数字编辑和排版的应用程序，熟悉这项软件操作的任何人都能轻松按照个人的想法来编排图文，而且能将编排完成的文件通过打印机以纸质书的形式输出，甚至可以直接将文件转化成电子书的形式。

数字出版时代的来临让同一份文稿能够印刷成书，同时也可以以电子书的形式发行。不过，无论如何，“美术编排”还是一样重要，能够通过软件所提供的功能与命令快速将书中的大纲和重点清楚地表达出来，同时让读者在阅读时有赏心悦目的感受。本书的内容就是探讨文件和书籍的编辑与排版技巧，让读者学会如何轻松自如地使用自己熟悉的Word程序来进行数字化的书籍编排。

1.1 印刷出版流程

采用数字排版，如果要将编辑的文稿出版成书，就必须对印刷出版的流程有所了解。图1-2所示为出版流程的大致说明。

图1-2

1.1.1 作者定稿

一本书的规划与出版通常都是由作者向出版社提出构想，列出书的大纲后，等出版社确认通过大纲，作者即可动工编写稿件。有的则是由出版社先行规划主题，再寻找该领域的专业人才进行编写。无论是哪种方式，写作内容完全是由作者或作者群决定的，出版社大多处于辅助的角色，例如对文句加以润饰，若稿件内容有表达不清楚的地方，则会和作者先行讨论，再请作者进行修正。

1.1.2 美术编排与校正

当书稿内容编写完成后，出版社就会针对印刷方式、版面大小、印刷用纸、印刷色数等进行规划，同时指定负责的美术设计师或编排人员。如果作者提交的是手写稿件，

除了必须事先请人打字输入文稿外，若需要绘制插图或照相摄影，则必须事先协调相关人员进行制作。

若作者提供的是电子稿件，则可以省下打字输入文稿的时间，直接把电子稿件转换成纯文本类型，方便将来应用新设置的字体格式与样式。书中的插图通常使用 TIFF 图像格式，若是彩版印刷的书，则会将图像文件预先转换成 CMYK 模式，再存储成 TIFF 格式。

接下来，美术设计人员会按照出版社的规划来进行版面的设计与编排，包含页面方向、版面尺寸、页边距、章名页、书名、章名、页码等的设置。另外，还有段落样式与字体格式的设置，以便快速应用到大小标题与正文之中，让书页看起来条理分明又易于阅读。

在编排人员用编辑软件将书稿编排完成之后，会进行三审三校，美术设计人员也会对封面进行设计，而出版社则进行出版物的 ISBN 申请。若所编排的文稿只需进行少量印制，如毕业论文、研讨会资料等，则直接使用激光打印机打印输出即可。

1.1.3 制版厂制版

稿件编排与校正完成后，接着会提供给制版厂进行制版或拼版。当排版文件导出成 PostScript 或 PDF 文件后，经光栅图像处理器（Raster Image Processor，RIP）进行点阵化处理，把文件转换成 1-bit 格式的网版文件，之后就可以进行打样了。

“打样”就是最后印刷成品的样本，此阶段是稿件的最后确认阶段，一般会送给客户做校稿，校稿后如果有错误还要再进行修正定稿，若稿件校对完毕，则称为“清样”，确认无误即可进行晒版和印刷。

1.1.4 印刷 / 裁切 / 装订

印刷的方式有很多种，就印刷的特性来分，有凸版印刷、平版印刷、凹版印刷、网版印刷（丝网印刷）4 种。教科书、杂志、海报、报纸、彩色印刷等通常选用平版印刷，因为平版印刷的制版简便、成本低廉、套色装版精确，且可承印大数量的印刷。一般四色机、双色机、单色机、快速印刷机等都属于平版印刷。

由于技术上的推陈出新，出版印刷行业的工艺技术也发生了很大的变化，新的 CTP（Computer to Plate）技术可以将电子文档直接由电脑传送到印刷机，从而取消了分色、拼版、制版、试车等传统的印刷步骤，能够实现按需印刷、无版印刷。

就书籍的印刷来说，包含内页与封面的印制。通常封面会使用彩色印刷，有的还会在表面加工处理，如局部上光，使封面显现不同的质感。内页按颜色可分为单色印刷、专色印刷、彩色印刷等，要选择哪种颜色印刷要看书的内容或从价格上考虑。

对于重要的印刷项目，印刷厂还会请客户看印，如果没有问题，就会进入后面的加工阶段。装订厂会通过折纸机折叠印刷好的纸张，经配页处理把页码排定，接着就会进行裁切、上胶、装帧、糊封等处理，最后送上裁纸机裁切书口和上下端，完成一本书的制作。

1.1.5 入库与上架

书籍制作完成后，出版社或经销商会先将成书入库，接着寄送样书到各渠道商，渠道商采购下单后才会将成书上架，而从入库、铺书到网络书店和实体书店的上架，通常需要 3 ～ 4 周的时间。

在数字出版时代，书籍的出版已经变得容易许多，如果大家有独到的观点想要宣传给其他人，想通过出版物的流通与他人分享自己的创作，那么也可以考虑自费出版。尤其是当你懂得使用编排程序来编排书页时，可以省下编排费用，同时成书出版发行的速度会更快。

1.2 印刷排版的基础知识

了解了印刷出版的流程后，下面来介绍一下排版的相关知识，如印刷用色、纸张规格、书的结构等。

1.2.1 印刷用色

在印刷颜色方面，大致上可分为彩色（四色）印刷、专色印刷、单色印刷等。

➲ 彩色（四色）印刷

彩色印刷又称为“四色印刷”，是指使用 C（青色）、M（洋红）、Y（黄色）、K（黑色）4 种标准油墨来印制颜色，每一种油墨的数值由 0% 到 100%，这 4 种油墨会因颜色比例的不同而呈现不同的色彩。一般来说，如果印刷的内容包含多种复杂混合的颜色或有渐层的颜色，那么大多会选用四色印刷的方式，而一般印刷品大多以四色印刷为主，除非是有特别的设计或成本的考虑，才会选择单色、双色或专色印刷。

➲ 专色印刷

专色不同于 CMYK 四种油墨调和的方式，它是加入特殊成分调和而成的颜色，印刷上指的专色几乎是以 PANTONE 作为基准，这是因为绝大多数 PANTONE 色卡是无法使用 CMYK 四色来取代的，必须通过人工特别调制才能产生，如金色、银色、荧光色都属于专色。

选用专色在输出制作过程中会产生一张色片，利用单色印刷机印刷就可完成单色印刷。若需要使用单色印刷机印刷两次，则是双色印刷，如果印刷品中只需要 1、2 种颜色或指定特别的颜色，大多选用 PANTONE 色卡。

➲ 单色印刷

顾名思义，单色印刷就是使用一块色板，也就是使用一种油墨印制印刷品，其中包括使用 CMYK 其中的一色进行单色印刷，也可以使用单一的专色来进行印刷。

在印刷上，多加印一种颜色就要多付一次的印刷费，而选用单色或双色印刷的最大考虑就是“省成本”，通常应用在简单的 DM、传单、文具用品、包装盒上，或使用在企业 LOGO 的标准色上，一般书籍的正文也是以单色印刷为主，而且多是以黑色为标准的印刷色。

1.2.2 纸张规格

印刷用的纸张规格主要分为两种（国际标准），一种是 ISO A，另一种是 ISO B。其中全开规格以 A1（全开）作为代表，将 A1 规格的纸张对折就变成 A2（2 开）的规格，以此类推，如图 1-3 的左图所示。同样的纸张切割方式，ISO B 的全开规格为 B1，对开的规格则为 B2，以此类推，如图 1-3 的右图所示。

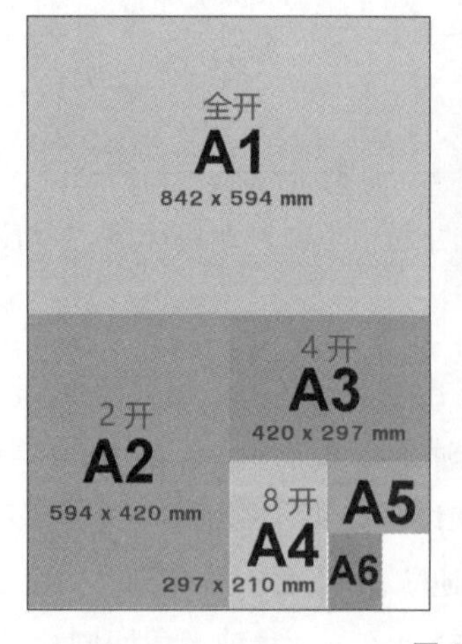

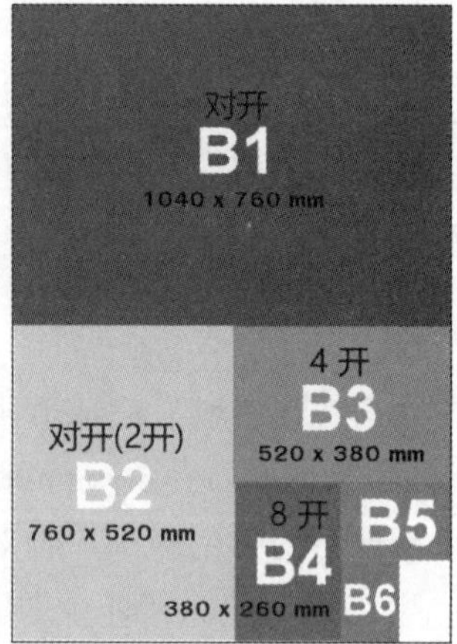

图 1-3

通常在进行书的规划或版面设计时，大多会配合纸张通用的标准尺寸来进行书页的编排设计。以出版界为例，“开本”或“开数”是对书大小的通称，如 16 开尺寸为 190×260 mm，32 开尺寸为 130×190 mm。如果要使用特殊的尺寸比例，就要参考上面的纸张规格，避免裁切过后剩下的纸过多而造成浪费和成本的增加。

1.2.3 书的结构

一本书通常由好几个部分构成，从事书刊相关的工作当然要对书的内外结构有所认识。这里先对书的外部结构简要说明，如表 1-1 和图 1-4 所示。

表1-1 书的外部结构

名　称	说　明
书顶	书的顶端，即“上切口”
书根	书的底部，即“下切口”
封面	书的外皮，用以显示书名、作者、出版社、书的特色等相关信息
书脊	书的“封脊”，靠近书的装订处，无论是平装书或精装书，书脊通常显示书名、作者姓名、出版社等信息。当书排列在书架上时，可以通过书脊上的信息来快速找到书
封底	显示书的重点、出版社的联络信息、书的条形码、价格等相关信息
书口	书打开的地方，又称“切口”（还包含书顶的“上切口”和书根的“下切口”），通常会用裁切机裁切平整

图 1-4

书的内部结构如表 1-2 和图 1-5 所示。

表1-2 书的内部结构

名　称	说　明
衬页	粘贴在书版内面的空白页，可以使封面更为坚固的纸页
扉页	书的第一个印刷页，通常会显示书名、作者名、出版社等信息
版权页	显示书的版权信息，包括著作者、丛书名、出版商、发行者、印刷者、出版地、出版日期、版次、售价、国际标准书号（ISBN）等相关信息，通过版权页可以让读者了解一本书的基本信息
序/前言	正文前的文字说明，通常是作者陈述该书的缘起、动机、写作宗旨、大纲重点，以引导读者阅读。另外，“序”多是由作者的师长或该领域的专家所撰写的评论或读后感言，目的在于推荐该书
目录	记载该书各章节名称以及起始页码，方便读者快速了解该书的结构，或用于查询各章节的主题
正文	图书内容的主体，用以传达作者的理念
附录补充或参考资料	附在书最后的文字或图表，用来提示一些与正文有关的信息，但不便直接加入该书章节中的资料，方便读者参考

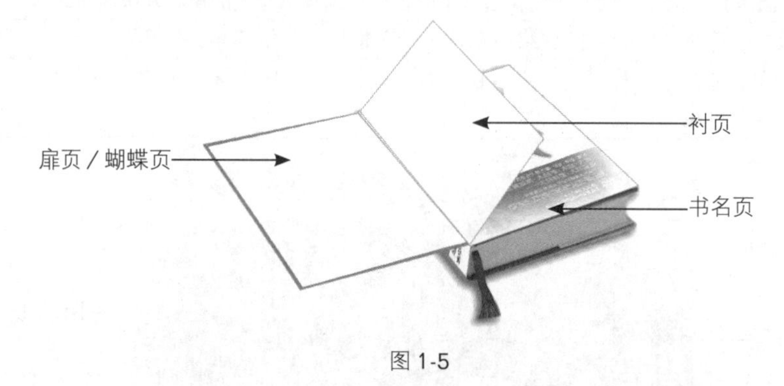

图 1-5

1.2.4 版面结构

在版面结构方面，有“跨页”和“单个页面”两种形式，每个页面又可划分为天头、地脚、内、外等区域，页眉和页脚区域用以放置书的名称、章节标题、页码等相关的必要信息，中间则为正文（内文）编辑区域，又称为“版心”，用以放置正文和解说的插图。版面形式又简称为“版式”，通常在书的编排前就会预先设置完成。如图 1-6 所示便是跨页的版面形式。

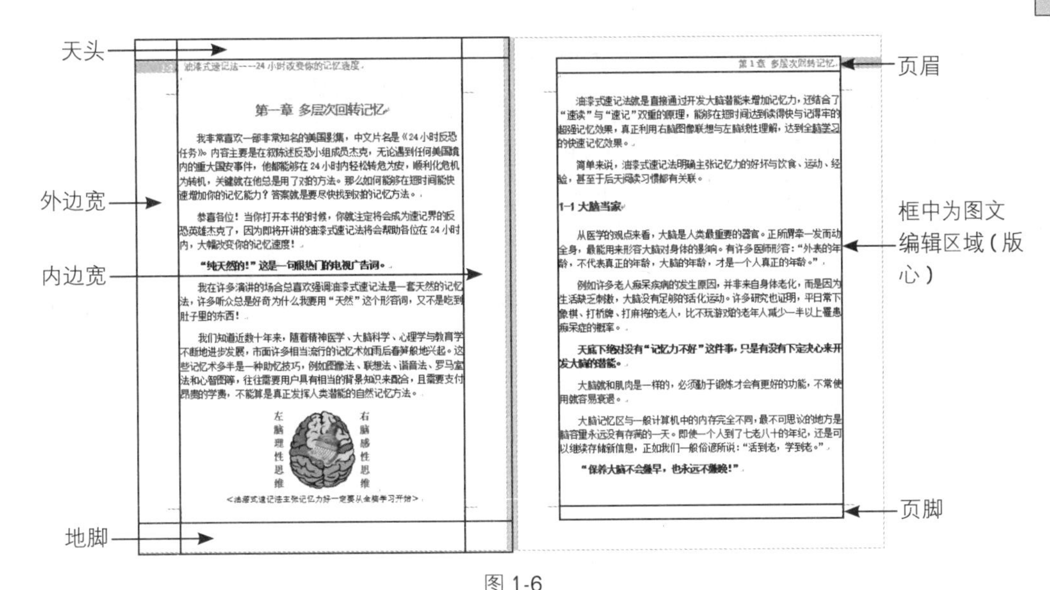

图 1-6

图 1-6 所示的“版心”就是文稿编排的区域，此区域除了大小标题用来让读者了解章节的重点外，每个段落都由一行行文字组成。段落与段落之间可插入解说的图片和说明文字，这样在长篇文字的阅读中，视觉效果会更好，如图 1-7 所示，Word“文件”便是由这一个个页面所组成的。

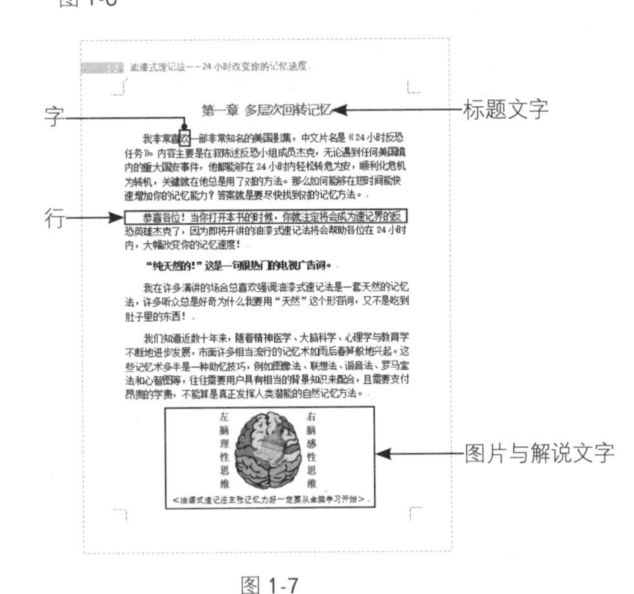

图 1-7

1.2.5 出血设置

当印刷品或书的页边界并非是白色时，在设计稿件时就会将该色块加大到页边界以外的区域，通常是增加 0.3 ～ 0.5 厘米的长度，好让纸张在进行裁切时，不会因为对位不够精确而在页边界处显示未印刷到的白色纸张，这样画面才能完整无缺。所以只要是设计满版的出版物，一般都必须加入出血的区域。如图 1-8 所示的灰色区域，比纸张的边界要大些。注意：出血是一种印刷业的术语，纸质印刷品的“出血”是指超出版心部分印刷。

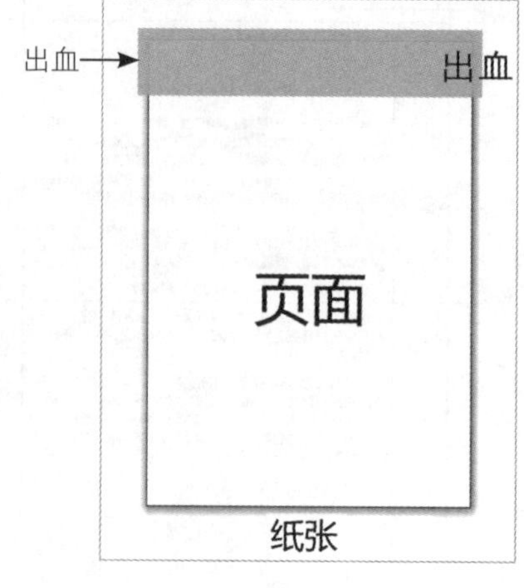

图 1-8

1.2.6 刊物版面计划

刊物出版前，出版社通常会先拟定刊物出版计划，例如刊物的目标对象、发行量、印刷方式、发行方式、总页数等，接着美术编辑会考虑刊物的版面形式，如刊物尺寸、封面风格、各单元的设计、内页编辑、字段设置、文字排列方式、标题 / 正文的样式设置等，以作为发行前的版面核验或确认，并作为刊物编辑时的依据。

1.3 用 Word 进行排版的优点和缺点

对于上班族或学生来说，大家都会使用 Word 程序来编排简单的文件，例如履历表、菜单、信件、信封、封面、报告、贺卡、邀请函、折页册子、名片等。使用 Word 处理办公文件或研究报告更是人人必会的工作技能。由于 Word 所提供的功能相当多，对于图文的编排而言易如反掌，只要熟悉 Word 程序的功能，大多数人都可以轻松通过鼠标的操作来编排出具有专业水平的文件。

然而，提到专业图书或杂志的排版，很多人对 Word 程序倒是不屑一顾，认为当今要完成专业的数字排版就应该使用 Adobe 公司的 InDesign。早期被广泛使用的排版软件还有 Quark XPress、CorelDRAW、PageMaker 等，因为这些排版软件大多是美术系或设计相关专业必定教授的软件，能与绘图软件整合运用，适合用于彩色印刷，而且印刷的颜色精确度较高，所以从事美术设计的人员会选用这些软件作为数字排版软件，而把 Word 程序定位为文字处理软件。

使用 Word 程序来进行数字排版有什么优点和缺点呢？下面简要说明一下。

1.3.1 用 Word 进行排版的优点

由于 Office 办公软件相当普及，几乎所有安装 Windows 操作系统的计算机都会安装 Word 程序，Word 和其他专业排版软件相比更容易获得。此外，Word 排版还具备以下优点。

- Word 和 PowerPoint、Excel、Outlook 是微软 Office 软件包之一，由于操作界面大致相同，因此只要熟悉其中的一套，其他软件也能够快速上手。
- Word 以选项卡方式显示各项功能和命令，图标按钮式的功能清楚易懂、易操作。
- Word 拥有较优的文字处理能力，执行速度比其他排版软件快。
- Word 拥有宏的功能，对于 Word 并未提供的排版功能，用户可自行使用 VBA 来处理。
- Word 的“视图”菜单提供多种视图模式，“大纲”模式可方便查看文件的完整结构，“页面视图”则显示所见即所得的页面。另外，还有“导航”窗格，想要通过标题或页面进行搜索更是易如反掌，通过不同模式能以多重角度来查看文件，如图 1-9 所示。

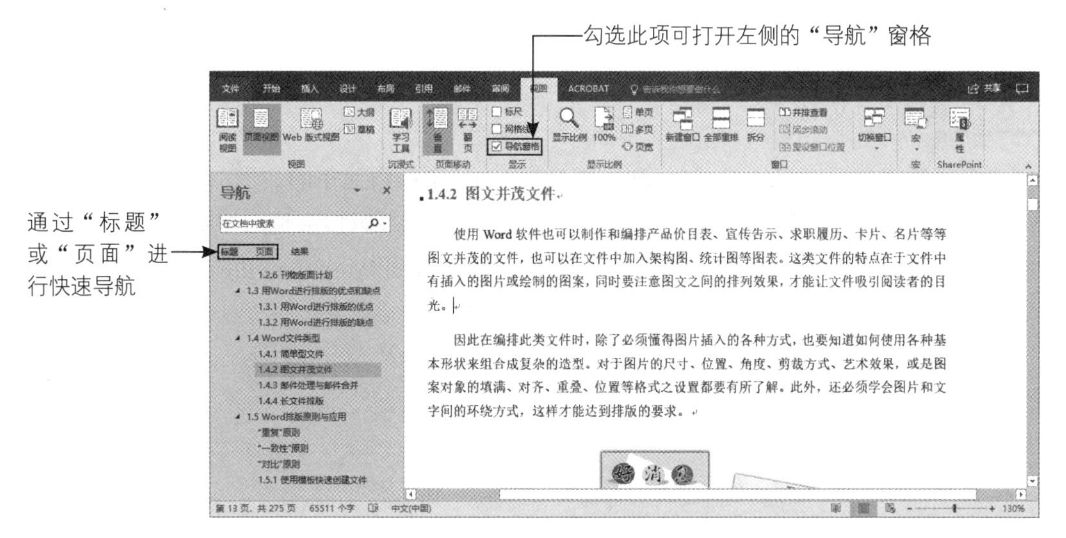

图 1-9

Windows 里新的用户界面大量采用 Tab 形式替代以前的菜单方式，本书统一把 Tab 称为“选项卡”，市面上有些书将 Tab 称为“标签”，在这个语境下其实是一个意思。不过，为了避免混淆，本书的标签有其他意思，要特别注意。

1.3.2 用 Word 进行排版的缺点

和 InDesign、Quark XPress 等其他专业排版软件相比，Word 提供的颜色选择较少，而其他专业排版软件拥有较好的组织版面与页面控制功能，且颜色功能较强，适合进行多颜色的编排，也可分色输出。另外，页面尺寸如果稍大些，Word 也无法处理。除此之外，Word 的颜色模式为 RGB 模式，较适合在计算机屏幕上显示，而一般四色印刷则是采用 CMYK 颜色模式，因此以 Word 输出成彩色文件时，容易发生偏色或不饱和的情况，黑白印刷则无影响，因此采用黑白颜色印刷的书籍选用 Word 程序来排版最合适。

1.4 Word 文件类型

Word 文件是由文字和图片、表格、图表等元素所组成的，因此预先了解要编辑的文件类型与具体编排任务，可以选择最恰当的排版方式，让编辑过程更快、更完美。下面具体介绍 Word 文件类型。

1.4.1 简单的文件

大家最初学习 Word 程序时，通常都是用 Word 来编辑简单的文件，如会议记录、说明文件、个人简历、日常任务记录表等（见图 1-10），因此只要会输入、编辑和修改文字，接着选取文字内容进行字体格式或段落的设置，最后使用 Word 表格功能来建立与设置表格外观，就可以完成这类简单文件的制作与编排。

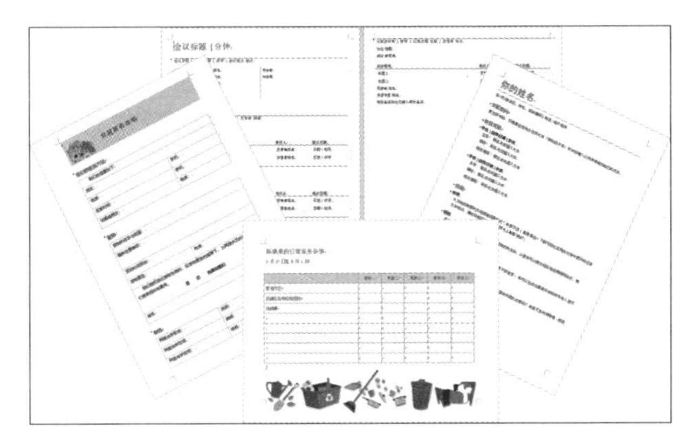

图 1-10

1.4.2 图文并茂的文件

使用 Word 程序可以制作和编排产品价目表、宣传单、卡片、名片等图文并茂的文件，也可以在文件中加入组织架构图、统计图等图表。这类文件的特点在于文件中有插入的图片或绘制的图案，同时要注意图文之间的排列效果，才能使其内容吸引阅读者的目光。

因此在编排此类文件时，除了必须掌握图片插入的各种方式外，也要知道如何使用各种基本形状来组合成复杂的造型。对于图片的尺寸、位置、角度、剪裁方式、艺术效果及图案对象的填充、对齐、重叠、位置等格式的设置都要有所了解。此外，还必须学会图片和文字间的环绕方式，这样才能达到排版的要求。如图 1-11 所示为这类文件中的一些例子。

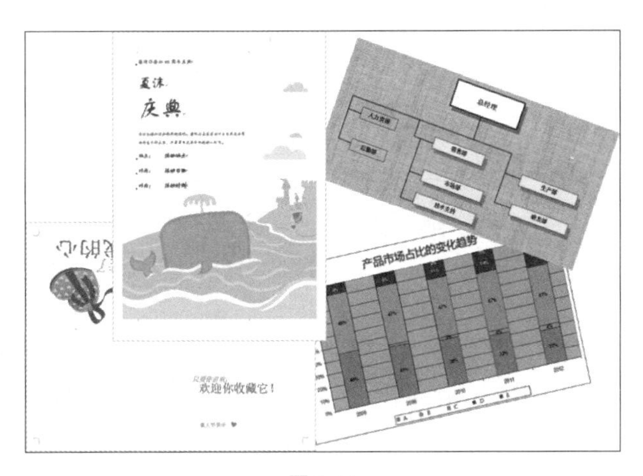

图 1-11

1.4.3 邮件处理与邮件合并

在办公文件处理方面，经常需要寄发一些内容格式相似的文件，如录取通知单、会议邀请函、会员通知信函等。制作这类批处理文件，通常会使用Word的邮件合并功能，只要预先制作好一份包含相似内容和格式的主文档以及一份列有收件者信息的文件，就可以将两份文件进行邮件合并，进而自动产生多份文件，如图1-12所示。

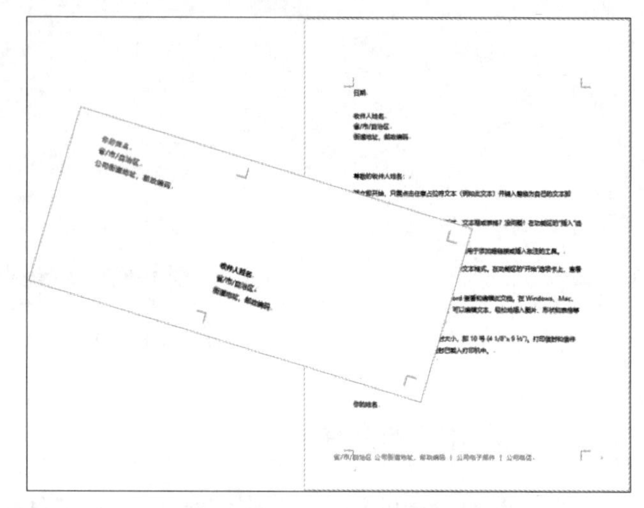

图1-12

1.4.4 长文件的排版

在学术界或出版公司，使用Word来编辑和排版（简称编排）长篇文件是常有的事，少则十多页，多则数百页，如图1-13所示。针对论文或书籍的编排，如果想要加快编排的速度，对于页面设置、样式设置、页眉和页脚信息、目录、索引、模板、查找和替换等功能就要多花一些时间来了解，如此才能让排版之路变得简单、容易。

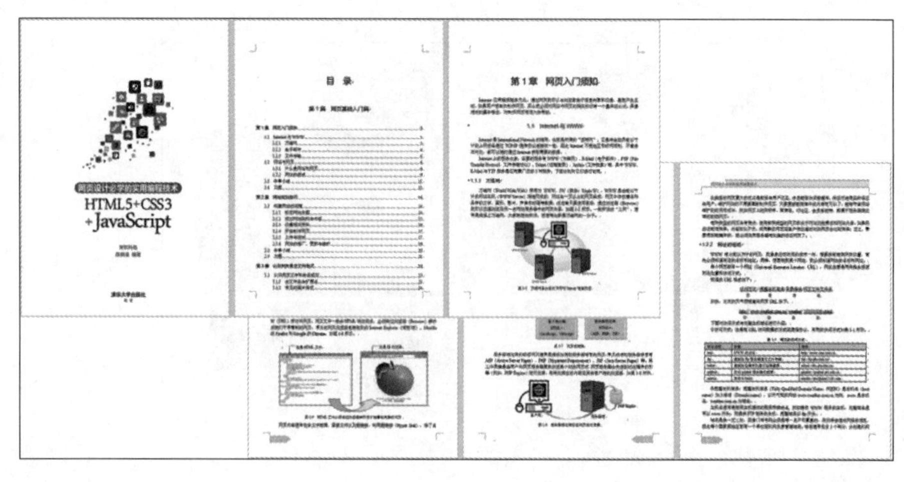

图1-13

1.5 Word 排版原则与应用

使用 Word 进行排版时，为了提高文件排版的效率，同时让整份文件具有统一的风格，“重复”“一致性”“对比”原则是不可或缺的。

➲ “重复”原则

“重复”是指页面中某个元素反复出现多次，这样就可以营造页面的统一感，并增加吸引力。

➲ “一致性”原则

“一致性”就是要确保同一层级或同类型的内容具有相同的格式，文件就会整齐划一。

➲ “对比”原则

“对比”是指元素与元素之间的差异性要明显一些，这样才能显而易见。例如，大/小标题的字体、颜色或大小的对比要强烈一些，这样就比较醒目且易于识别。标题、正文、页眉和页脚信息也要明显不同，让阅读者可以清楚辨别。

事实上通过 Word 的“模板”“样式”“主题”等功能就可以快速实现这 3 个原则，同时省下许多编排的时间。

1.5.1 使用模板快速创建文件

模板是文件的基本模型，格式为 *.dot 或 *.dotx。模板中可以预先设置好文件的版面布局、字体格式、段落样式、快捷键等内容，只要存盘时将“保存类型”设为“Word 模板”就可以生成模板。当用户使用模板创建新文件时，新文件就会自动包含所有已设置好的格式内容，省去重新设置的麻烦，也能确保所有文件的一致性。所以在编排整本书时，大家要善用“模板”功能。

除了自己设置的模板外，在 Word 新建文件时，也提供了各种联机模板可以选用（见图 1-14），借助这些模板可以加速各种图文并茂的文件的编排。

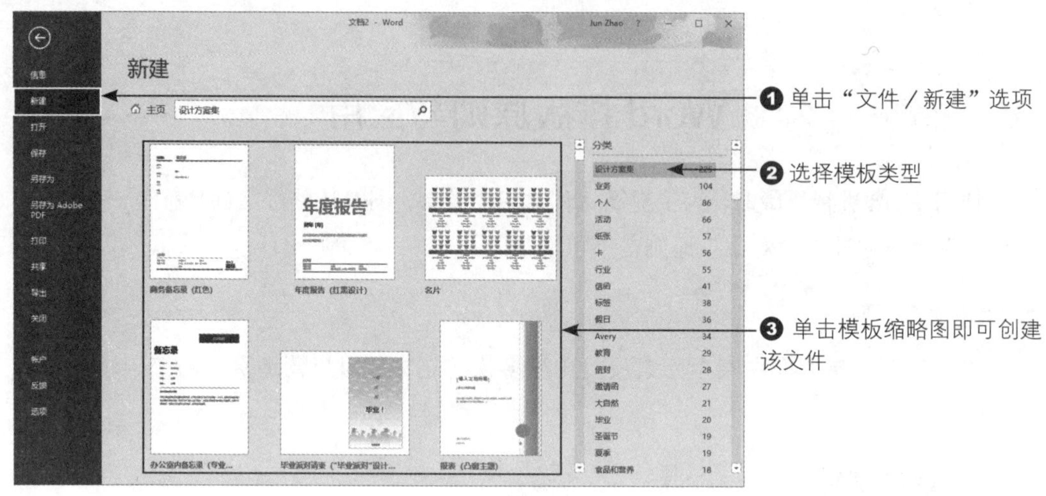

图 1-14

1.5.2 应用样式快速格式化文件

编排长篇文件时，文件中会通过大小标题来显示文章的大纲与段落的层级，如果每个大小标题都要从无到有设置格式，就会增加很多机械性的重复步骤而降低工作效率。而应用 Word“样式”功能，只要设置一次，之后就可以直接应用（或称为套用），而且最大的优点就是一旦修改样式，分布在文件各处的同一样式就会自动同步修改，如图 1-15 所示。

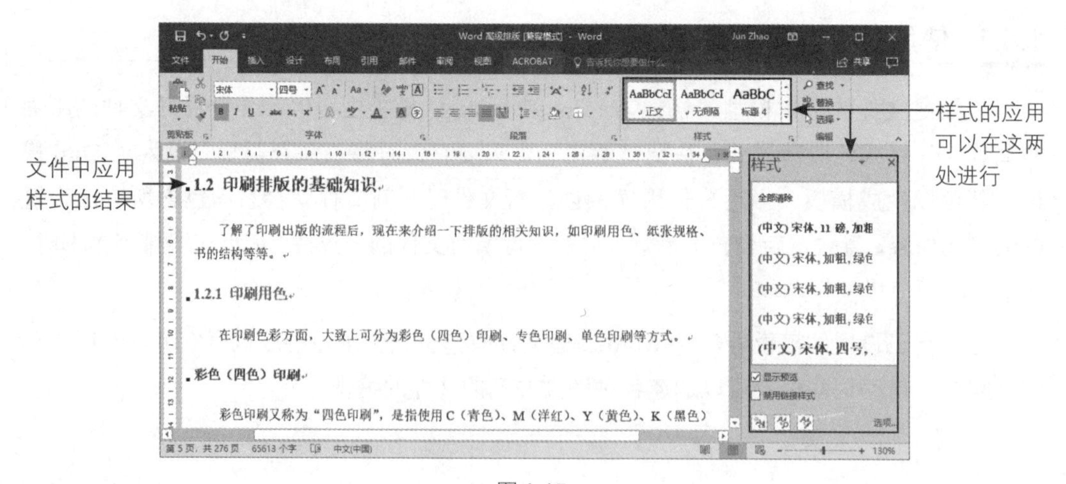

图 1-15

1.5.3 使用主题快速格式化文件

当我们要应用联机的各种模板时，在“设计”选项卡中还会看到“主题”功能选项，每一个主题功能都会使用一组独特的颜色、字体和效果，让用户可以建立一致的外观与风格。这套完整的主题颜色与格式集合可以快速建立既具有专业水平又具有个人风格的精美文件，如图 1-16 所示。

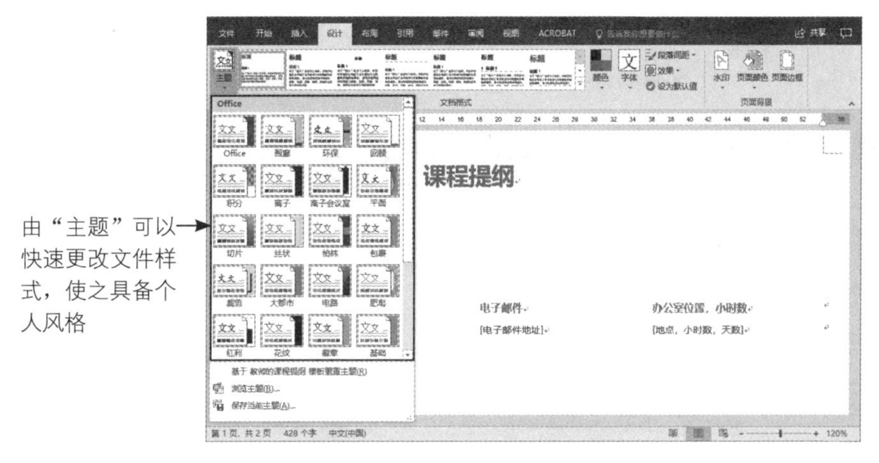

图 1-16

另外，单击“设计”选项卡中的“颜色”按钮就可以更改主题的颜色。如图 1-17 所示，下拉列表中提供了各种不同的调色板，单击调色板即可快速更改文件中使用的所有颜色，以使文件的外观协调、美观。

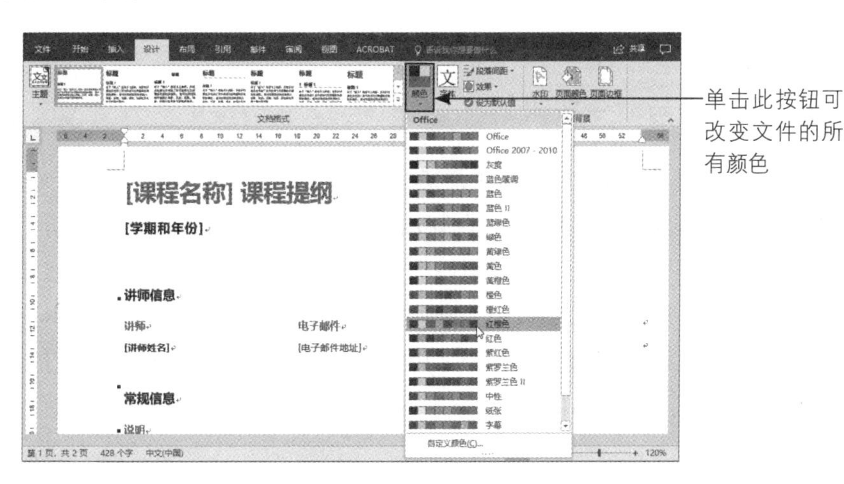

图 1-17

1.6 Word 环境概览

当大家对 Word 排版的优点和缺点、Word 文件类型以及 Word 排版原则与应用有了深一层的认识后，下面继续为大家说明 Word 环境的外观，这样无论是新手还是老手，当笔者在说明某处功能时，大家就能快速找到。单击 Windows 的“开始”按钮，打开后从中找到并单击“Word 2016”，即可启动 Word 程序。其窗口界面如图 1-18 所示。

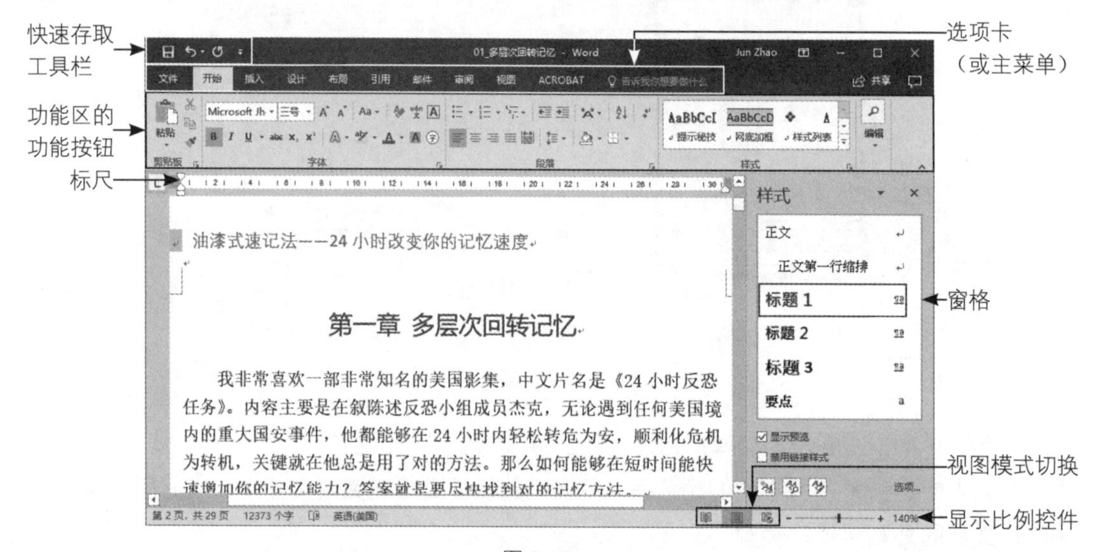

图 1-18

1.6.1 选项卡与命令按钮

选项卡替代了早期的菜单，以选项卡方式显示用以区分不同的核心工作，如开始、插入、设计、布局等。选项卡内又按功能分别将相关按钮组合在一起，例如“开始”选项卡将最常使用到的功能放在最明显的位置，让用户在编辑文件时可以更快速地找到所需的命令按钮（或称为功能按钮），如“剪贴板”功能分组包含剪切、复制、粘贴、格式刷等命令按钮。每个命令按钮都采用直观的图标，即使没有选项卡的提示，用户也可以“按图会意”，如图 1-19 所示。

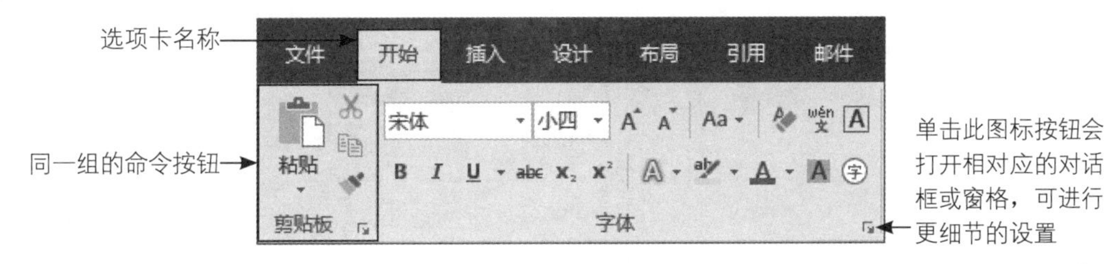

图 1-19

在默认状态下，选项卡及其下方的功能区按钮会同时显示出来，如果想要有更多的编辑空间，单击选项卡右下角的 ^ 按钮，就可以隐藏选项卡下的命令按钮，让窗口只显示出选项卡的名称。或者直接双击选项卡名称，即可隐藏或显示下方的功能区，如图 1-20 所示。

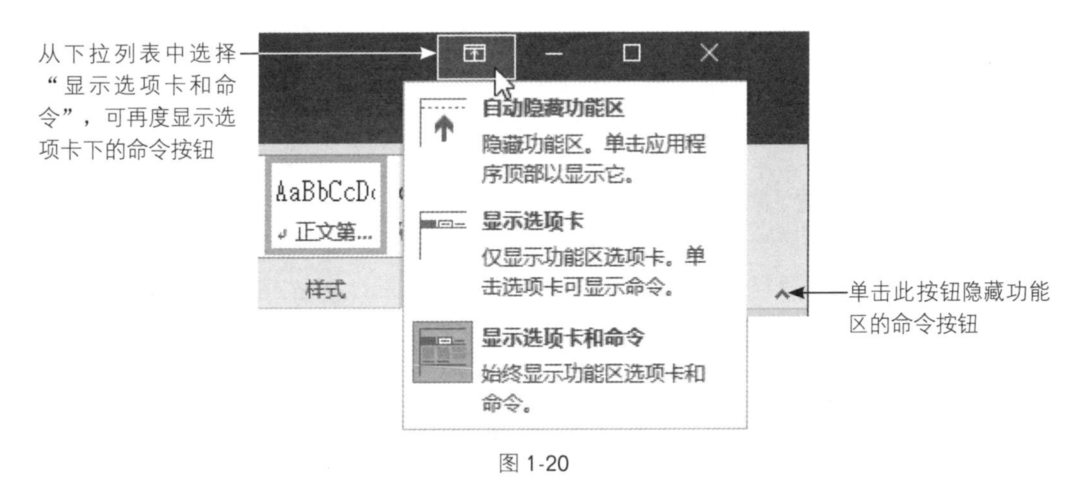

图 1-20

1.6.2 快速访问工具栏

快速访问工具栏是将常用的工具按钮直接放在窗口左上端，从左到右依次为“保存”“撤销”“恢复”，方便用户直接选用。若单击 按钮，还会显示其他尚未被勾选的命令或功能，如新建、打开、通过电子邮件等。如果想要自定义其他常用的命令按钮到快速访问工具栏上，可从下拉列表中选择“其他命令”，如图 1-21 所示。

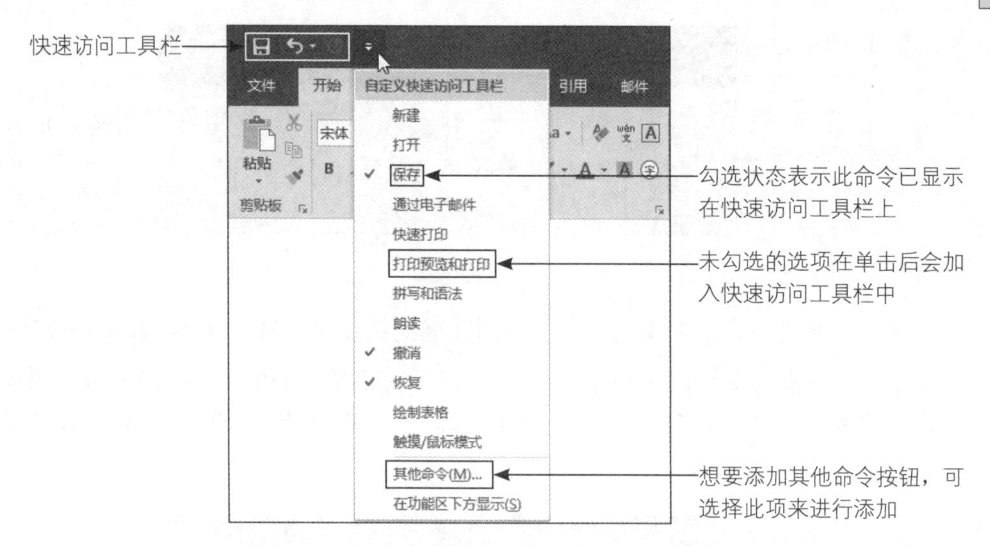

图 1-21

1.6.3 窗格

“窗格”通常镶嵌在窗口的左右两侧，以“开始”选项卡为例，单击“样式”旁的 按钮会在右侧显示“样式”窗格，而单击“剪贴板”旁的 按钮则会显示“剪贴板”窗格，如图 1-22 所示。若单击“视图”选项卡下的“导航窗格”，则在左侧打开“导航”窗格，如图 1-23 所示。

图 1-22

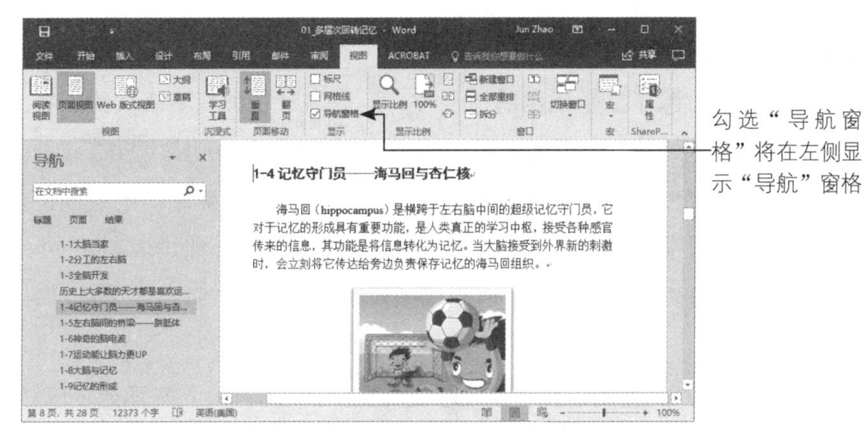

图 1-23

通过窗格可以快速选择想要执行或应用的命令，无论是样式、剪贴板还是导航窗格，适用于编排长篇的书稿。例如在“导航”窗格，只要单击标题就可以立即显示该页面；想应用任何样式，可立即在“样式”窗格中选择；经常用到的图形或文字可通过剪贴板加以收集，以便在编排时快速复制与粘贴。

1.6.4 标尺

在“视图”选项卡中勾选“标尺”选项，可在文件上方显示水平标尺（见图 1-24）、左侧显示垂直标尺。勾选标尺后，水平标尺上可设置制表位、首行缩进、左边缩排、右边缩排的位置，或移动表格框线，也可以当作文件中各种对象对齐的一个基准标尺。

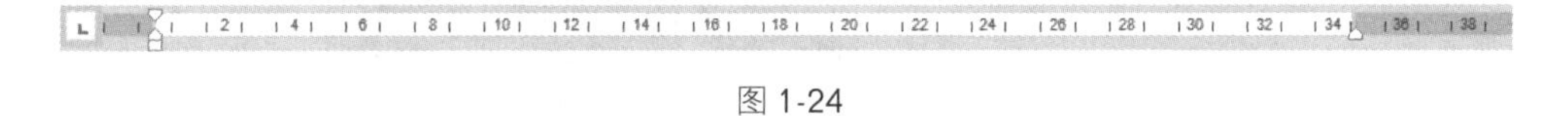

图 1-24

1.6.5 显示比例控件

窗口右下角的显示比例控件可以快速控制文件内容的放大与缩小。除了直接拖曳中间的缩放滑块来控制缩放的大小外，单击“-”按钮将缩小，单击“+”按钮则放大，如图 1-25 所示。单击最右侧的缩放比例，可以打开“显示比例”对话框，进行多个选项的显示设置。

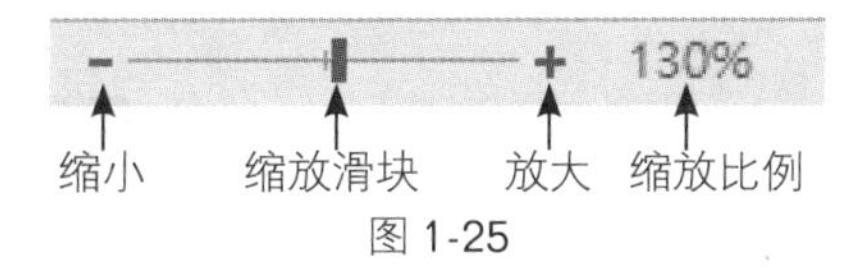

图 1-25

1.6.6 视图模式切换

在窗口下方除了显示比例的控件外，还提供了 3 种视图模式的切换，从左到右依次是“阅读视图”、“页面视图”、“Web 版式视图”。

编辑文件通常使用“页面视图”，因为它会显示实际编排的版面，如边界位置、格式设置、图文编排效果等，让用户充分掌握文件打印的外观和结果。

如果想要查看文件在网页上所呈现的效果或文件中有较宽的表格，那么适合选用“Web 版式视图”。

“阅读视图”主要用于视图或读取文件正文，因此窗口上方只会显示“文件”“工具”“视图”3 个选项卡，单击“视图 / 导航窗格”命令按钮后，即可通过左侧的“导航”窗格使用各个标题或页面的缩略图进行快速切换，如图 1-26 所示。

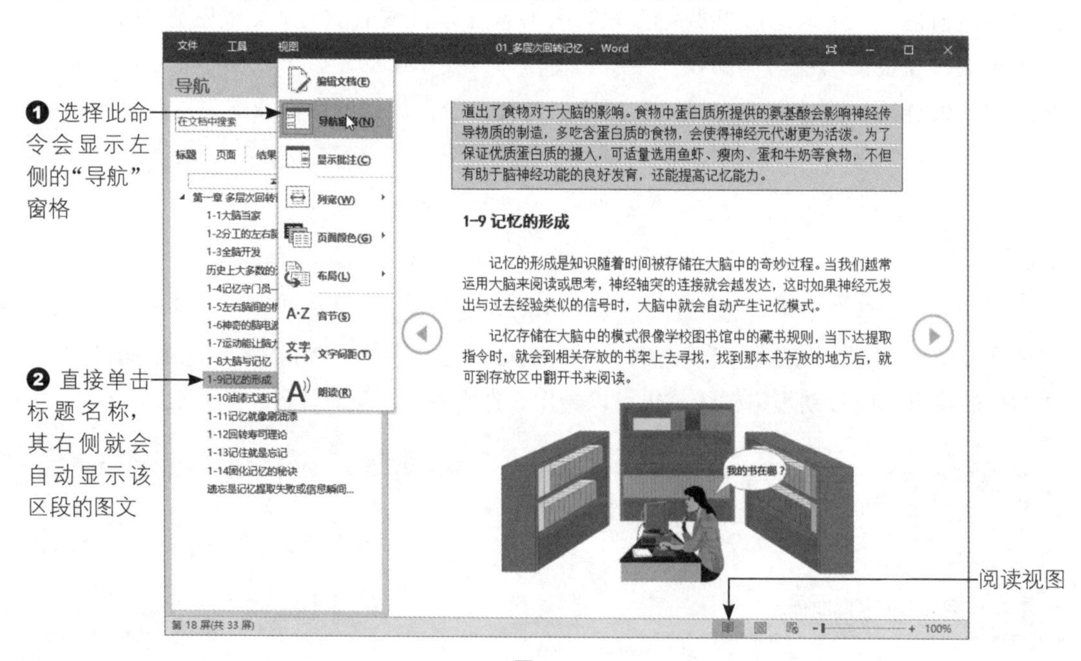

图 1-26

至此，我们已经将数字排版的基本概念以及 Word 操作环境介绍完了，下一章开始介绍页面布局。

第2章

页面布局的排版技巧

在商业设计或美术排版上，页面设计是视觉传达与营销的重点之一，设计师通过良好的页面设计与图文编排（见图 2-1）搭建起了书与读者之间沟通的桥梁，除了建立读者的信任外，也让读者在翻页阅读中享受书所要传达的宗旨与精神。

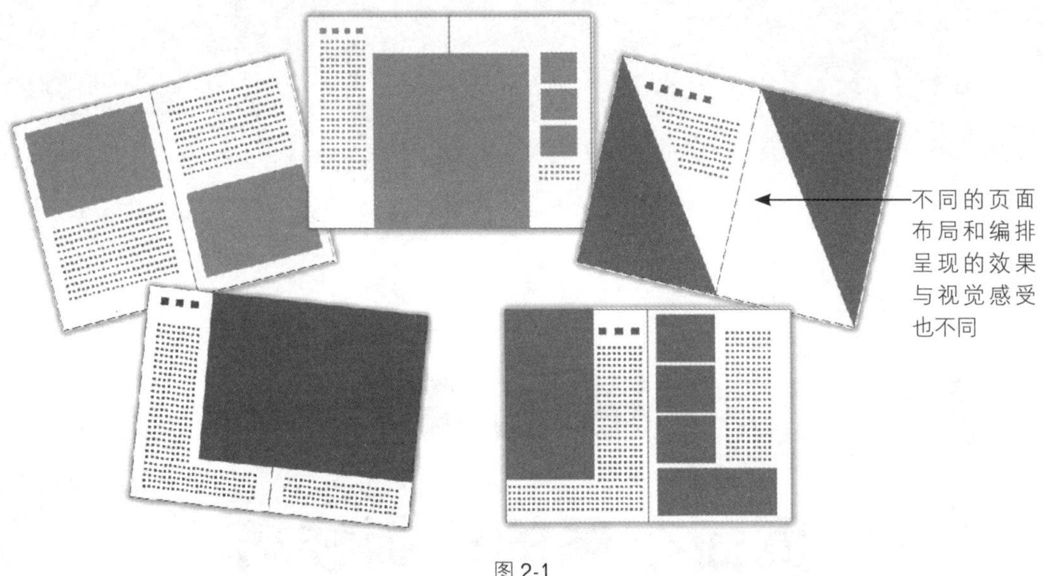

图 2-1

在学术界或出版界，使用 Word 编辑长篇文件时，页面的布局与设置更是在一开始就要确认，才能进行之后书册的编排。本章就来说明一下页面布局与设置的要领。

2.1 页面布局要领

要进行专业的排版，除了要了解页面的基本要素外，如何布局版面也必须知道。本节将和大家探讨布局的技巧，让页面看起来能够赏心悦目。

2.1.1 页面构成要素

书刊中的“页面”通常包括图文部分和留白部分，即包括版心和版心周围的空白区域。第 1 章提到过，版面的结构包含版心、页眉、页脚、天头、地脚、页边界等部分，Word 的页面构成要素当然也包含这几项，如图 2-2 所示。

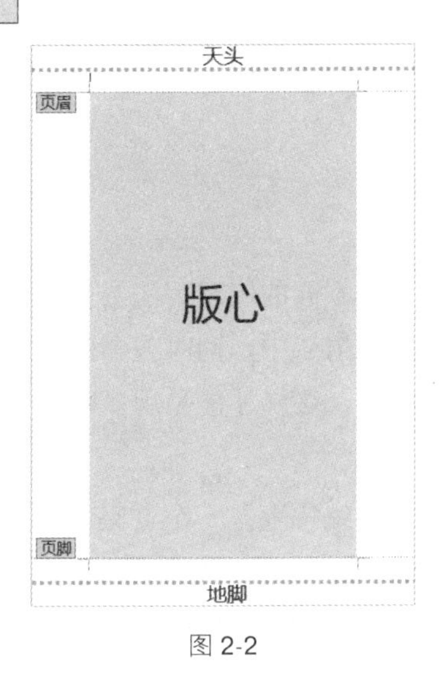

图 2-2

- 版心：中间区块是图与文的编辑区域。版心的大小与书的开数有关，版心小则容纳的文字量就少，而且会因为设置的字体大小、字间距、行间距、段落与段落的间距而有所差异。
- 页眉 / 页脚：版心以上和以下的区域，一般页眉也称为“页首”，而页脚也称为“页尾”。它们常用来显示文件的附加信息，如书名、章节标题、文件标题、文件名、公司标志、页码、作者等。
- 天头 / 地脚：在页眉或页脚输入内容后，页眉以上或页脚以下的空白区域。通常天头大于地脚的视觉效果较好，如果天地留白的空间不够多，会让人感觉拥挤而不舒服。
- 边界：一般是指版心的 4 个边界到页面 4 个边界的区域。当然包括页眉、天、地、内、外等区域。

2.1.2 布局舒适性的考虑

书内的页面是读者和作者之间沟通的桥梁，如果内页的编排清晰，并将视觉干扰降到最低，就可以让读者在舒适而愉悦的心情下汲取知识，同时释放读者更好的理解力。

要让页面布局能够具备舒适性，考虑的方面很多，这里提出一些供大家参考。

- 注意设计风格的呈现，同时要让重点突出、主次分明、图文并茂，尽量把读者最感兴趣的内容和信息放在最重要的位置。
- 颜色方面能与主题形象统一，主色调与辅助色不宜过多，并且明亮度尽量能确保读者阅读时的舒适度。
- 图片展示要注意比例协调、不变形且画面清晰易懂。
- 文字排列方面要让标题与正文明显分开，段落要清晰，而字体尽量采用易读的字体，避免文字过小和过密而造成读者眼睛的疲劳。
- 中英文字体的搭配要协调，正文字体通常搭配较细的英文字体，标题选用较粗的字体，不要用细的中文字体搭配粗的英文字体，看起来会不协调。
- 图文并排时要考虑图文间的距离，不可过于紧密或松散。
- 页面过宽时可以考虑分栏处理，避免因页面过长而影响阅读。

- 表格主要是让复杂的信息更易于理解，所以设置表格的行列颜色或单元格大小时，要考虑读者对信息的接收度与理解力。

2.1.3 视觉中心的构建

视觉构建的主要依据是书的主题，再进行内页的版面设计，不同的表现手法会呈现不同的视觉和心理感受。如果期望阅读者能够迅速投入所设计的情景中，同时使书的内容在不知不觉中感染读者，那么设计时最好能进行多方面的尝试，这样才能呈现多样的风貌。

一般来说，点、线、面是构成视觉效果的基本要素，在版面编排上，一个页码、一个文字可以视为一个“点”，一行文字、一行空白可视为一个“线”，一个段落、表格、图片可视为一个“面”。通过这些点、线、面的组合搭配，就可以产生千变万化的版面效果，如图 2-3 所示。

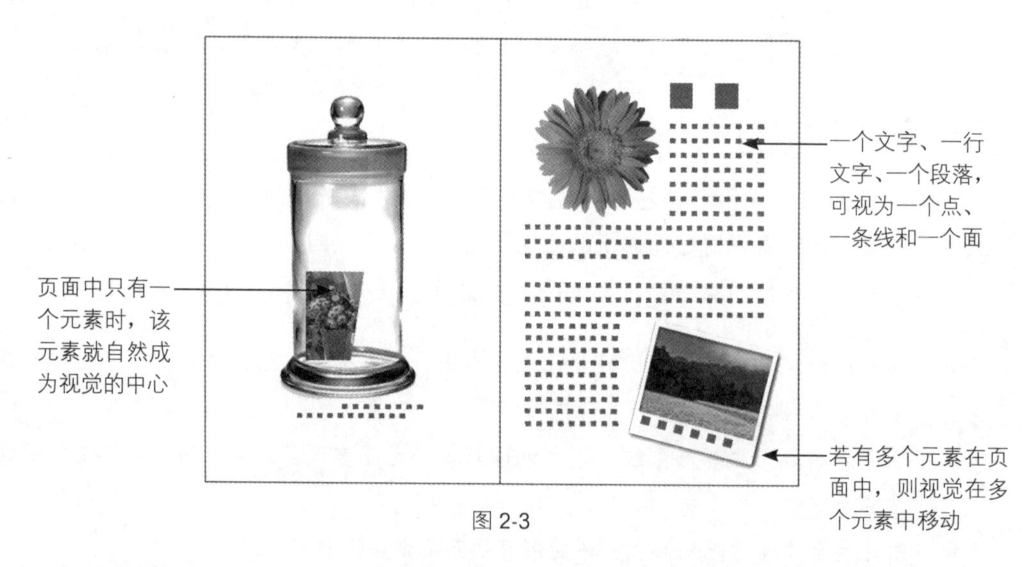

图 2-3

页面的视觉中心并不一定在页面中央，而是页面中最能激发读者阅读情绪的视觉点，如图像、插图等都是较为抢眼的元素。假如页面中只有一个元素，这个元素自然会成为视觉的焦点。如果有两个元素，视线就会在这两个元素间来回移动。在编排页面时，只要不影响文稿的顺序，一定要注意点、线、面的整体和谐与安排，而版面设计就是围绕视觉中心来设计页面的外观，让读者的视线能随着自己建立的视觉流向来移动。

2.1.4 版面的平衡法则

排版人员在设计版面时，除了要抓住视觉中心、构建页面的视觉流向外，还要考虑元素之间是否平衡，这样才不会出现头重脚轻的情况（如图 2-4 所示的版面设计就有点右重左轻）。如果页面在构图时偏离页面中心，容易造成左右两侧不平衡，此时就必须调整页面，如缩小图片的比例与位置、增加小图来平衡页面等都是解决版面平衡的方法，如图 2-5 所示。

图 2-4

图 2-5

2.1.5 视线的导引

在进行排版设计时，通常会默认读者目光移动的方向。以直式的文字排列为例，读者习惯自上而下、从右到左的顺序进行阅读，如果页面要进行上下分栏设置，那么上方字段阅读完后就会自动将视线移到下方的字段继续阅读；而横式文字阅读则是从左到右、自上而下进行阅读，如图 2-6 所示。

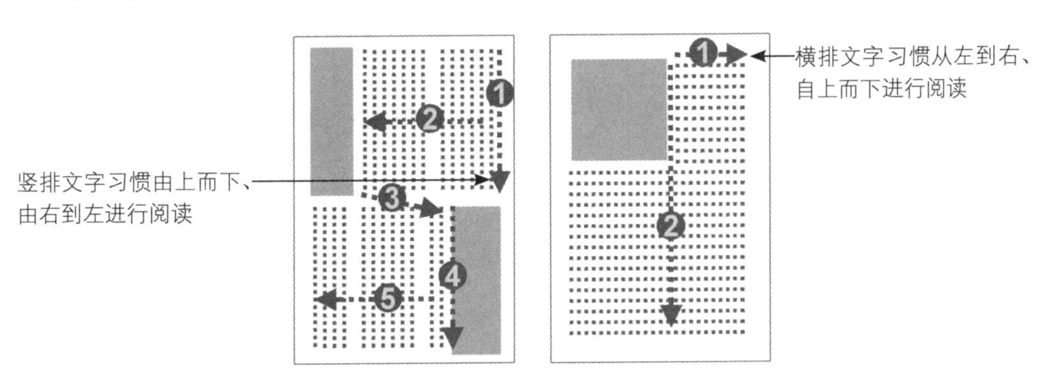

图 2-6

文字本身就是按照一定的顺序进行排列，所以也能引导读者的视线遵循文字走向来移动。设计者也可以在页面中适时地加入一些能够引导读者视线移动的元素，如首字大写可引导读者从该处进行正文的阅读，而箭头效果的图形或符号也有指引方向的特点，如图 2-7 所示。

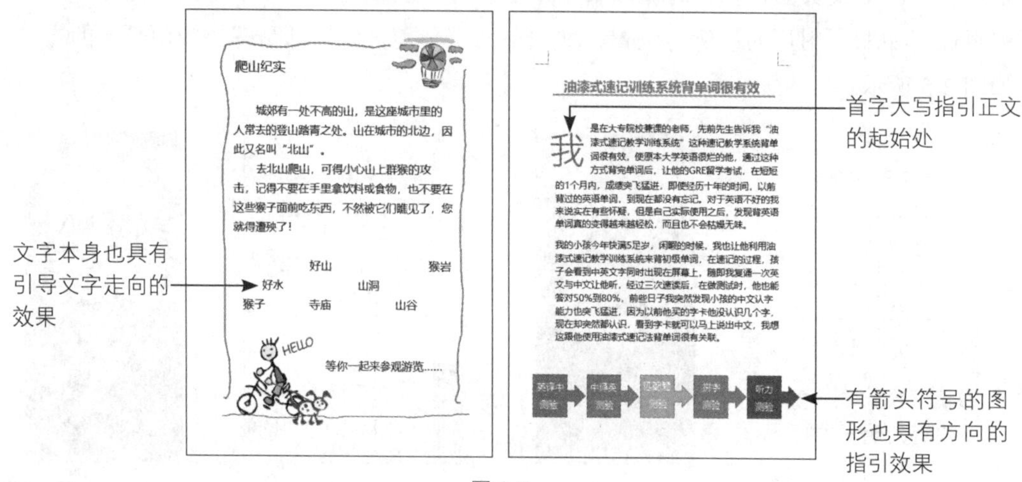

图 2-7

除此之外，还可以通过运动中的物体形象来引导方向。如图 2-8 所示的人物双手往后张开，让读者视线能集中在主标题处，而倾斜的头部也能将视线带领到下方的履历表格。图 2-9 中小男孩的脸朝向问候的词句上，而眼睛视线则引导到下方的两张插图处。

图 2-8

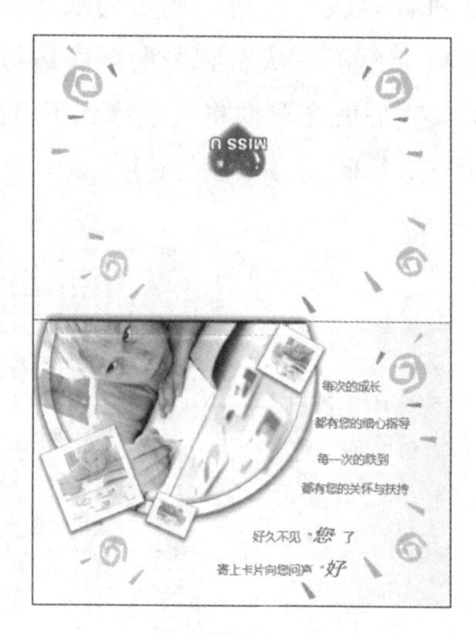

图 2-9

2.2 设计文件的布局

针对不同的文件类型，布局的方式会有所不同，但目的都是通过美好的视觉编排来传达文件的主题和内容。灵活的排版给人赏心悦目的感受，进而能够让读者愉悦地进行阅读。

这里提供了一些简单的设计思维供大家参考，让大家可以按照文件类型来处理文件的版面。

2.2.1 纯文本的布局

当文件内容只有文字，不包括图片、表格、图案时，为了避免视觉上太过于单调，通常会利用颜色的深浅、字体的大小、大小标题来营造文件的结构性与层次感，也可以利用段落间的空白、线条的分隔或分栏的设置来产生类似画面分割的效果。

2.2.2 图文类的布局

文件内容不单纯只有文字，还包含图片，这种图文并茂的文件类型，在排版时经常会利用文本框和图形框来进行编排，而常用的版面构图方式有如下几种。

➲ 中心式构图

顾名思义，就是将主体放置在画面中心进行构图，也就是将大幅图片或大标题设置在版面的正中央，如图 2-10 所示，可轻松强调主体，通常用在单页中的单一主题中，但是版面容易呆板沉重。

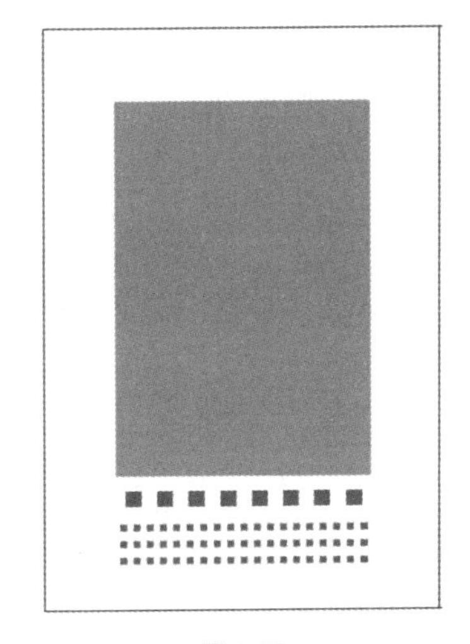

图 2-10

➲ 上下分割或左右分割构图

上下分割是最常见的排版构图，也就是将版面分为上下两部分，一部分用来放置标题与段落文字，另一部分用来放置图片，如图 2-11 所示。左右分割则是使用图片或色块将页面分割成左右两块，也可以运用在折页的设计中，让一页显示满版图，另一页只显示文字，如图 2-12 所示。

这两种构图的版面通常看起来较稳重，有时也会显得呆板沉闷，若要用于活泼的主题，则可以试着运用色块或颜色搭配来让版面变得活泼起来。

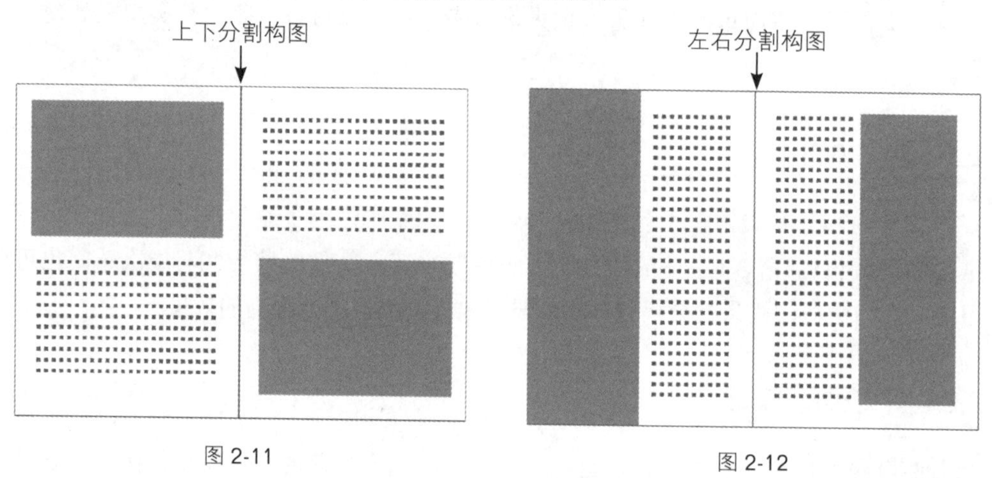

图 2-11　　图 2-12

➲ 倾斜分割构图

倾斜分割是以倾斜的线条分割画面，无论是单页分割或折页分割、向左倾斜或向右倾斜，都能造成强烈的动感，这种构图多用于运动或休闲的主题上，画面属于不对称的构图，如图 2-13 所示。

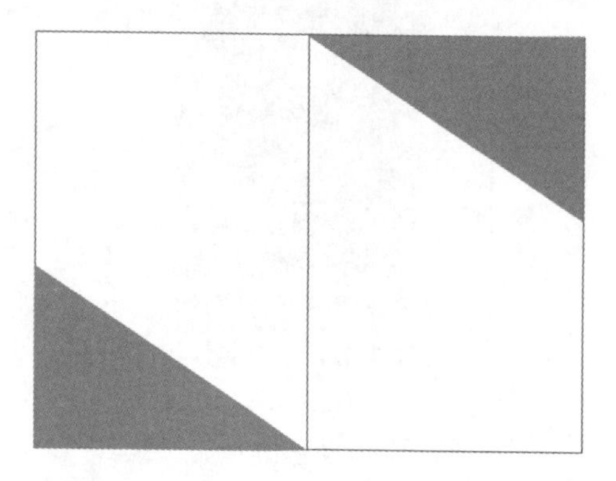

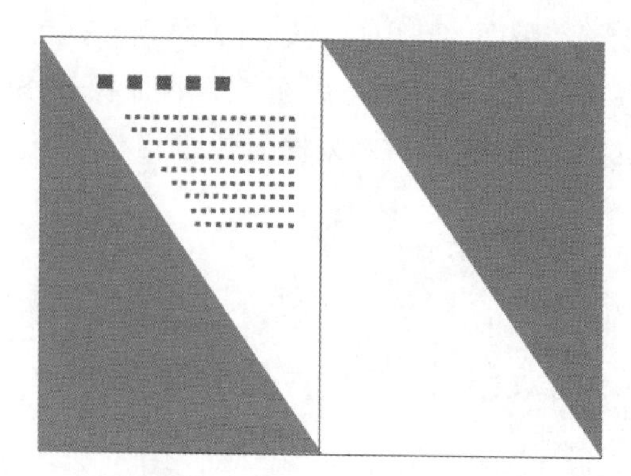

图 2-13

➲ L 型构图

L 型构图是在单页或折页的页面上，显示效果如同英文字母“L”的形状，构图上较为灵活有变化，如按 L 型方向左右翻转或 L 型放置图片再进行分割，都能让版面显得更活泼生动，产生视觉延伸的效果，如图 2-14 和图 2-15 所示。

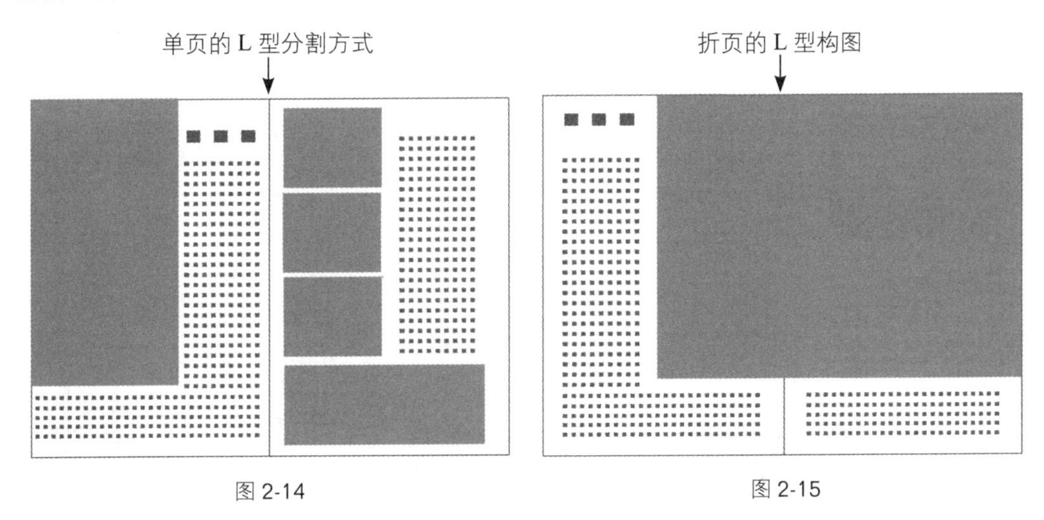

图 2-14　　图 2-15

➲ U 型构图

U 型构图事实上是两个 L 型构图的重叠，属于非常稳固的构图，U 型也有上下或左右的变形，如图 2-16 和图 2-17 所示。使用 U 型构图时，要注意留白的区域不要太满，否则会显得呆板。

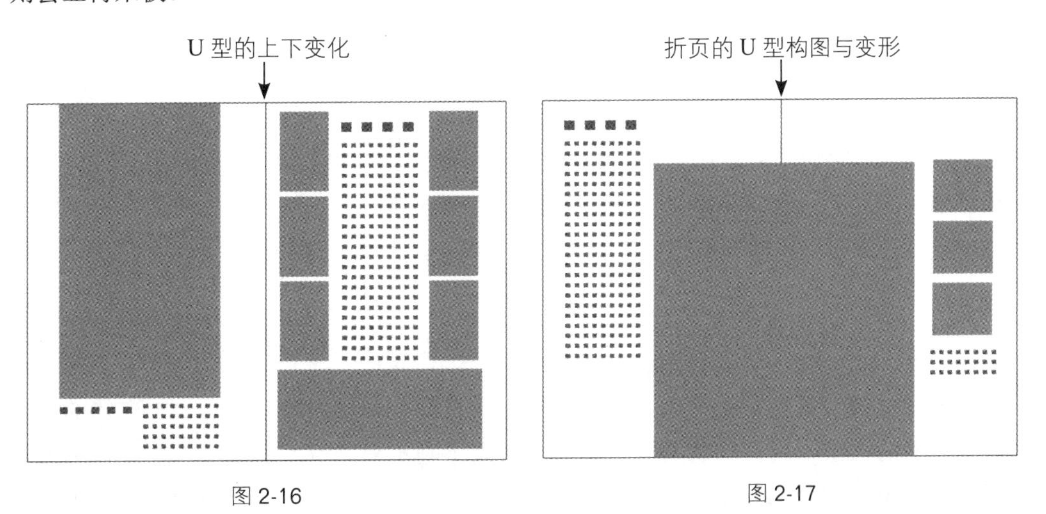

图 2-16　　图 2-17

2.2.3 图 / 文 / 表综合的布局

文件中包含有文字、图片、图案和表格等对象，这种综合类型的文件通常可以运用表格来安排版面和定位图片的位置，因为表格可以随意地组合、分割区块，所构建出来的版面较灵活而有变化，而且十分整齐美观。如图 2-18 和图 2-19 所示的两个范例基本上都是利用表格来编排文件内容的。

图 2-18　　　　图 2-19

2.3 开始页面布局

排版的第一件事就是设置版面，也就是先确认纸张大小和页边距，把尺寸、版心位置、天头、地脚等都先确定下来，这样才能设置一个个排版单元，使不同的单元拥有不同的大局设置，让每个单元都有专属的编页方式、起始页次、页眉和页脚信息。

2.3.1 设置版面规格

版面规格的设置通常会考虑到出版物的出版目的与阅读对象，然后根据书籍的类型来决定开本的大小。通常书籍的性质和内容可初步确定书的宽度与高度，如理论书或学校用书通常采用 16 开或 32 开的开本；青少年读物则选用稍微偏大的开数，以利于图片的展示；儿童读物大多接近正方形的开本，以适合儿童阅读的习惯。考虑阅读对象、开数大小、价格、书的篇幅等各种因素后，才能进行页面的版面设计。

在 Word 新建空白文件后，单击“布局”选项卡的“纸张大小”，弹出下拉列表，即可进行纸张大小的选择，如图 2-20 所示。

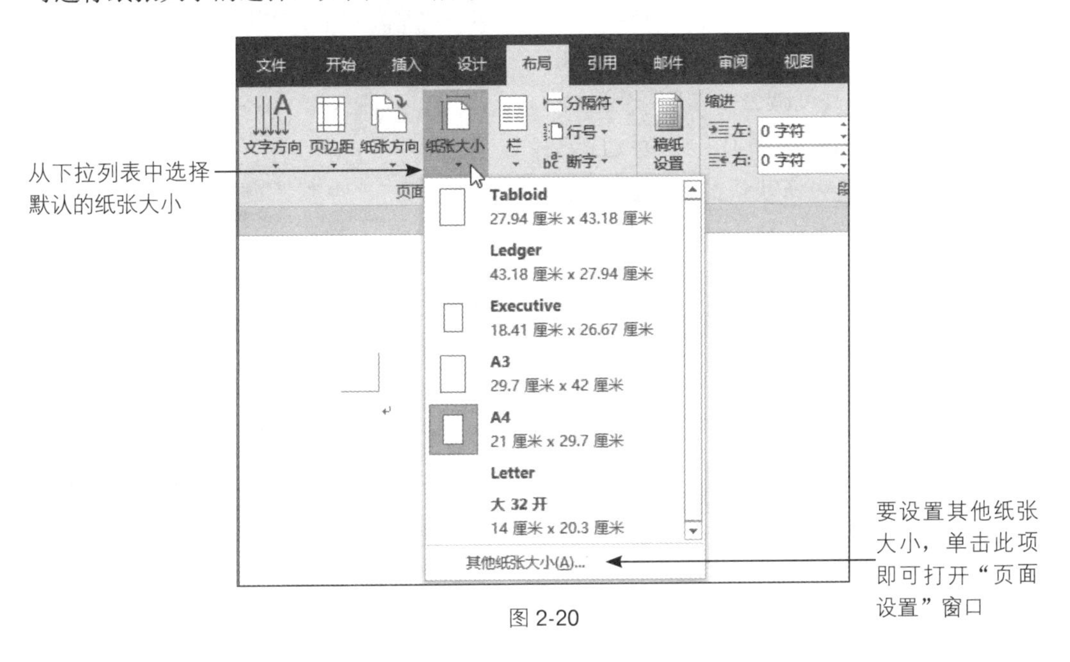

图 2-20

我们也可以单击“页面设置”功能区旁的按钮，同时进行纸张大小、页边距、版式、纸张方向（页面方向）、页面边框、文档网格等的设置，如图 2-21 所示。

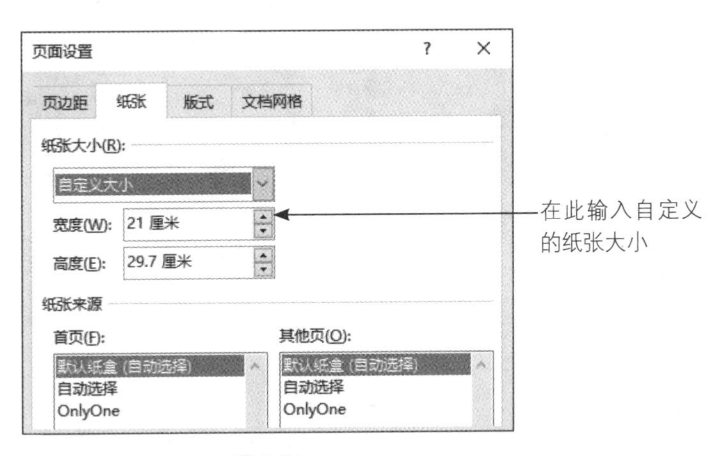

图 2-21

2.3.2 设置版心与页边距

版心是图文编辑的区域，而页边距是指版心的4个边界到页面4个边界的区域。在Word程序中，版心宽度实际上就等于纸张宽度减掉左/右两个页边距的宽度，而版心高度就是纸张的高度减去上/下两个页边界的高度。从“页面设置”选项卡的“页边距”下拉列表中可快速选择默认的页边距，如常规、窄、中等、宽、对称等，如图2-22所示。而从下拉列表中选择“自定义页边距”，可在“页边距”选项中设置上、下、左、右4个边距，如图2-23所示。

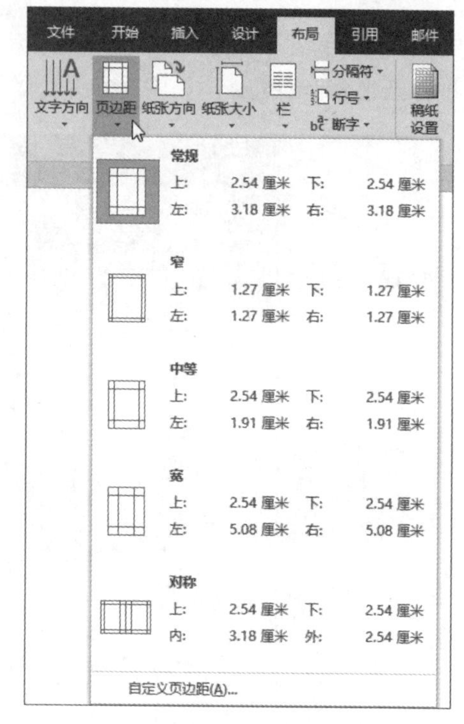

图 2-22

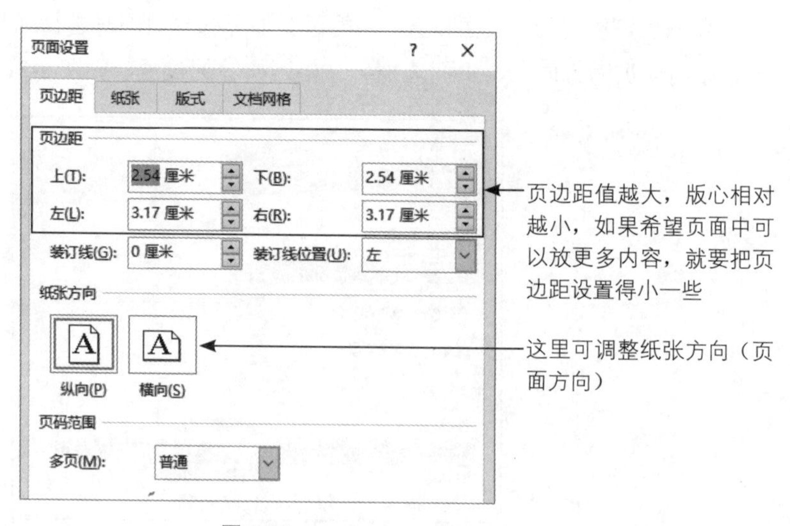

图 2-23

2.3.3 设置纸张方向

通常纸张的方向都采用纵向，若需要在水平方向上显示更多内容，就可以将方向设为横向。单击“布局”选项卡中的“纸张方向”按钮，再从下拉列表切换（见图2-24），或在图2-23中的“页边距”选项卡中进行更改。

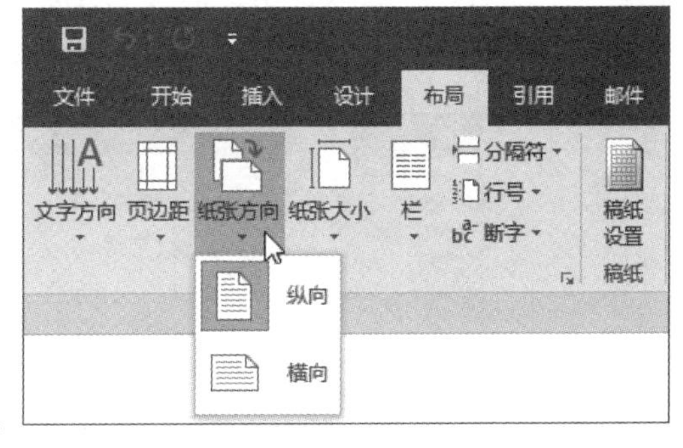

图 2-24

2.3.4 设置页眉和页脚

页眉和页脚分别位于版心的上方与下方，是设计版面时不可忽略的地方。除了将一些与页面相关的文字信息（如书名、章节标题、页码等信息）放置在页眉和页脚处外，也可以加入色块、图案或图片作为装饰。

说 明　如果插入的页眉和页脚较大，页眉和页脚的区域会自动增大，相对地，版心会自动缩小。

编辑页眉和页脚时，只要在页眉和页脚处双击，就会进入编辑状态，版心内容会显示为浅灰色，而页眉和页脚的内容则变成黑色。此时，Word也会切换到“设计”选项卡，里面提供了许多与页眉和页脚相关的设置项，如图2-25所示。

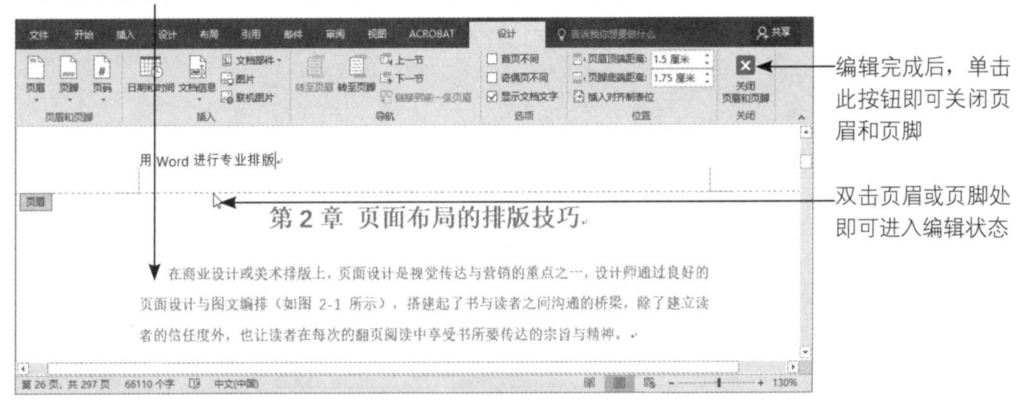

图 2-25

通常在任意一页的页眉和页脚输入内容后，其他页面的页眉和页脚也将自动显示相同内容。另外，也可以单击“插入”选项卡中的 页眉 、 页脚 、 页码 等按钮，里面提供了各种内建的编排方式，我们可以直接选用，如图 2-26 所示。

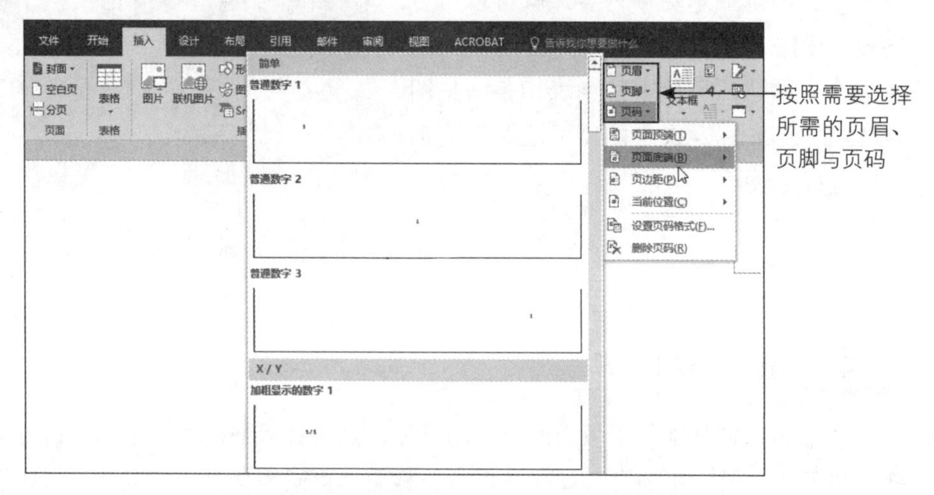

图 2-26

如果要进行书籍的排版，那么可以通过以下两种方式的设置让首页的页眉和页脚与其他页不同，或让奇数页与偶数页各自拥有不同的页眉和页脚。

➲ 在“页面设置”窗口进行设置

打开“页面设置”对话框，在“页眉和页脚”选项中勾选“首页不同”，让首页的页眉和页脚与其他页不同，而勾选“奇偶页不同”是让奇数页与偶数页各自拥有不同的页眉和页脚信息，如图 2-27 所示。

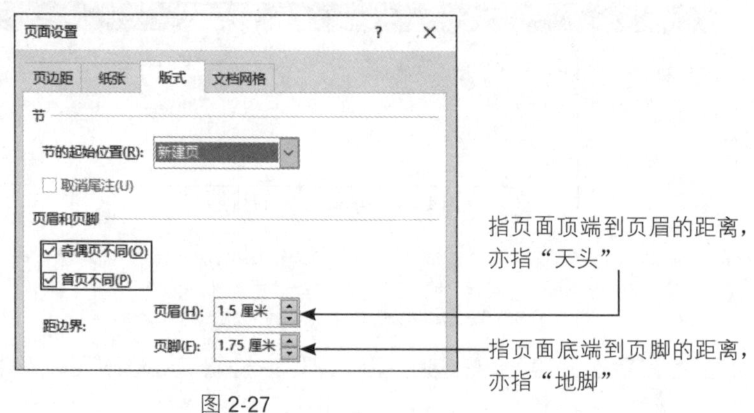

图 2-27

➲ **处于编辑状态时在“设计”选项卡中进行设置**

在页眉和页脚处于编辑状态时，在“设计”选项卡中勾选“首页不同”，能让文件第一页的页眉和页脚不同于其他页。勾选“奇偶页不同”则左右两页拥有不同的页眉和页脚信息，如图 2-28 所示。

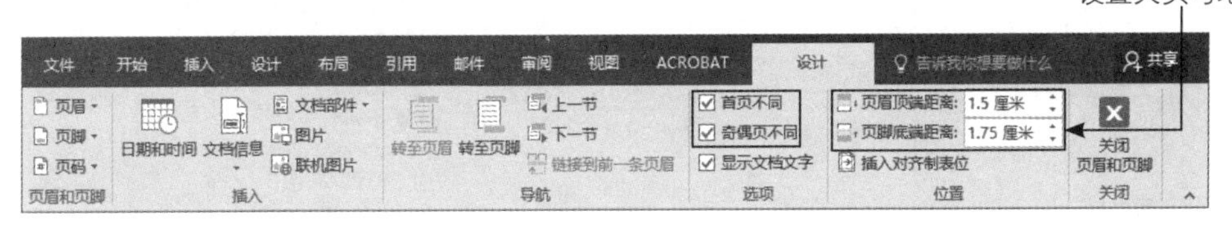

图 2-28

2.3.5 设置天头与地脚

“天头”是页眉以上的留白区域，“地脚”是页脚以下的留白区域。一般而言，“天头”的尺寸大于“地脚”的尺寸，其视觉效果会比较舒服。如果要更改设置，可在“页面设置”对话框或“设计”选项卡中进行修改，如图 2-27 和图 2-28 所示。

2.3.6 加入边框

想要为页面加入边框，有以下三种方式。

- 在“布局”选项卡中单击“页面设置”分组旁的 按钮，以打开“页面设置”对话框，在“版式”选项卡中单击“边框”按钮，如图 2-29 所示。
- 单击“开始”选项卡中的“边框” 按钮，从下拉列表中选择“边框和底纹”选项，如图 2-30 所示。
- 在“设计”选项卡单击“页面边框” 按钮。

页面边框可设置为简单的线条或花边效果，也可以指定线条宽度、颜色、阴影或 3D 效果。另外，还能指定将边框应用到整个文件或指定的章节，如图 2-31 所示。

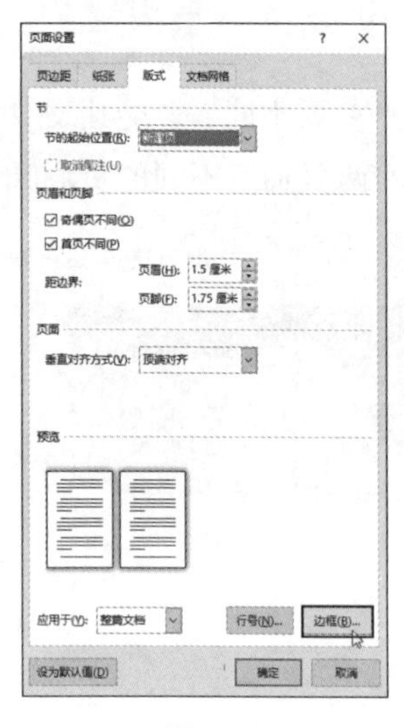

图 2-29

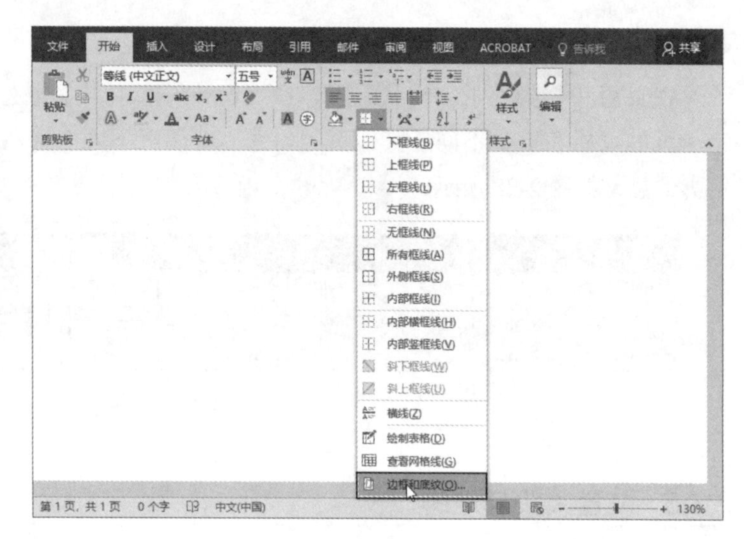

图 2-30

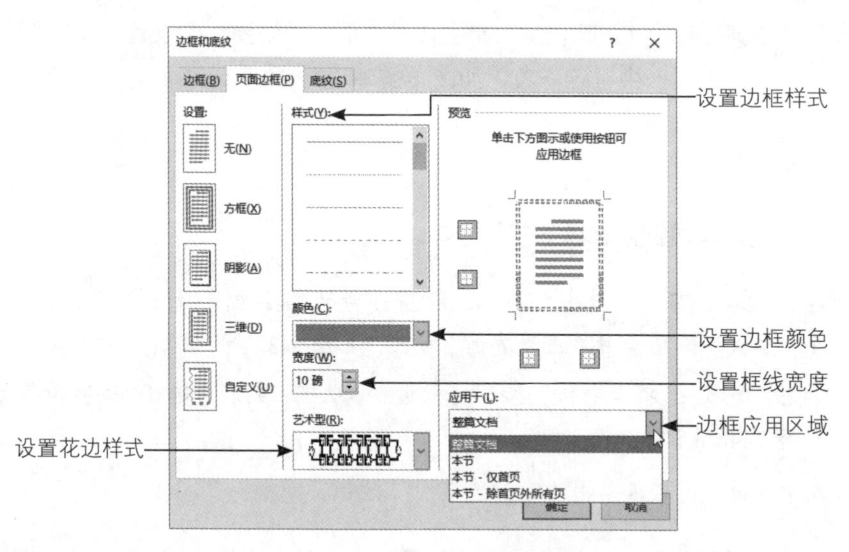

图 2-31

说明

如果想要调整边框与文字间的距离，可在“页面边框”窗口右下角单击“选项”按钮，进入“边框和底纹选项”对话框后，修改上下左右的数值即可，如图 2-32 所示。数值越大，边框与文字的距离越近。

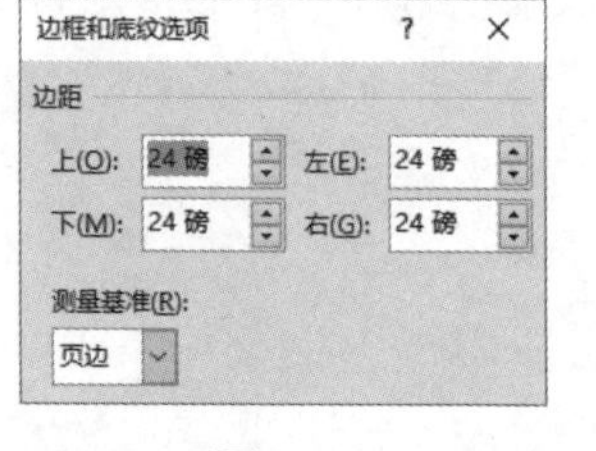

图 2-32

2.3.7 加入单色 / 渐层 / 材质 / 图样 / 图片

对于一般文件而言，大家都习惯使用白色的页面，主要是避免影响文字的阅读。如果文件将来要以有色的纸张来打印，那么页面背景设置成与纸张相同的颜色可以更清楚地了解最后成品的效果。

要设置页面的背景，单击“设计”选项卡中的“页面颜色”按钮便可以直接选择主题颜色，或者选择“其他颜色”选项，进入“颜色”对话框自定义喜欢的颜色，如图 2-33 所示。

图 2-33

如果从下拉列表中选择“填充效果”选项，将会打开“填充效果”对话框，可将填充效果设置为渐变、纹理、图案或图片，如图 2-34 ～图 2-37 所示。

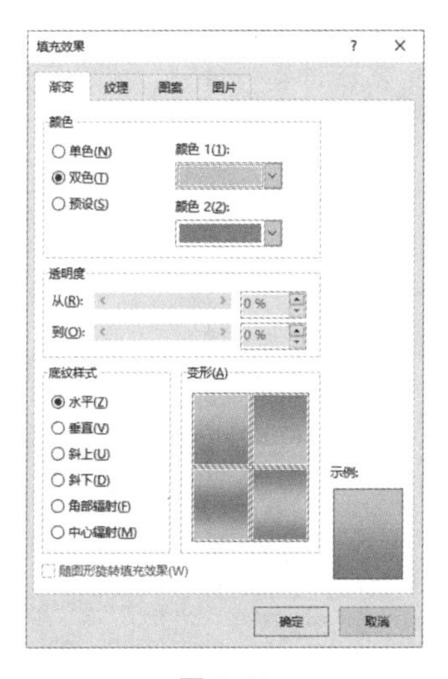

图 2-34

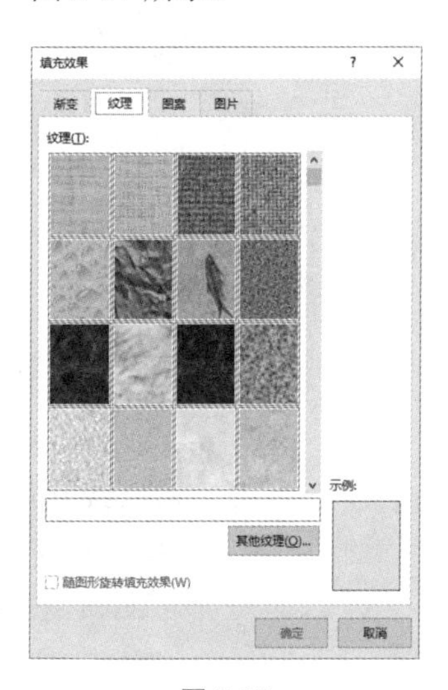

图 2-35

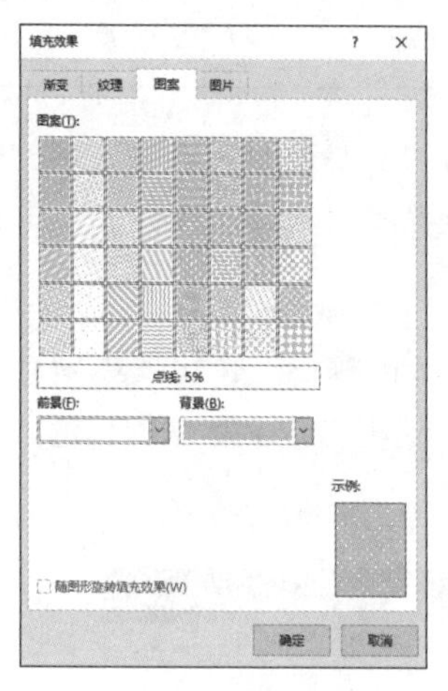

图 2-36

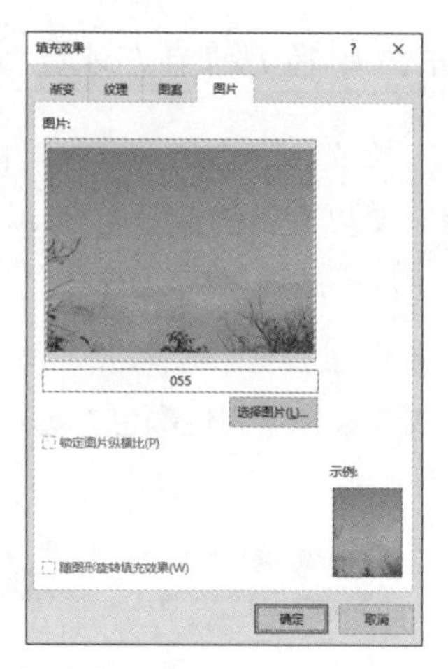

图 2-37

2.3.8 添加水印效果

为了区分文件的性质，有时候会在文件里加入有水印的文字，如加入有“草稿”“样本”“机密”“紧急”等标记的字样，用于提醒浏览者正在阅读的文件的用途。水印功能会将文字淡化处理，同时置于图文之下，因此不会干扰到文件的阅读。

要加入水印效果，单击“设计”选项卡中的“水印”按钮，再直接选择模板样式即可，如图 2-38 所示，设置好水印之后的效果如图 2-39 所示。

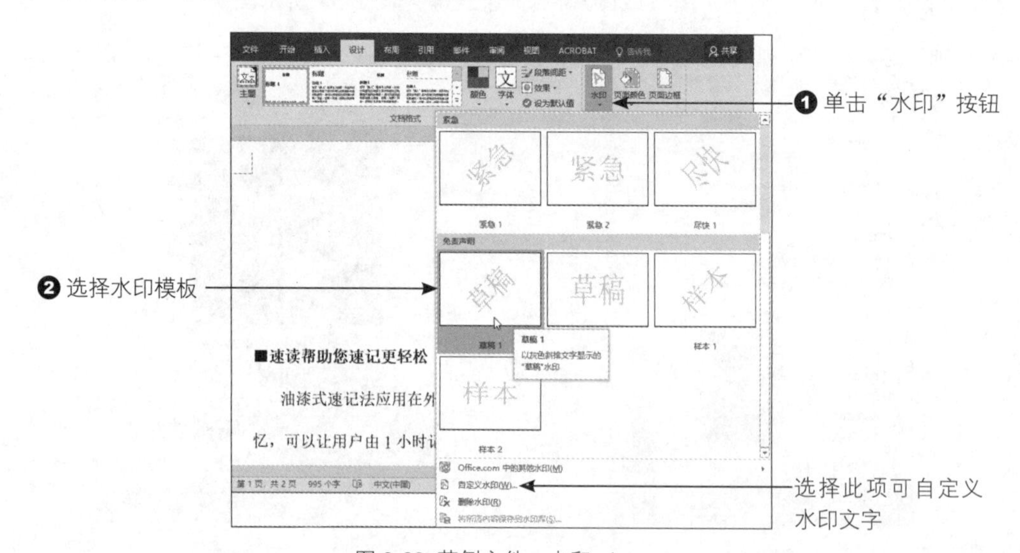

图 2-38 范例文件：水印 .docx

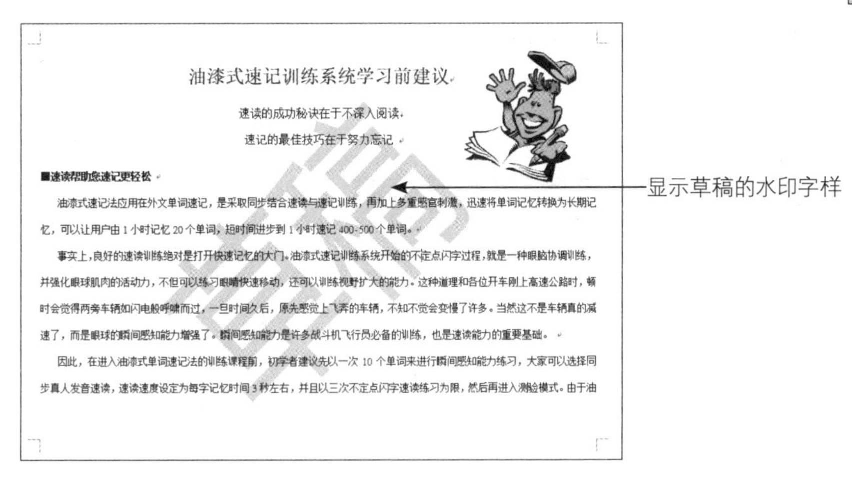

油漆式速记训练系统学习前建议

速读的成功秘诀在于不深入阅读

速记的最佳技巧在于努力忘记

■速读帮助您速记更轻松

油漆式速记法应用在外文单词速记，是采取同步结合速读与速记训练，再加上多重感官刺激，迅速将单词记忆转换为长期记忆，可以让用户由1小时记忆20个单词，短时间进步到1小时速记400-500个单词。

事实上，良好的速读训练绝对是打开快速记忆的大门。油漆式速记训练系统开始的不定点闪字过程，就是一种眼脑协调训练，并强化眼球肌肉的活动力，不但可以练习眼睛快速移动，还可以训练视野扩大的能力。这种道理和各位开车刚上高速公路时，顿时会觉得两旁车辆如闪电般呼啸而过，一旦时间久后，原先感觉上飞奔的车辆，不知不觉会变慢了许多。当然这不是车辆真的减速了，而是眼球的瞬间感知能力增强了。瞬间感知能力是许多战斗机飞行员必备的训练，也是速读能力的重要基础。

因此，在进入油漆式单词速记法的训练课程前，初学者建议先以一次10个单词来进行瞬间感知能力练习，大家可以选择同步真人发音速读，速读速度设定为每字记忆时间3秒左右，并且以三次不定点闪字速读练习为限，然后再进入测验模式。由于油

图 2-39

若要自定义水印文字或以图片方式呈现水印效果，则可单击“水印”按钮，在下拉列表中选择“自定义水印”选项，随后就可以在如图 2-40 所示的对话框中输入文字或选择图片。

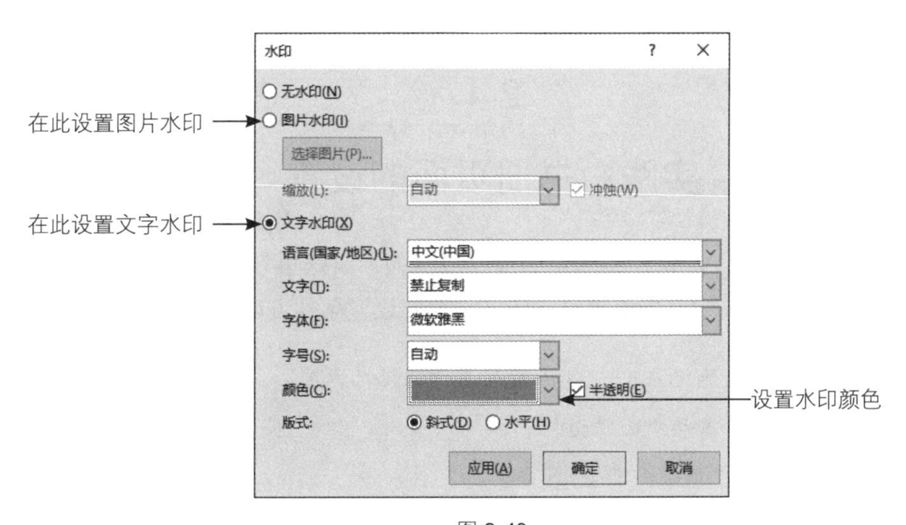

图 2-40

2.3.9 分栏设置

在杂志的编排中，我们经常会看到以 2 栏或 3 栏的方式呈现，这样的编排效果比较活泼，图文的变化也比较多。在 Word 程序中，若要设置分栏效果，则单击“布局”选项

卡中的“栏”按钮，再从下拉列表中选择预设的格式，如图 2-41 所示。若从下拉列表中选择“更多栏”，则弹出“栏”对话框，可在其中自行设置栏数、栏的宽度和间距，或加入分隔线，如图 2-42 所示。

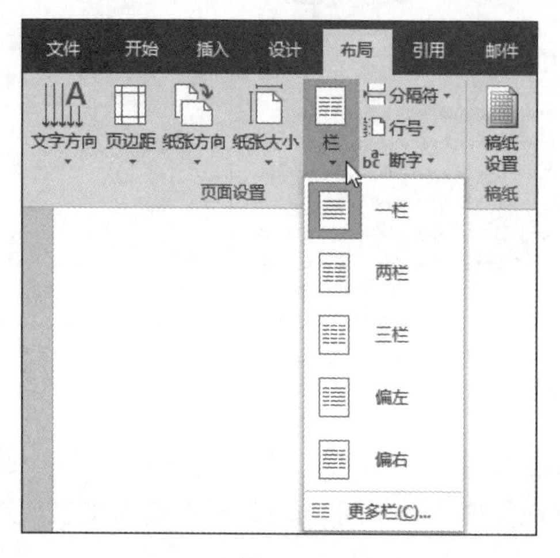

图 2-41

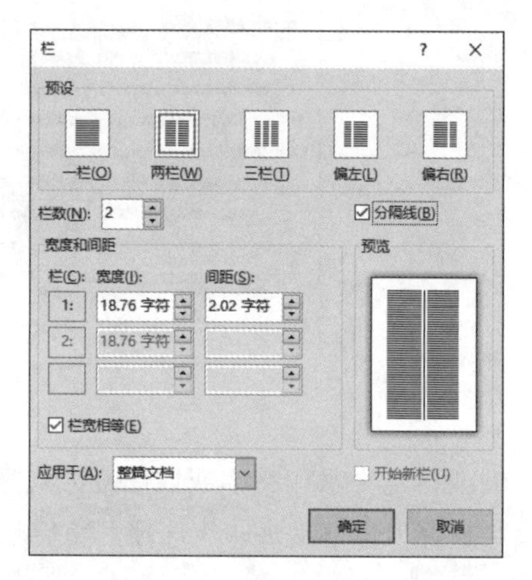

图 2-42

2.4 实践：书册页面的设置

要进行书册的排版，首先要先确定版面（或页面）。这里以《油漆式速记法——24 小时改变你的记忆速度》一书为例进行介绍，相关的设置条件说明如下：

- 书名：《油漆式速记法——24 小时改变你的记忆速度》。
- 第一章的章名：多层次回转记忆。
- 书册大小：宽 17 厘米，高 23 厘米。
- 页边距：上 2.5 厘米，下 2 厘米，左 2 厘米，右 2 厘米。
- 文字方向：水平。
- 页眉和页脚：偶数页的页眉放置书名与偶数页码，奇数页的页眉放置章名与奇数页码。
- 第一页为章名页，放置章名与小节标题。

2.4.1 新建与保存文件

1. 新建文件：启动 Word 程序后，单击“文件”选项卡，再单击“新建”按钮，然后单击右侧的“空白文档”，如图 2-43 所示。

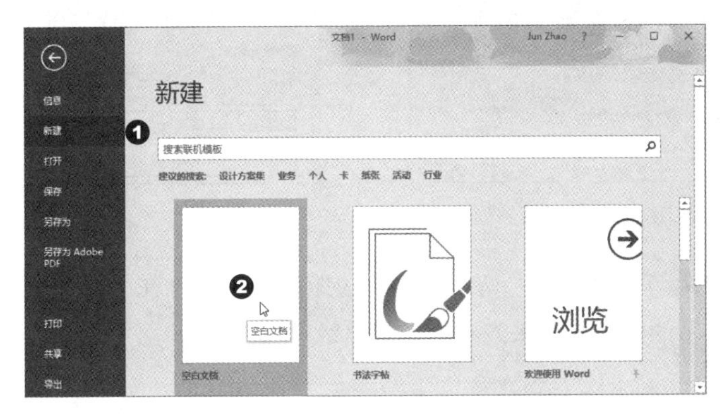

图 2-43

2. 保存文件：单击“文件”选项卡，再单击“保存”或“另存为”按钮，最后单击“浏览”按钮选择文件要存放的位置。找到文件要存放的位置后，输入文件名，然后单击“保存”按钮即可保存文件。步骤如图 2-44 所示。

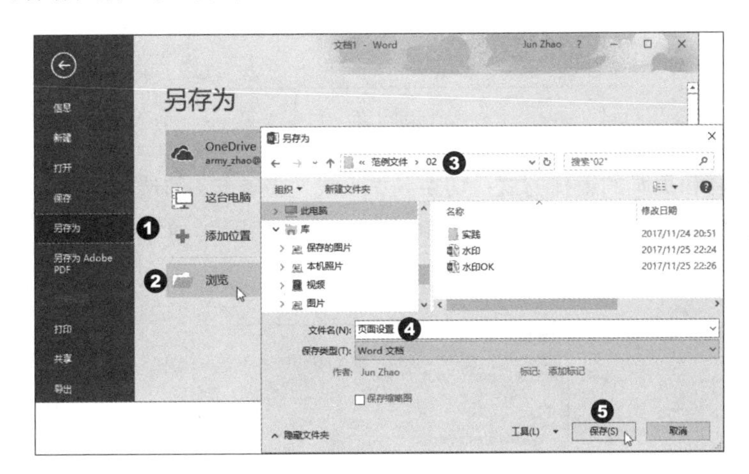

图 2-44

2.4.2 页面基本布局

1. 设置页面大小：在“布局”选项卡的“页面设置”分组中单击 按钮，如图 2-45

所示，以打开“页面设置”对话框。在“纸张”选项卡中将宽度设置为 17 厘米，高度设置为 23 厘米，如图 2-46 所示。

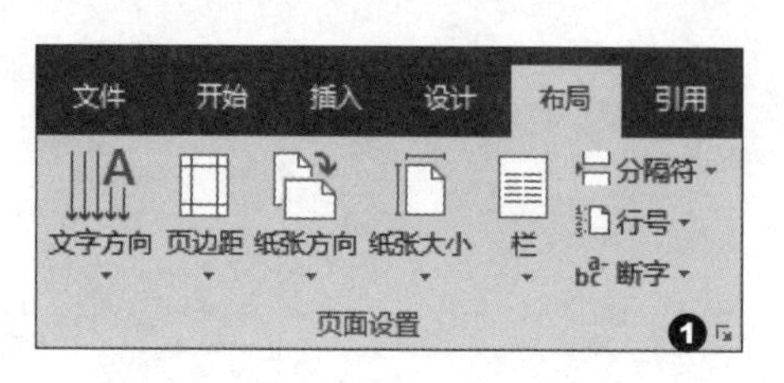

图 2-45

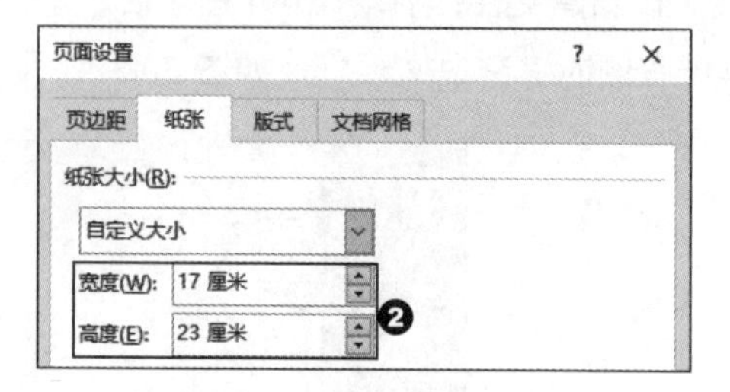

图 2-46

2. 设置页边距与页面方向：切换到“页边距”选项卡，在上、下、左、右的字段中输入如图 2-47 所示的数值，纸张方向则选择“纵向”。

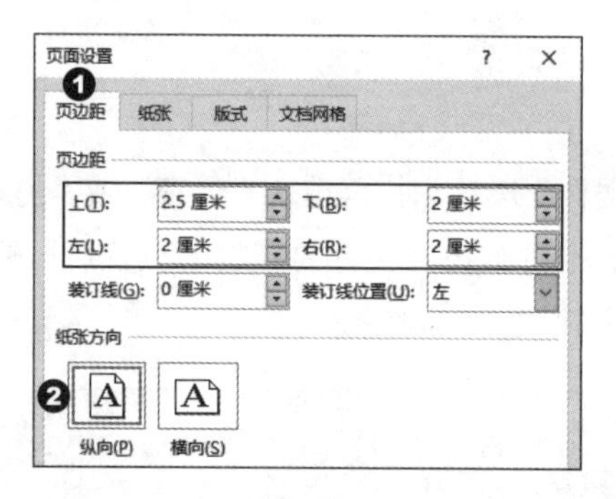

图 2-47

3. 设置页眉和页脚的编排方式：切换到“版式”选项卡，勾选“奇偶页不同”复选框，让奇数页和偶数页各自拥有不同的页眉和页脚内容，如图 2-48 所示。至此，完成版面的基本布局。

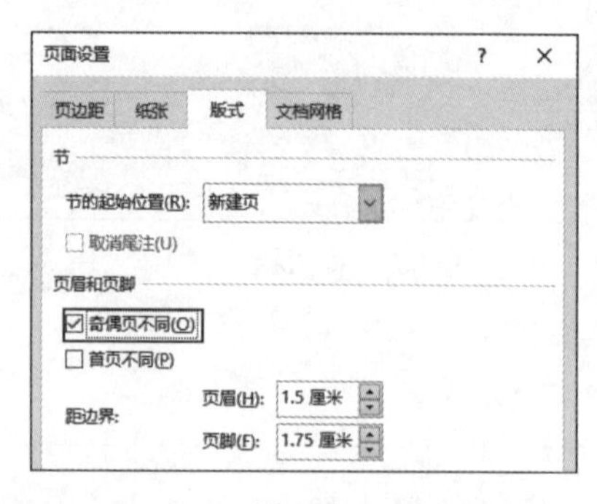

图 2-48

2.4.3 设置页眉与页码信息

在书的编排上，西式编排通常是采用左翻的方式，而传统中式编排采用右翻方式。西式编排的奇数页是在右侧，而偶数页则在左侧，一般习惯将书名放置在左上方，右上方则为各章的章名。

本例中页眉信息的设置将以西式编排为准，直接在左右两侧的页眉处加入相关信息与页码编号。

➲ 设置奇数页页眉

1. 应用奇数页页眉样式：在文件的页眉处双击，使之显现“奇数页页眉”的编辑状态。接着单击“设计”选项卡中的“页眉”按钮，从下拉列表中选择“运动型（奇数页）”样式。步骤如图 2-49 所示。

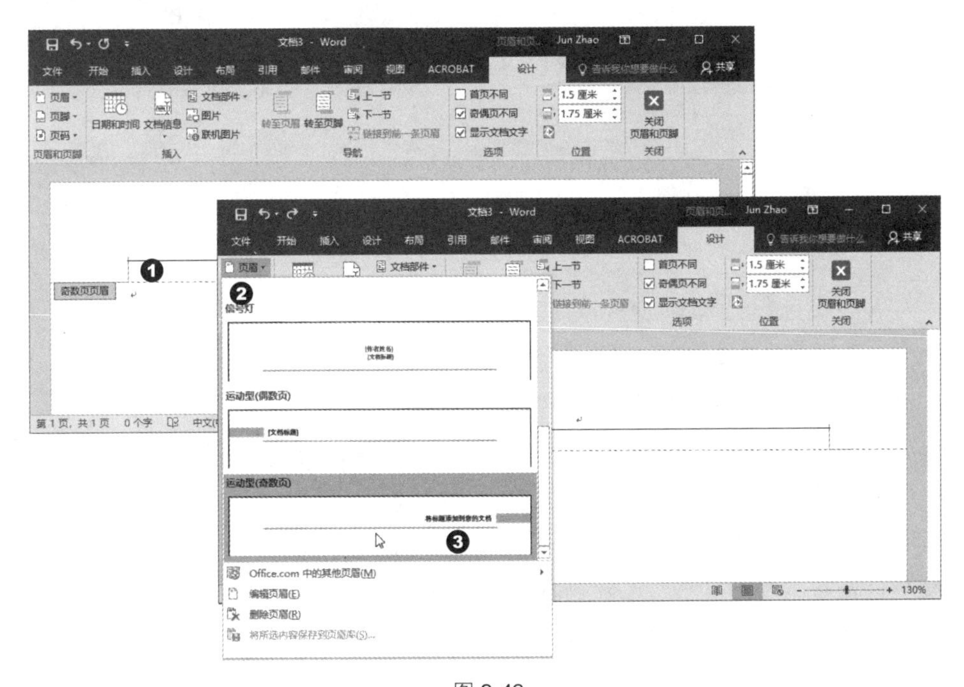

图 2-49

2. 更改标题名称：单击并选择前面编辑“奇数页页眉”的文本框，将其更改为章节的名称，如图 2-50 所示。

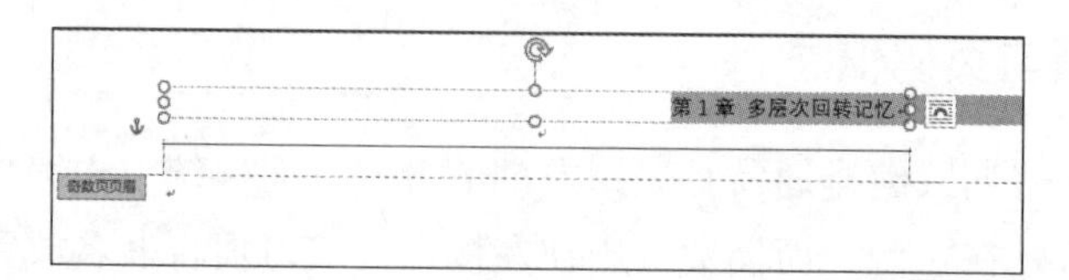

图 2-50

3. 更改页码形式：如果想要包含章节编号，单击后面的文本框后，将输入点放置在数字“1”之前，先输入章的编号使其显现“1-1”的页码，再单击“开始”选项卡中的“字体颜色”按钮来更改文字颜色，如图 2-51 所示。

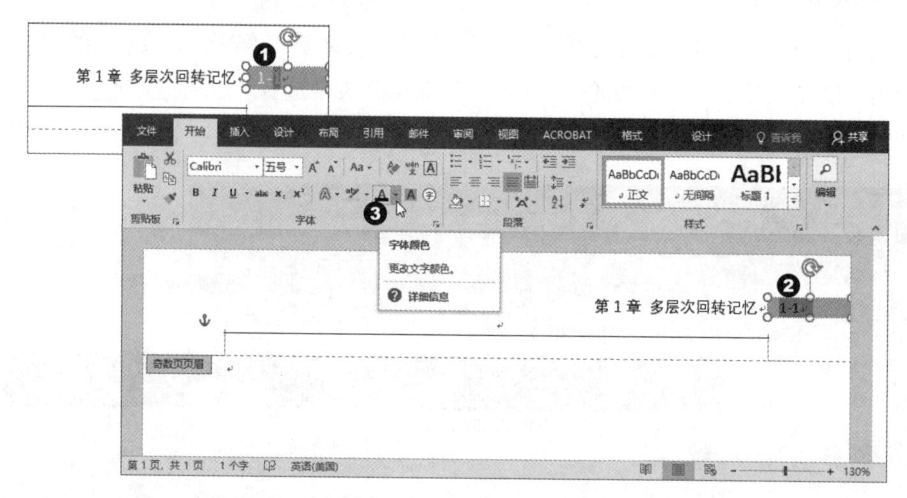

图 2-51

4. 设置页码编排格式与方式：单击“设计”选项卡中的“页码”按钮，再从下拉列表中选择“设置页码格式”选项，弹出如图 2-52 所示的“页码格式”对话框，将“页码编号”设置为“起始页码”，并输入数值“1”，如此一来，当多个文件合并时，每一章就会从数字 1 开始编号。

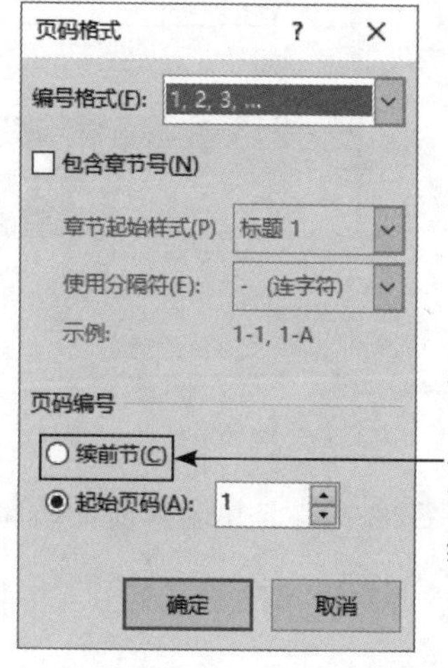

图 2-52

完成奇数页页眉的设置后，接着准备设置偶数页的页眉信息。由于目前还没有第2页，因此先从“插入”选项卡中选择插入一个空白页，如图2-53所示。

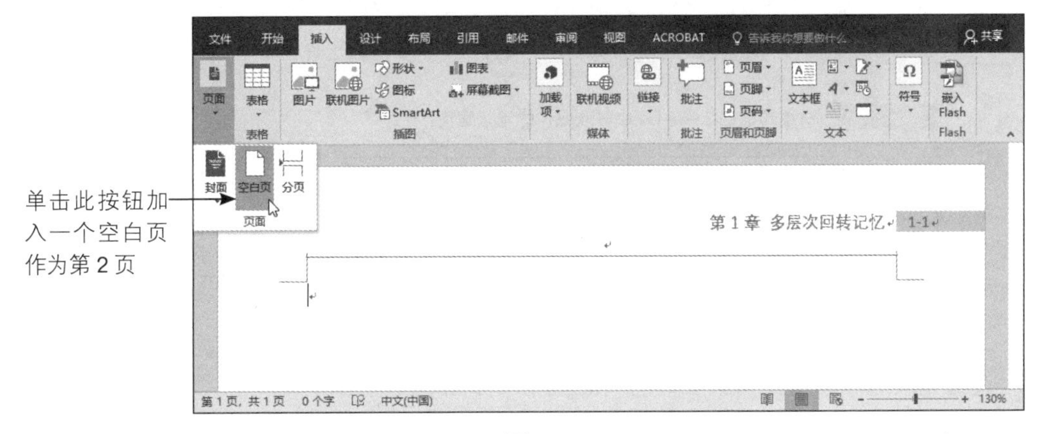

图 2-53

➲ 设置偶数页页眉

1. 应用偶数页页眉样式：在第2页的页眉处双击，进入“偶数页页眉”的编辑状态。单击“设计”选项卡中的“页眉”按钮，再从下拉列表中选择“运动型（偶数页）”样式，应用该样式的结果如图2-54所示。

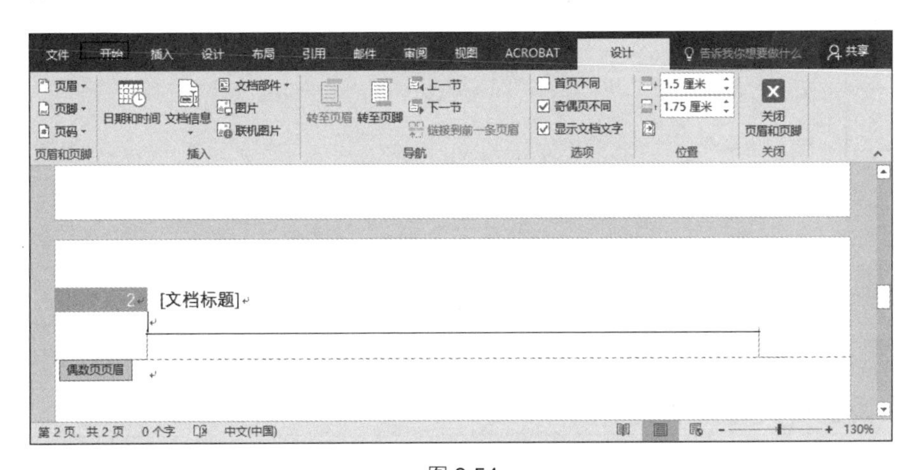

图 2-54

2. 更改偶数页信息：采用与奇数页上相同的方式输入书名并更改页码形式，如图2-55所示。

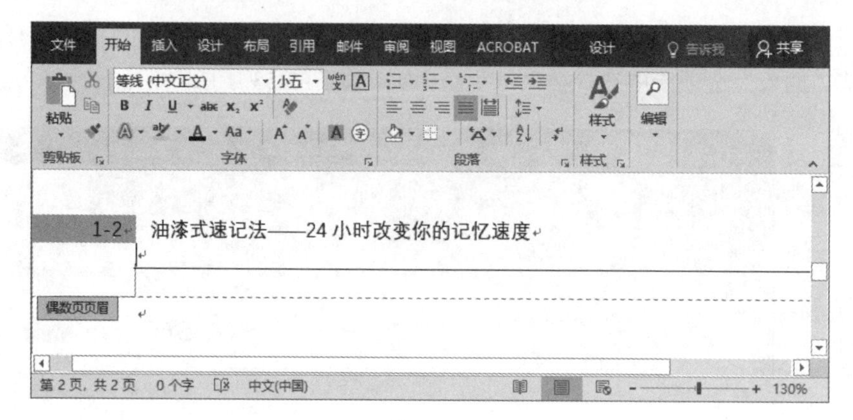

图 2-55

设置完成后，第 1 页和第 2 页的页面将显示如图 2-56 所示的效果。

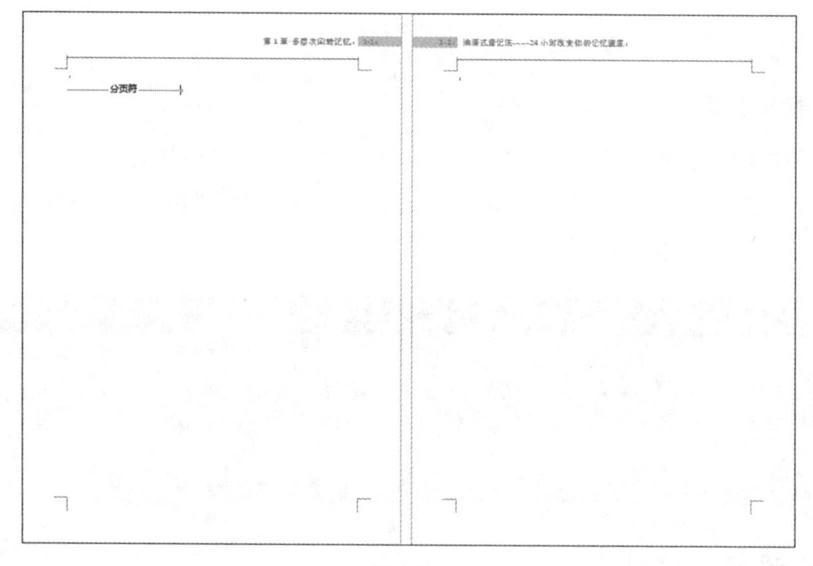

图 2-56

2.4.4 设置首页与其他页不同

确认奇偶页的页眉和页码设置没有问题后，设置文件的第 1 页不同于其他页。双击进入页眉和页脚的编辑状态，在“设计”选项卡中勾选“首页不同”复选框即可，如图 2-57 所示。

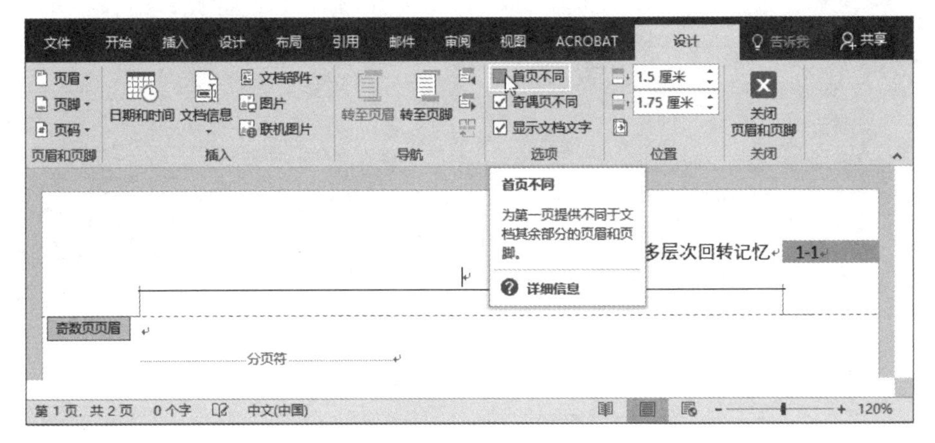

图 2-57

设置完成后，即可看到第 1 页没有页眉和页脚信息，第 2 页开始显现页码的设置。从第 2 页开始便是我们要编辑章节内容的地方，如图 5-58 所示。

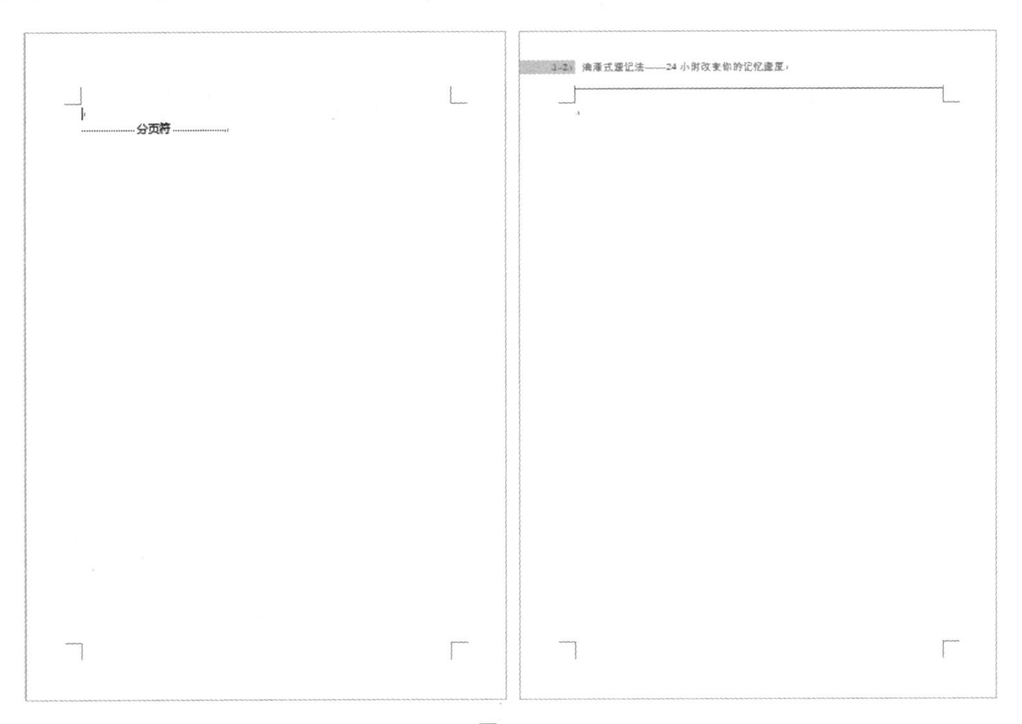

图 2-58

第3章

构建文字内容的排版技巧

文字是构成文件的基础，因为文字是表述作者思想感情的语言，有了文字才会有文件的产生，文字内容除了输入的基本文字外，还包含各种符号、数字、特殊文字，如图 3-1 所示。Word 也提供了多种构建文字内容的方式，本章将逐一和大家探讨。

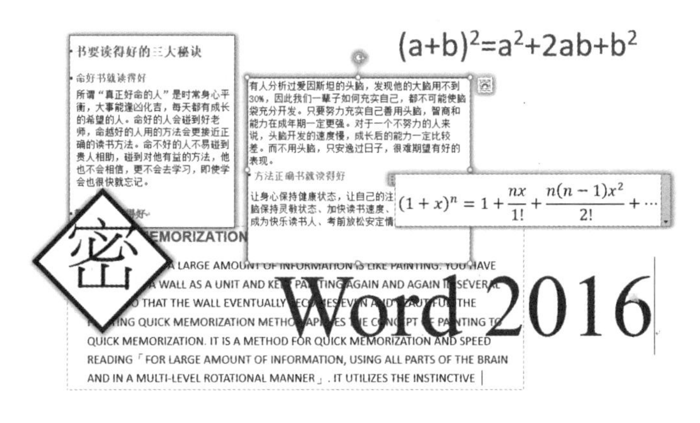

图 3-1

3.1 文字排版的要点

文字是语言的形式，文字编排的目的就是以视觉方式清晰地传达文字内容，并以较优的阅读方式让读者可以吸收和理解文字信息。这里提出几项文字排版需要注意的事项供大家参考。

3.1.1 中文标点符号应使用全角符号

要理解文件的内容，标点符号具有举足轻重的地位。由于中文编码一般会占据 2 个字符，所以中文的标点符号（无论是逗号、句号还是其他符号）原则上都使用全角标点。Word 中提供了标点符号的插入，其他中文输入法也提供了辅助的标点符号输入。

3.1.2 英文标点符号一律用半角符号

英文字母编码只占一个字符，所以在输入英文时标点符号都要使用半角符号。使用的技巧简要说明如下。

- 空格的使用：通常标点符号与它之前的英文之间不用加入空格，但是跟在标点符号之后的英文则要加空格。
- 句点：用于结束一段句子或用于缩写时。
- 逗号：用来分隔句子中的不同内容，或连接两个句子。
- 分号：用来连接两个独立且意义紧密的句子。
- 感叹号：用于感叹句或惊讶语句之后。

3.1.3 注意文字断句

在文字排版中，文字断句会影响读者对于文章内容的理解，所以不要为了让版面漂亮而随意将内容截断，必须考虑文章的完整性及“节奏”等问题，不要因为换行的位置处理不当而造成文字意思不清楚。

3.1.4 将文字视为对象处理

在版面的编排上，文字也可以视为一个“对象”，也就是通过文本框的方式来编排文字，将文字段落放在文本框中，文字会沿着文本框的内边界自动整齐排列。Word的联机模板中，很多都是通过文本框来创建文本块，这种处理方式可以让版面整齐，而且编排的灵活度也较高，如图3-2和图3-3所示。

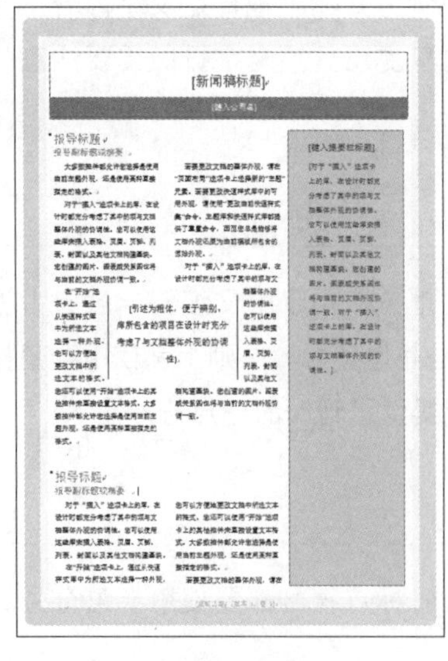

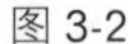
图 3-2

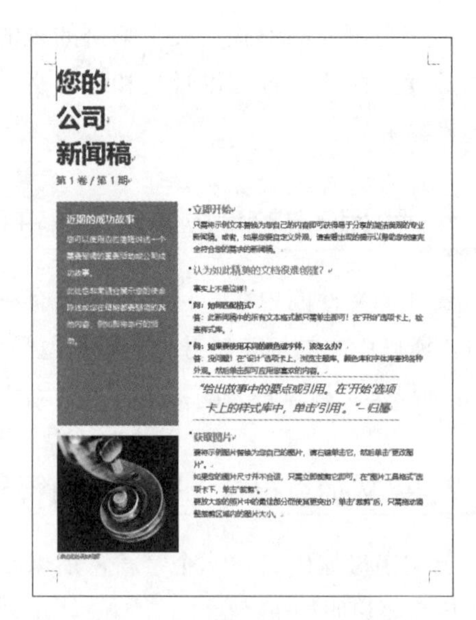

图 3-3

在编辑 Word 文件时，可以随时通过“插入”选项卡中的“文本框”按钮快速应用各种内建的文本框样式，如图 3-4 所示。

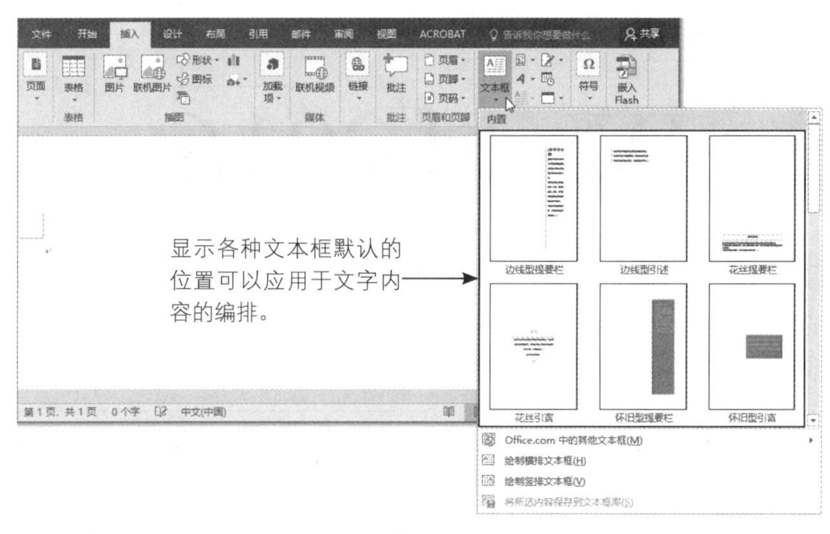

图 3-4

3.2 文字与符号的输入

在 Word 程序中输入文字的方法很简单，只要看到一个不停闪烁的光标“|”，就可以顺着这个光标输入点来输入文字，需要换段落时按 Enter 键，以这种方式就可以编辑文件。除了一般文字与标点符号的输入外，还有特殊字符与符号、大写英文字母、上下标、数学公式或直接从其他文件中插入文字，本节将为大家一一说明。

3.2.1 中英文输入

在文件中输入中文或英文时，通常都是通过屏幕右下角的任务栏来切换输入法，如图 3-5 所示。

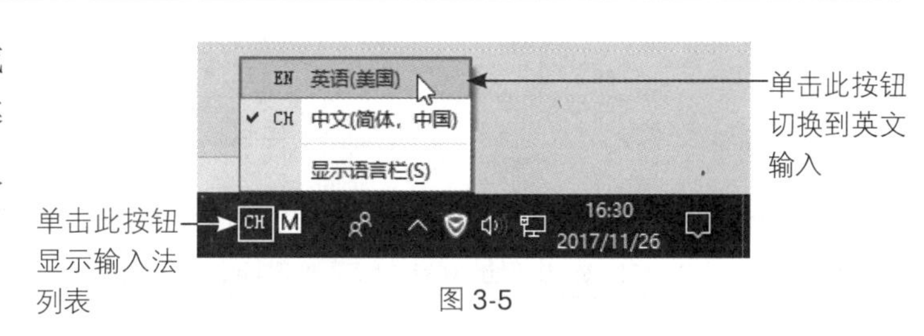

图 3-5

单击“EN 英语 (美国)”选项后即可输入英文字母，默认会显示小写的英文字母，若要输入大写字母，则可同时按住 Shift 键，若希望输入的英文字母都为大写，则可先按 Caps Lock 键锁定大写状态，如图 3-6 所示。

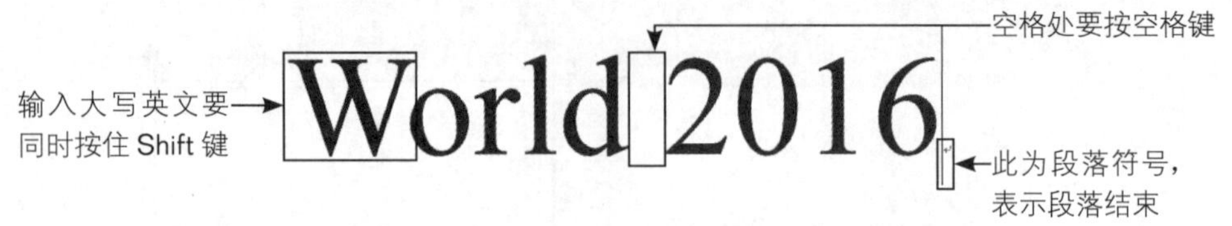

图 3-6

中文的输入可按个人习惯选择微软拼音或其他输入法，文字输入点后面会看到“↵”符号，表示段落结束，按 Enter 键会切换到下一个新段落。

启用即点即书功能

对于空行较多的文件，很多人习惯多按几个 Enter 键。事实上，Word 提供了“即点即书”功能，只要在文件任何角落双击，便可在此处开始输入文字。利用此功能输入文字后，会在标尺上留下记号，通过这些记号可再次调整文字的位置。

3.2.2 输入标点符号 / 特殊字符 / 符号

标点符号有中文和英文两种，中文标点符号有逗号、句号、感叹号、问号、冒号、双引号、分号等，最好使用全角的标点符号。在 Word 程序中，可单击“插入”选项卡中的“符号”按钮，从下拉列表中选择常用的标点符号，如图 3-7 所示。

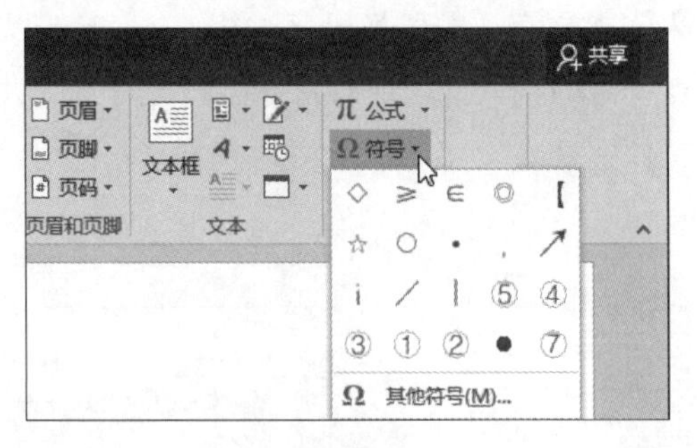

图 3-7

如果要插入一些键盘上没有的特殊符号，如版权符号、注册符号、商标符号、长划线等，可单击“符号”下拉列表，再从中选择“其他符号”选项，打开“符号”对话框，在“特殊字符”选项卡中选择特殊字符，最后单击“插入”按钮并关闭窗口即可完成特殊字符的输入，步骤如图 3-8 所示。

图 3-8

另外，在“符号”选项卡中还提供了各种特殊符号，如 Wingdings、Wingdings 2 等字体中有很多漂亮的符号，如图 3-9 所示，大家不妨试试看。

图 3-9

3.2.3 输入数字类型的编号

在“插入”选项卡中有一个“编号”按钮，此功能可以插入各种类型的数字编号，如甲乙丙、壹贰叁、子丑寅等。只要在“编号”字段输入阿拉伯数值，选择要呈现的数字类型，单击“确定”按钮即可在文件中看到结果，如图 3-10 和图 3-11 所示。

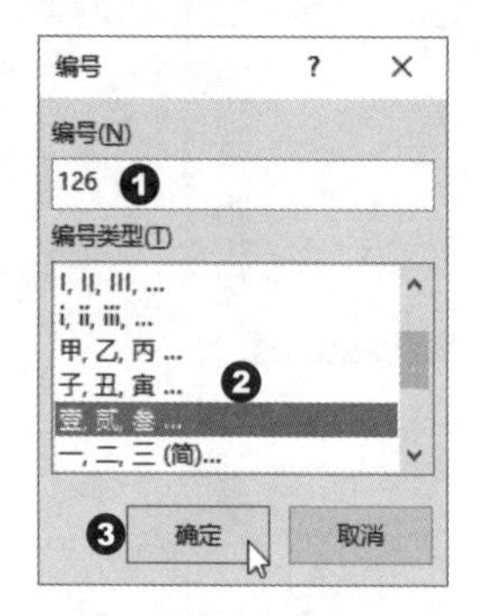

图 3-10

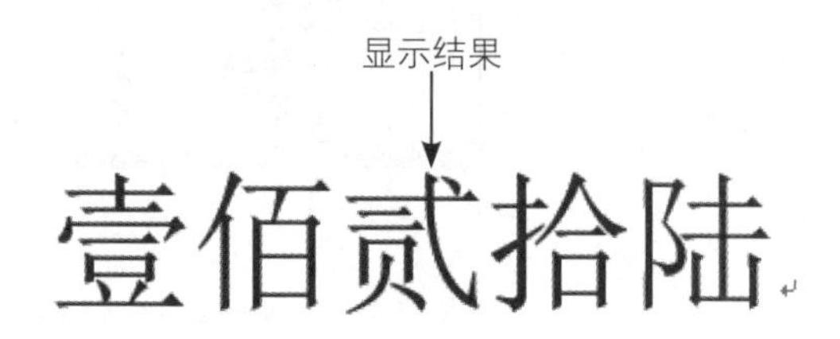

图 3-11

3.2.4 插入日期和时间

若需要在文件中插入日期与时间，最快的方式就是单击“插入”选项卡中的“日期和时间”按钮，如图 3-12 所示，可以将指定的日历类型与当前的日期和时间插入文件中。

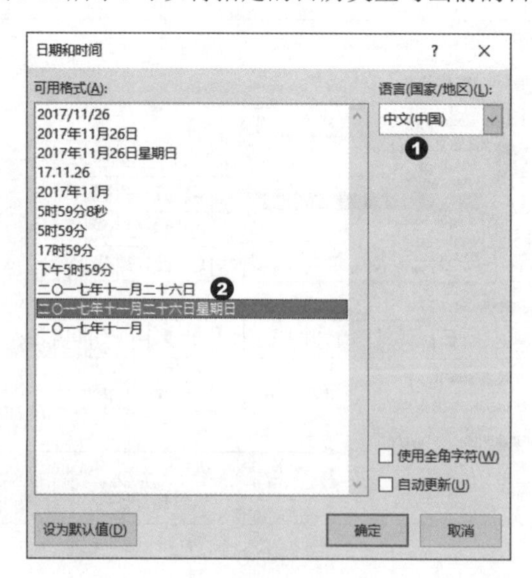

图 3-12

因为笔者的系统中目前只安装了“中文(中国)”与“英文(美国)”两个语言包，所以语言中只有这两个选项，只要在可用格式列表中选择自己想要使用的日期格式，再单击“确定”按钮就可以完成设置。

3.2.5 上标与下标

“上标”是指在文字基线上方输入小字体字符，“下标”是在文字基线下方输入小字体字符，上标与下标通常出现在科技类文件或教科书中，在数学公式或化学分子式中经常会碰到。此类问题只要在“开始”选项卡中单击“上标”或“下标”按钮即可设置，如图 3-13 所示。

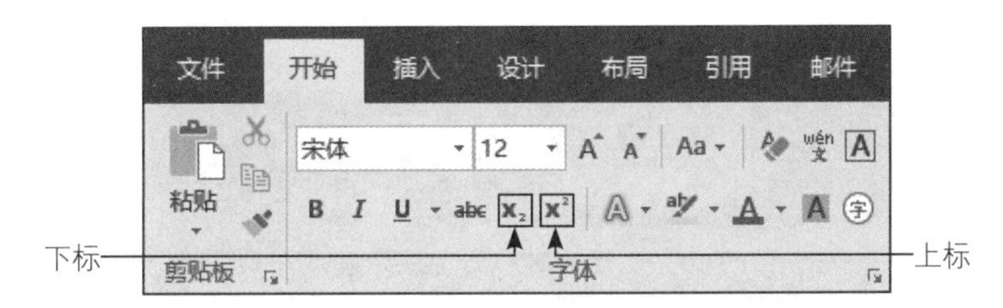

图 3-13

如图 3-14 所示，选择要做标记的文字，再单击“开始”选项卡中的“上标”按钮或“下标”按钮，即可得到如图 3-15 所示的结果。

(a+b)2=a2+2ab+b2 ←原文字输入

H2O

图 3-14

$(a+b)^2=a^2+2ab+b^2$ ←设置了上标与下标格式

H_2O

图 3-15

3.2.6 更改英文字母大小写

编辑英文文件时，遇到需要更改字母大小写，如果不懂得技巧，就得耗费较多时间进行修改。Word 提供了切换英文大小写的功能，可以根据不同的需要进行切换。

选择一段文字后，单击“开始”选项卡中的“更改大小写” Aa 按钮，即可将文字更改为句首字母大写、小写、大写、每个单词首字母大写、切换大小写、半角、全角等常见的书写方式，如图 3-16 所示。

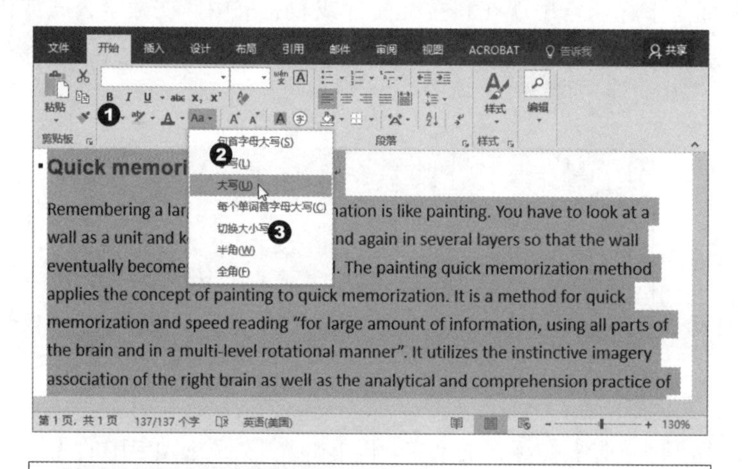

QUICK MEMORIZATION METHOD

REMEMBERING A LARGE AMOUNT OF INFORMATION IS LIKE PAINTING. YOU HAVE TO LOOK AT A WALL AS A UNIT AND KEEP PAINTING AGAIN AND AGAIN IN SEVERAL LAYERS SO THAT THE WALL EVENTUALLY BECOMES EVEN AND BEAUTIFUL. THE PAINTING QUICK MEMORIZATION METHOD APPLIES THE CONCEPT OF PAINTING TO QUICK MEMORIZATION. IT IS A METHOD FOR QUICK MEMORIZATION AND SPEED READING「FOR LARGE AMOUNT OF INFORMATION, USING ALL PARTS OF THE BRAIN AND IN A MULTI-LEVEL ROTATIONAL MANNER」. IT UTILIZES THE INSTINCTIVE

变更为大写后的结果

图 3-16

3.3.7 输入带圈字符

希望在文件中出现“注”“正”“密”“印”“特”“禁”等特别的标记符号时，不需要输入任何文字内容，只要在文字输入点处单击“开始”选项卡中的“围绕字符” 按钮，即可在字符四周放置圆圈、方框、三角形或菱形框，以强调指定的字符，如图 3-17 所示。

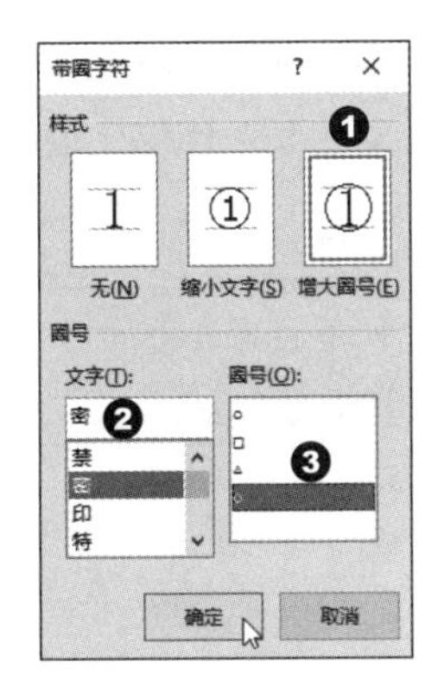

图 3-17

3.2.8 从文件插入文字

要在文件中加入其他文件中的内容，大家一般习惯使用“复制”与“粘贴”命令直接将选择的对象加入文件中。事实上，Word 也提供了插入文本文件的功能，无论是纯文本文件、RTF 格式文件、Word 文件还是网页文件等，都可以插入当前文件中。

在“插入”选项卡中单击“对象”按钮，从下拉列表中选择“文件中的文字”选项后，再从打开的窗口中选择要插入的文件，单击“插入”按钮即可。步骤如图 3-18 和图 3-19 所示。

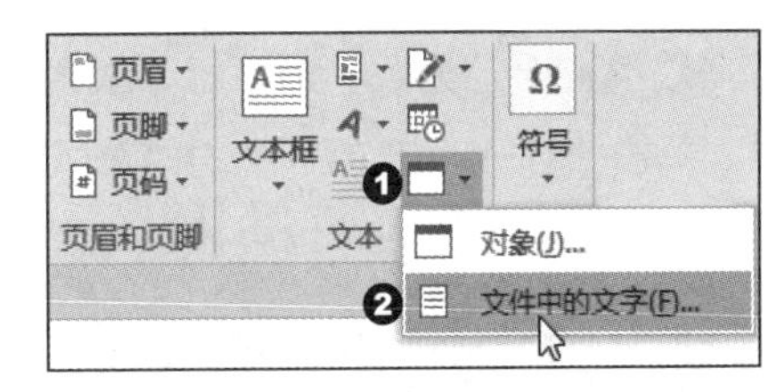

图 3-18

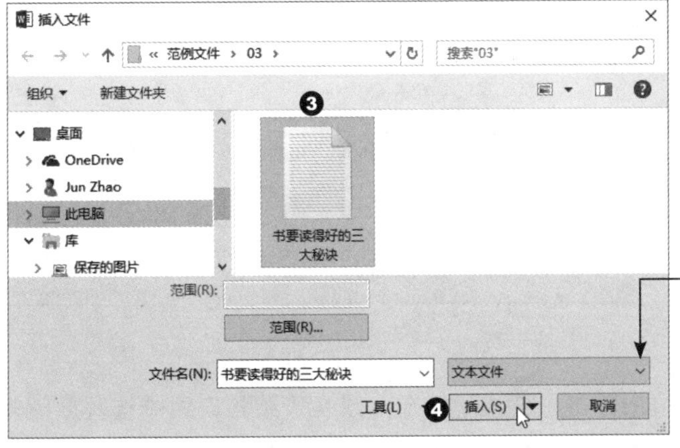

图 3-19

对于书的排版，建议使用纯文本文件的方式插入出版目标文件中，这样方便应用新设置的文字样式。另外，我们也可以使用此功能将文本文件插入文本框中，只要先选择要插入的文本框即可。

说明

单击“插入”选项卡中的“对象”按钮后，选择下拉列表中的“对象”选项，就可以将插入对象内嵌到文件中，如 Word 文件、Excel 图表等对象。

3.3 构建其他文字对象

对于文字内容的构建，除了 3.2 节所提及的方式，Word 还可以把文字以对象的方式来呈现，如数学公式、文本框、文字对象、艺术字等，本节来看如何使用这些技巧。

3.3.1 输入数学公式

在数学方面，分数、上下标、根号、运算符、函数等公式在 Word 文件中都可以轻松编辑。单击“插入”选项卡中的“公式” π 按钮，就能在文件中看到如图 3-20 所示的公式编辑器。上方的选项卡也会显示与公式有关的工具按钮。

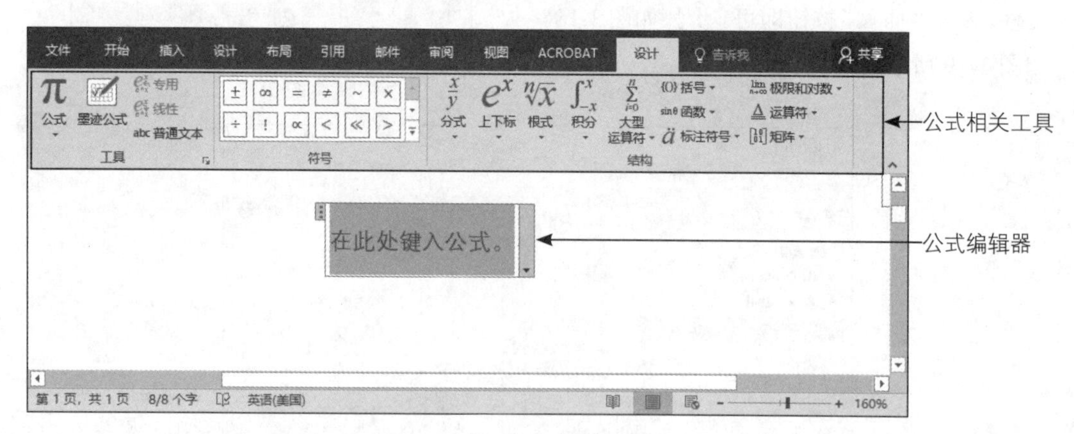

图 3-20

在“工具”组中单击“公式”按钮，或在“结构”组中选择要编辑的公式类型，在打开的列表中选择样式后，该公式就会出现在编辑器中，如图 3-21 所示。

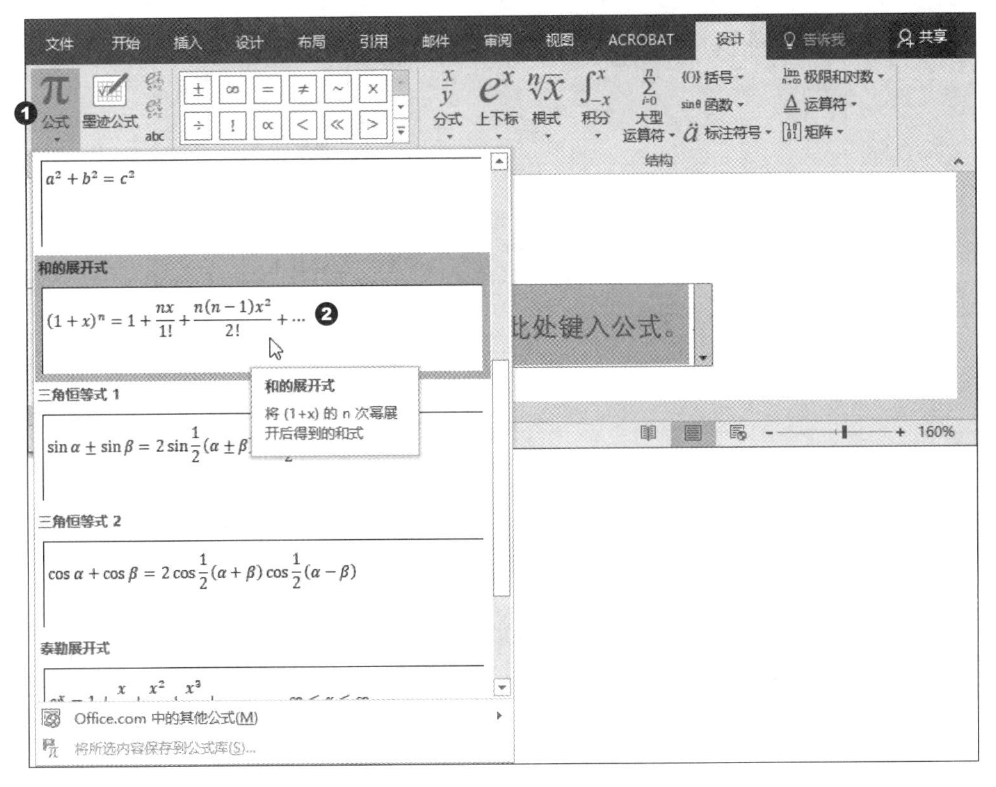

$$(1+x)^n=1+\frac{nx}{1!}+\frac{n(n-1)x^2}{2!}+\cdots$$

编辑器中已显示插入的公式

图 3-21

3.3.2 插入横排 / 竖排文本框

文本框有“横排文本框”与“竖排文本框”两种，一种是插入横排的文字，另一种则是插入竖排的文字。在“插入”选项卡中单击“文本框”按钮，从下拉列表中选择“绘制横排文本框”或“绘制竖排文本框”选项，接着在编辑的文件中拖曳出所需要的文本框范围，随后就可以在里面输入文字内容了，如图 3-22 所示。

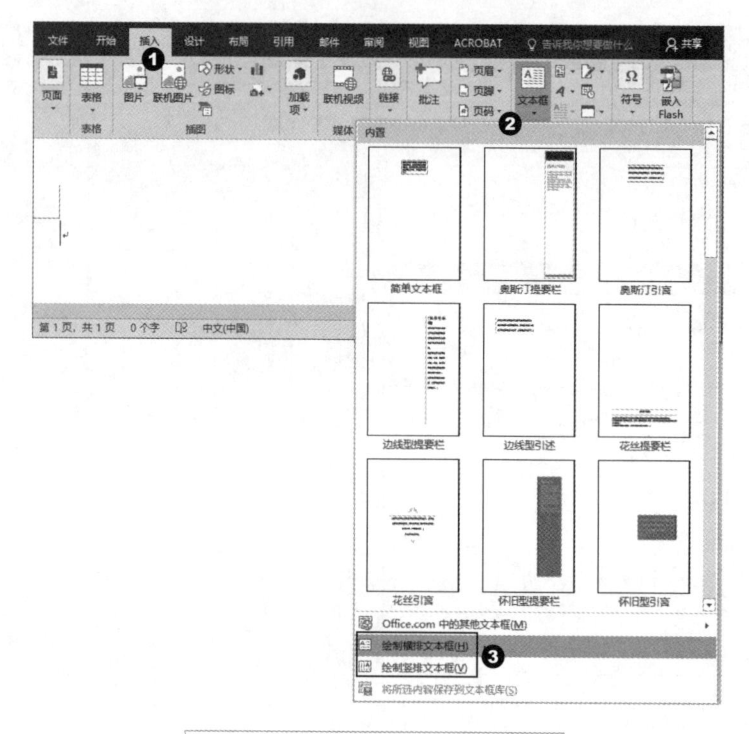

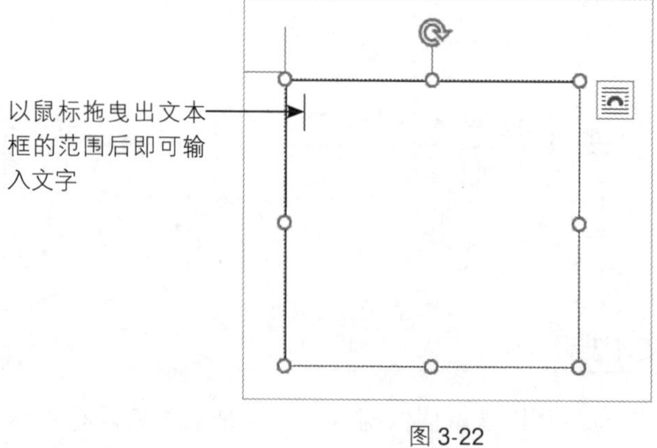

图 3-22

3.3.3 文本框间的链接

在文本框中插入文字内容后，若因版面安排的需求而无法排下所有文字内容，则可使用文字链接的方式新建文本框，以便摆放剩余的文字，也就是说，让文本框中的文字接续到其他文本框中。

使用方法很简单，单击“格式”选项卡中的“创建链接”按钮即可办到。如图3-23所示，让左侧文本框中的文字衔接到右侧的空白文本框中。

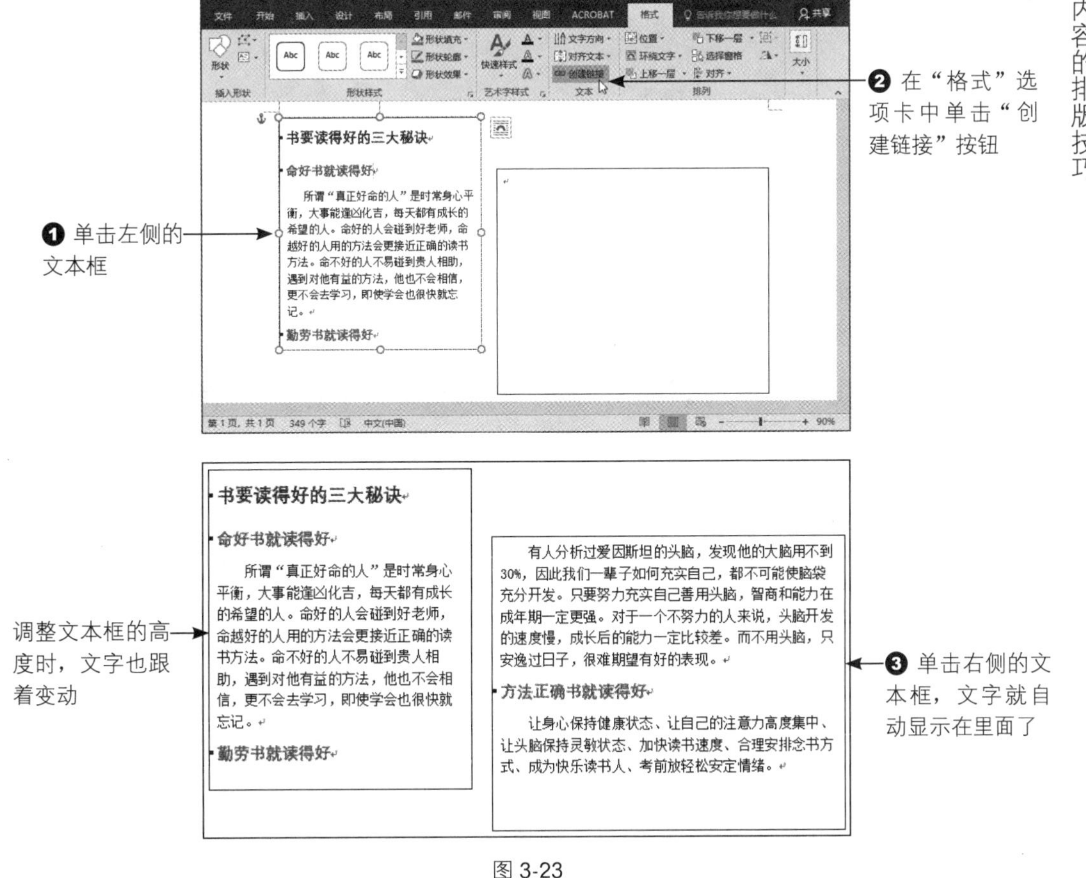

图 3-23

说明

Word的文本框提供了链接功能，但是没有“溢排”符号，所以使用文本框编排较长的段落时，要注意所有文字是否都完整显示出来了。

3.3.4 插入与应用艺术字

“艺术字”是Word的文字功能之一，可以让用户快速使用特效来突显文字，为文件增添一些艺术效果。在“插入”选项卡中单击 艺术字 按钮，从下拉列表中选择艺术字的样式，接着在编辑的文件中会自动显示一个文本框，用户可直接在预留的文字位置中输入文字内容，如图3-24所示。

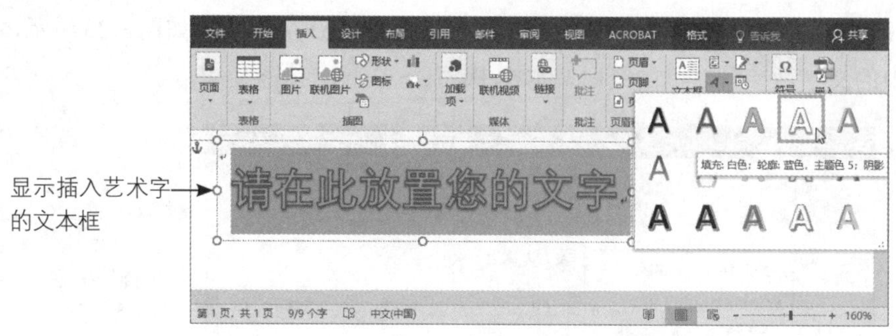

图 3-24

修改预留文本框中的文字内容后，如果不满意该文字样式，随时都可以选择“格式”选项卡中的“快速样式”，对样式进行更改，如图 3-25 所示。

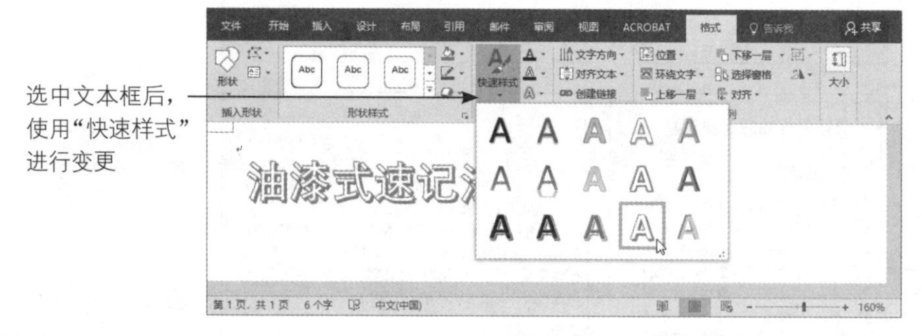

图 3-25

自定义艺术字样式

如果不满意默认的艺术字样式，在“格式”选项卡的“艺术字样式”组中还提供了“文本填充”“文本轮廓”“文本效果”等按钮，供用户自行修改。另外，“形状样式”组中的“形状填充”“形状轮廓”“形状效果”按钮可对文本框进行修改，如图 3-26 所示。

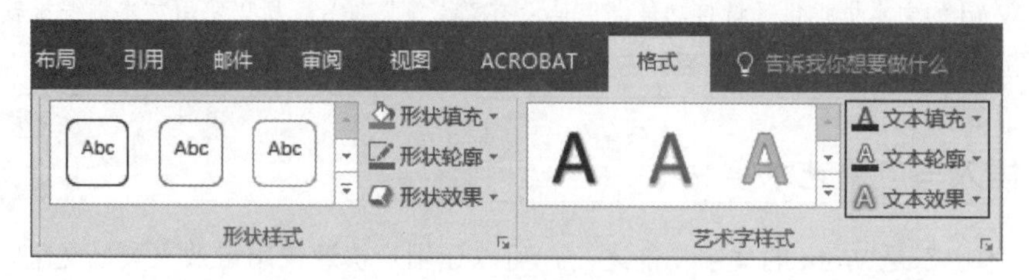

图 3-26

3.3.5 创建与插入文档部件

由于 Word 经常被应用于各种报告、长篇文件、报纸稿件等的制作上，大家可以利用“文档部件”功能将常用的文本框组合或特定的文件摘要信息保存成部件，这样下次就可以使用“插入”选项卡中的 文档部件 按钮来实现快速插入。

➲ 把选择的项目保存为文档部件

这里以图 3-27 的“补充说明”部件来示范如何保存常用的部件对象。

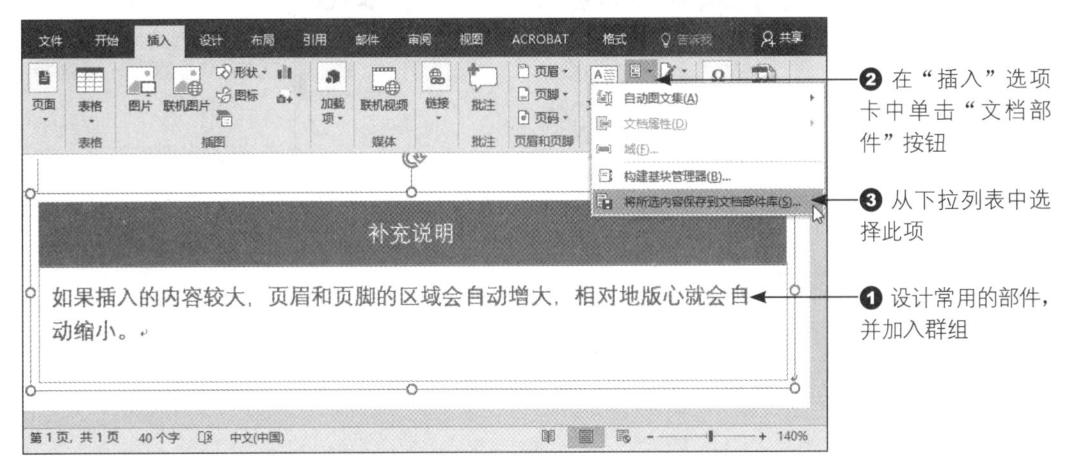

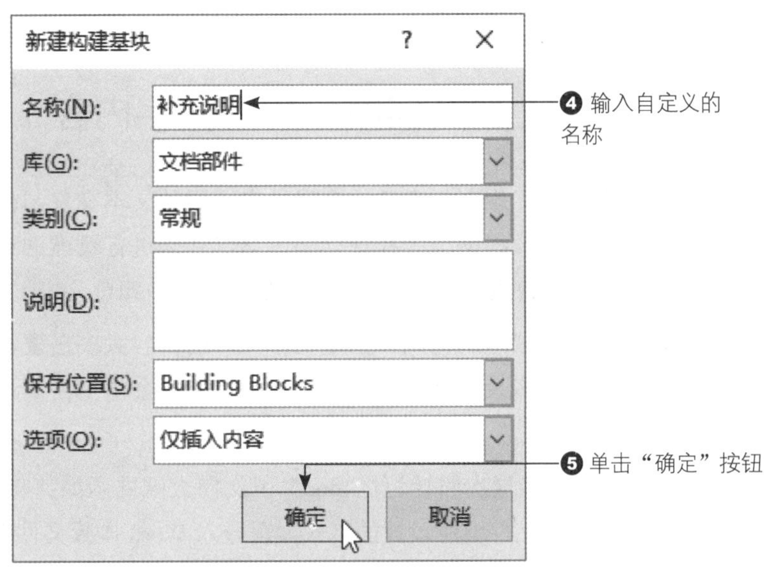

图 3-27

➲ 把文档部件插入指定位置

完成刚才的部件保存后，下次单击 文档部件 按钮并选择该部件，就可以把它加入文件中。如果要指定插入的位置，那么可右击来选择，如图 3-28 所示。

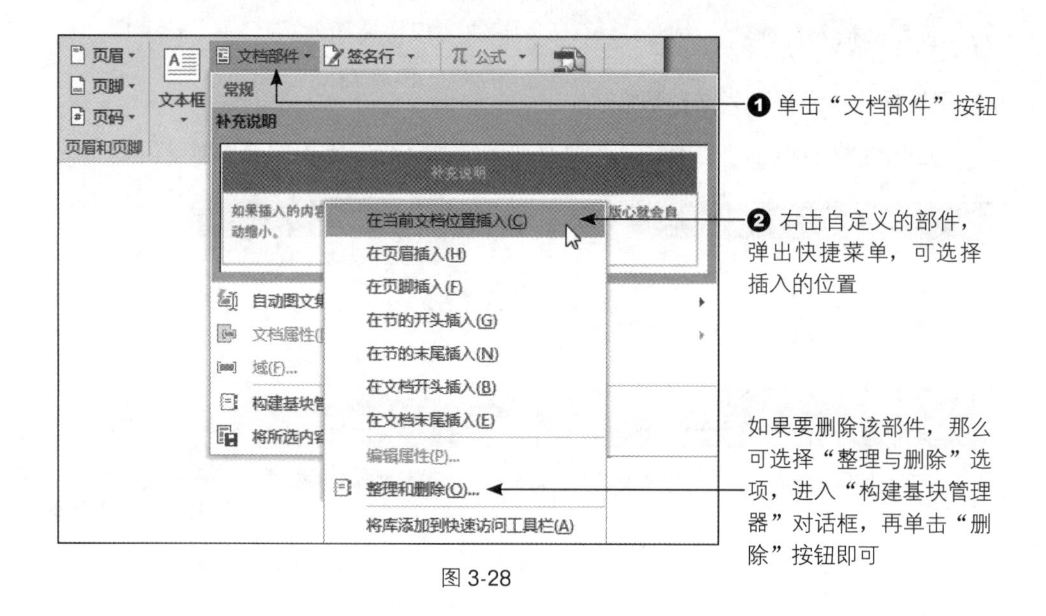

图 3-28

3.4 实践：构建文字内容

对于书的排版，现在作者通常会提供电子版的文本文件与插图，所以排版人员并不需要输入文字，只要根据出版社规划的图书尺寸来进行页面的设置，接着将文本文件导入排版文件中，再按照作者的想法把图片插入文件中即可。

虽然文字不需要重新输入，但是文本文件的内容大多需要调整，例如原先作者所设置的样式、段落前多余的空白、文字与文字之间多余的空格等最好先都删除，以便应用新的样式。

这里以“01_ 多层次回转记忆 .doc”范例向大家展示如何将源文件转存成 TXT 文本文件，以便去除原文件中所设置的格式，再导入 Word 排版文件中，同时通过“替换”功能将文件中多余的空白或空格删除。

3.4.1 将源文件转存成 TXT 纯文本文件

1. 打开源文件：在源文件“01_多层次回转记忆.doc”的图标上双击，将该文件在 Word 程序中打开，如图 3-29 所示。

图 3-29

2. 转存为纯文本文件：单击“文件”选项卡，再选择“另存为”选项并浏览文本文件存放的位置，将“保存类型”设置为“纯文本”，选用“Windows”文字编码方式完成保存操作，具体步骤如图 3-30 ～图 3-32 所示。

图 3-30

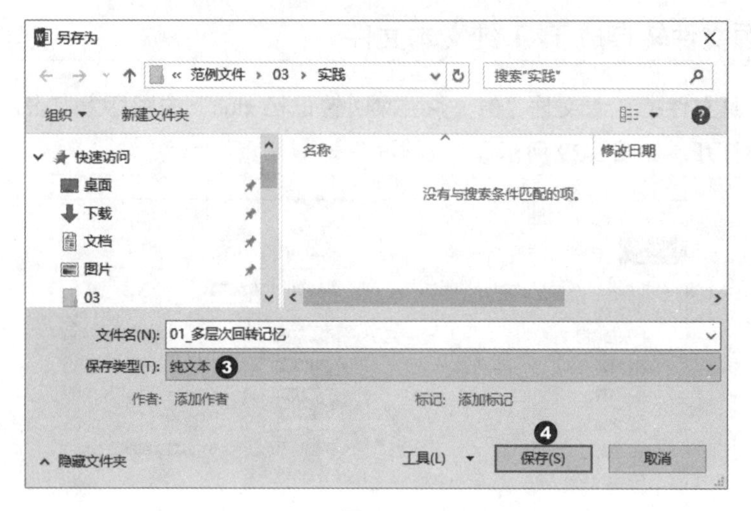

图 3-31

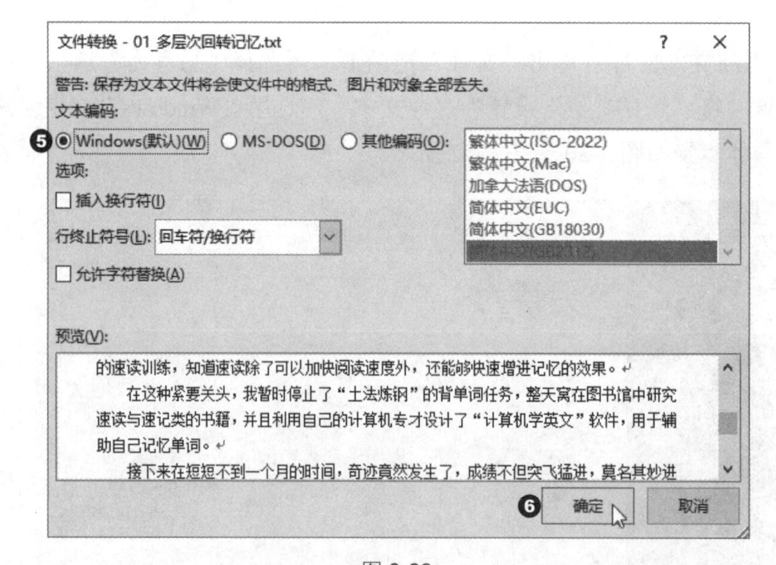

图 3-32

3.4.2 将纯文本文件导入排版文件

打开原先已设置好的“页面设置 .docx”版面文件，输入点放在第二页开始处，在“插入”选项卡中单击“对象”按钮，从下拉列表中选择“文件中的文字”选项，将刚刚保存的纯文本文件插入文件中，步骤如图 3-33 ～ 3-35 所示。

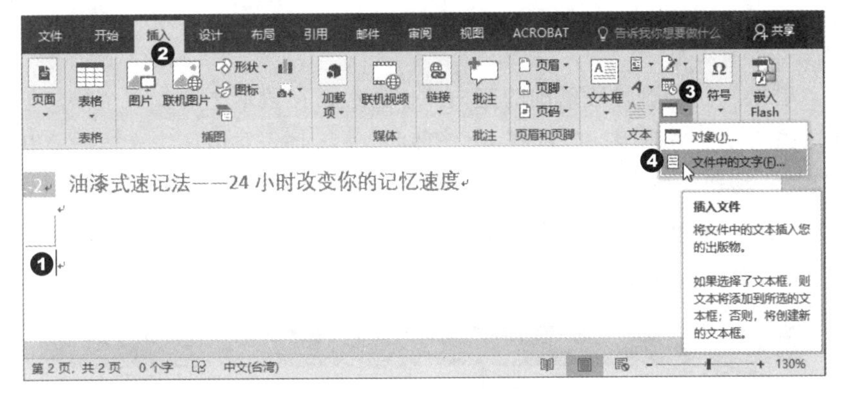

图 3-33

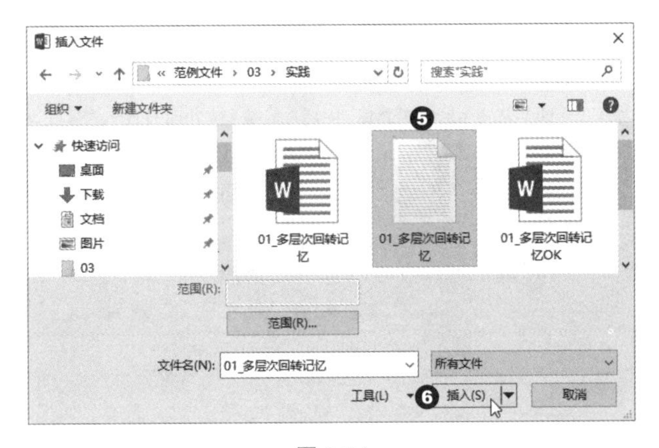

图 3-34

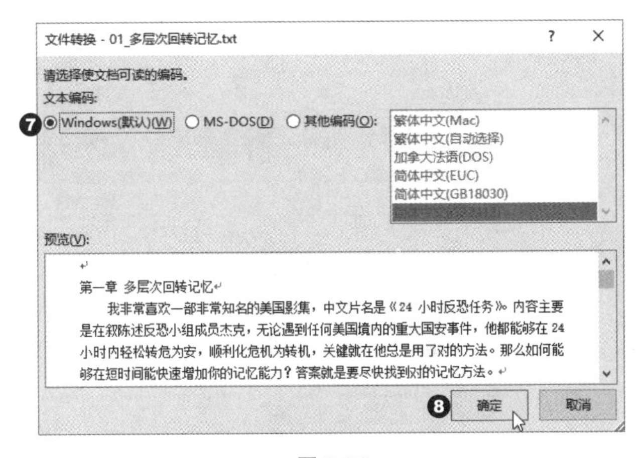

图 3-35

3.4.3 以“替换”功能删除多余的空白与空格

1. 以“替换”功能删除段落前的空白：作者经常在段落之前加入空格，把空格删除以便将来样式的设置与应用。先选择并“复制”段落前的空白，接着单击“开始”选项卡中的“替换”按钮，随后进入“查找和替换”对话框，将刚复制的空白“粘贴”到“查找内容”字段中，“替换为”字段则不变动，单击“全部替换”按钮，就可以将 160 个空白全部删除，具体步骤如图 3-36 ～图 3-38 所示。

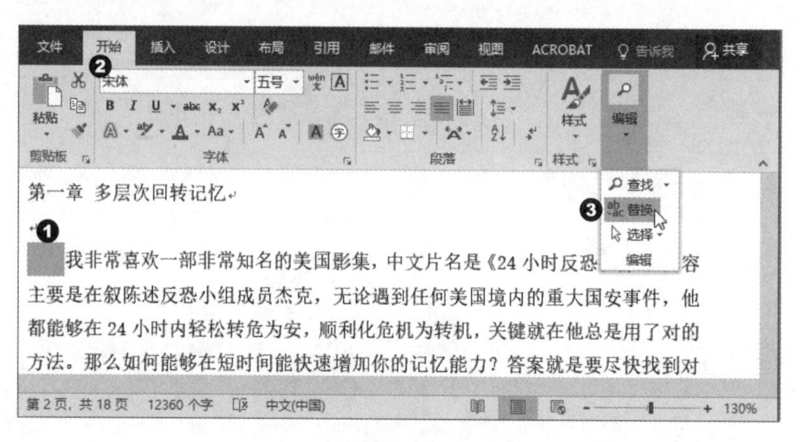

图 3-36

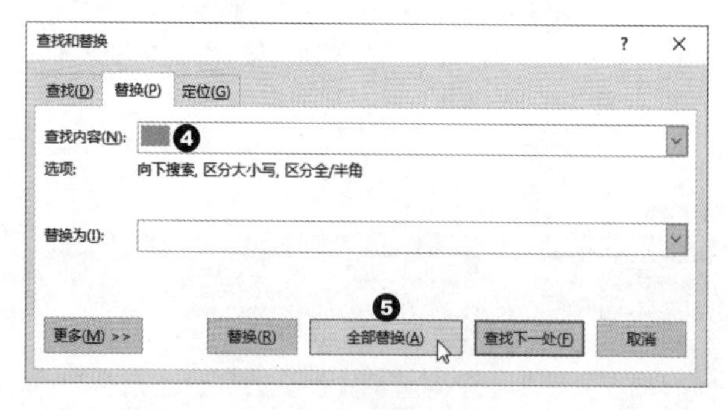

图 3-37

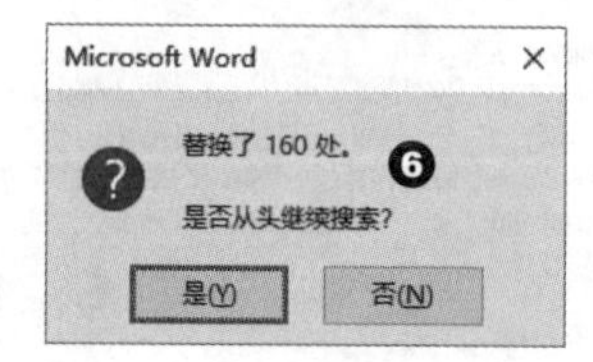

图 3-38

2. 以“替换”功能删除文字间的空格：先选择并“复制”文字与文字间的空格，打开“查找和替换”对话框，将刚复制的空格“粘贴”到“查找内容”字段中，“替换为”字段则不变动，单击“全部替换”按钮，就可以将26个空格删除，具体步骤如图3-39和图3-40所示。

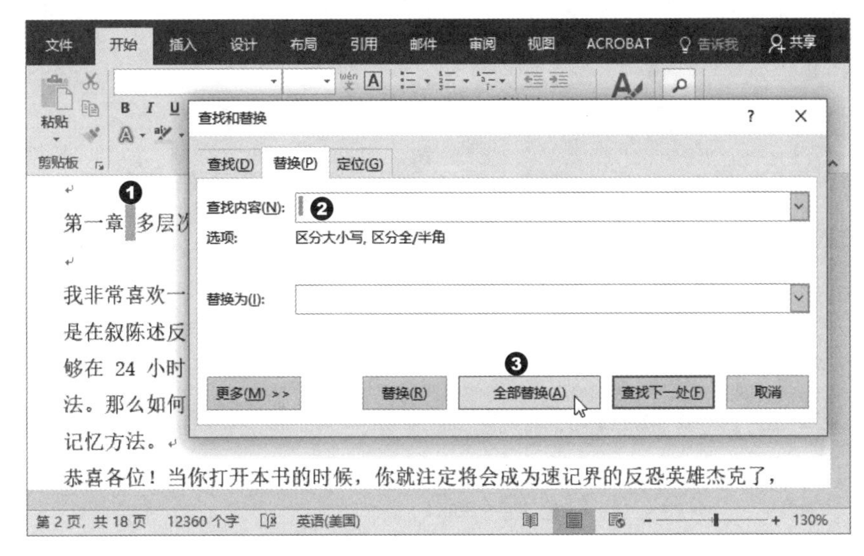

图 3-39

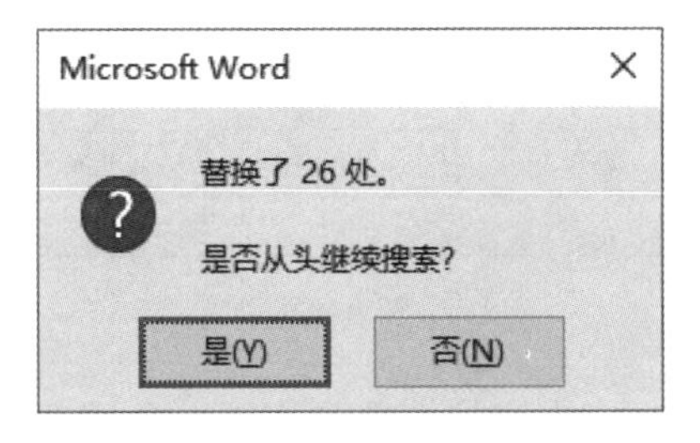

图 3-40

3.4.4 以“替换”功能统一标点符号“（）”

文件中的括号“（）”有全角也有半角，这里使用“替换”功能将半角的括号全部替换为全角，完成标点符号的统一，具体步骤如图3-41和图3-42所示。

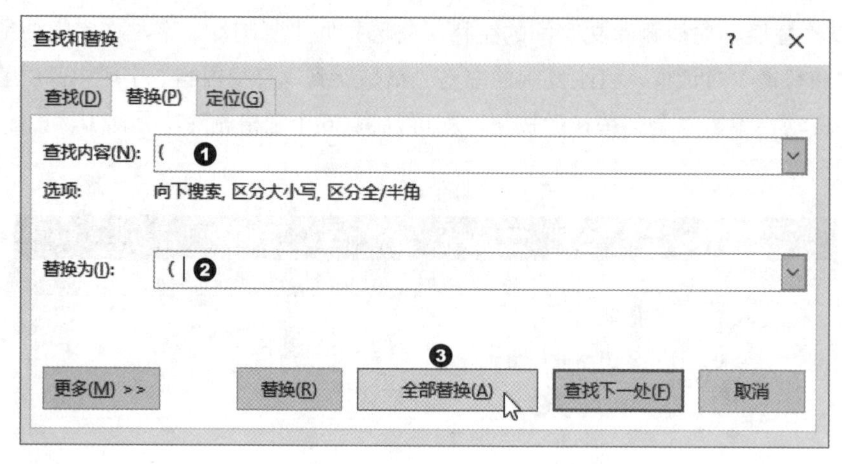

图 3-41

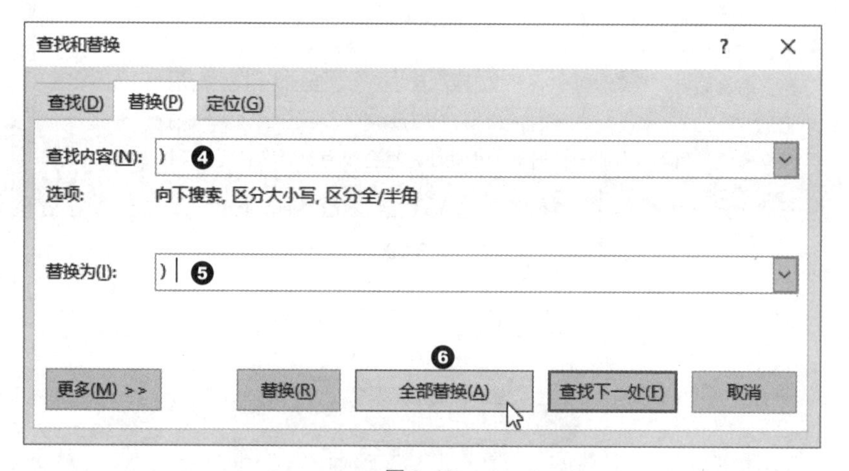

图 3-42

通过这样的方式就能将文字内容快速整理完成，在排版时不用再耗费时间删除多余的空白与空格，标点符号也都统一为全角符号了。

第4章

文件格式化的排版技巧

要使文件看起来清楚易懂、整齐划一，文件格式的设置相当重要，除了字体格式、段落格式的设置可以吸引读者的目光外，多层次的项目列表与编号也能让重点显示出来，如图 4-1 所示。

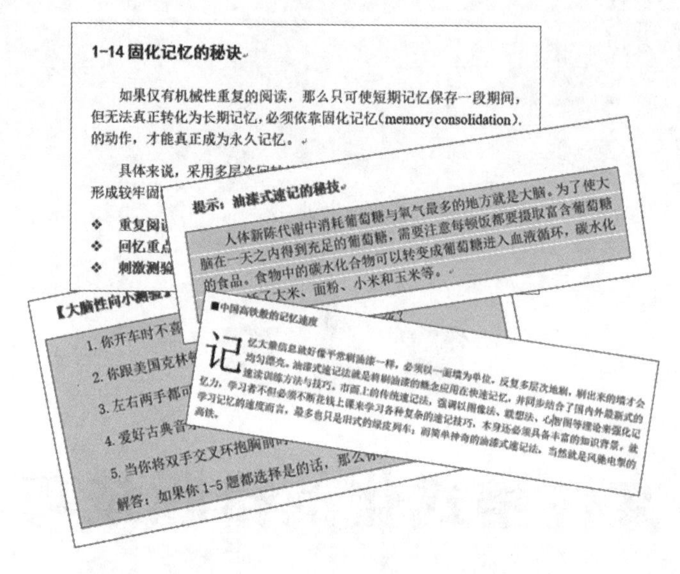

图 4-1

本章将着重对这些内容进行说明，掌握文字排版的诀窍与秘技能够让排版出来的版面既清楚地传达信息，又展现美好的视觉设计。

4.1 格式化设置要领

格式的设置通常包含字体、字间距、行间距、颜色等设置，本节列出几项排版要领供大家参考，让文字的搭配赏心悦目。

4.1.1 字体和字号的选择

无论是中文、英文还是阿拉伯数字，字体也跟人一样有着不同的个性与风貌，有的粗、有的细、有的胖、有的瘦、有的正方、有的清秀、有的豪迈等，所以应该根据阅读者的心理或文件的特点来选用适合的字体，而并非按照个人的喜好来选择。

字体是否适合放在版面或设计中，最佳的判断标准就是先确定设计的版面要呈现哪种特质，例如表现传统的特质可以选用复古风的字体，表现现代感可以选用较简约易读的字体。先确定版面的特质，才能让挑选的字体配合文件的内容。

一般计算机都有默认的中英文字体可供选用，用户也可以购买特殊的字体光盘来安装，安装后，字体会在 Word 的“开始”选项卡的“字体”分组中显示出来，用户直接从下拉列表中选择即可，如图 4-2 所示。我们通常会将粗体字放在书刊标题或广告标语上，细体字则适合用于长篇正文。但是字体的选用不可过多，过多会显得杂乱而不专业。

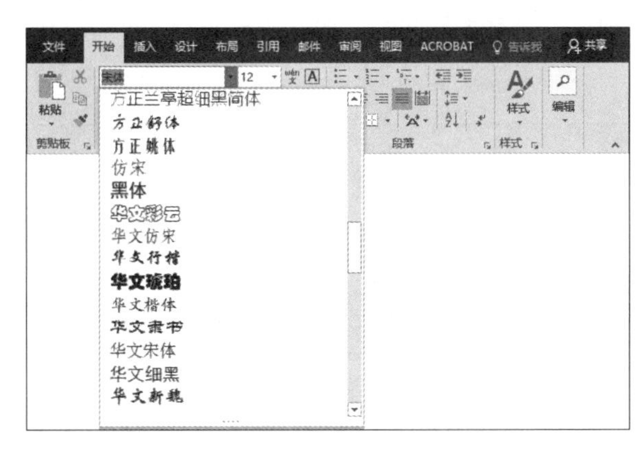

图 4-2

希望文字编排能有效地传递信息，在设计时也要考虑读者的需求，如阅读者的年龄、阅读习惯等。例如，儿童读物的字体要大且清楚，正文字体要尽量避免太多的装饰样式，明智地选用清晰的字体，让读者可以在愉悦的心情下长时间地阅读。

选择字体后，字体大小也是影响阅读难易度的关键，字体太小会难以阅读，通常印刷用的段落文字会设置在 10 ～ 12 点（pt）之间，即小五号到四号字之间。

4.1.2 字间距 / 行间距的协调与设置

要让书的正文读起来顺畅，字间距与行间距（见图 4-3）也是关键。所谓“字间距”，指的是文字与文字之间的距离，太过拥挤的字间距阅读起来会伤眼睛，太过松散的字间距则读起来不顺畅，而字间距的调整就是让每个字之间的距离能够符合空间美学。

“行间距”则是前一行文字与后一行文字的垂直距离，一般行间距要比字间距大，否则读者会搞不清楚该从哪里开始阅读，如图 4-3 所示。

命好书就读得好

命好的人会碰到好老师，命越好的人

用的方法会更接近正确读书方法。

字间距

行间距

图 4-3

想要调整字与字之间的距离，在“开始”选项卡的“字体”分组中单击按钮，在“高级”选项卡的“间距”选项可以设置字符间距（加宽或紧缩），也可以在其后方自定义磅值，如图 4-4 所示。

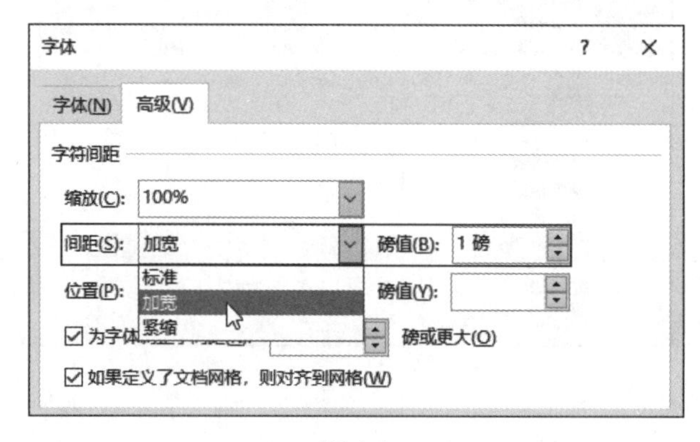

图 4-4

若要调整行与行的垂直距离，最简单的方法就是单击“开始”选项卡中的“行和段落间距”按钮，从下拉列表中选择合适的距离，如图 4-5 所示。

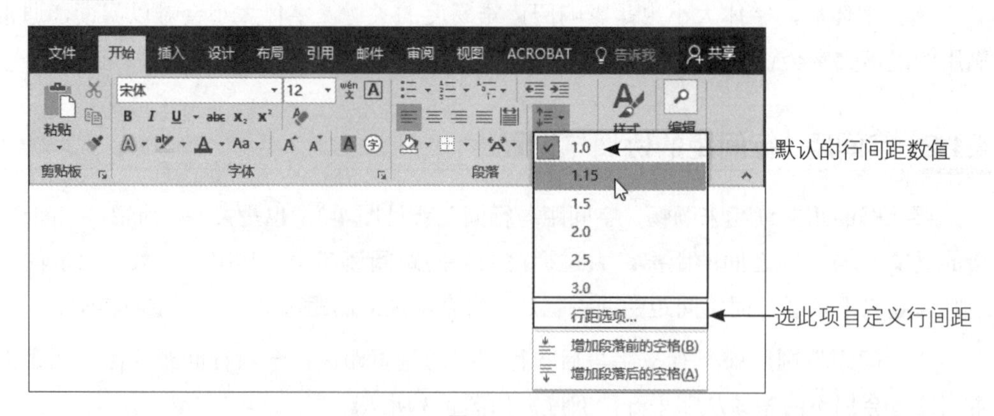

图 4-5

若从下拉列表中选择“行距选项”选项，则进入“段落”对话框，在“缩进和间距”选项卡的“间距”选项中可以设置行距（行间距），如图 4-6 所示。

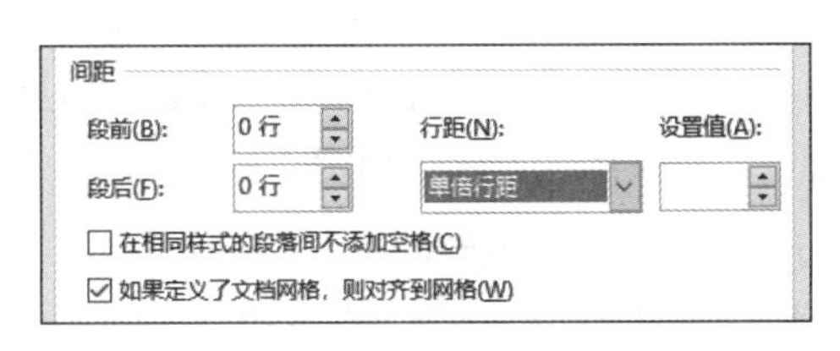

图 4-6

4.1.3 字体颜色的选择

文字排版重在文字的易读性，所以要特别注意文字与背景的对比性。如果文字与背景的反差不够强烈，例如浅色文字搭配浅色背景，或者深色文字放在较暗的图案背景上，就对眼睛的负担很大，视觉效果也不好。

常见的文件大多由白纸黑字所构成，对于重要的标题选用适当的颜色能让表达的内容更精彩、更有魅力，例如暖色系给人温暖和谐的感觉，冷色系则让人有宁静清凉的感受，但仍必须与文件主题、版面风格互相搭配才行。

在“开始”选项卡中单击“字体颜色” 按钮可快速更改文字颜色，如果没有满意的颜色，可从下拉列表中选择“其他颜色”命令，然后从“自定义”选项卡的调色板中选色，如图 4-7 所示。

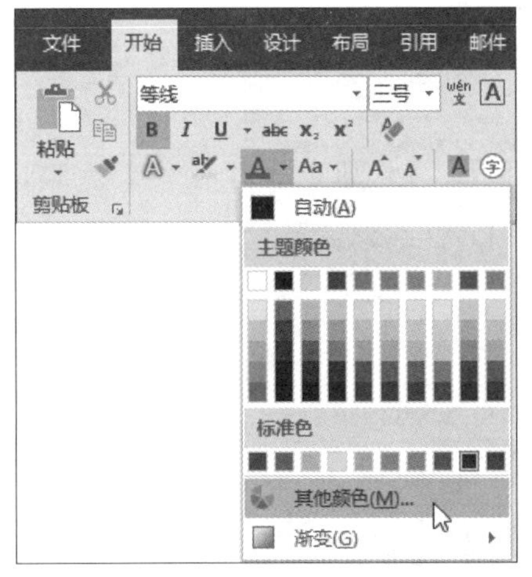

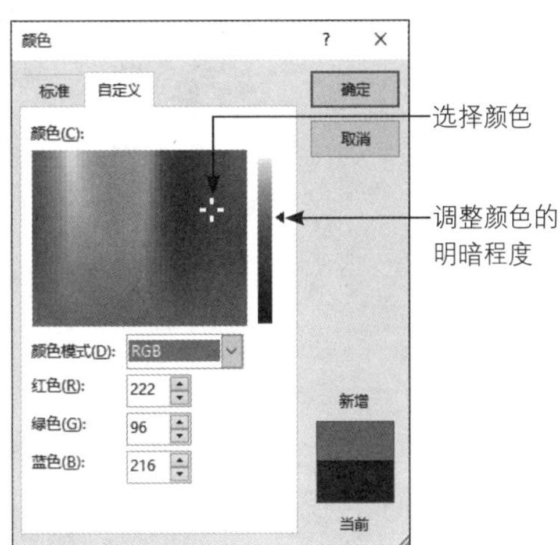

图 4-7

4.1.4 中英文字体的协调与设置

文件中经常会出现中文与英文混合编排的情况，二者是否搭配得当是见仁见智的问题。在选用字体时，尽可能根据中文字体的特征来选用适合的英文字体，使两种字体的粗细、高和宽能够在视觉上看起来协调一致，如图 4-8 所示。

图 4-8

若文件中同时有中英文，则可以分别指定文件的中 / 英文字体。在“字体”分组中单击 按钮，打开“字体”对话框，在“字体”选项卡中分别设置“中文字体”与“西文字体”，在预览处可看到中英文字搭配的效果，如果单击“设为默认值”按钮，那么新建的文件就会使用自定义的字体格式，如图 4-9 所示。

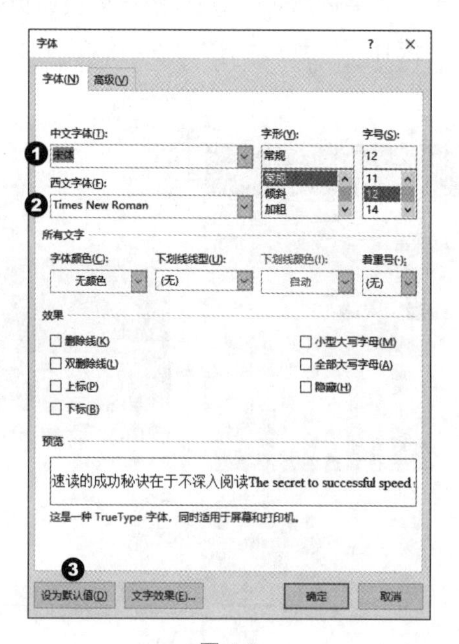

图 4-9

4.1.5 段落统一分明

在排版要诀中，最重要也是最根本的要求是：该对齐的部分就必须对齐，无论是图片还是文字的处理，只要对齐了，同时保持一致，就能让界面统一分明。

要让段落看起来舒服流畅，段落的对齐方向是第一要素。“开始”选项卡的“段落”分组提供了“左对齐”“居中”“右对齐”“两端对齐”“分散对齐”5 种对齐方式。在段落中通常选择“左对齐”方式，尽量少用“分散对齐”，避免产生一堆不规则和随机分布的空白，让界面看起来杂乱不堪。在中英文并存的段落中，可使用“两端对齐”的方式，使得文件边缘保持匀称而利落，不会出现参差不齐的情况，如图 4-10 所示。

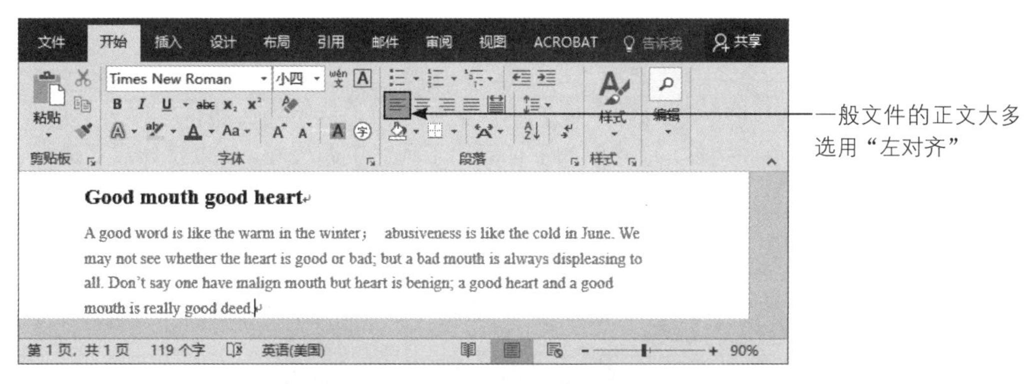

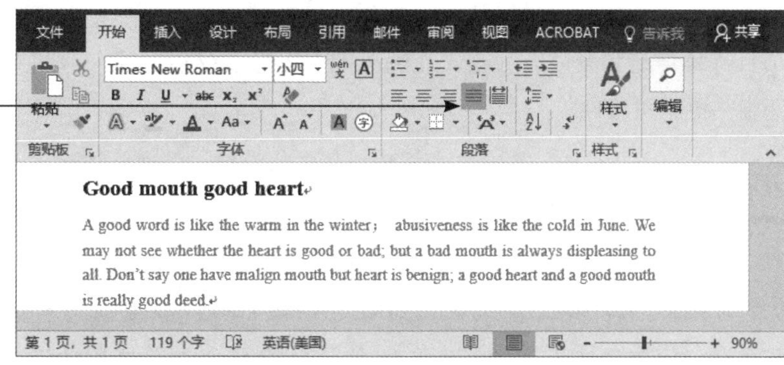

图 4-10

段落要分明，首字大写或首行缩进设置都可以让段落具有清晰鲜明的效果。另外，也可以适时地让段落间的距离加大一些，如图 4-11 所示。

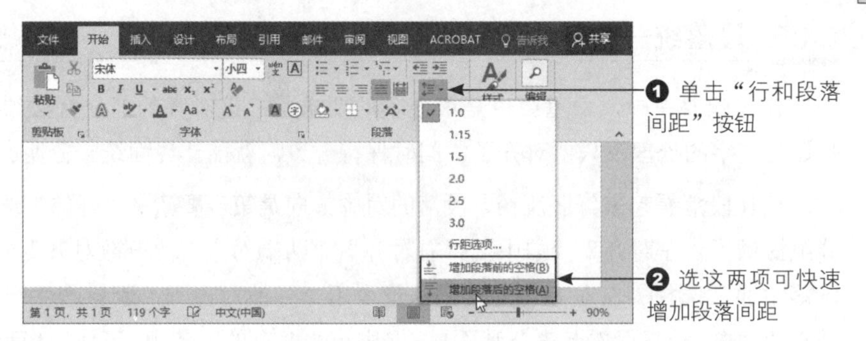

图 4-11

4.1.6 大小标题清楚易辨

在排版设计中，文件的结构与层次是设置大小标题的主要依据，通常按照文件的结构区分文字的大小、颜色和字体，而且因为主标题用于阐述主题核心，所以字体尺寸最大、最粗，颜色最抢眼。其次是副标题、小标题、正文等依次变化，这样文件的易读性就高，视觉层次的变化也很鲜明。

4.1.7 善用项目符号提纲挈领

对于列表而言，为了使文件看起来更条理分明，一般使用项目符号或编号来处理。项目符号会将各条内容并列，而编号则可以显示先后顺序。这两者都能让文件的结构更清晰，更具可读性。

4.1.8 行长与分段设置

一行文字的长度决定读者在阅读时由行末文字跳转视线到下一行的时间，当行长较大时，跳转的时间较长，行长较短时则所需时间较短，因此一行文字的长度会影响阅读的节奏。通常一行文字的长度在 45 个字符到 75 个字符比较合适。而段落太宽或太窄都会造成阅读上的困难。另外，行的长度越长，阅读者就会感觉行距越小，所以当行长较长时，排版时就需要将行距适当增大，以便于读者阅读。

用 Word 进行排版前，我们也可以预先指定每行的字数和每页的行数。在“布局”选项卡中的“页面设置”分组单击 按钮，随后在“页面设置”对话框中的“文档网格”选项卡中进行设置，如图 4-12 所示。

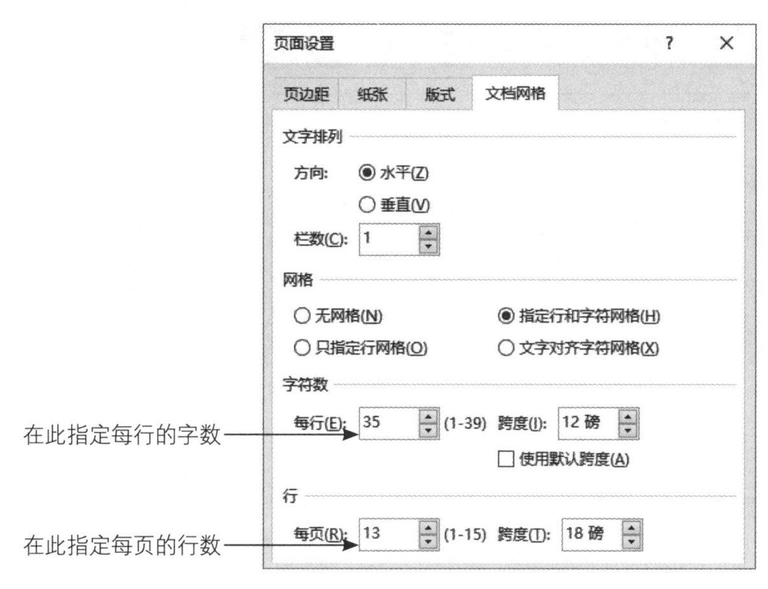

图 4-12

除了行长会影响阅读的节奏外，段落的划分也是因素之一。因为段落设置得过短会造成视觉的中断，使版面看起来比较凌乱，而且不适当的分段也会影响读者对文章的理解程度。

4.2 使文件布局更加整齐清晰

一篇结构清晰的文件，布局是非常重要的，如果布局整齐清晰，读者就能轻松自如地阅读，享受阅读的喜悦，反之则会影响读者继续阅读的心情。

4.2.1 首行缩进

设置首行缩进是排版中经常使用的一种手法，可以让读者清楚地辨识每个段落的开始处，而且能让文件看起来更加整齐美观。

要设置首行缩进，最简单的方式就是直接在标尺上调整。在“视图”选项卡中勾选“标尺”复选框，以便显示出标尺。将鼠标移到标尺上，往右拖曳左上方的“首行缩进”▽按钮即可，如图 4-13 所示。一般缩进设为两个中文字符，这样段落看起来会更加清晰明了。

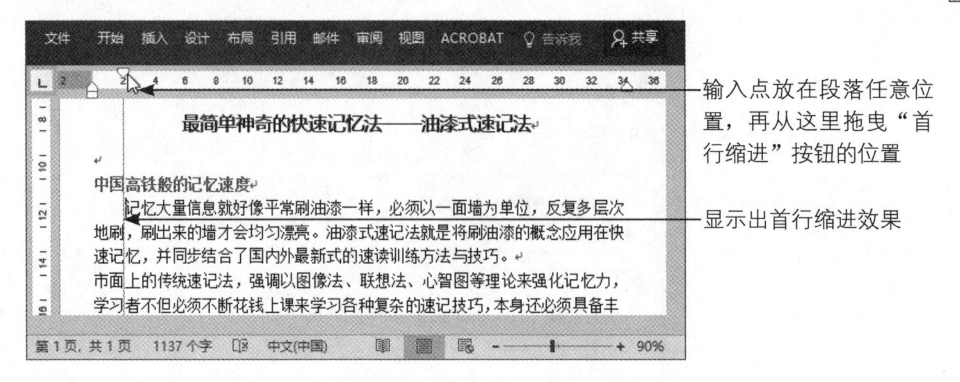

图 4-13

说明

段落的缩进除了刚才介绍的“首行缩进”外，还有“悬挂缩进”。“首行缩进”是段落的第一行文字向页面右侧偏移，而“悬挂缩进”则是除了第一行文字外，其他行文字向页面右侧偏移。

我们也可以在“开始”选项卡的“段落”分组单击 按钮，在“缩进和间距”选项卡中将缩进的“特殊格式”设为“首行缩进”，并在其后方设置缩进值（厘米），步骤如图 4-14 所示。

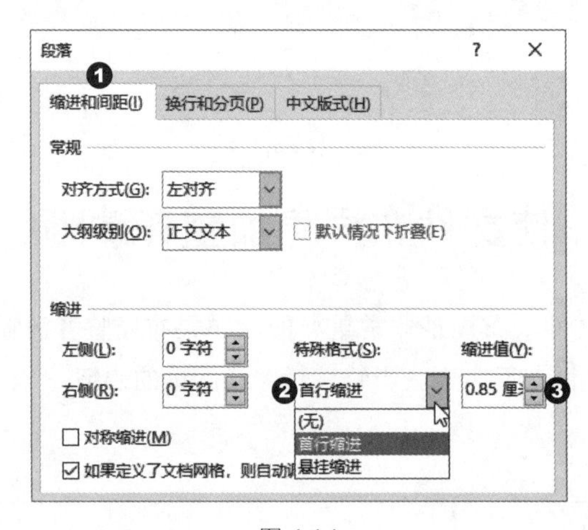

图 4-14

4.2.2 首字下沉与首字悬挂

“首字下沉”是将段落的第一个文字放大，使之占据 2 到 3 行的高度，文件开头的文字变得很醒目，如图 4-15 所示，这种做法经常在报刊的排版中看到。

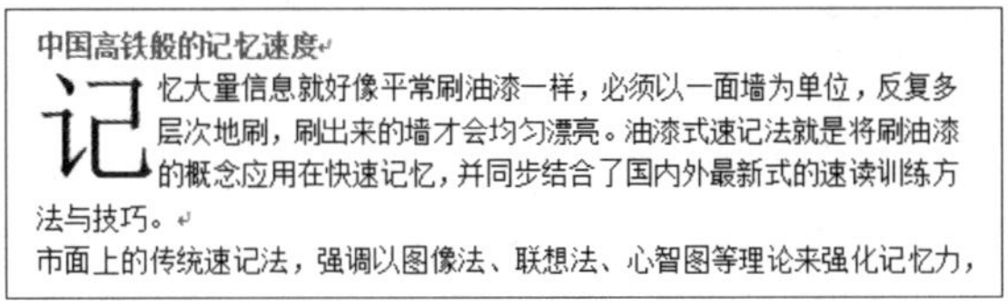

中国高铁般的记忆速度

记忆大量信息就好像平常刷油漆一样，必须以一面墙为单位，反复多层次地刷，刷出来的墙才会均匀漂亮。油漆式速记法就是将刷油漆的概念应用在快速记忆，并同步结合了国内外最新式的速读训练方法与技巧。

市面上的传统速记法，强调以图像法、联想法、心智图等理论来强化记忆力，

图 4-15

“首字悬挂”则是将段落的第一个字明显地放在段落左侧。这两种方式的设置是在“插入”选项卡中单击“首字下沉”按钮，再从下拉列表中选择“下沉”或“悬挂”选项，如图4-16所示。

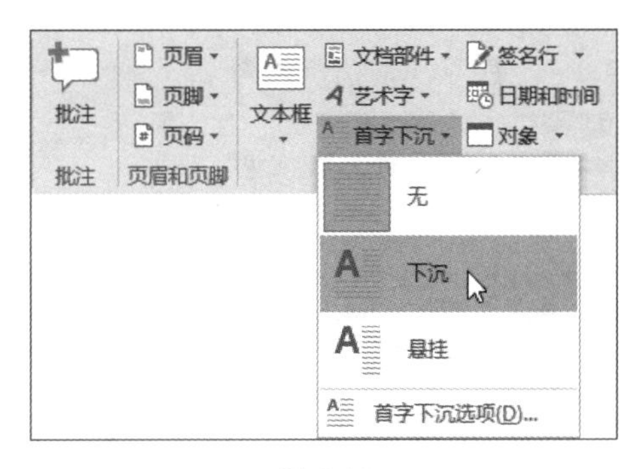

图 4-16

若从下拉列表中选择“首字下沉选项”，则会弹出“首字下沉”对话框，在其中可自定义首字的位置、文字下沉的行数、字体与正文的距离，如图 4-17 所示。

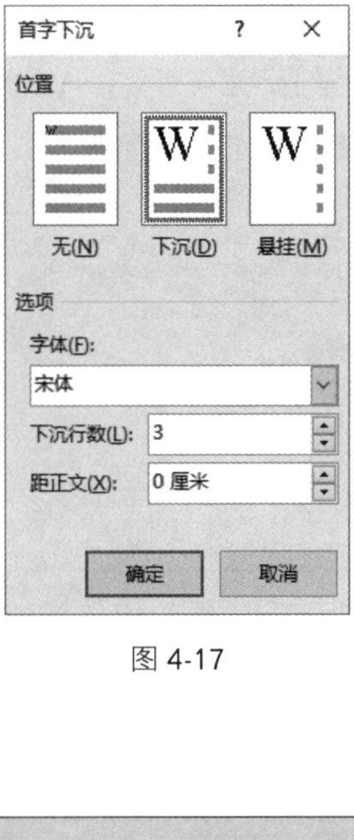

首字下沉 ? ×
位置
无(N) 下沉(D) 悬挂(M)
选项
字体(F):
宋体
下沉行数(L): 3
距正文(X): 0 厘米
确定 取消

图 4-17

4.2.3 调整适当的段落间距

段落间距是指段落与段落之间的距离，在 Word 程序中还分为“段落前间距”与“段落后间距”两种，利用段落间距可以使得文件中的各个段落变得更清晰整齐。

要设置段落间距，在“开始”选项卡中的“段落”分组单击按钮，在“段落”对话框中切换到“缩进和间距”选项卡，即可设置与“段前”或“段后”之间的距离，如图 4-18 所示。

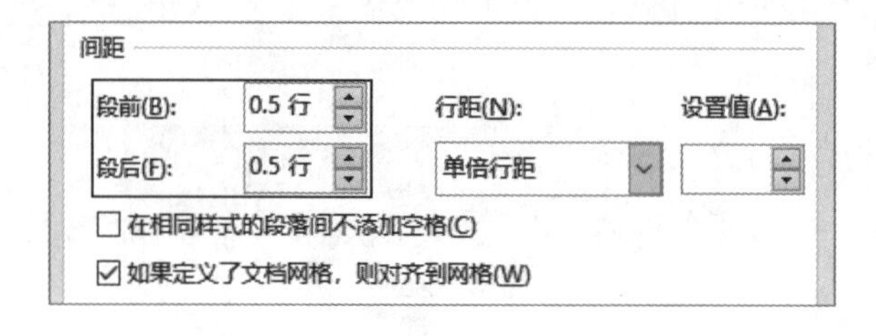

记忆大量信息就好像平常刷油漆一样，必须以一面墙为单位，反复多层次地刷，刷出来的墙才会均匀漂亮。油漆式速记法就是将刷油漆的概念应用在快速记忆，并同步结合了国内外最新式的速读训练方法与技巧。

市面上的传统速记法，强调以图像法、联想法、心智图等理论来强化记忆力，学习者不但必须不断花钱上课来学习各种复杂的速记技巧，本身还必须具备丰富的知识背景。就学习记忆的速度而言，最多也只是旧式的绿皮列车；而简单神奇的油漆式速记法，当然就是风驰电掣的高铁。

加大段落间距让段落更分明

图 4-18

段中不分页

在排版过程中，经常会遇到同一个段落分处在当前页面的底端与下一页面的顶端。如果希望同一段落显示在同一页面上，那么可以在“段落”对话框的“换行和分页”选项卡中勾选“段中不分页”复选框，如图 4-19 所示。

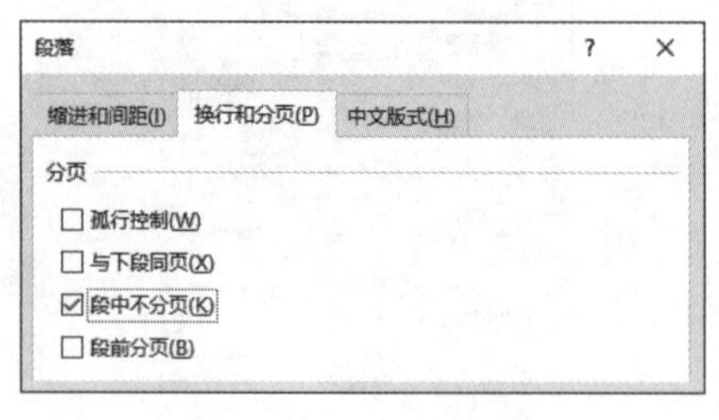

图 4-19

4.3 字体与段落格式设置

本节将进行字体格式与段落格式的设置。在字符部分，只要选择要设置格式的文字内容，随后直接进行设置即可。而在设置段落格式时，只要将文字输入点（输入光标）移到该段落上的任意一处，就可以设置段落格式，并不需要选择整个段落。通过 ↵ 符号可以清楚地知道每个段落的位置，只要段落设置得当，文件就会排列整齐，看起来很舒服。

4.3.1 使用“开始”选项卡中的各功能项设置字体格式

在“开始”选项卡的“字体”分组中提供了各种格式设置的功能按钮，如图 4-20 所示，包括字体、字号、增大字号、减小字号、加粗、倾斜、下划线、删除线、上标、下标等。只要将鼠标移到这些按钮上，就会弹出白色说明文字框让用户知道该按钮的作用，功能按钮旁边若有下拉按钮，则可单击下拉按钮弹出下拉列表进行选择，而单击“清除所有格式” 按钮可以删除已选择文字的所有格式设置。

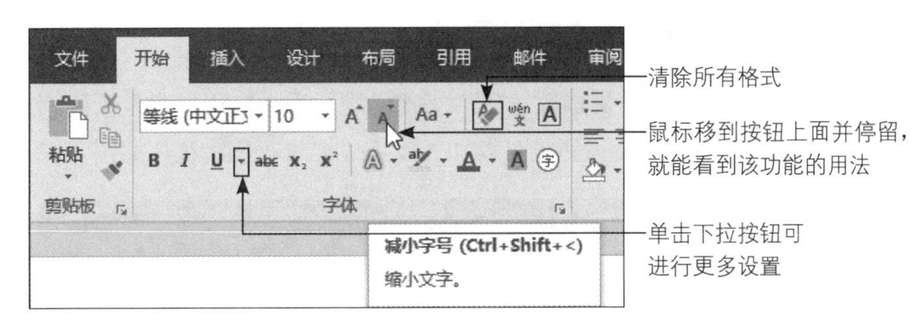

图 4-20

文字突出显示

“字体”分组中的“文本突出显示颜色” 按钮是使用鲜亮的颜色突出显示来让文本更加醒目。在排版过程中，对于有问题或暂时保留的地方可以用此功能来提醒自己注意。若要删除文字突出显示的颜色，则可从这个功能按钮对应的下拉列表中选择“无颜色”。

4.3.2 文字加入下画线

“下画线”是指在文字下方加一条横线，让线的长度与文字相同。选择文字后，在“开

始”选项卡中单击“下画线” 按钮，在下拉列表中除了可以选择不同的下画线样式外，还可以设置下画线的颜色。若要选用更多下画线样式，则可以选择下拉列表中的“其他下画线”选项，如图 4-21 所示。

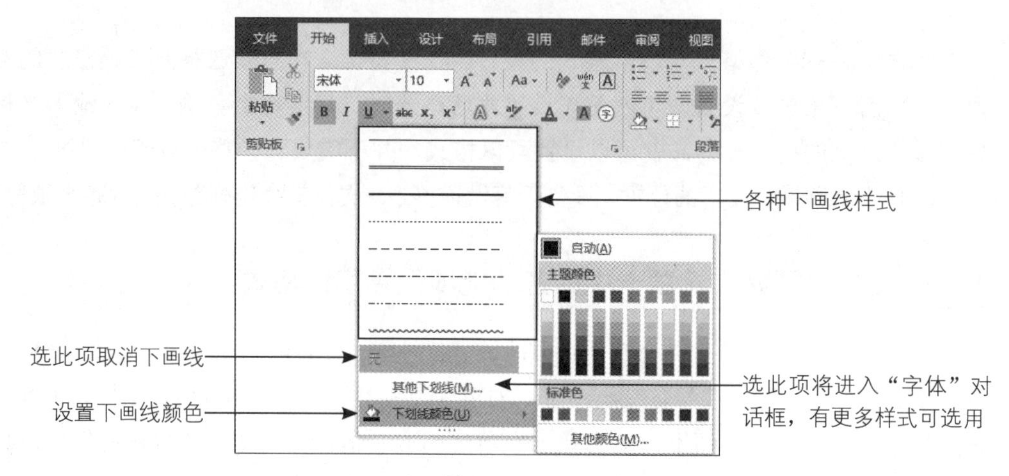

图 4-21

4.3.3 文字 / 段落加入边框与底纹

“边框”是在文字四周加入线条，“底纹”则是为文字添加背景颜色。使用“字符边框”和“字符底纹”两个功能按钮就可以加入黑色边框与灰色底纹，如图 4-22 所示。

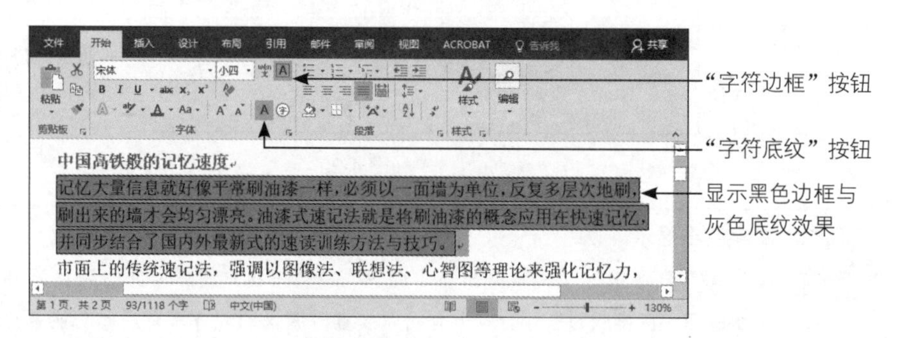

图 4-22

如果想要设置有颜色效果的边框或底纹，或者针对整个段落加入边框与底纹，就必须用“开始”选项卡中的“边框” 按钮进行设置。在“边框” 按钮的下拉列表中选择“边框和底纹”选项，可以进入“边框和底纹”对话框进行设置，如图 4-23 所示。

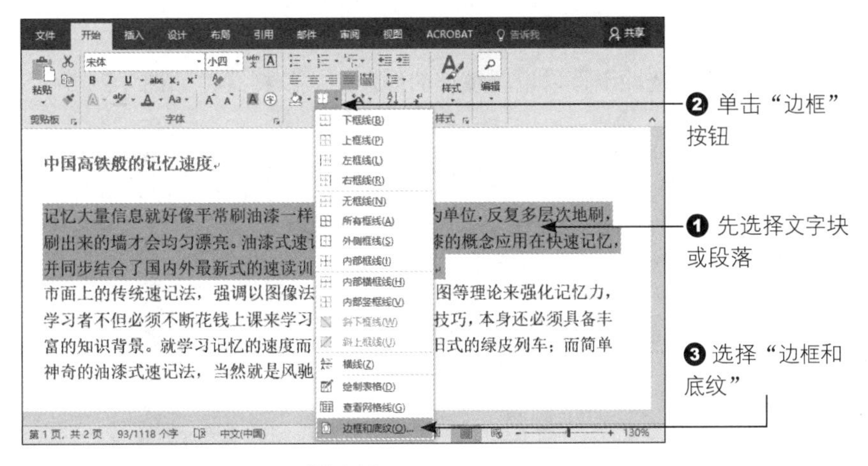

图 4-23

➲ 设置边框

在“边框”选项卡中选择边框样式、颜色与宽度，默认应用于“段落”，若要应用于“文字”，则可从下拉列表中选择，如图 4-24 左图所示。另外，选择应用于段落时，若想控制边框与段落文字间的距离，则可单击“选项”按钮（在“应用于”下拉列表下方，图 4-24 左图因显示了下拉列表而被盖住了），随后进入“边框和底纹选项”对话框进行“距正文间距”上 / 下 / 左 / 右的调整，如图 4-24 右图所示。

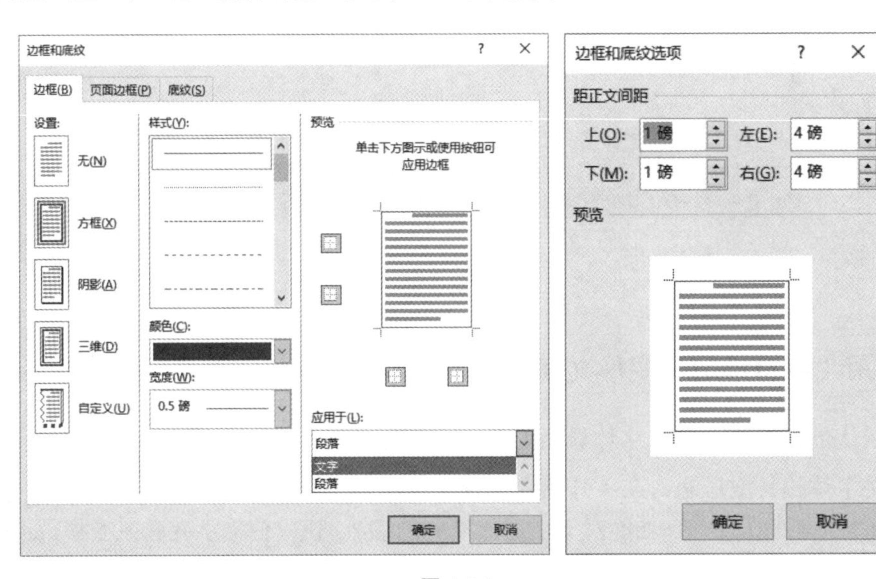

图 4-24

➲ 设置底纹

在“底纹”选项卡可以设置填充的颜色与底纹样式，如图 4-25 所示。

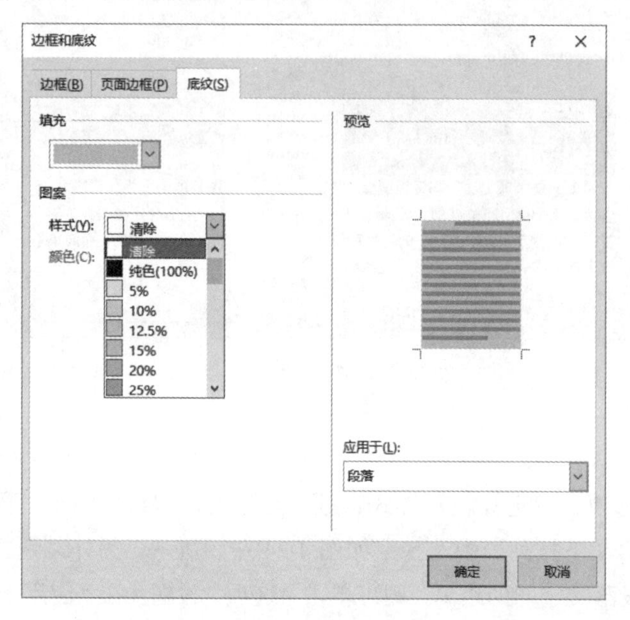

图 4-25

显示应用于段落的边框与底纹效果，如图 4-26 所示。

中国高铁般的记忆速度↵

记忆大量信息就好像平常刷油漆一样，必须以一面墙为单位，反复多层次地刷，刷出来的墙才会均匀漂亮。油漆式速记法就是将刷油漆的概念应用在快速记忆，并同步结合了国内外最新式的速读训练方法与技巧。↵

图 4-26

4.3.4 用“字符缩放”变形文字

在默认的情况下，中文字体显示的是方方正正的效果，而使用“字符比例”功能可以让中文字体拉长或压扁。在“开始”选项卡中单击“中文版式” 按钮，从下拉列表中选择“字符缩放”选项，就能对文字进行横向的缩放调整，使文字变胖或变瘦，如图 4-27 所示。

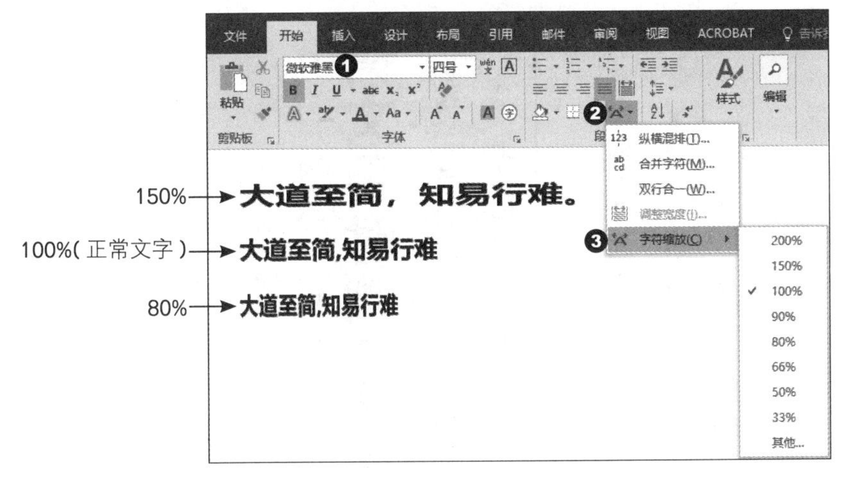

图 4-27

4.3.5 更改文字方向为直书 / 横书

在 Word 程序中，文字输入采用西式的编排，所以文字是从左到右排列的，但是中国古书采用的是直式排列，想要更改文字方向，可以通过“布局”选项卡中的“文字方向”按钮来更改成直书或横书（“垂直”或“水平”）。下面以“考卷 .docx”范例文件来进行说明，如图 4-28 所示。

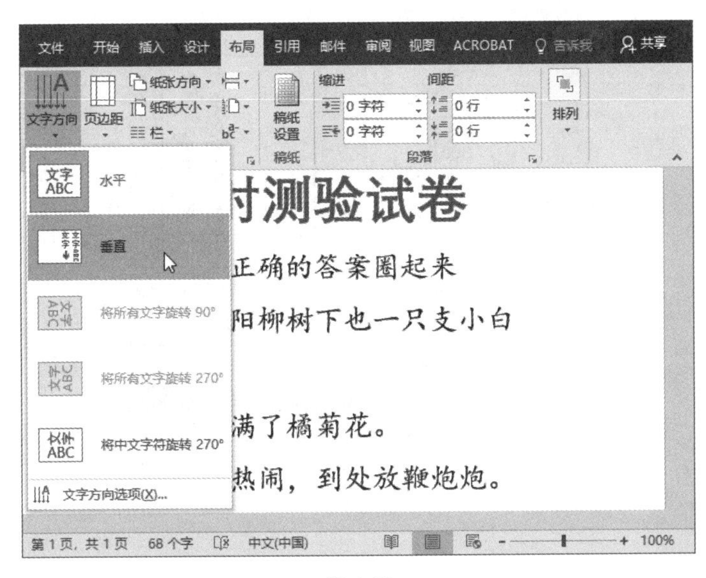

图 4-28

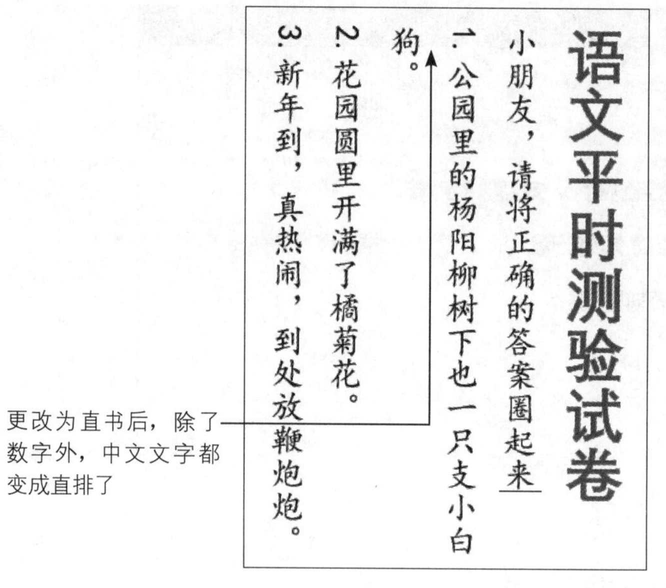

图 4-28（续）

如果选择下拉列表中的“文字方向选项”，将会进入如图 4-29 所示的“文字方向”对话框，在其中可以把更改的内容应用于“整篇文档”或文件中的“插入点之后”。

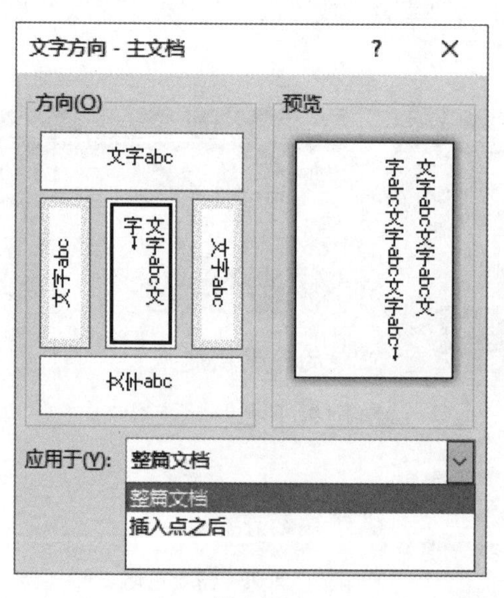

图 4-29

4.3.6 纵横混排与双行合一

设置中文采用直书后，如果文件中出现数字，就会显示如图 4-28 所示的情况——数字被旋转 90 度。这种情况可以使用“纵横混排”的功能将数字转回正确的角度，如图 4-30 所示。

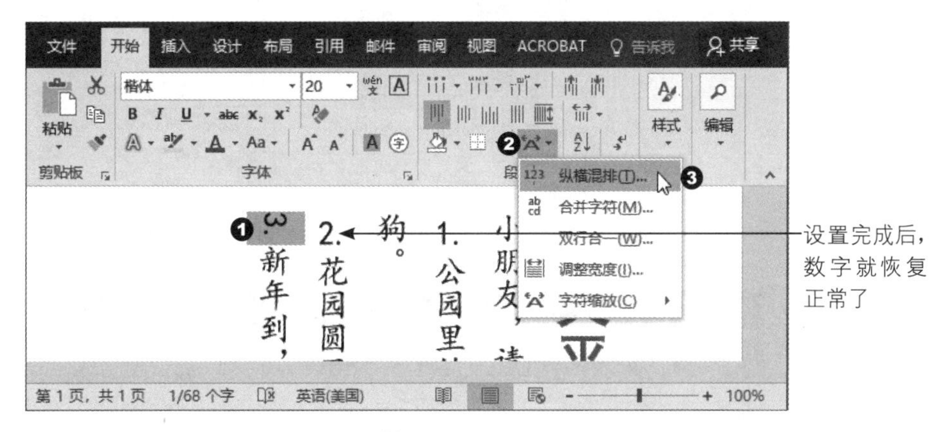

图 4-30

在直书中，有时候需要把两行文字并列在一起，即同时显示在一行中。Word 的“并列字符”功能除了方便将文字并列在一起外，也可以设置以括号的方式括住两列文字。这里以考卷作为示范，让学生可以在两个字中选择正确的文字。设置过程和效果如图 4-31～图 4-33 所示。

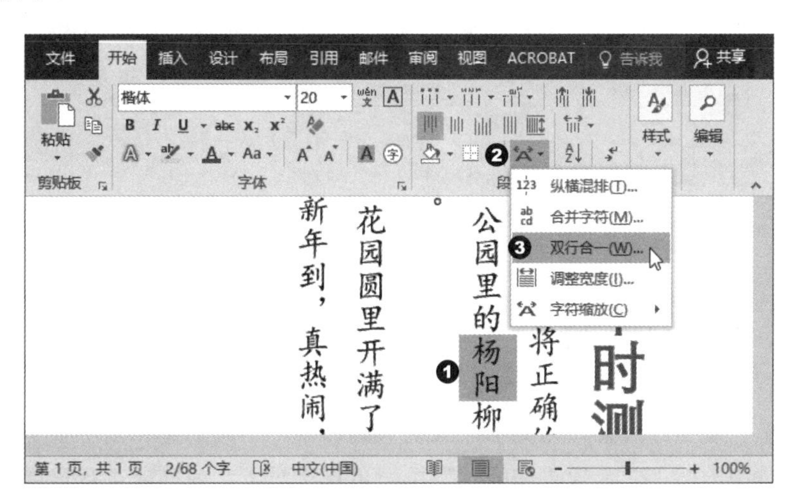

图 4-31

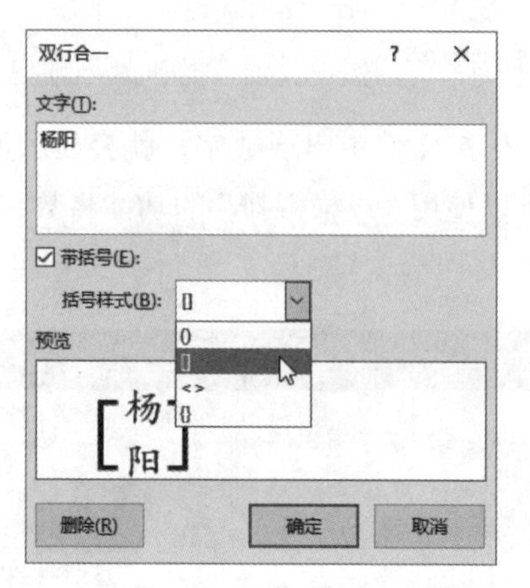

图 4-32

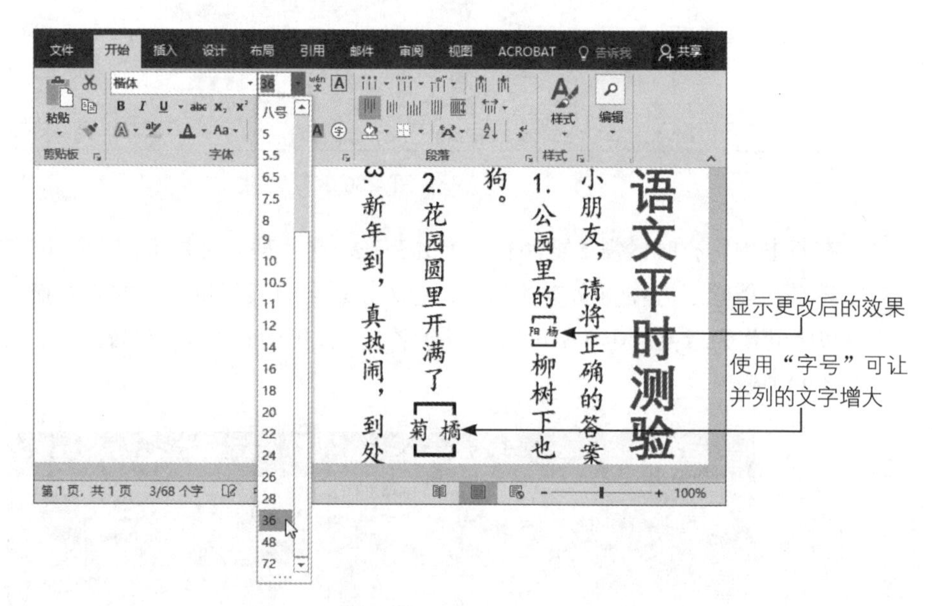

图 4-33

4.3.7 加入文本效果与版式

“开始”选项卡中的“文本效果和版式” 功能和“艺术字”功能相似，都可以应用阴影、映像、发光等效果，为文字加入动人的外观。不同的是，艺术字是以“对象”方式插入文件中，而“文本效果和版式”按钮可直接对正文或标题进行设置。设置过程如图 4-34 所示。

图 4-34

4.3.8 显示 / 隐藏格式化标记符号

在编辑文件时，经常会看到一些格式标记符号，这些标记符号能方便用户进行布局或段落编排工作，所以我们必须知道各个标记符号的图标与所代表的意义，如图 4-35 所示。而想要显示 / 隐藏这些符号，可单击“开始”选项卡中的“显示 / 隐藏编辑标记” 按钮进行切换。

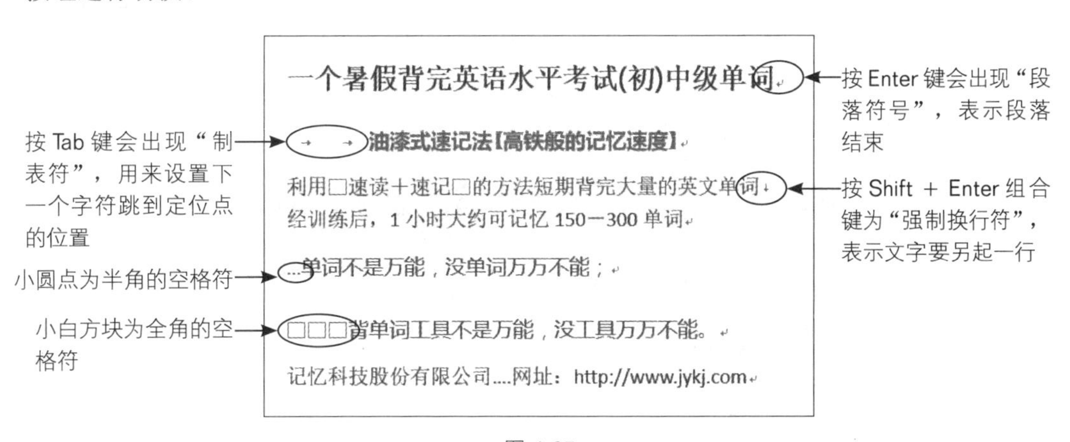

图 4-35

特别注意，“↵”和“↓”两种标记乍看是两个段落，事实上它们的结构是不相同的。以 Shift + Enter 组合键分出的两部分仍然属于同一个段落，将会共享相同的段落格式。

4.3.9 段落缩进

段落缩进用来增加或减少段落的缩进层级，让段落的效果更分明。在“开始”选项卡中单击“增加缩进量” 按钮会将段落向右移离左侧的边界（见图 4-36），单击“减少缩进量” 按钮则会将段落移近左侧的边界。

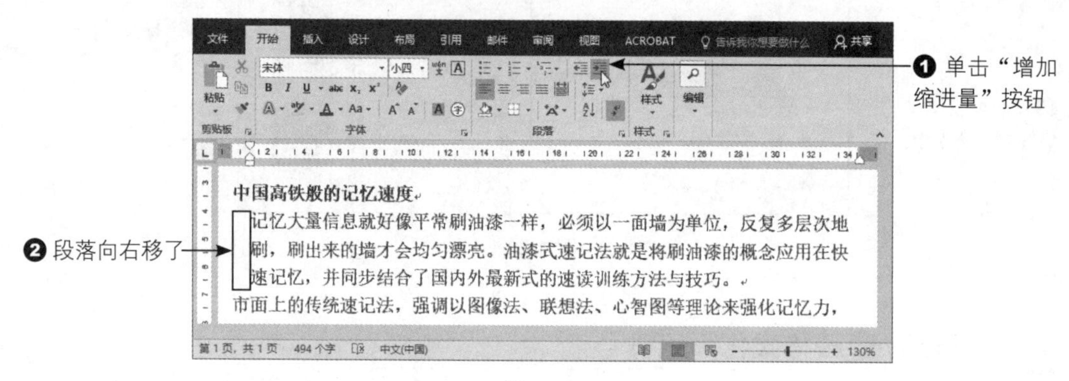

图 4-36

4.3.10 快速复制内容或段落的格式

当我们设置好文字或一个段落的格式后，如果想要在文件的其他地方也设置相同的格式，那么可以使用“开始”选项卡中的 格式刷 按钮来复制。先选择已设置好格式的内容或段落，单击“格式刷”按钮后，用鼠标拖曳选择要复制格式的区域，即可完成格式的复制。具体步骤如图 4-37 和图 4-38 所示。

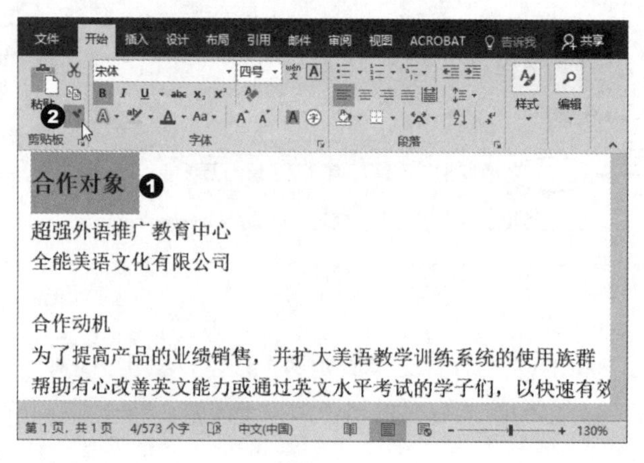

图 4-37

如果要进行多处的格式复制，那么在选择好要复制的内容或段落后，双击“格式刷”按钮，再按序单击要复制格式的地方，结束时再单击“格式刷”按钮即可。

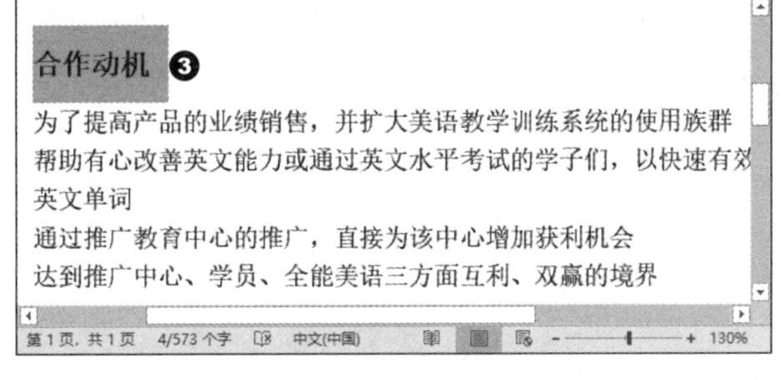

图 4-38

4.3.11 标尺与制表符的设置

对于段落的设置，标尺和制表符是相当好用的工具，除了前面介绍过的设置首行缩进外，段落缩进、制表符的设置等都会用到标尺。

➲ 段落缩进

以鼠标拖曳缩进按钮，即可控制整个段落向内缩进，如图 4-39 所示。

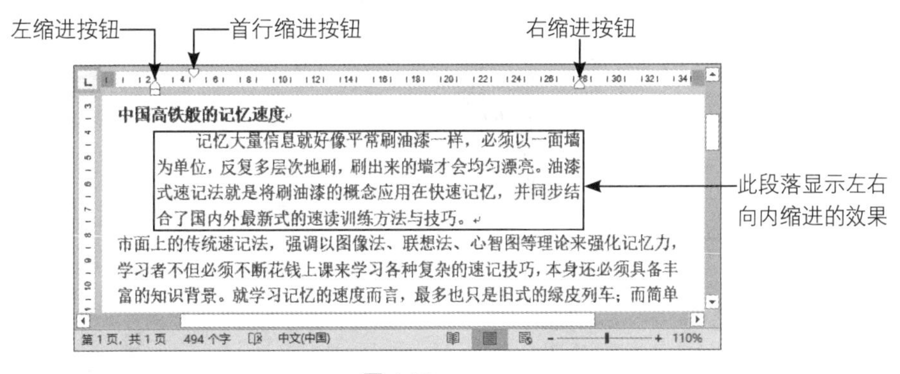

图 4-39

➲ 制表符

在输入内容时，若按 Tab 键，则输入点的光标通常会跳到某个特定的位置，这是因为“制表符”的关系。使用制表符可以将文字内容对齐，也可以控制文字的缩进。

较常使用的制表符有以下 4 种。

- ∟：左对齐式制表符，输入的文字会左对齐。
- ⊥：居中式制表符，输入的文字会居中对齐。

- ⌟：右对齐式制表符，输入的文字会右对齐。
- ⊥：小数点对齐式制表符，输入的文字若有小数点，则会按小数点对齐。

要使用制表符功能，首先要切换制表符的种类（见图 4-40），然后单击标尺，按序加入制表符即可，拖曳制表符则可微调制表符的位置，若要删除加入的制表符，则将制表符从标尺上往下拖曳即可，具体步骤如图 4-41 和图 4-42 所示。

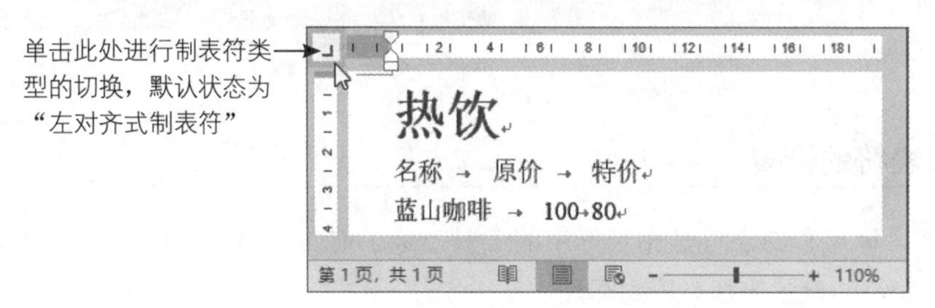

图 4-40

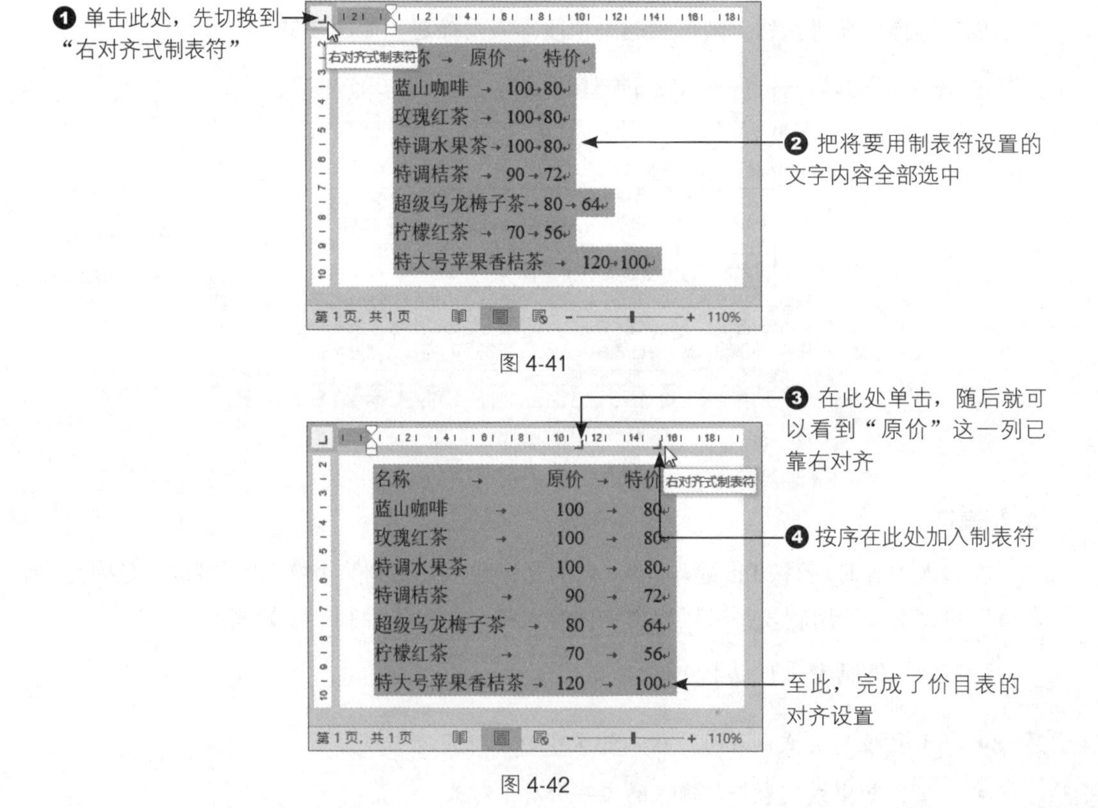

图 4-41

图 4-42

如果希望精确地设置制表符的位置，那么在“开始”选项卡的“段落”分组单击 按钮，在打开的“段落”对话框中单击“制表位”按钮，即可在“制表位”对话框中自定义制表符的位置，如图 4-43 所示。

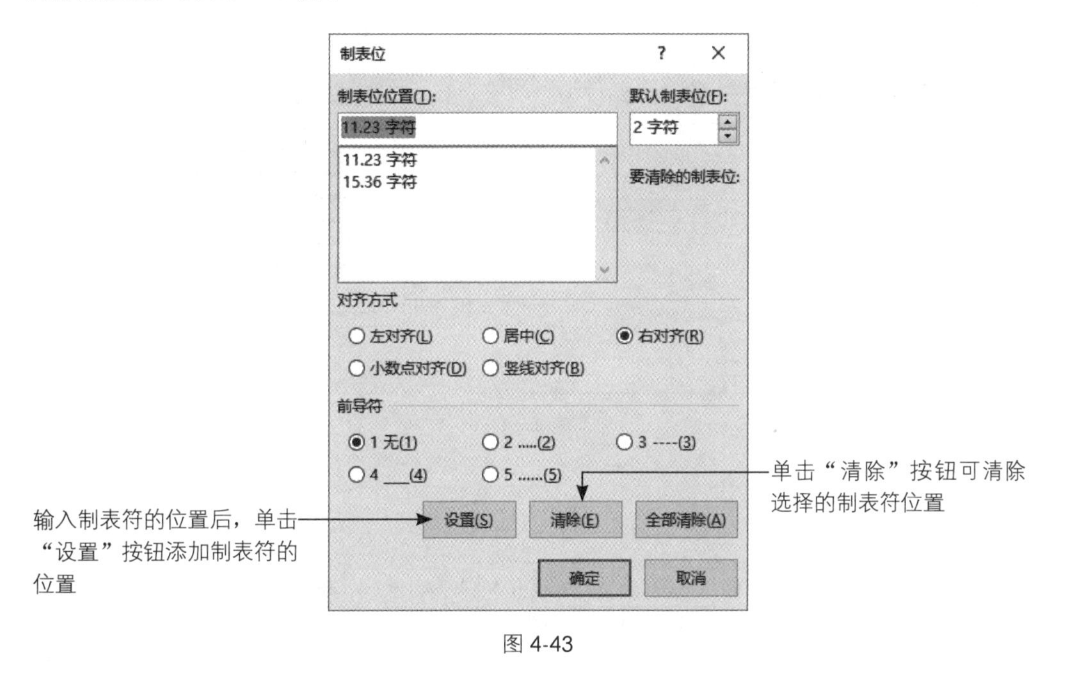

图 4-43

4.4 项目符号与编号

Word 提供了“项目符号”“编号”“多级列表”3 种类型的列表，使文件看起来条理分明，本节将分别介绍这 3 种列表类型。

4.4.1 应用与自定义项目符号

想要应用现有的项目符号，可单击“开始”选项卡中的“项目符号” 按钮，再从下拉列表中选择想要应用的样式即可。若从下拉列表中选择“定义新项目符号”选项，则可通过“符号”按钮来自定义项目符号的字符，具体步骤如图 4-44 和图 4-45 所示。

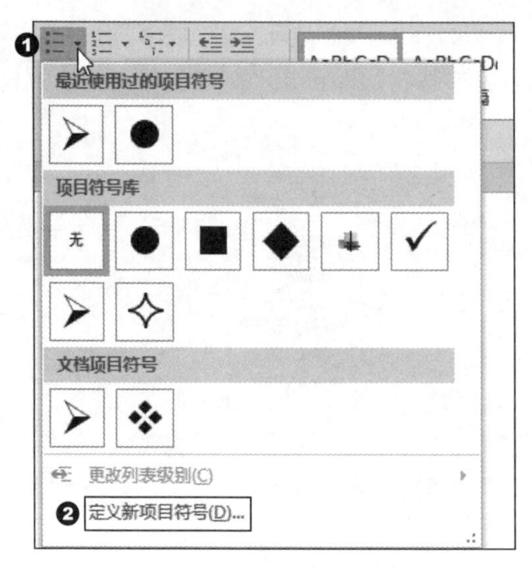

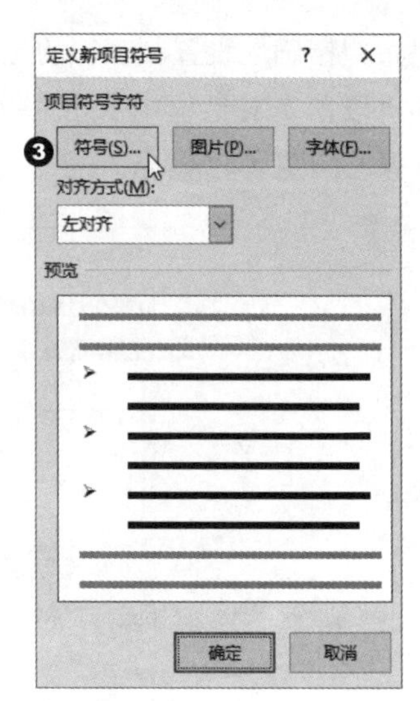

图 4-44

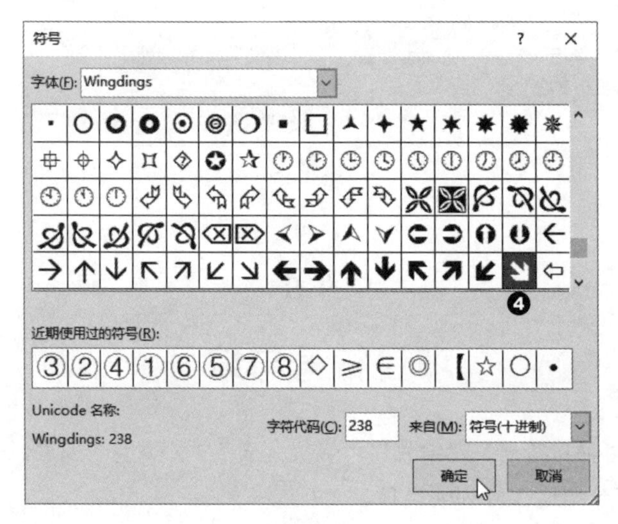

图 4-45

4.4.2 应用与自定义编号列表

要应用现有的编号，可单击“开始”选项卡中的“编号” 按钮，在从下拉列表中选择编号样式。若从下拉列表中选择“定义新编号格式”选项，则有更多的编号样式可以选择，具体步骤如图 4-46 所示。

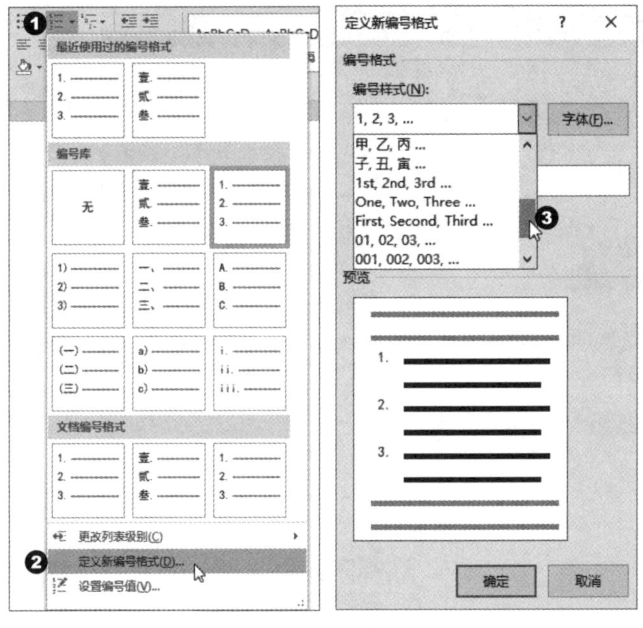

图 4-46

加入编号后，如果要指定编号的起始数值，可从下拉列表中选择“设置编号值”选项，随后即可进入如图 4-47 所示的对话框指定数值。

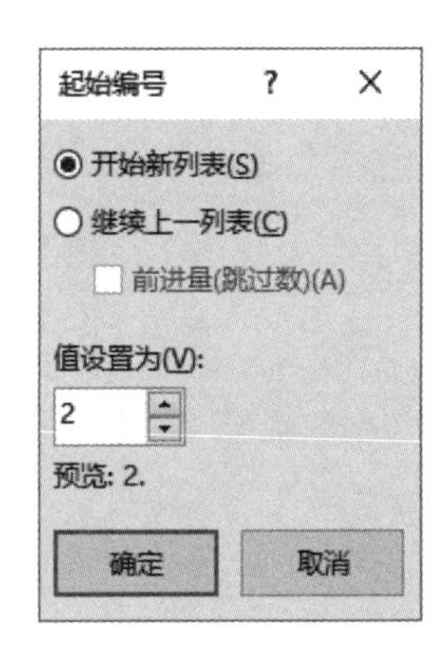

图 4-47

4.4.3 应用与定义多级列表

“多级列表” 经常应用在长篇文件的编辑中，用以组织项目或建立大纲。在设置多级列表前，可以先使用 Tab 键或“增加缩进量” 按钮来控制段落的层级。在选择要设置列表的区域后，在“多级列表” 按钮的下拉列表中选择“定义新的多级列表”选项，再按照层级顺序进行样式的设置，具体步骤如图 4-48 ～图 4-50 所示。

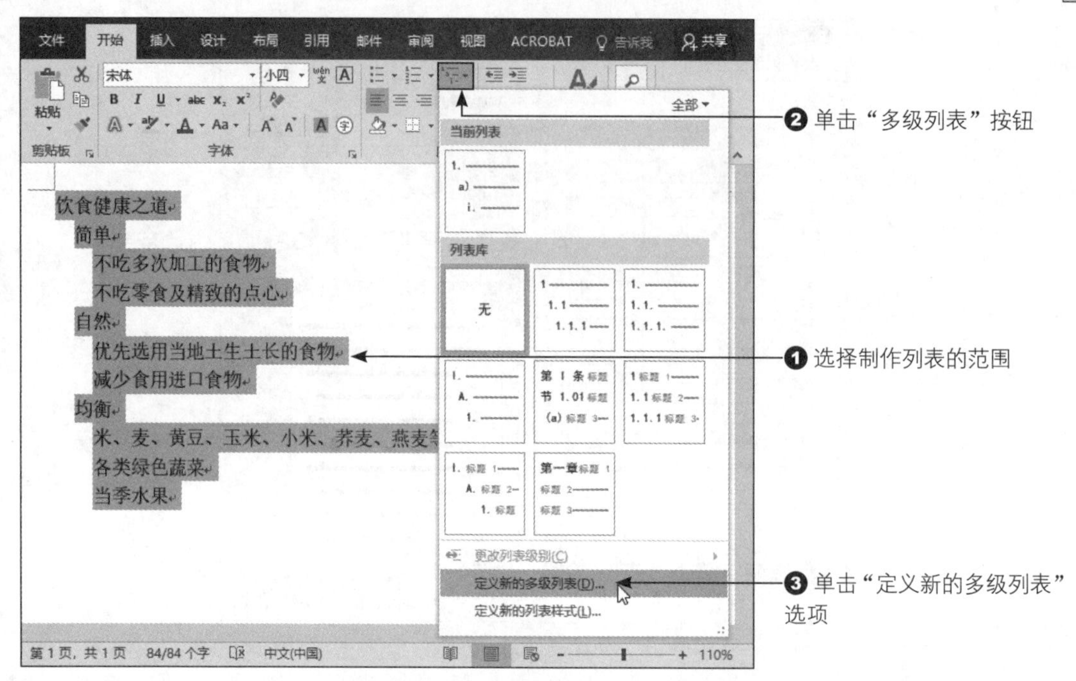
❷ 单击“多级列表”按钮
❶ 选择制作列表的范围
❸ 单击“定义新的多级列表”选项

图 4-48

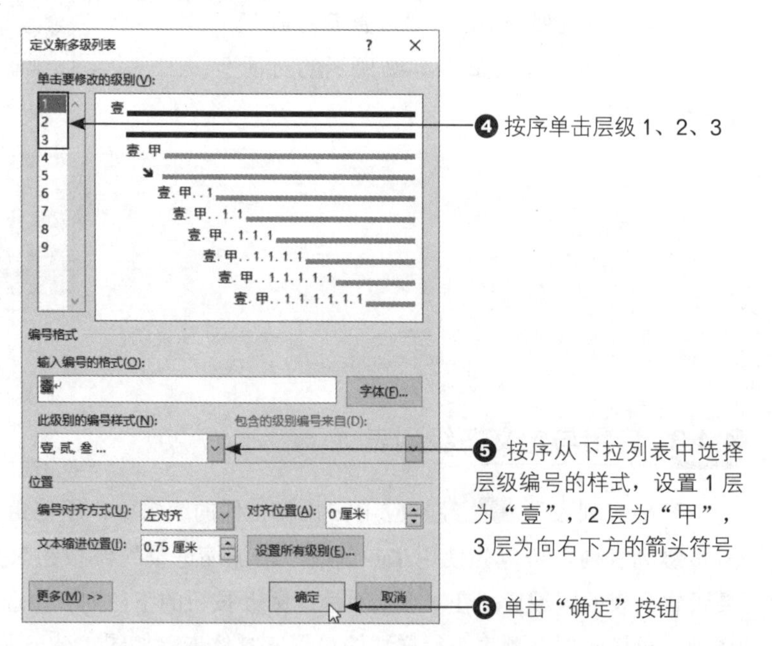
❹ 按序单击层级 1、2、3
❺ 按序从下拉列表中选择层级编号的样式，设置 1 层为“壹”，2 层为“甲”，3 层为向右下方的箭头符号
❻ 单击“确定”按钮

图 4-49

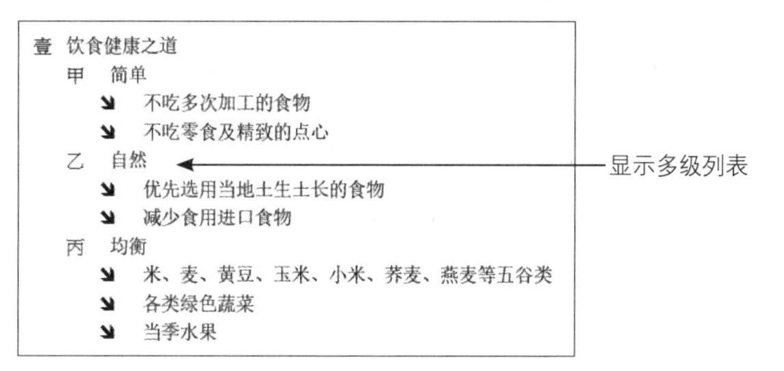

图 4-50

调整编号与文字之间的距离

加入项目符号或编号后，如果想要调整文字与编号的距离，那么可以打开标尺功能，再使用鼠标调整缩进按钮的位置，如图 4-51 所示。

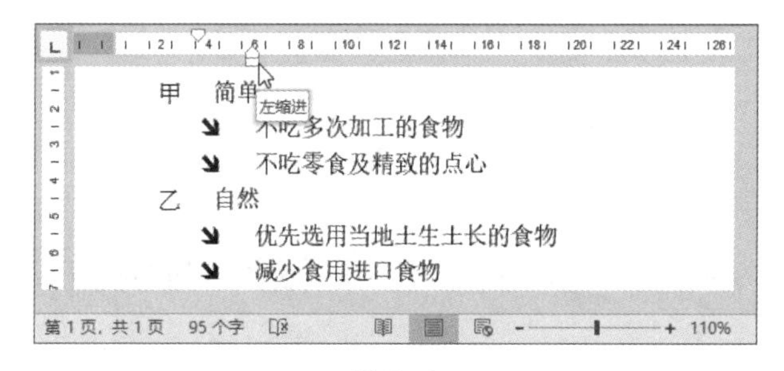

图 4-51

4.4.4 文件中内嵌字体

在对文件进行排版时，为了让文字效果更丰富，通常都会安装各种字体。为了避免印刷厂没有文件中所设置的字体，可以考虑在文件中内嵌字体。在“文件”菜单中单击“选项”命令，进入如图 4-52 所示的对话框后，在“保存”选项卡中勾选“将字体嵌入文件”复选框，再勾选“仅嵌入文档中使用的字符（适于减小文件大小）”复选框，这样可以减小文件的大小。

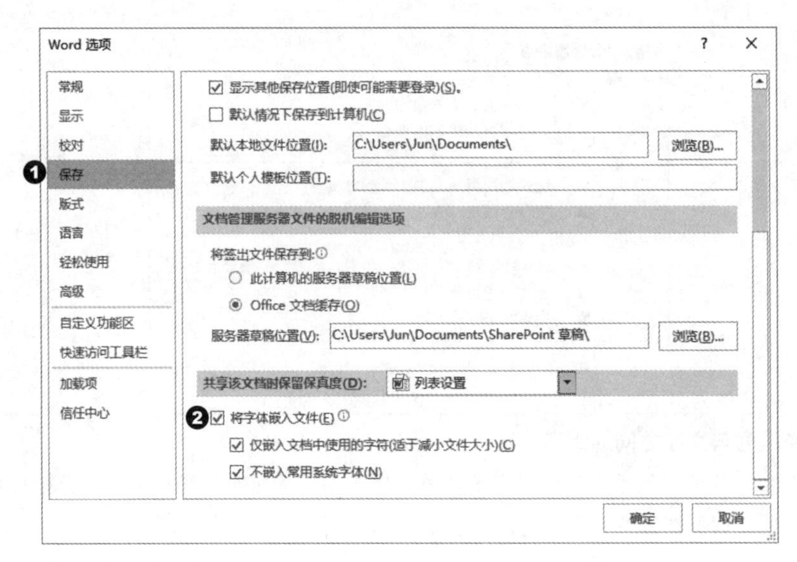

图 4-52

4.5

实践：文字与段落格式的设置

在前面的章节中，我们已经将文本文件整理并插入排版文件中，接下来进行文字段落的设置。此处先对正文字体、大 / 小标题、突显强调的文字等几个重要格式进行设置，试排几页内容后，确定版面效果不错就可以了。这里不需要将整个文件内容编排完成，因为下一章还会介绍样式的使用，通过样式设置才能让版面整齐，并且排版起来有效率。自行打开本章提供的“01_ 多层次回转记忆 _ 文字段落 .docx”范例文件来练习。

4.5.1 设置段落的首行缩进 / 行距与段落间距

1. 删除空白段落：首先删除 1-1 节之前的空白段落，同时删除第一行书名，如图 4-53 所示。

2. 设置段落缩进 / 行距 / 段落间距：选择 1-1 小节以前的段落文字，在“开始”选项卡中的“段落”分组单击 按钮，在“缩进与间距”选项卡中将缩进特殊格式设置为“首行缩进”，把“段前”和“段后”的间距设置为“0.5 行”，行距为“单倍行距”，如图 4-54 所示。

油漆式速记法——24 小时改变你的记忆速度

第一章 多层次回转记忆

我非常喜欢一部非常知名的美国影集，中文片名是《24 小时反恐任

图 4-53

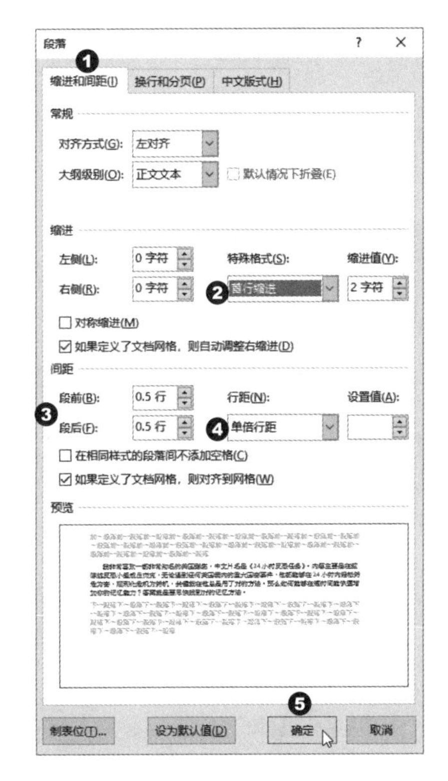

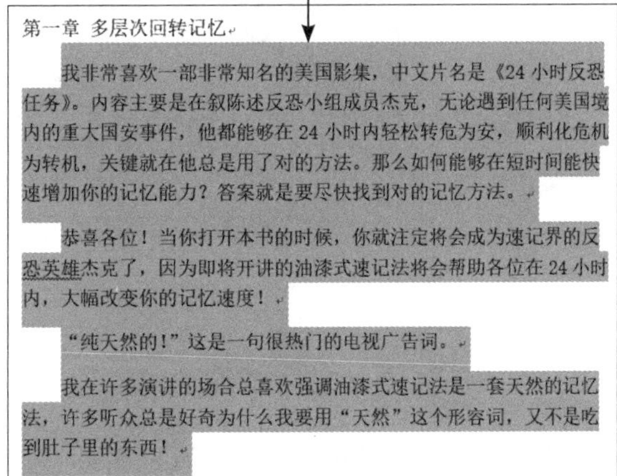

第一章 多层次回转记忆

我非常喜欢一部非常知名的美国影集，中文片名是《24 小时反恐任务》。内容主要是在叙陈述反恐小组成员杰克，无论遇到任何美国境内的重大国安事件，他都能够在 24 小时内轻松转危为安，顺利化危机为转机，关键就在他总是用了对的方法。那么如何能够在短时间能快速增加你的记忆能力？答案就是要尽快找到对的记忆方法。

恭喜各位！当你打开本书的时候，你就注定将会成为速记界的反恐英雄杰克了，因为即将开讲的油漆式速记法将会帮助各位在 24 小时内，大幅改变你的记忆速度！

“纯天然的！”这是一句很热门的电视广告词。

我在许多演讲的场合总喜欢强调油漆式速记法是一套天然的记忆法，许多听众总是好奇为什么我要用“天然”这个形容词，又不是吃到肚子里的东西！

图 4-54

4.5.2 设置大小标题格式

1. 设置大标题字体： 选择文件第一章的标题文字，在“开始”选项卡中单击“字体”按钮，在对应的下拉列表选择“微软雅黑”，“字号”设为“三号”，并单击“字体颜色”按钮，在对应的下拉列表中选择紫色，将标题设置为紫色，如图 4-55 所示。

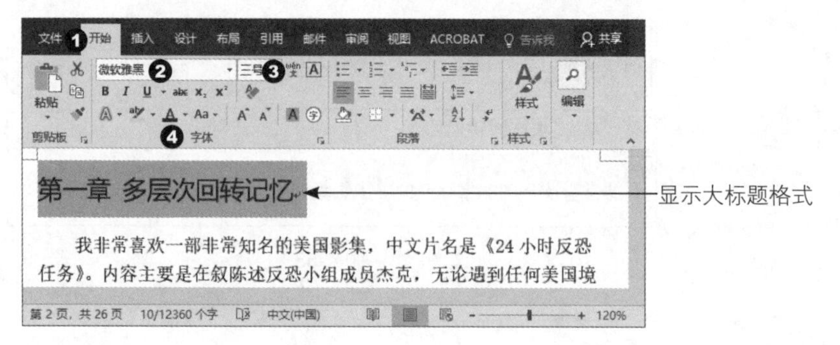

图 4-55

2. 设置小标题字体：选择 1-1 节的标题，以上面的方式设置为深蓝色、“小四”字号、“粗体”及“微软雅黑”，如图 4-56 所示。

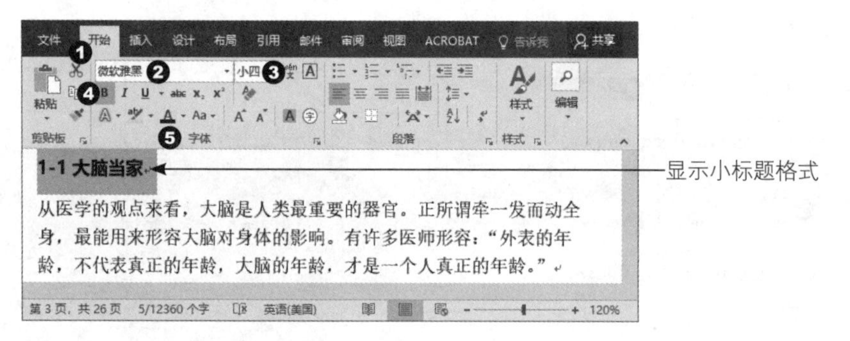

图 4-56

4.5.3 给突显强调的文字加粗

选择正文中要突显强调的文字，在“开始”选项卡中单击“粗体”按钮，使字体加粗，如图 4-57 所示。

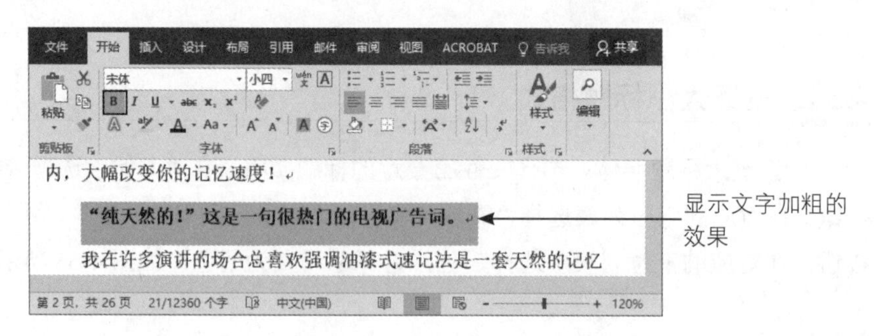

图 4-57

4.5.4 用“格式刷”按钮复制段落格式

选择 1、2 段文字，单击“开始”选项卡中的“格式刷”按钮，复制 1、2 段的格式，如图 4-58 所示。接着将鼠标移到 1-1 节，拖曳鼠标来选择该节的段落文字，应用新的段落格式，如图 4-59 所示。

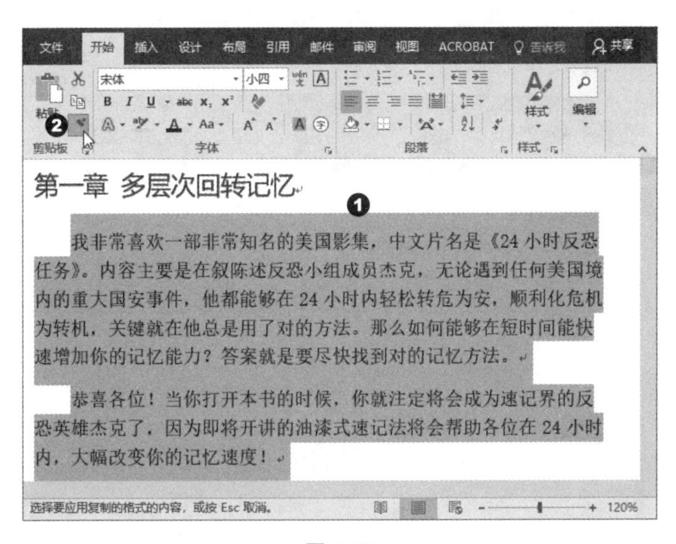

图 4-58

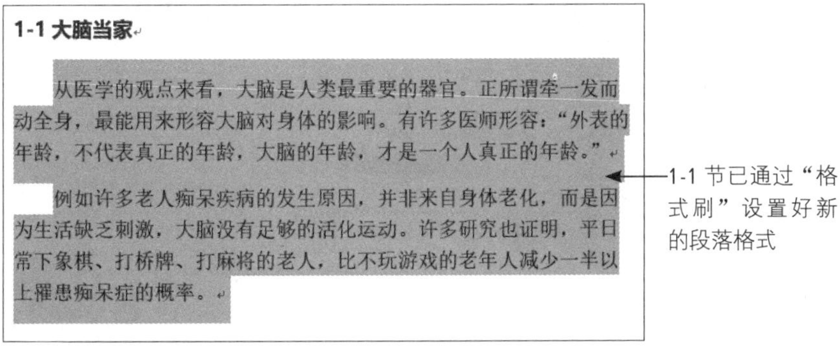

1-1 大脑当家

从医学的观点来看，大脑是人类最重要的器官。正所谓牵一发而动全身，最能用来形容大脑对身体的影响。有许多医师形容：“外表的年龄，不代表真正的年龄，大脑的年龄，才是一个人真正的年龄。”

例如许多老人痴呆疾病的发生原因，并非来自身体老化，而是因为生活缺乏刺激，大脑没有足够的活化运动。许多研究也证明，平日常下象棋、打桥牌、打麻将的老人，比不玩游戏的老年人减少一半以上罹患痴呆症的概率。

1-1 节已通过“格式刷”设置好新的段落格式

图 4-59

4.5.5 为区块加入底纹与边框

1. 设置边框效果：选择“提示”区域的文字段落，单击“开始”选项卡中的“边框”按钮，从下拉列表中选择“边框和底纹”选项，切换到“边框”选项卡，再选用“方框”

样式，颜色为深蓝色，应用于“段落”，最后单击“选项”按钮，调整边框与文字的距离（距正文间距），具体步骤如图 4-60 ～图 4-62 所示。

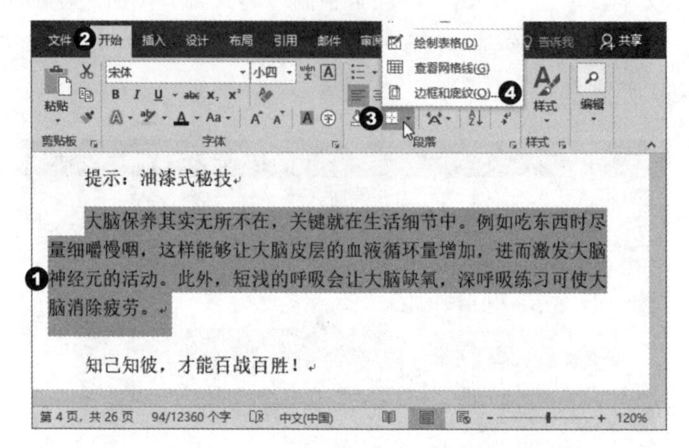

图 4-60

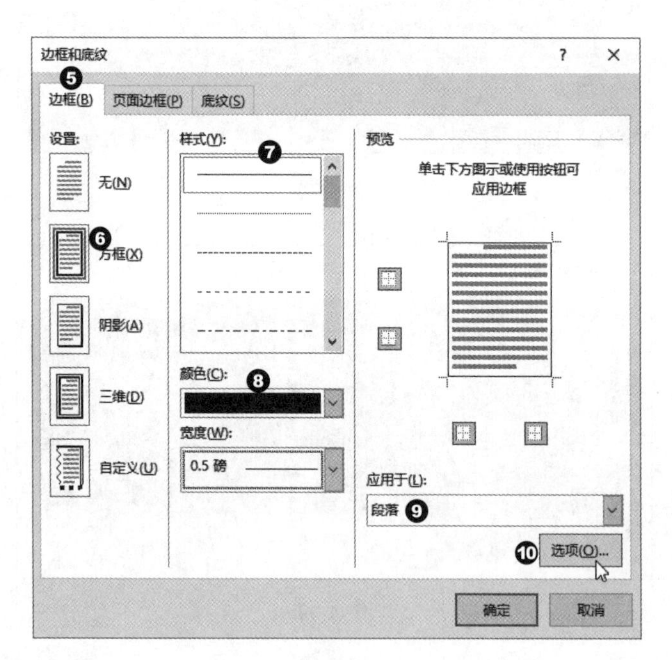

图 4-61

2. 设置底纹效果 切换到“底纹”选项卡，从下拉列表中选择浅蓝填充效果，应用于“段落”，单击“确定”按钮，至此完成文件“提示”段落的边框和底纹设置，具体步骤如图 4-63 和图 4-64 所示。

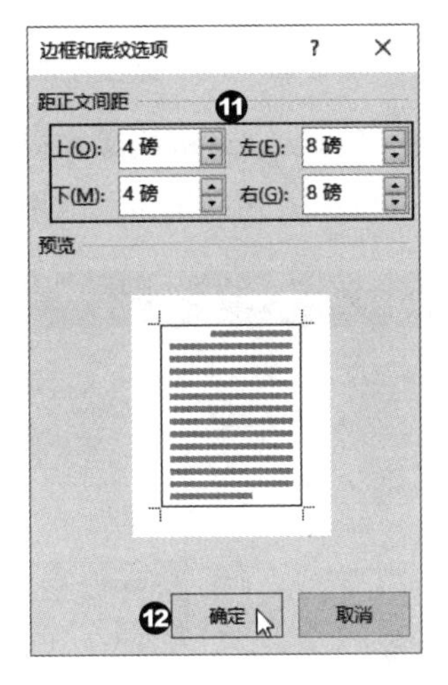

边框和底纹选项
?
距正文间距
11
上(O): 4 磅
左(E): 8 磅
下(M): 4 磅
右(G): 8 磅
预览
12
确定
取消

图 4-62

边框和底纹
?
边框(B)
页面边框(P)
底纹(S)
1
填充
2
图案
样式(Y):
清除
颜色(C):
自动
预览
应用于(L):
段落
3
4
确定
取消

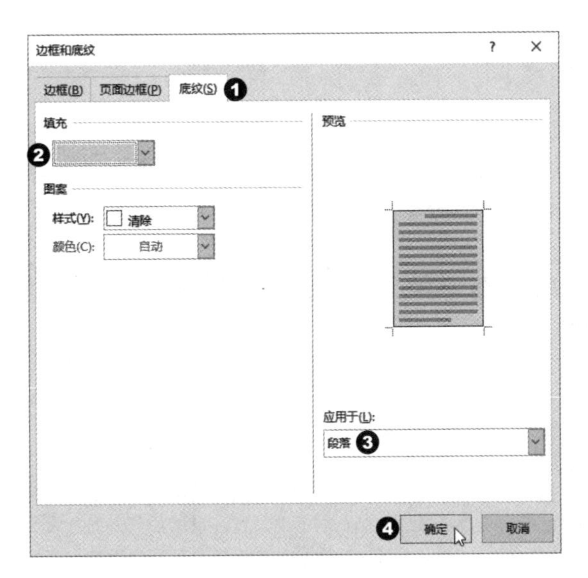

图 4-63

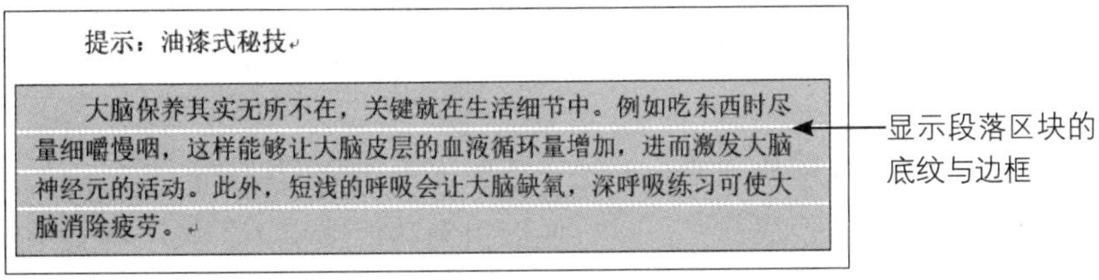

提示：油漆式秘技
大脑保养其实无所不在，关键就在生活细节中。例如吃东西时尽量细嚼慢咽，这样能够让大脑皮层的血液循环量增加，进而激发大脑神经元的活动。此外，短浅的呼吸会让大脑缺氧，深呼吸练习可使大脑消除疲劳。
显示段落区块的底纹与边框

图 4-64

4.5.6 设置“提示”文字效果

1. 应用文本效果和版式： 先按 Backspace 键删除“提示”前面的空格，选择文字后，单击“开始”选项卡中的“文本效果和版式”按钮，应用如图 4-65 所示的黑色文字。

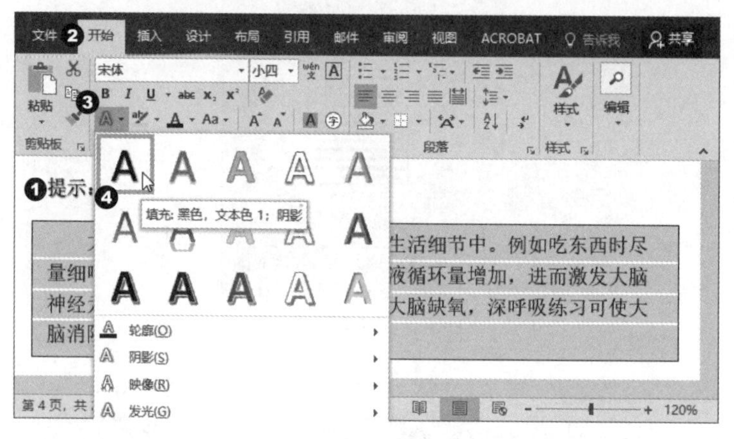

图 4-65

2. 更改文字格式与颜色： 应用文字格式后，单击“开始”选项卡中的“粗体”按钮使文字变粗，并将文字颜色更改为红棕色，至此完成文字的设置。具体步骤如图 4-66 所示。

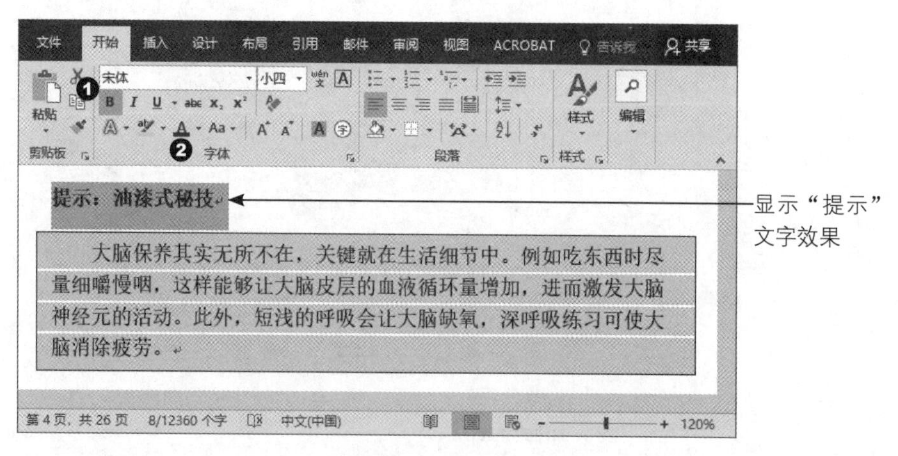

图 4-66

设置文字与段落格式后，就能在版面上看出页面编排的效果。如果觉得满意，就可以将设置的格式转换成样式，以方便应用到其他文字上。关于样式的设置，将在下一章继续为大家说明。

第 5 章

样式编修的排版技巧

对文字与段落格式的设置熟悉后，接下来学习样式的设置。本章将和大家一起来了解样式的类型、创建、编修、管理与使用技巧，让大家可以灵活地将样式应用在排版中，如图 5-1 所示。

图 5-1 添加样式、更新样式、应用模板或主题等都可以在本章学会

5.1 为何要使用样式

编排 Word 文件的过程中，大部分时间都在设置文字格式，这些格式包括字体格式、段落格式、列表、底纹、表格等。以标题为例，分层级的标题出现的比例相当高，在设置时就要多次重复相同的指令，偶尔有所闪失，同一层级的设置就可能略有差异，尤其是设置较复杂的效果，不仅操作步骤烦琐费时，出错率也相对增加。而使用样式不仅能简化设置格式的步骤，而且修改或删除某一样式之后，其他相同样式的设置也能一并修正。

5.1.1 样式类型

Word 基准样式功能大致上可以分成以下 5 种类型。

- 段落：设置段落的格式，包含字体格式、段落格式、编号格式、边框、底纹等变化。
- 文字：设置字体格式。
- 链接的段落与文字：与段落样式相同。同时具有文字样式与段落样式功能，既可以对选择的文字设置字体格式，也可以对段落进行段落格式的设置。
- 表格：设置表格的边框、底纹、字体格式和段落格式。
- 列表：设置字体格式和编号，可为不同的标题设置编号格式。

在创建新样式时，我们可以按照需求在窗口中选择适合的样式类型，如图 5-2 所示。

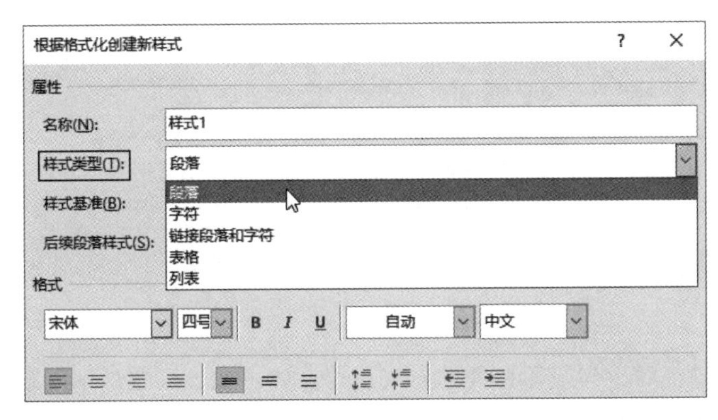

图 5-2

5.1.2 样式应用范围

“样式”是多种基本格式的集合，把需要的格式设置都加到样式库中，以后只要单击样式名称就可以应用，这样可以避免每次都要重复设置每一种格式，从而加快编辑的速度，而且不易排错格式，页面也能够整齐划一且清晰。微软所提供的样式库可用来格式化文件的标题、段落、引述文字、强调文字、列表段落或正文。

5.2 样式的应用、修改与创建

首先介绍样式的应用与修改，同时学会如何将已设置好的格式创建成新样式，或者从无到有创建新样式。

5.2.1 应用默认样式

要快速应用样式，可从“插入”选项卡的样式分组挑选，或者单击“样式”分组旁的按钮，随后“样式”窗格就会出现在主编辑窗口右侧。而大部分样式操作都可以通过“样式”窗格来进行，如图 5-3 所示。

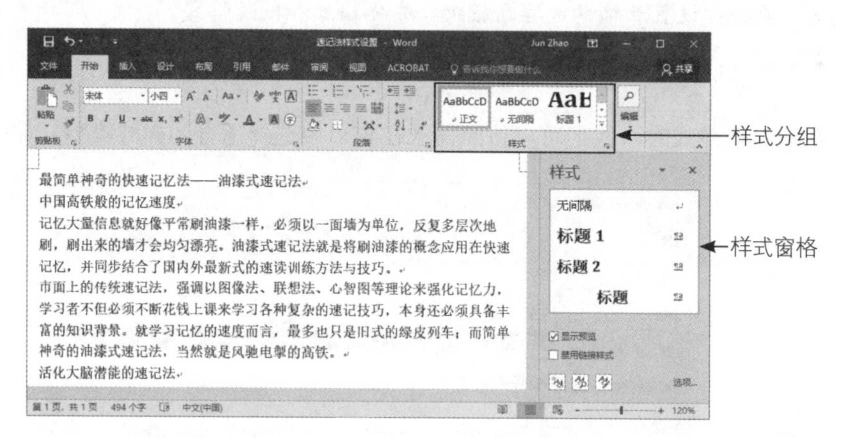

图 5-3

在应用样式时，对于与段落有关的样式设置，如正文、标题、副标题、引文、列表、段落等，只要输入点在段落上的任何位置上，就可以马上应用样式。其余与文字格式有关的快速样式，如斜体、粗体、强调、书名、引用、参考等，则必须在文字被选择的状态下才可以应用快速样式。

将文字输入点放在第一行文字上，单击“样式”窗格中的“标题 1”，即可完成样式的应用，如图 5-4 所示。

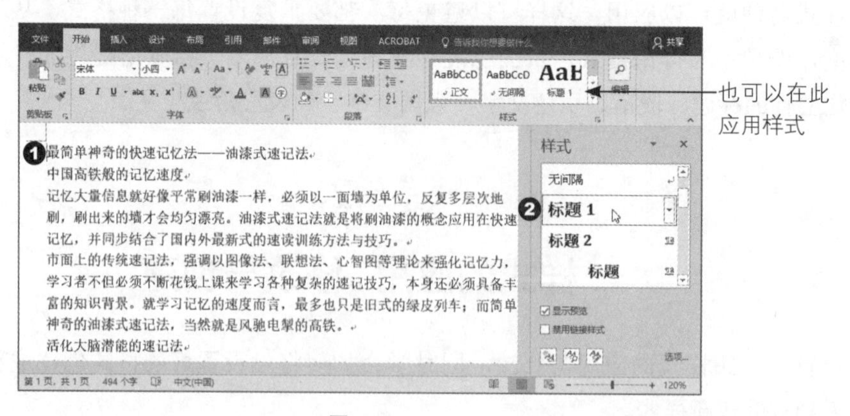

图 5-4

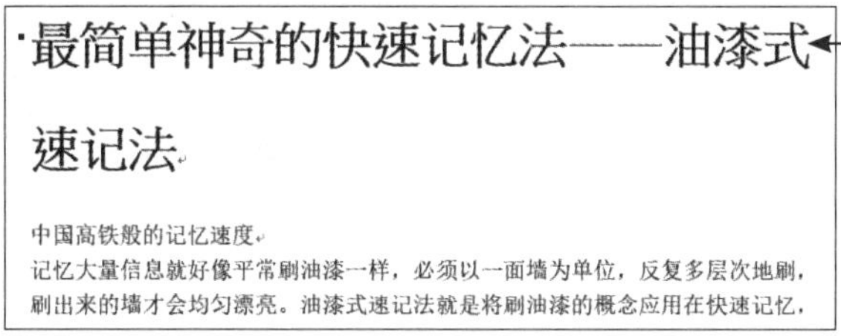

最简单神奇的快速记忆法——油漆式速记法
中国高铁般的记忆速度。
记忆大量信息就好像平常刷油漆一样，必须以一面墙为单位，反复多层次地刷，刷出来的墙才会均匀漂亮。油漆式速记法就是将刷油漆的概念应用在快速记忆，
第一行文字已应用“标题 1”样式

图 5-4（续）

5.2.2 修改默认样式

应用 Word 默认的样式后，如果不满意原先的样式设置，也可以加以修改，使之符合自己的需要。右击“标题 1”并选择“修改”选项（见图 5-5），进入“修改样式”对话框后，即可设置字体、大小、颜色等基本格式。若单击“格式”按钮，则可进行更细节的设置，如图 5-6 所示。结果如图 5-7 所示。

样式
无间隔
标题 1
更新 标题 1 以匹配所选内容(P)
修改(M)...
全选(S): (无数据)
全部删除(R): (无数据)
删除"标题 1"(D)...
从样式库中删除(G)
选项...

图 5-5

修改样式
属性
名称(N):
标题 1
样式类型(T):
链接段落和字符
样式基准(B):
正文
后续段落样式(S):
正文
格式
宋体
三号
中文
最简单神奇的快速记忆法——油漆式速记法
字体(F)...
段落(P)...
制表位(T)...
边框(B)...
语言(L)...
图文框(M)...
编号(N)...
快捷键(K)...
文字效果(E)...
格式(O)
确定
取消
单击“格式”按钮可对字体、段落、制表位、边框等格式进行更细节的设置

图 5-6

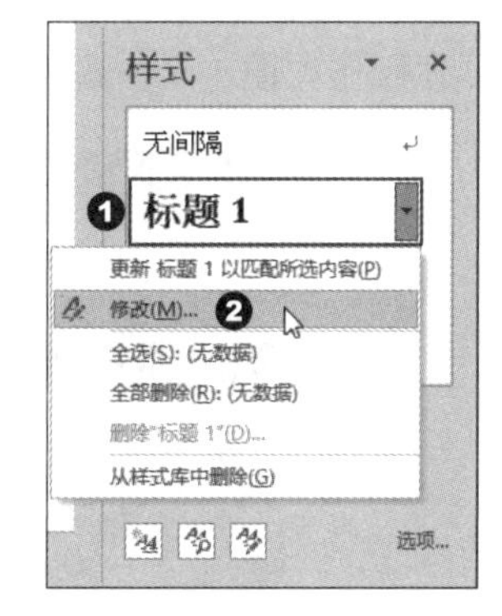

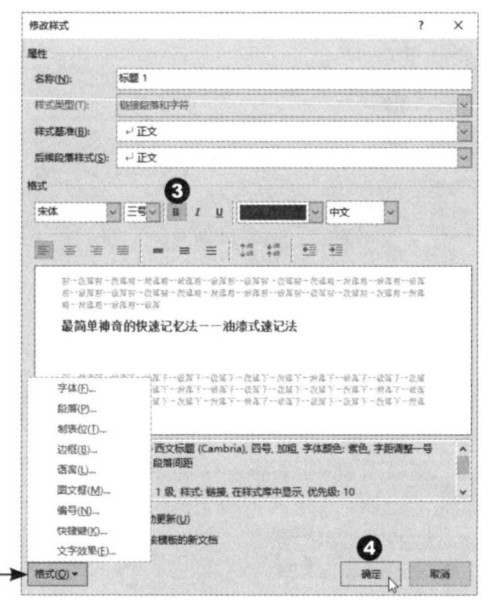

·最简单神奇的快速记忆法——油漆式速记法

中国高铁般的记忆速度

记忆大量信息就好像平常刷油漆一样，必须以一面墙为单位，反复多层次地刷，刷出来的墙才会均匀漂亮。油漆式速记法就是将刷油漆的概念应用在快速记忆，

显示“标题 1”样式修改的结果

图 5-7

5.2.3 将选定的格式创建成新样式

除了修改默认样式外，也可以将自己设置好的文字格式创建成新样式。选择自行设置的文字，在“样式”下方单击“新建样式” 按钮，输入新样式名称，再选择样式类型即可，具体操作如图 5-8 和图 5-9 所示。

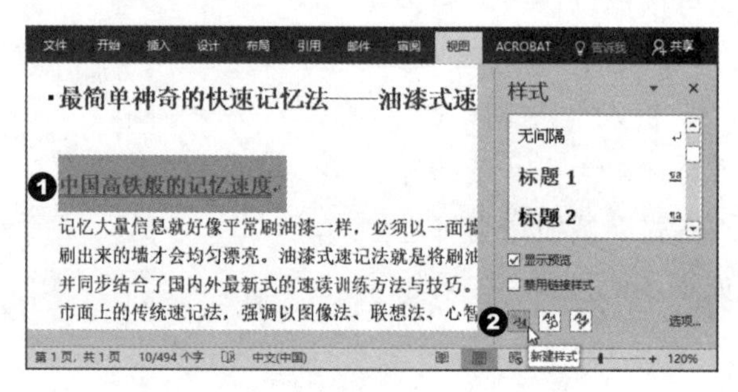

图 5-8

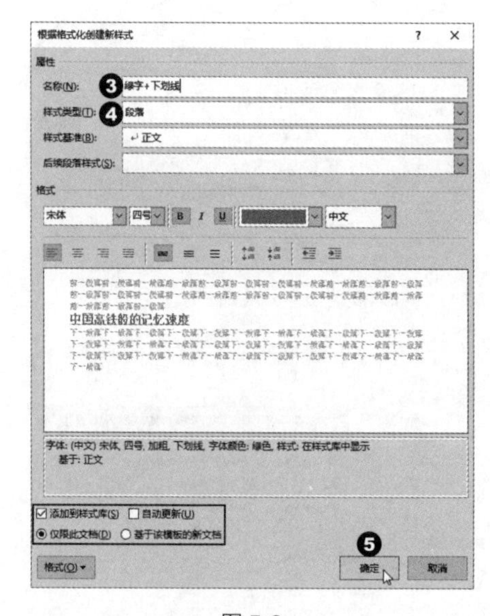

图 5-9

说 明

保存与更新选项

窗口下方提供了如下 4 个选项。

- 添加到样式库：会将新创建的样式添加到功能区的样式库中。
- 自动更新：手动修改样式的格式后，样式库显示的样式会自动更新。
- 仅限此文档：选择该项后，样式的创建与修改仅在当前文件内有效。
- 基于该模板的新文档：会将文件中样式修改的结果自动保存到模板中，让该模板新建文件时，自动包含新样式。

在设置窗口中，由于样式类型选择了“段落”，因此只要单击该段落的任意一处，即可应用当前样式到该段落，如图 5-10 所示。

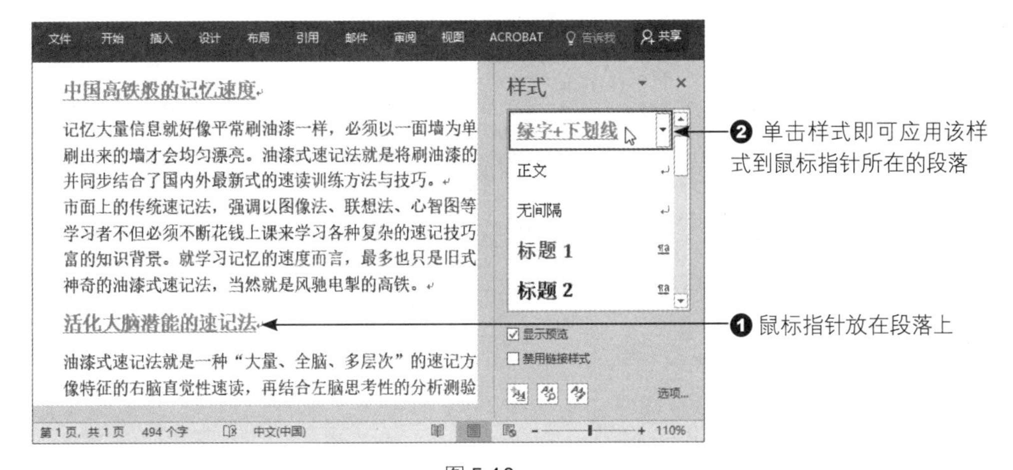

图 5-10

5.2.4 更新样式以匹配所选内容

对于已设置好的段落格式或文字格式，也可以在选取后，将其应用到默认的样式名称上，让样式能匹配所选的文字段落，具体步骤如图 5-11 和图 5-12 所示。

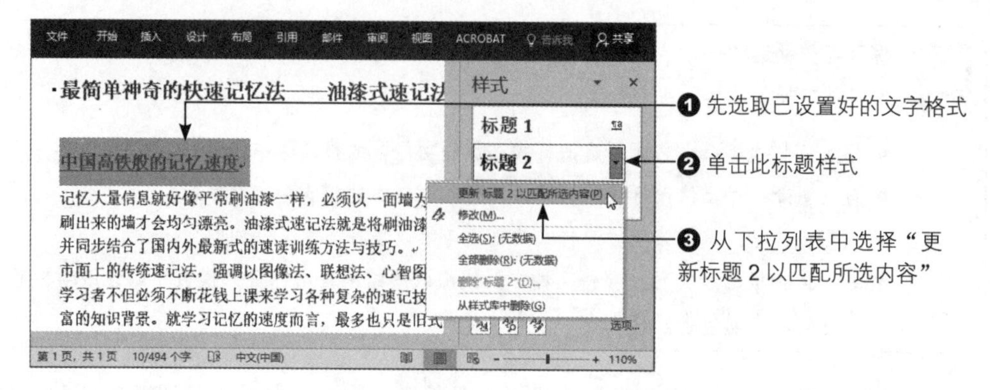

图 5-11

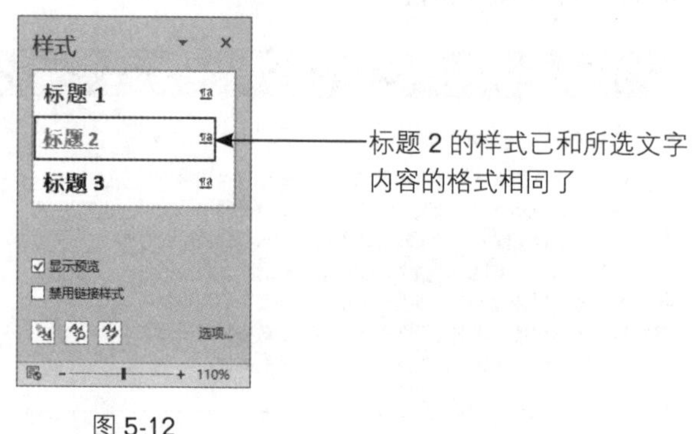

图 5-12

5.2.5 从无到有创建文字样式

前面已经对“段落”类型的样式有所了解，接着介绍从无到有创建“字符”类型的样式。下面以黑字阴影的文字格式来进行示范，具体步骤如图 5-13 ～图 5-16 所示。

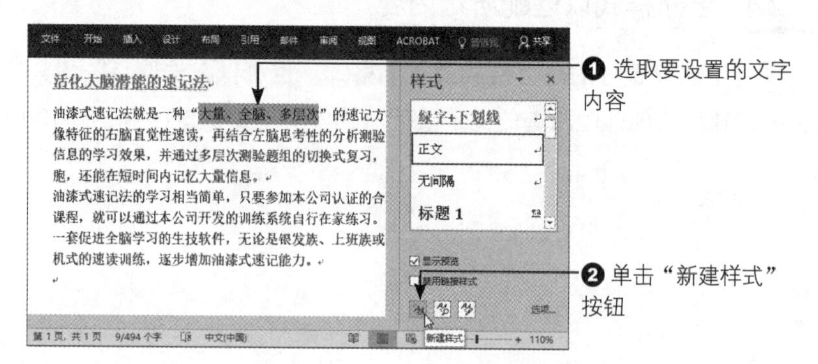

图 5-13

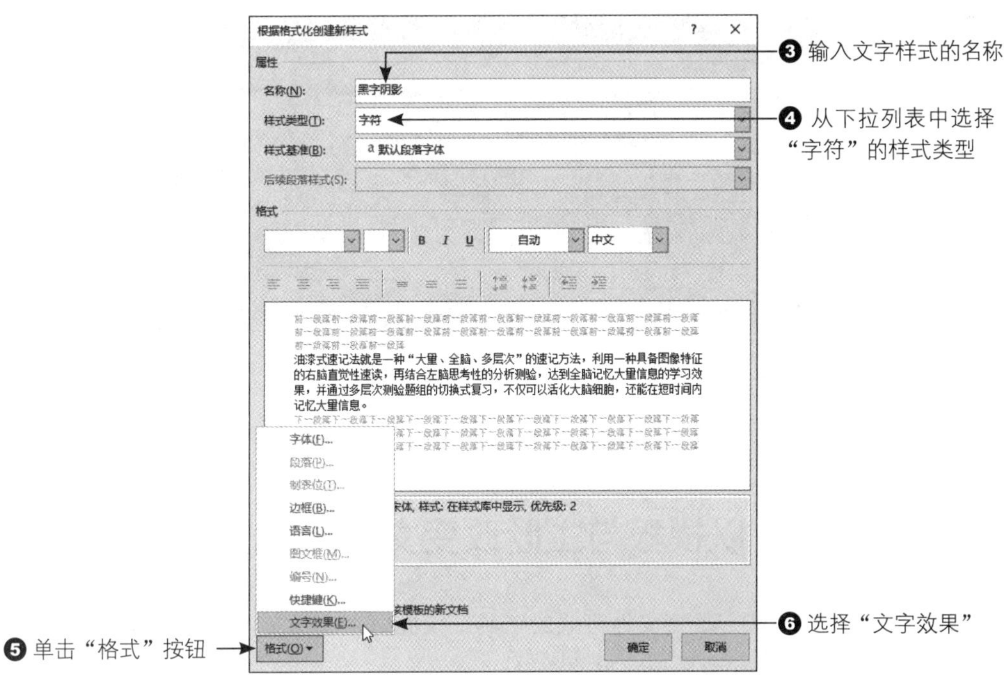
根据格式化创建新样式
属性
名称(N): 黑字阴影
样式类型(T): 字符
样式基准(B): a 默认段落字体
后续段落样式(S):
格式
自动
中文
油漆式速记法就是一种“大量、全脑、多层次”的速记方法，利用一种具备图像特征的右脑直觉性速读，再结合左脑思考性的分析测验，达到全脑记忆大量信息的学习效果，并通过多层次测验题组的切换式复习，不仅可以活化大脑细胞，还能在短时间内记忆大量信息。
字体(F)...
段落(P)...
制表位(T)...
边框(B)...
语言(L)...
图文框(M)...
编号(N)...
快捷键(K)...
文字效果(E)...
格式(O)
确定
取消
❸ 输入文字样式的名称
❹ 从下拉列表中选择“字符”的样式类型
❺ 单击“格式”按钮
❻ 选择“文字效果”

图 5-14

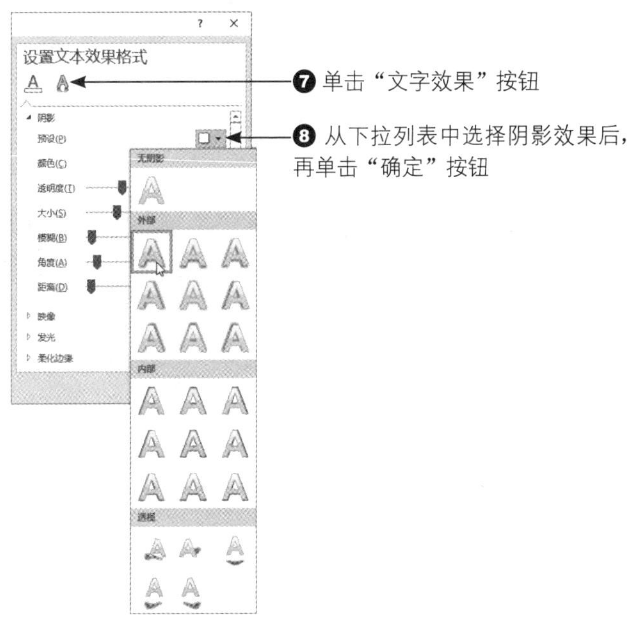
设置文本效果格式
阴影
预设(P)
颜色(C)
透明度(T)
大小(S)
模糊(B)
角度(A)
距离(D)
映像
发光
柔化边缘
无阴影
外部
内部
透视
❼ 单击“文字效果”按钮
❽ 从下拉列表中选择阴影效果后，再单击“确定”按钮

图 5-15

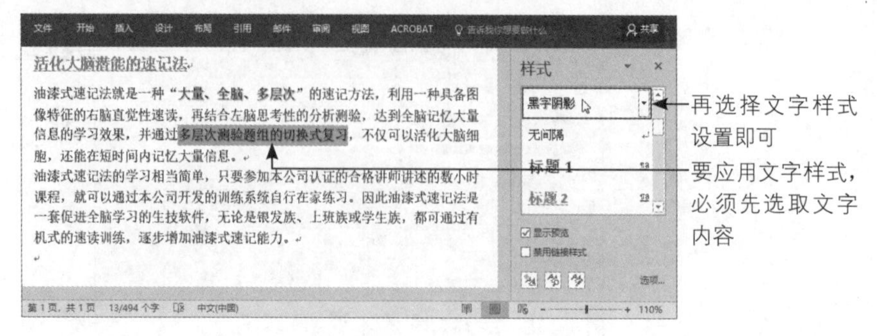

图 5-16

5.3 以模板与主题改变文件格式

模板和主题都是统一改变文件格式的工具，模板用来改变文件内所有的字体格式与段落格式，而主题还会包含图形对象的效果。

5.3.1 以模板快速更改文件外观

“设计”选项卡的“文档格式”分组提供了各种模板，能让用户快速更改整份文件的字体和段落属性。而更改后的模板可从“样式”窗格中看到完整的设置效果，具体步骤如图 5-17 和图 5-18 所示。

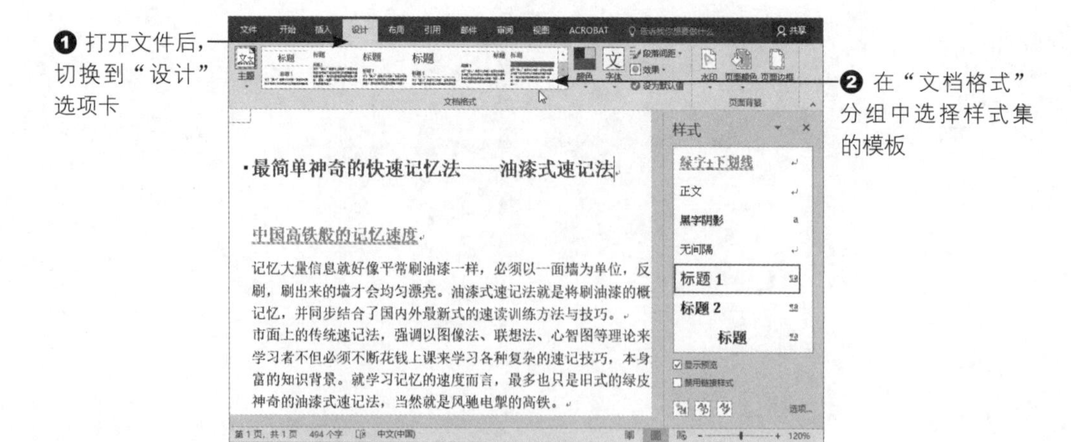

图 5-17

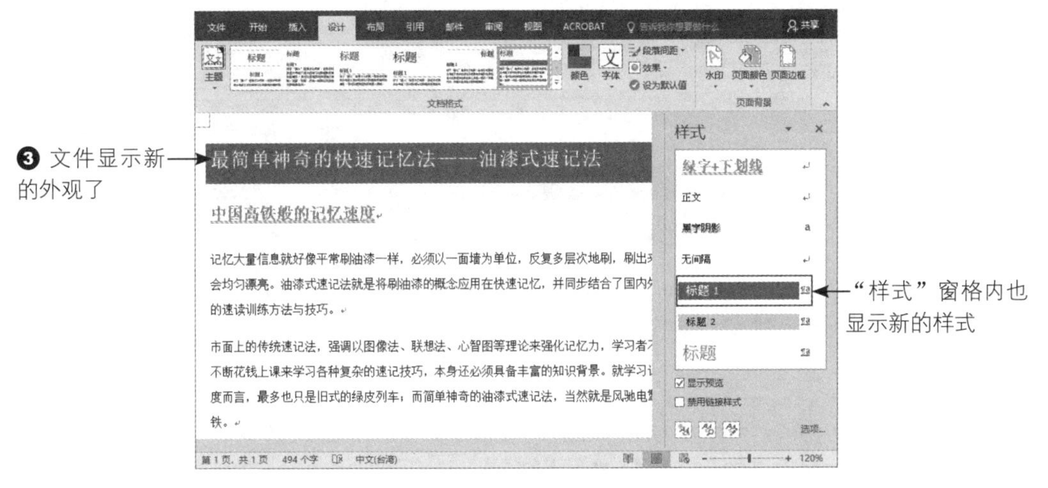

图 5-18

5.3.2 应用与修改 Office 主题

"设计"选项卡中的主题能让文件立即具备样式与合适的个人风格，因为每个主题都有其独特的颜色、字体和效果，可快速建立一致的外观与风格，如图 5-19 所示。应用后仍可分别对"颜色""字体""段落间距"和"效果"进行修改，使主题符合个人要求的配色方案、字体或效果，如图 5-20 所示。

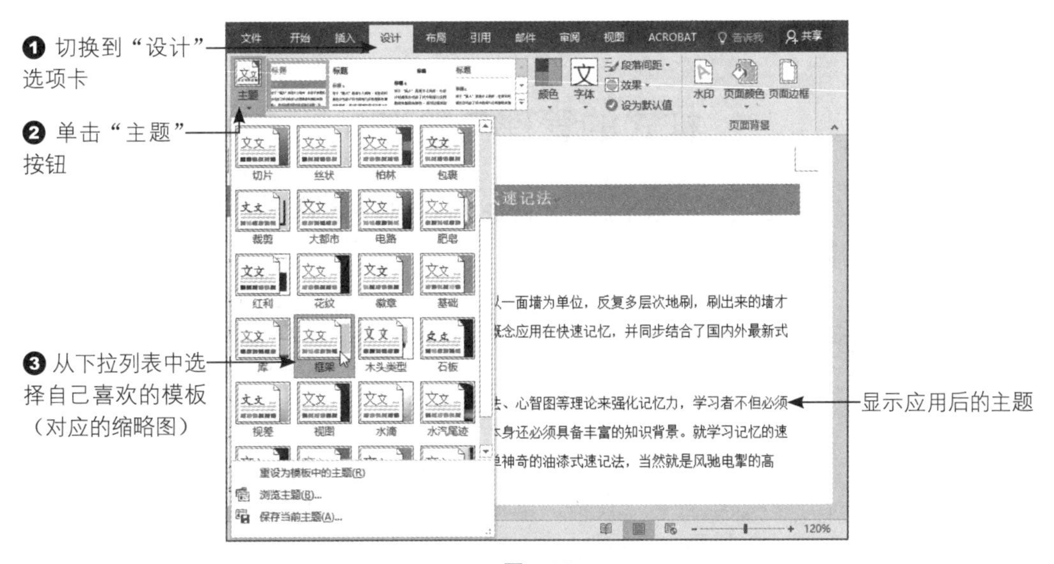

图 5-19

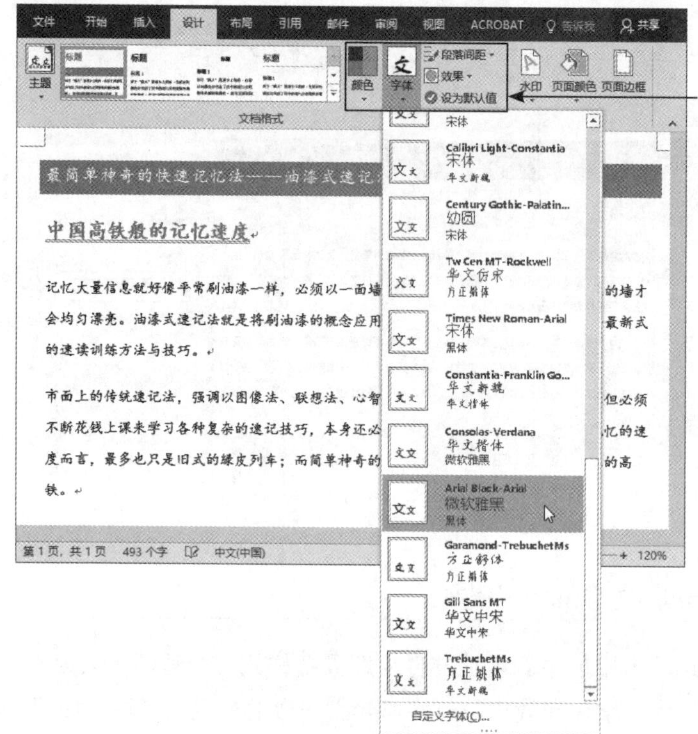

图 5-20

5.4 样式的管理与检查

学会样式的创建方式后，当然要知道如何管理样式与检查样式，学会样式的管理会让样式的使用更为便利。

5.4.1 样式检查器

“样式检查器”的主要功能是查看文件中所设置的样式和格式是否正确。检查方式很简单，打开文件后，在“样式”窗格中单击“样式检查器”按钮（如图 5-21 的左图所示），就会显示出“样式检查器”窗格，鼠标指针所在位置的样式会自动显示在“样式检查器”窗格中（如图 5-21 的右图所示）。

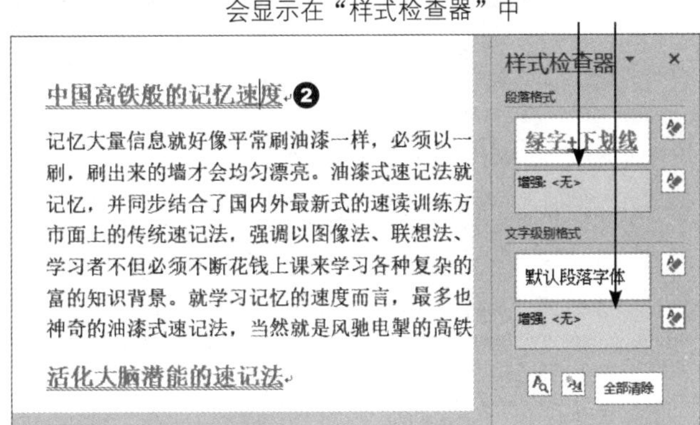

图 5-21

在正常的样式设置下，段落格式设置或文字级别格式设置的“增强”字段是不会有格式显示的，如果为某处内容设置了样式，又对内容手动设置了文字格式或段落格式，“增强”字段的格式就会显示出来，如图 5-22 所示。

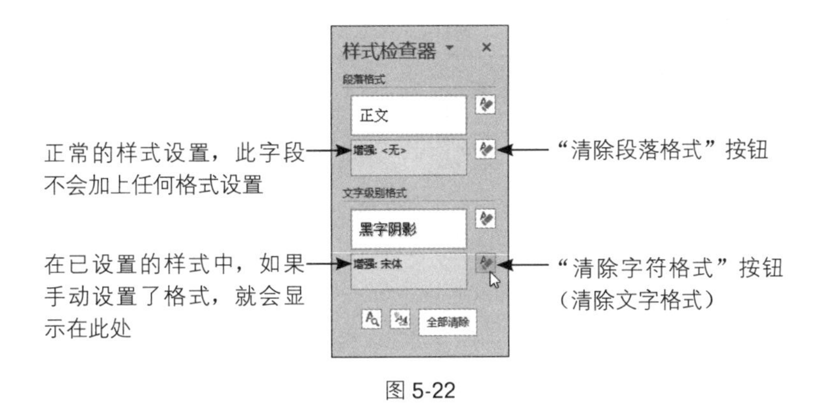

图 5-22

如果在检查样式时，发现“增强”字段之后有其他格式设置，那么可单击“清除段落格式”按钮或“清除字符格式”按钮来清除格式。

5.4.2 “样式”窗格只显示使用中的样式

在“样式”窗格中，我们会看到里面显示的样式相当多，所以有时候在寻找自定义的样式时，总是要找很久。如果希望“样式”窗格中只显示使用中的样式，可以通过“选项”按钮来处理，如图 5-23 所示。

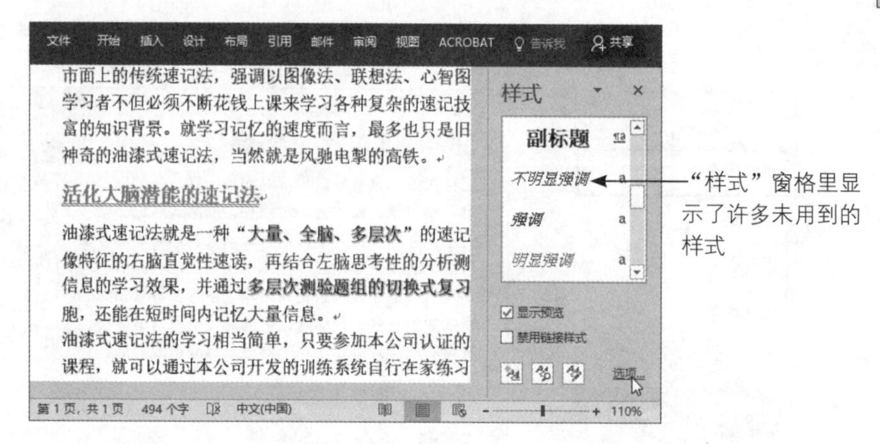

图 5-23

单击“选项”按钮后，在“选择要显示的样式”中选择“正在使用的格式”选项即可，如图 5-24 所示。

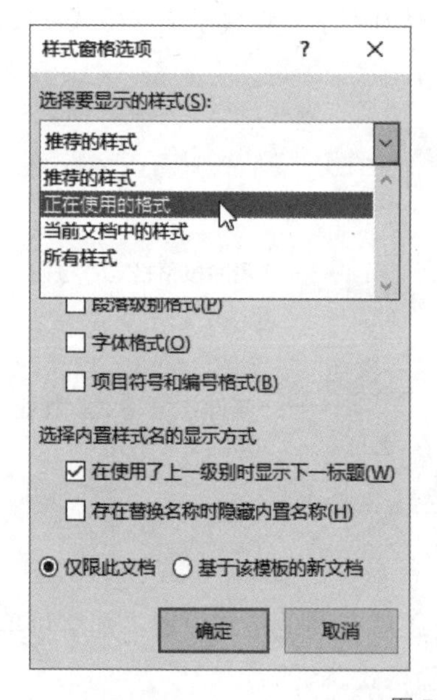

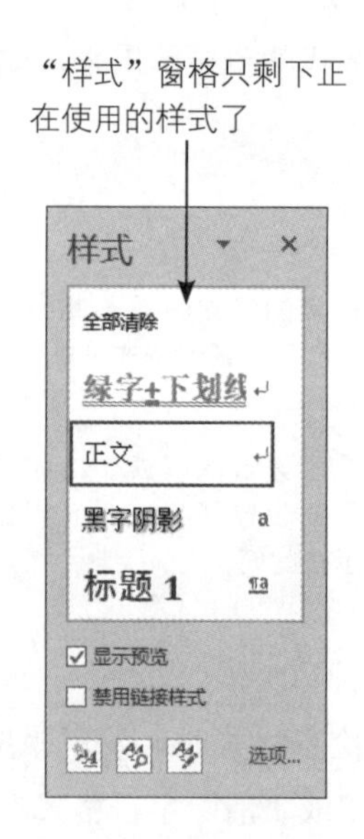

图 5-24

5.4.3 以样式快速选择多处相同样式的文字

当文件中有多处地方设置了相同的样式时，通过“样式”窗格可以快速选择这些拥有相同样式的文字，如图 5-25 所示。

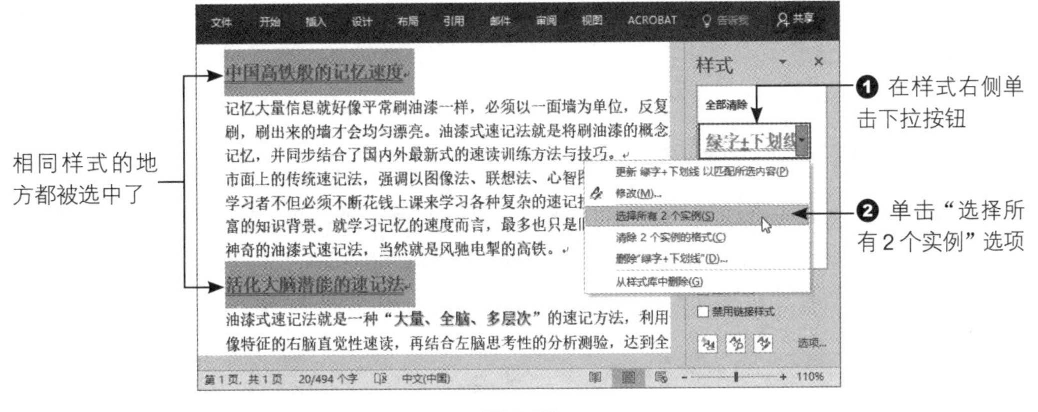

图 5-25

5.4.4 删除多余的样式

对于不再使用的样式，为了避免混淆，最好将其删除。在样式右侧单击下拉按钮，再选择“删除”选项即可，如图 5-26 所示。

图 5-26

5.5 实践：样式的设置

前面已经设置了大标题、小标题、正文等格式，现在要将这些设置好的格式转换成“样

式”，方便日后可以应用。打开本章提供的实践范例文件“01_多层次回转记忆_样式设置.docx”。

5.5.1 将选择的格式创建成样式

1. 新建“正文第一行缩排”样式：选择已设置好的第一个段落，单击“新建样式”按钮，将样式名称设为“正文第一行缩排”，样式基准设为“无样式”，单击“确定”按钮完成该样式的设置，具体步骤如图 5-27 和图 5-28 所示。

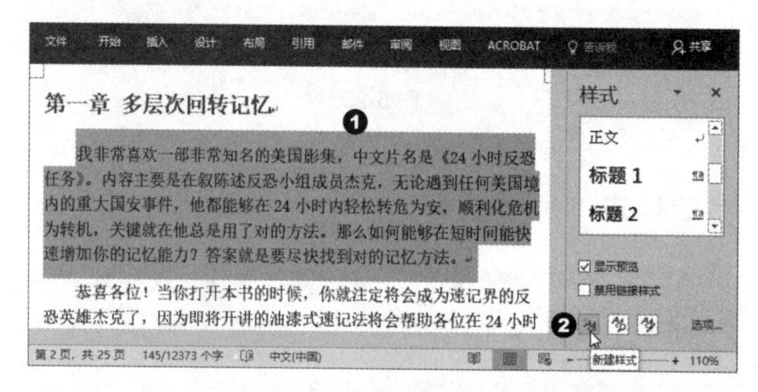

图 5-27

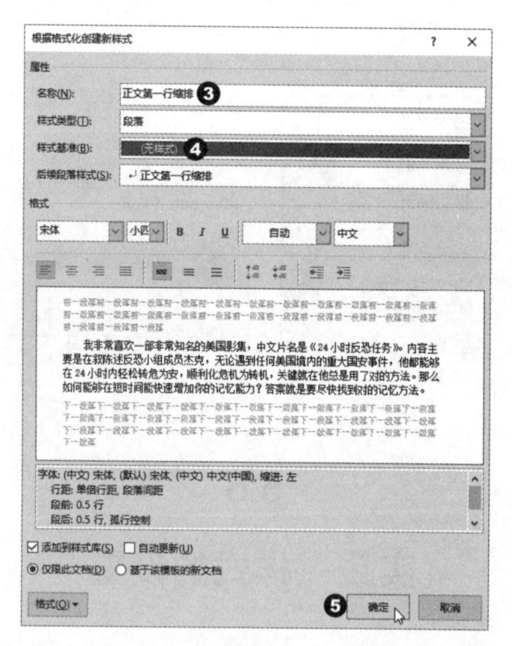

图 5-28

文件中 1-2 以前的段落文字第一行虽然看起来缩排了（或称为缩进），但事实上还未应用刚刚设置好的样式，所以要记得逐一将这些段落应用“正文第一行缩排”。

2. 新建“底纹加框”样式：选择已设置好格式的段落，单击“新建样式”按钮，将样式名称设为“底纹加框”，样式类型设为“段落”，样式基准设为“正文”，如图 5-29 所示。

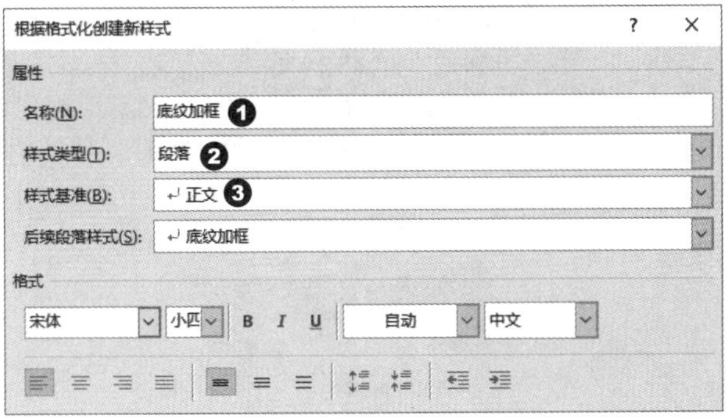

图 5-29

3. 新建“提示秘技”样式：选择已设置好的“提示”标题，以“新建样式”的方式完成样式设置，如图 5-30 所示。

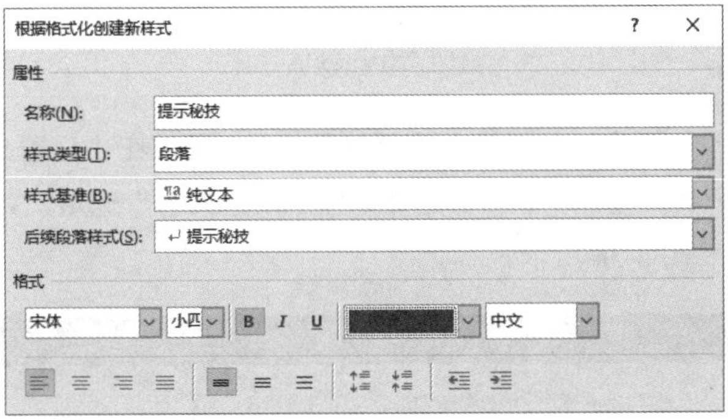

图 5-30

5.5.2 更新以匹配所选内容

1. 更新“标题 1”样式：选择先前设置好的章名，在“标题 1”样式的右侧单击下拉按钮，在下拉列表中选择“更新标题 1 以匹配所选内容”选项，完成标题 1 的更新，具体如图 5-31 和图 5-32 所示。

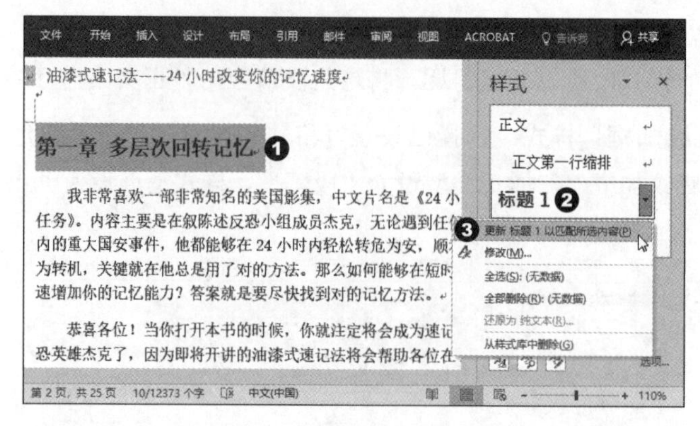

图 5-31

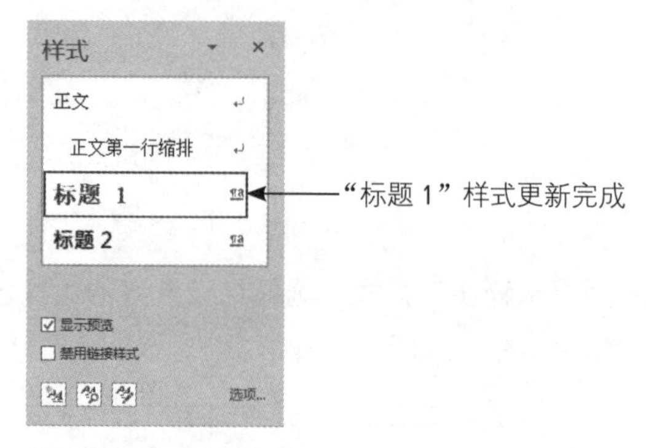

图 5-32

2. 更新"标题 2"样式：选择先前设置好的 1-1 标题，在"标题 2"样式的右侧单击下拉按钮，从下拉列表中选择"更新标题 2 以匹配所选内容"选项，完成标题 2 的更新，具体步骤如图 5-33 和图 5-34 所示。

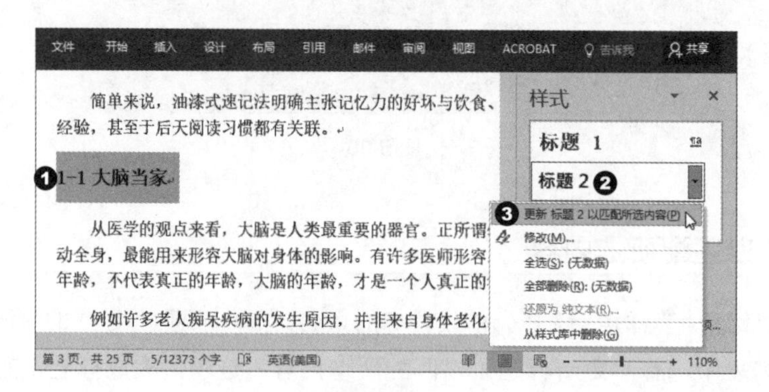

图 5-33

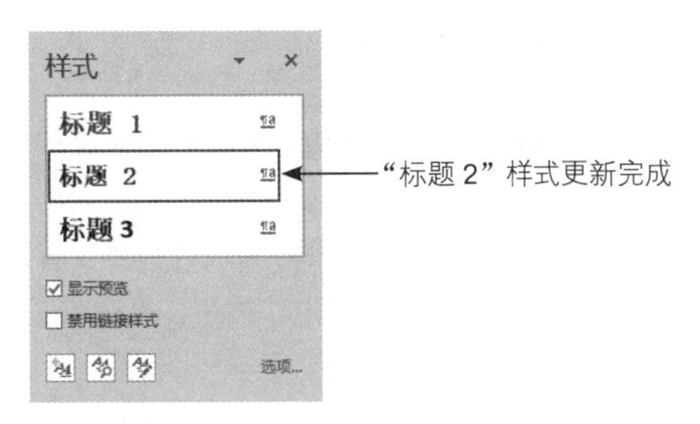

图 5-34

3. **更新"要点"样式**：选择粗体字内容，在"要点"样式的右侧单击下拉按钮，在下拉列表中选择"更新要点以匹配所选内容"，完成样式的更新，如图 5-35 所示。

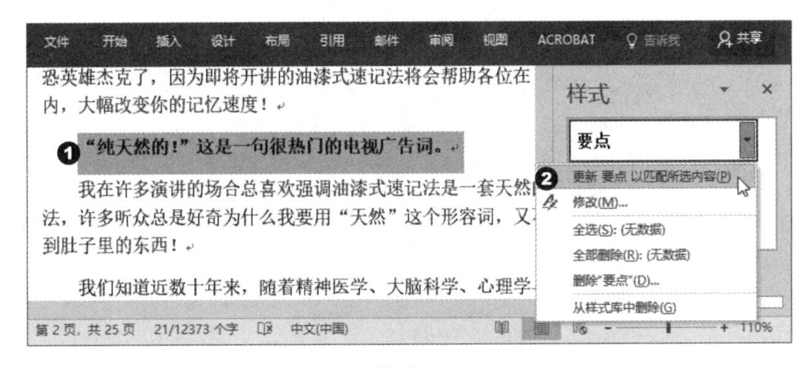

图 5-35

特别注意，样式库中的"标题 1""标题 2"等样式是与文件的大纲层级一致的，这与主控文档组合多个文件有相当大的关联，所以在此将章名设置为"标题 1"，意味着章名为"1 级"，而 1-1 标题设置为"标题 2"，其显示的层级为"2 级"，如图 5-36 所示。

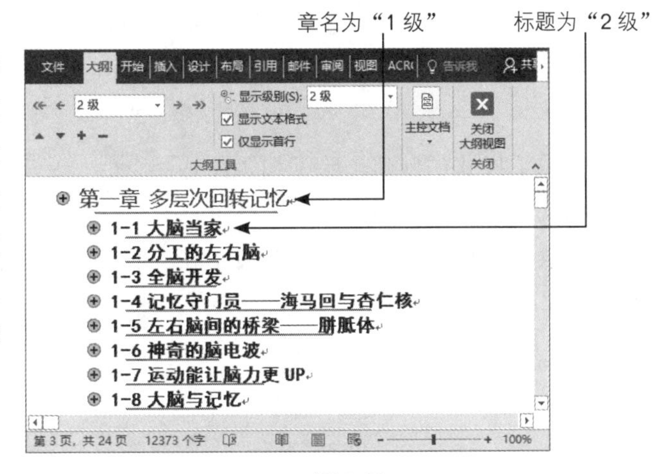

图 5-36

5.5.3 从无到有创建列表样式

1. 新建“项目列表”样式：把输入点放在列表位置上，直接在“样式”窗格中单击“新建样式”按钮，输入样式名称，样式基准设为“无样式”，然后设置为粗体、褐色字，单击“格式”按钮并选择“编号”。打开“编号和项目符号”对话框，切换到“项目符号”选项卡，选取自己喜欢的符号后，单击“确定”按钮。具体步骤如图 5-37 和图 5-38 所示。

图 5-37

通过以上样式的创建，除了加入图片外，范例文件中第 1 章的文字内容就可以编排了。读者可自行练习将第 1 章文字编排完成，完成后的文件可参阅“01_ 多层次回转记忆 _ 样式设置 OK.docx”。

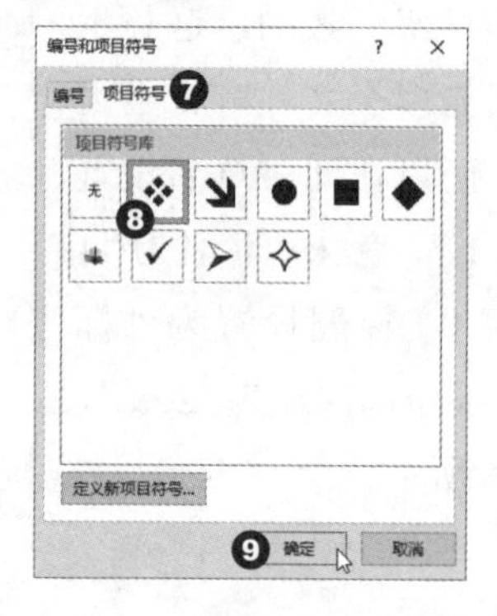

图 5-38

第6章

提高创建文件的效率
——善用模板进行排版

使用过模板的人都知道模板给排版人员带来很大便利，如果大家从未使用过模板，那么这一章就一定不能错过，如图 6-1 所示。

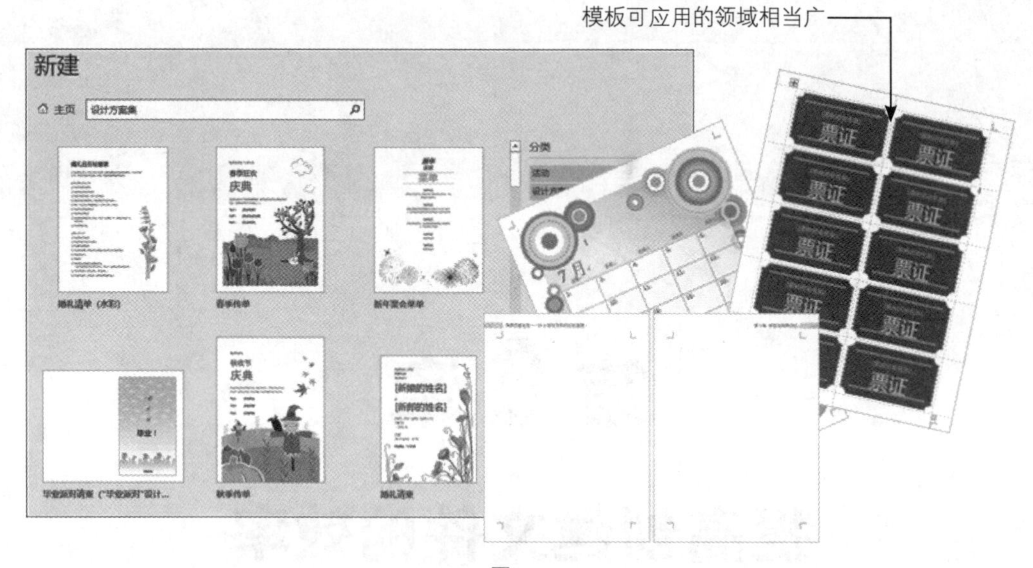

图 6-1

6.1 为何要制作模板

模板（Templates）又称为样式库，是一组样式的集合，同时包含版面的设置，如纸张大小、边界宽度、页眉和页脚等设置。如果在新建文件时，能同时加载已设置好的模板，就能加速编排的速度，省去机械式的重复设置操作，而直接开始新章节内容的编排。

6.1.1 模板的特色与应用

使用模板可以使文件的制作变得快速而高效，在模板中可以保存以下 3 种内容。

- 页面设置：包含纸张大小、边界、页面方向、分栏、页眉和页脚等相关设置，如图 6-2 所示。就如同第 2 章所学到的各种页面布局。

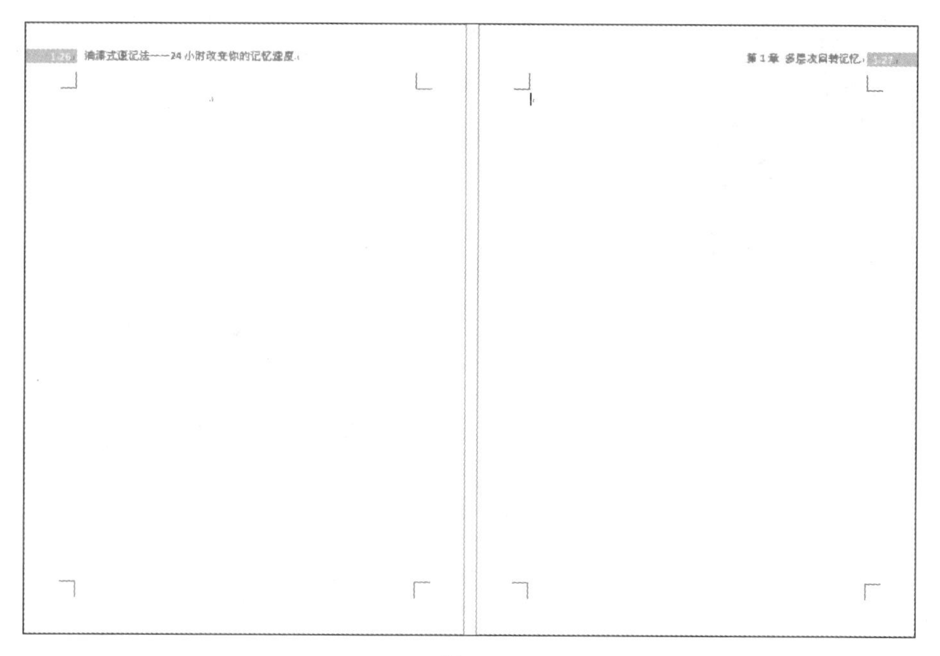

图 6-2

- 段落与文字样式：包含用户自定义的各种样式及 Word 内建的样式。就如在第 5 章中所学到的各种样式设置与编修，如图 6-3 所示。

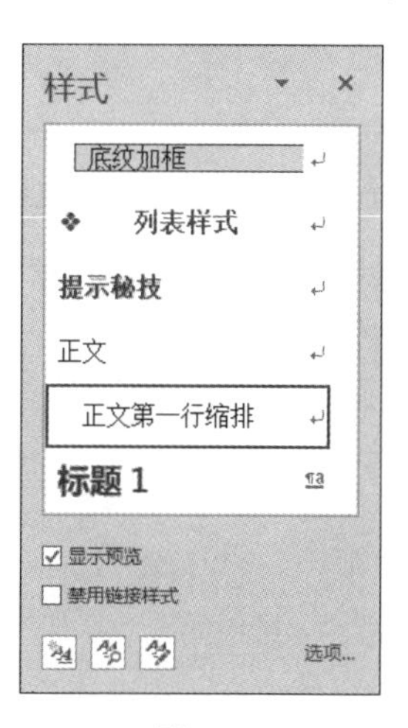

图 6-3

- 版面编排内容：保存预先设置好的文本框、表格、图片或图形，就如同大家所下载的各种联机模板，如图 6-4 所示。

图 6-4

只要是经常使用的表格、每月例行的报告、合约、告示、书册排版等，都可以考虑将它们保存为模板。届时调出文件时，编修工作就只剩下文字和数据的处理，而不需要再耗费时间去编修文字格式。

6.1.2 模板格式

Word 文件的扩展名为 *.doc 或 *.docx，而 Word 模板文件的扩展名为 *.dotx 或 *.dot。无论是普通文件还是模板，都是 Word 文件，不同的是模板文件可以创建其他相类似的文件，让新建的文件可以承袭模板原先的设置。

6.1.3 把文件保存为模板文件

要将已设置好的文件存储为模板，可在“文件”选项卡中单击“另存为”选项，再单击“浏览”按钮，如图 6-5 所示。在“另存为”对话框的“保存类型”下拉列表中选择“Word 模板”后，文件夹会自动切换到“文档 / 自定义 Office 模板”文件夹，然后直接单击“保存”按钮保存模板即可，如图 6-6 所示。

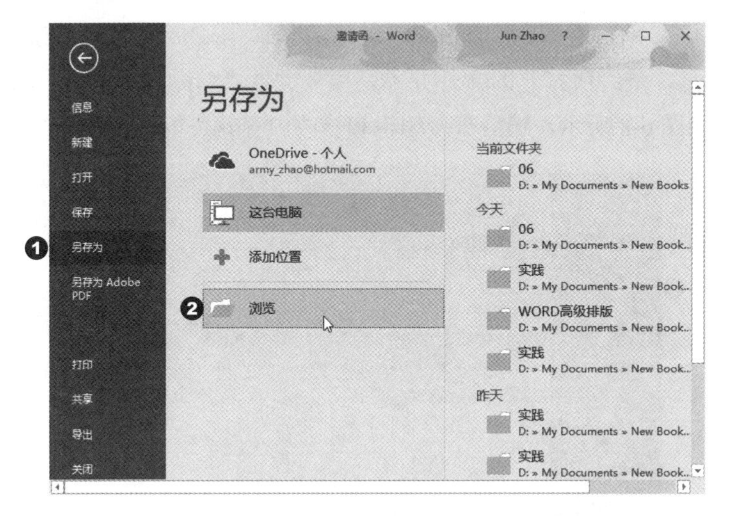

图 6-5

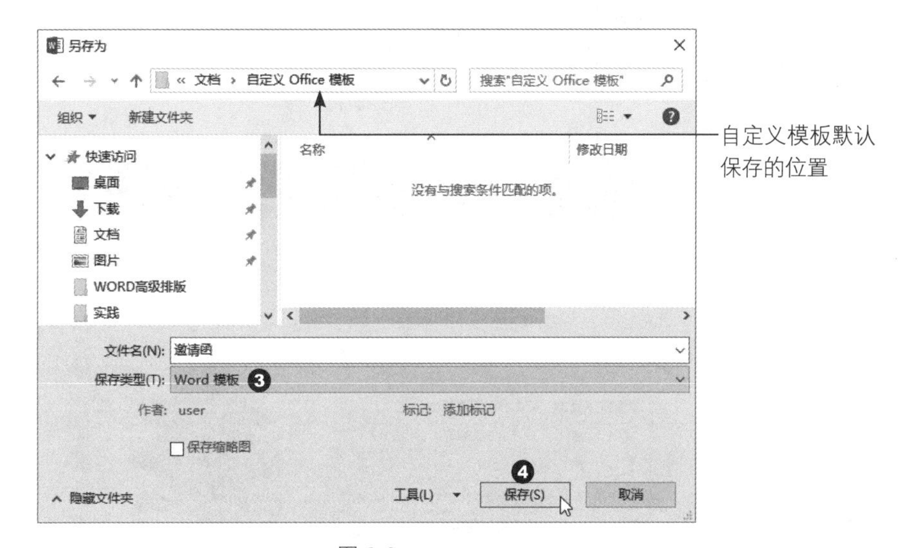

图 6-6

若从“保存类型”下拉列表中选择“Word 97-2003 模板”，则适用于 Word 2003 或较低的版本。另外，选用“启用宏的 Word 模板”适用于 Word 2007 以上的版本，这种类型的模板可以包含 VBA 的程序代码。

6.1.4 打开自定义的 Office 模板

自己设置的模板要如何打开呢？很简单。在“文件”选项卡中单击“新建”选项，

接着切换到“个人”，即可看到刚刚新建的“邀请函”，单击之后即可打开该文件，如图 6-7 所示。要注意的是，最终所打开的文件并不是模板文件“*.dotx”，而是未命名的普通文件“*.docx”，如图 6-8 所示，随后直接编辑和修改内容就可以了。

图 6-7

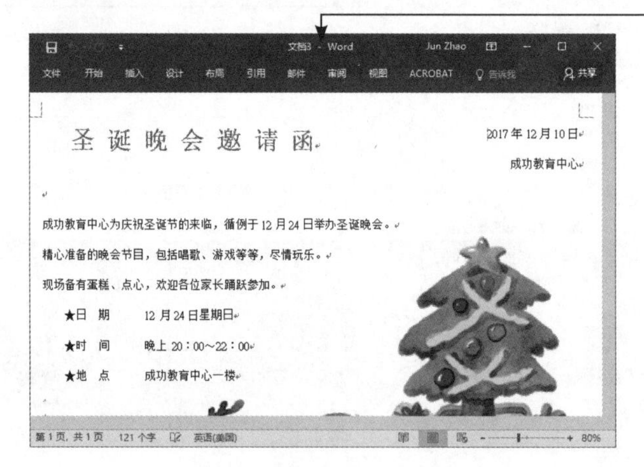

图 6-8

6.1.5 默认个人模板位置

为了管理的方便，大家也可以自行设置模板保存的位置。在“文件”选项卡中单击“选项”命令，进入“Word 选项”对话框，切换到“保存”选项，再通过“默认个人模板位置”字段来设置保存的路径，如图 6-9 所示。

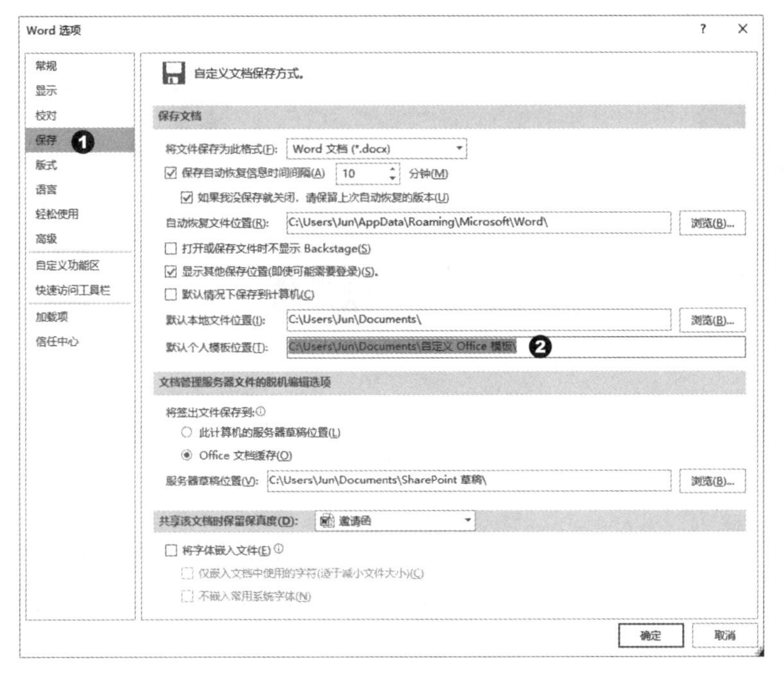

图 6-9

自定义个人模板存放的文件夹后，以后在文件夹中直接双击模板文件就会以未命名的文件在 Word 中显示出来。

6.2 模板布局技巧

除了自己设计的模板外，我们还可以应用微软所提供的各种联机模板。如果大家研究过微软所提供的模板，就不难发现模板中常用的素材类型与应用技巧不外乎分栏、表格、文本框、文档部件与图案。这里大致为大家说明。

6.2.1 分栏式编排版面

以分栏方式编排版面是排版中经常使用的一个技巧，不仅图文安排更活泼且富有变化，阅读时也很自在。如图 6-10 所示为三折式折页册，就是先使用分栏功能分成三个版面，再分别在各栏中插入基本图案和文档部件的“文件摘要信息”。

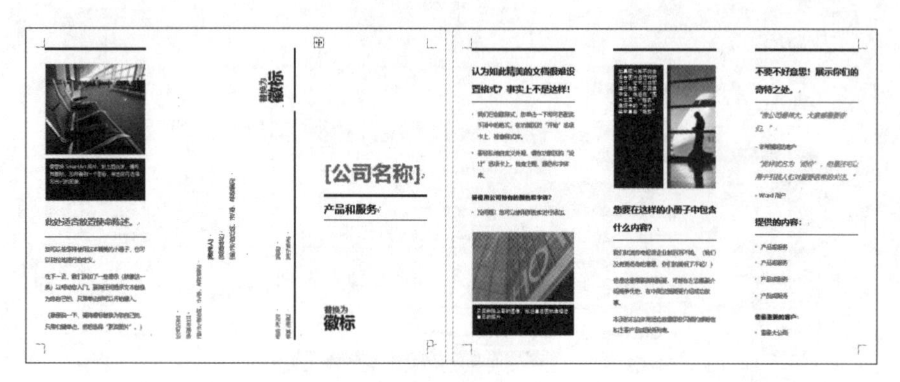

图 6-10

6.2.2 以表格分割版面

表格在办公文件中应用得相当广泛，因为它可以自由组合复杂的表格形式，分割版面区块，使得文件看起来整齐美观。如果将表格分割后以无边框的方式显示，或者部分区块加入底纹，再将有样式设置的文字编排其中，就能让文件变得既专业又有美感，如图 6-11 所示。

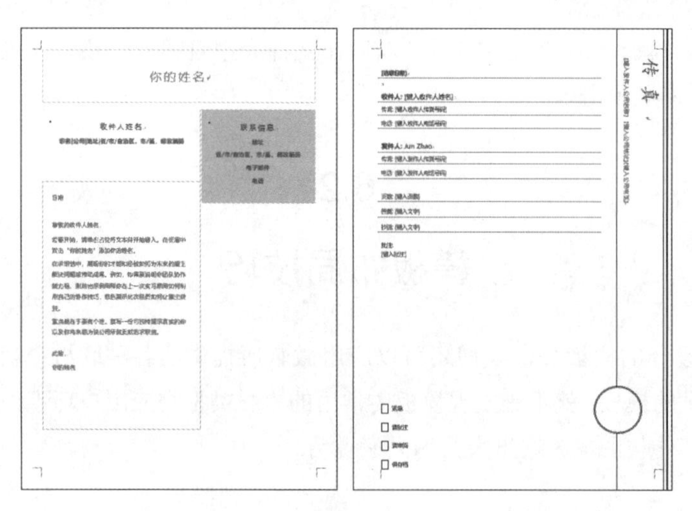

图 6-11

6.2.3 以文本框创建区块

使用文本框也是创建区块的一个好方法，文本框也是图案的一种，除了可填充颜色、加入外框外，也可以加入图形效果，变化方式相当多，再加入文字样式的变化就可以变化出许多效果，如图 6-12 所示。

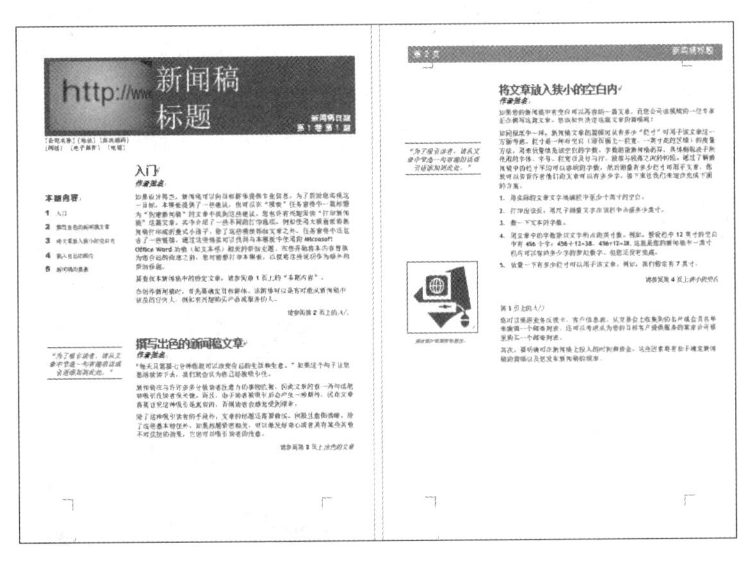

图 6-12

6.2.4 以文档部件构建基块

Word 的“文档部件”提供了各种文件摘要信息，可在文件中加入常用的基块，也可以自行将设计好的选择项目加到文档部件库中。另外，Word 也构建了各种基块，这些基块可在文件的任何位置插入默认格式的文字、文件摘要信息、自动图文集等，善用这些基块可以加快文件编辑的速度。微软的模板中经常可看到这些基块，大家若要使用这些基块，则可在“插入”选项卡中单击“文档部件”按钮，如图 6-13 所示为加入文档部件的实例。

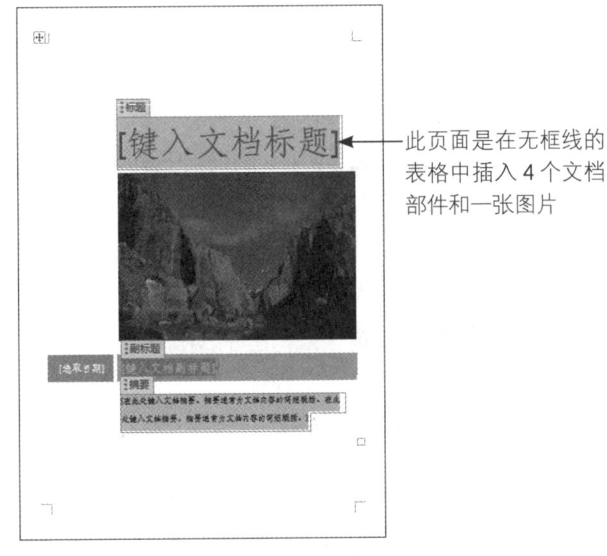

图 6-13

6.2.5 图案应用

“图案”功能在 Word 程序中是基本的绘图功能，基本的方形、椭圆形、三角形等几何造型可组合成各种复杂的图案，如图 6-14 左图所示为各种圆圈造型。如果右击图案，再选择“新建文字”选项，就可以在图案中加入文字。至于线条的使用，除了应用于一般的图形外，也可以作为切割线或参考线来使用，如图 6-14 右图所示。

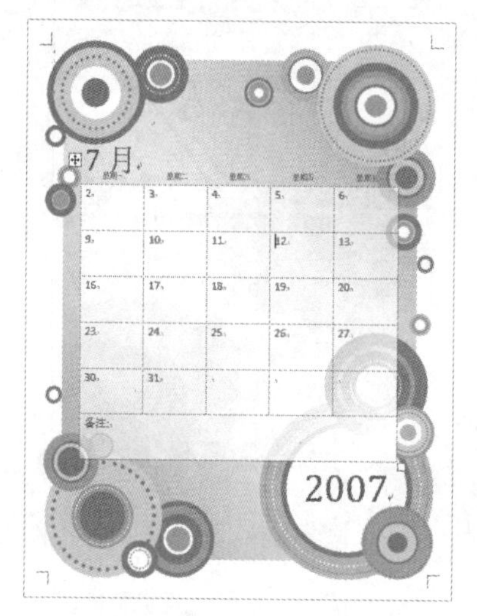

图 6-14

6.3 实践：创建与应用书册排版模板

在前面的实践中，我们已经顺利地将样式设置完成，也为范例文件第 1 章的文字内容应用了样式。接下来把第 1 章所设置好的版式布局、文字样式、段落样式保存为模板，以方便进行范例文件第 2 章内容的编排。

6.3.1 创建书册排版模板

1. 删除源文件内容：打开“01_ 多层次回转记忆 _ 模板保存 .docx”范例文件，选择第一章所有内容，再按 Delete 键将其删除，如图 6-15 所示。

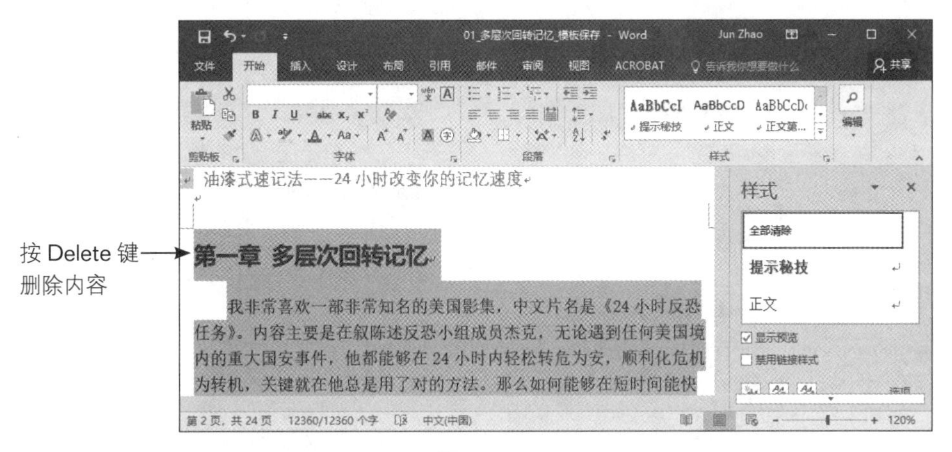

图 6-15

2. 另存为模板文件：在“文件”选项卡中单击“另存为”选项，再单击“浏览”按钮，如图 6-16 所示。打开“另存为”对话框后，从“保存类型”下拉列表中选择“Word 模板”，在保存路径处设置想要存放的位置后，再输入文件名，最后单击“保存”按钮完成模板文件的保存操作，如图 6-17 所示。

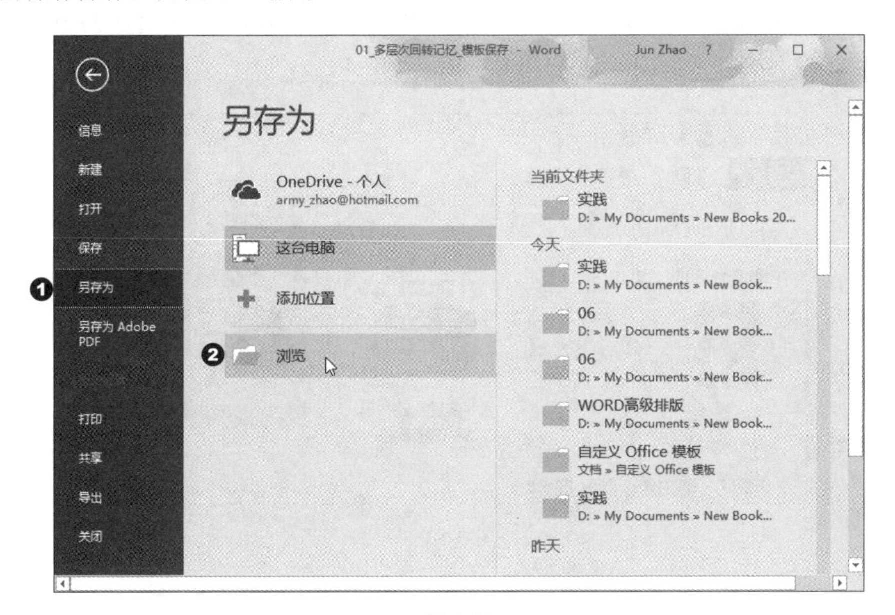

图 6-16

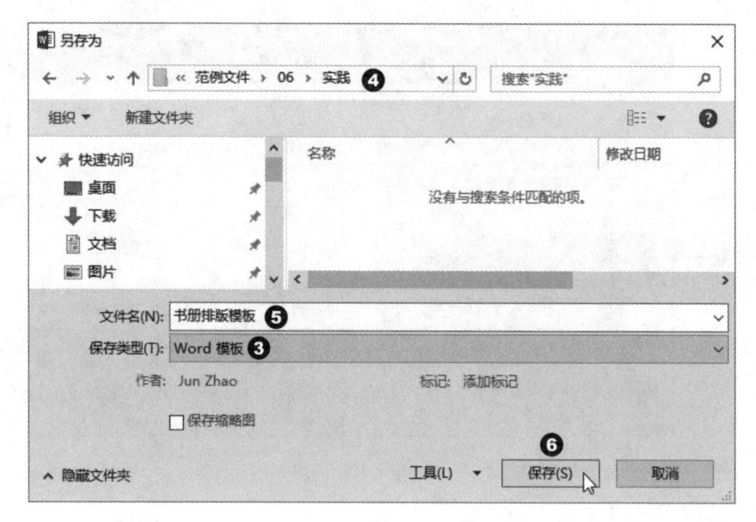

图 6-17

6.3.2 以模板文件新建文件

以模板文件打开未命名的文件：双击“书册排版模板 .dotx”文件对应的图标，以便打开未命名的空白文件，如图 6-18 和图 6-19 所示。

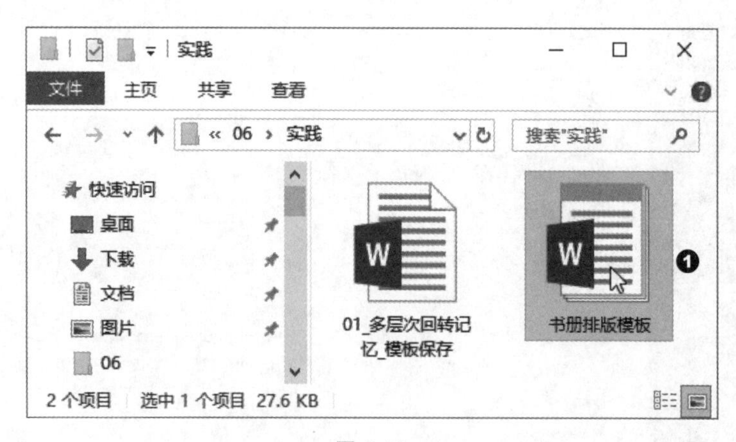

图 6-18

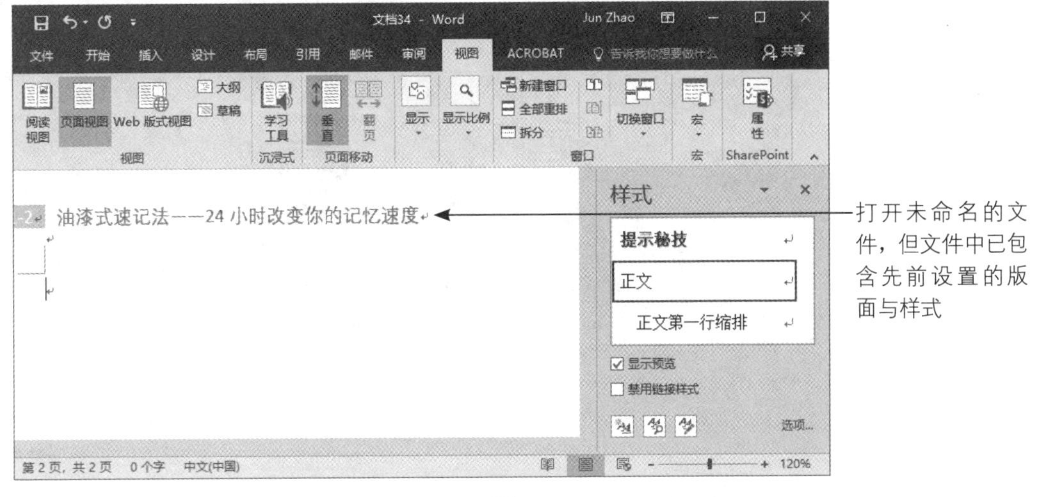

图 6-19

6.3.3 开始编修新文件

1. 导入纯文本文件到新文件：在“插入”选项卡中单击“对象”按钮右侧的下拉按钮，并从下拉列表中选择“文件中的文字”。打开“插入文件”对话框后，先将格式类型设置为“所有文件”，才会看到纯文本文件，单击文本文件后再单击“插入”按钮，将文本编码设为“Windows(默认)”，最后单击“确定”按钮即可完成文字内容的加入，具体步骤如图 6-20 ～ 6-23 所示。

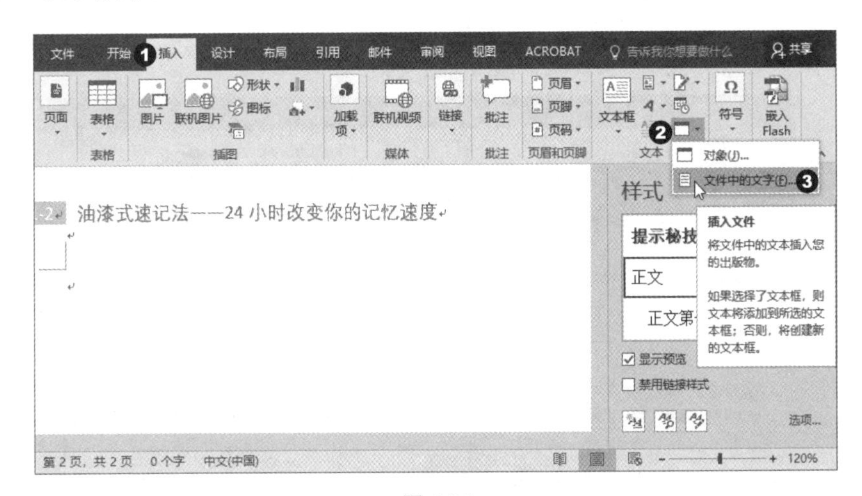

图 6-20

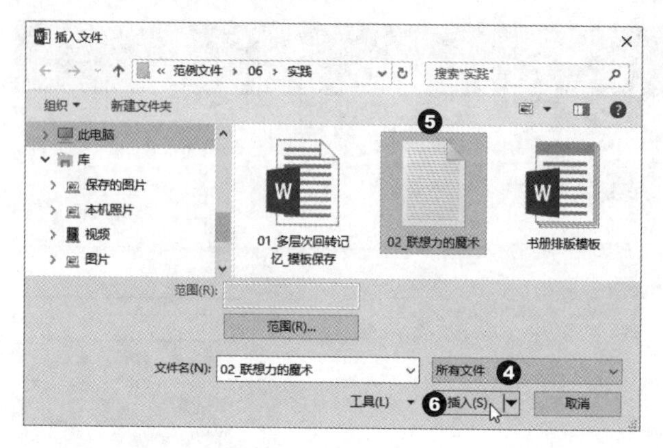

图 6-21

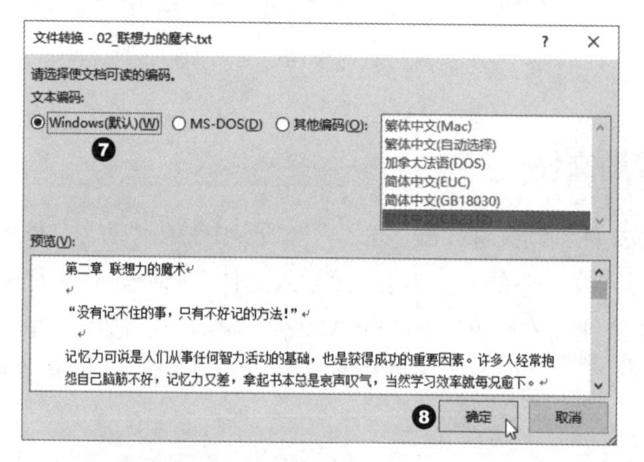

图 6-22

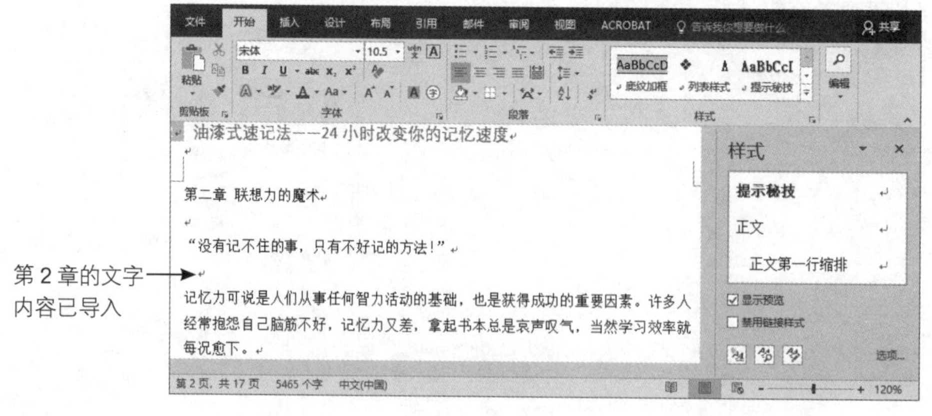

图 6-23

2. 修改章名与页码：双击偶数页的页眉处，进入页眉的编辑状态，先将偶数页的章别改为“2”，如图 6-24 所示。接着切换到奇数页的页眉，修改章名与章别，修改完成后单击“关闭页眉和页脚”按钮离开页眉和页脚的编辑状态，如图 6-25 所示。

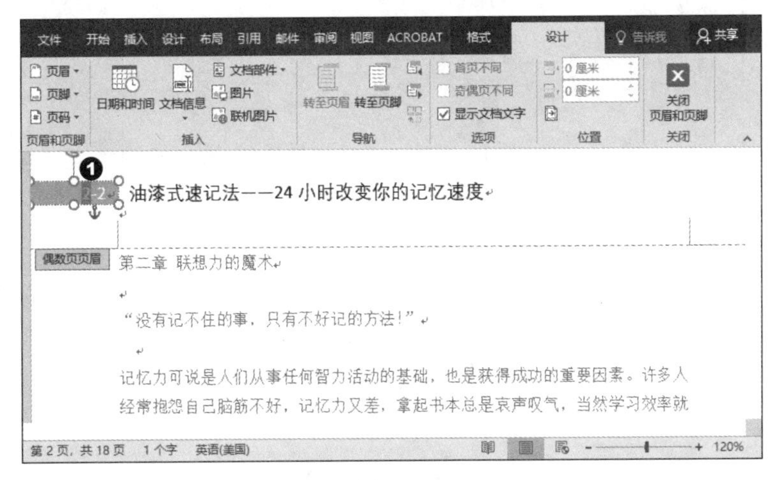

图 6-24

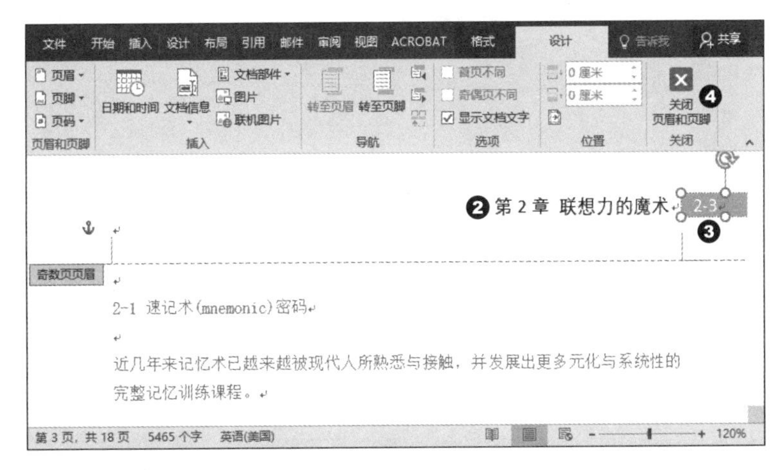

图 6-25

文字内容、章名和页码修正完毕后，就可以将文件另存成第 2 章，接下来按照前面章节的设置方式继续设置样式就可以了。

第 7 章

图文设置的排版技巧

对于文件的编辑，除了注重段落文章的易读性与美观外，以插图来美化文件更是不可或缺的一部分。如何有效地运用图片或美工插图来强化文件的吸引力，以增加文件的可看性，便是这一章要和大家探讨的重点。本章介绍的内容包括：图片的使用技巧、图片的设置、图片的编辑与格式设置等。善用图片来修饰文件除了能突显文件的主题外，还具有美化页面的效果，所以我们必须掌握图文设置的排版技巧，如图 7-1 所示。

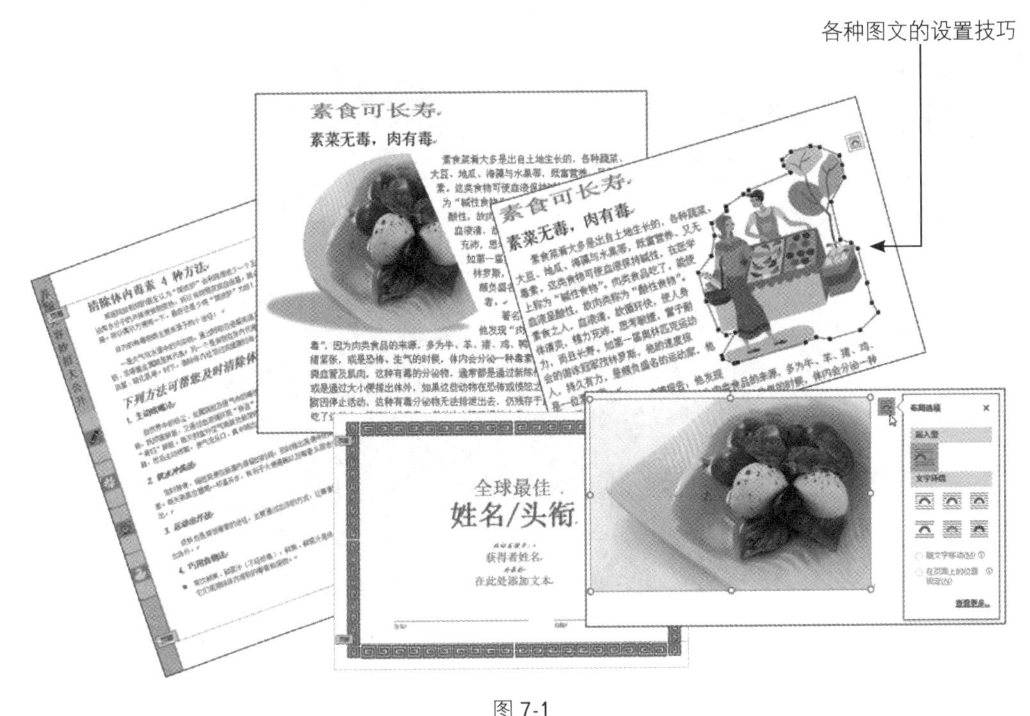

图 7-1

7.1 善用图片或美工图案修饰文件

在一个页面中，图片最容易吸引阅读者的目光，以图片说明文件的内容可以使文件表达的信息更加明确，而且以图片进行说明，即使没看到文字内容也能按图会意。善用图片确实能对文件带来画龙点睛的效果，下面提供几个要点供读者参考，以便大家可以对图片进行优化处理。

7.1.1 利用图片衬托文件信息

页面中放置的图片基本上用于补充文件的内容，引发读者的联想或共鸣，所以所放置的图片一定要与文件内容相关联。如果随意放置插图，不但不会为文件加分，反而弊大于利。

在选择图片时要注意画面的质量，一般图片大多是位图，如果放大的比例过大，图片的质量就会变差，因此图片一定要经过审慎挑选，如图 7-2 所示。

图 7-2

一般插入的图片大多是位图格式，如拍摄的数码照片，其格式大多为 *.jpg、*.bmp、*.png、*.tif 等，特点是颜色层次丰富，因为位图就是由一个个带颜色的像素所组成的。如果图片较小，将它放大就容易看到锯齿状或不平滑的像素。

7.1.2 满版图片更具视觉张力

满版图片是指让图片充满整个页面，一直延伸到边界处。在印刷物的设计稿中，通常会将这种满版的图片延伸到文件页面的外围，也就是在文件上、下、左、右各处加大 3 mm 的填充区域，这样当印刷完成后，以裁刀裁切时，即使对位不准确，也不会在文件边缘出现未印刷到的白色纸张，如此画面才会完美无缺。满版的图片在视觉上较为突出，具有视觉张力，容易吸引观看者的目光，如图 7-3 所示。

图 7-3

7.1.3 剪裁图片突显重点

图片既然用于衬托与突显文件的信息，当然图片的意象也应该突显出来。Word 程序也提供了图片裁剪的功能，我们可以利用构图法则（如“黄金分割法则”“三分法则”等技巧）来裁剪图片，以裁剪出赏心悦目的构图。

“黄金分割”是一种特殊比例关系，其比值在经过运算后大概是 1：1.618。相信大家在剪裁图片时，应该没有那么多时间去做短边 / 长边的比例运算，不过我们可以将画面以斜线一分为二，再从其中一半的三角形中拉出一条与那条直线垂直的线，将焦点放在该处基本就是黄金分割的构图了，如图 7-4 所示。

原图片

黄金分割剪裁图片让重点更突显

图 7-4

“三分法则”剪裁也是构图的技巧之一，以井字构图方式将主题定位在三等分的参考线上，其视觉效果会比将主题放在画面中央更加吸引人。

剪裁图片除了把多余部分裁剪掉外，也可以改变图片的比例，使主题重点突显出来，还可以通过剪裁来改变构图，尤其是原先的构图不能完全符合用户的需求时，就可以通过裁剪的方式来改变构图，如图 7-5 所示。

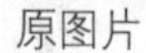

原图片

将竖式画面裁剪成横式画面

图 7-5

7.1.4 善用生动活泼的美工插图

除了实际拍摄的照片外，美工插图也能使文件更生动有趣。不同于写实照片能带给观看者真实的感受，美工图案大多以幽默、趣味或拟人的手法来表达意象，尤其是现实生活无法呈现的意念，就可以通过美工图案来呈现，如图 7-6 所示。

说明

美工图案大多属于向量图，因为是通过数学运算方式计算而来的几何图形，只记录了图形的坐标与图点间的距离，因此文件尺寸较小，而且在图形放大时，线条仍保持平滑无锯齿。早期，微软的多媒体艺廊中所提供的美工图案大多属于向量图，插入这种类型的图案还可以对图案进行拆解、组合、换色等处理，使美工插图符合文件的需求。目前微软已不再提供“多媒体艺廊”的功能，取而代之的“联机图片”功能则以位图为主。

婚礼日历检查表

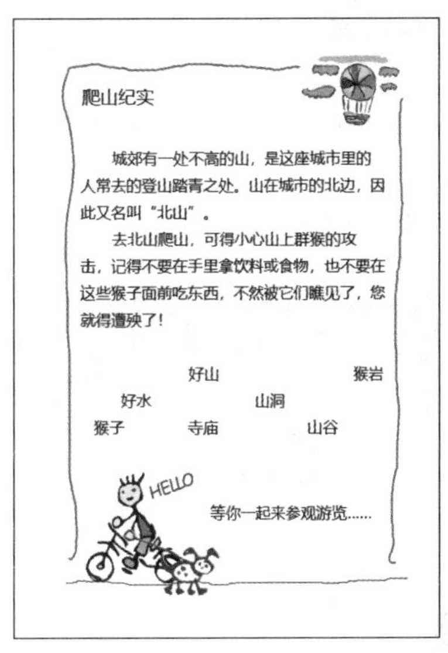

爬山纪实

城郊有一处不高的山，是这座城市里的人常去的登山踏青之处。山在城市的北边，因此又名叫“北山”。

去北山爬山，可得小心山上群猴的攻击，记得不要在手里拿饮料或食物，也不要在这些猴子面前吃东西，不然被它们瞧见了，您就得遭殃了！

好山 猴岩 好水 山洞 猴子 寺庙 山谷

等你一起来参观游览……

图 7-6

7.1.5 多样的图片外框

Word 文件中所使用的图片也并非一定要方方正正才行，使用基本图案的造型也可以将图片嵌入图案之中，而且还可以通过“格式”的设置为图片加入样式的变化，如图 7-7 所示。

图片嵌入半圆形的图案中，并加入阴影效果

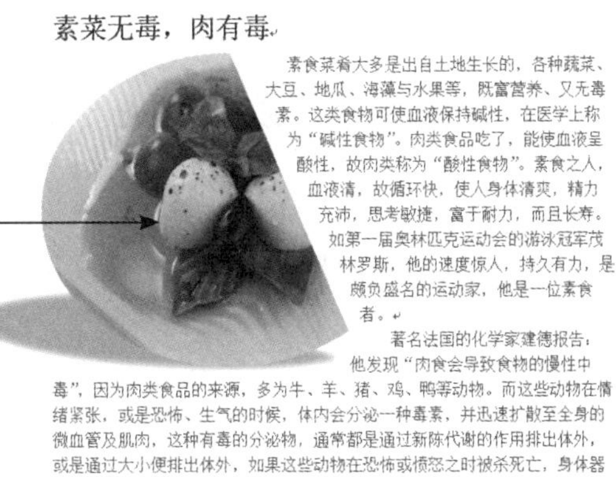

素食可长寿

素菜无毒，肉有毒

素食菜肴大多是出自土地生长的，各种蔬菜、大豆、地瓜、海藻与水果等，既富营养、又无毒素。这类食物可使血液保持碱性，在医学上称为“碱性食物”。肉类食品吃了，能使血液呈酸性，故肉类称为“酸性食物”。素食之人，血液清，故循环快，使人身体清爽，精力充沛，思考敏捷，富于耐力，而且长寿。如第一届奥林匹克运动会的游泳冠军茂林罗斯，他的速度惊人，持久有力，是颇负盛名的运动家，他是一位素食者。

著名法国的化学家建德报告：他发现“肉食会导致食物的慢性中毒”，因为肉类食品的来源，多为牛、羊、猪、鸡、鸭等动物。而这些动物在情绪紧张，或是恐怖、生气的时候，体内会分泌一种毒素，并迅速扩散至全身的微血管及肌肉，这种有毒的分泌物，通常都是通过新陈代谢的作用排出体外，或是通过大小便排出体外，如果这些动物在恐怖或愤怒之时被杀死亡，身体器官因停止活动，这种有毒分泌物无法排泄出去，仍残存于血肉之中，人类如果吃了这种肉，等于吃进毒素，所以吃肉等于慢性中毒。

图 7-7

7.1.6 沿外框剪下图片——图形背景消除处理

在正常情况下，图片都会被围在四边形的方框之中，当图片或图形放在有颜色的背景上时，就会觉得突兀（如图 7-8 左图所示），而经过背景消除处理的图片能够和有色的背景完美结合（如图 7-8 右图所示）。

图片在有底色的背景上

图片进行背景消除处理后的结果

图 7-8

如果图片或图案的背景色调不太复杂，就可以直接在 Word 程序中进行背景消除的处理。背景消除后的图案在进行图文排版时更加灵活，也能与文字更贴近，画面效果自然比较好。

7.2 图文设置技巧

前面已经介绍了如何使用图片来修饰文件，本节开始探讨图片插入的方式以及图文设置的各种技巧，以使排版出来的文件能显现多样的变化，不再是图文各自独立，毫无关联性。

7.2.1 从文件插入图片

Word 程序允许用户将外部的位图或向量图插入文件中，无论是公司的商标还是解说文件内容的图片、图像等，都可以通过“插入”选项卡中的“图片”按钮来插入。具体步骤是，先设置图片要插入的位置，再单击“图片”按钮，打开“插入图片”对话框，从中选择要插入的图片，最后单击“插入”按钮即可插入图片，步骤如图 7-9 和图 7-10 所示。

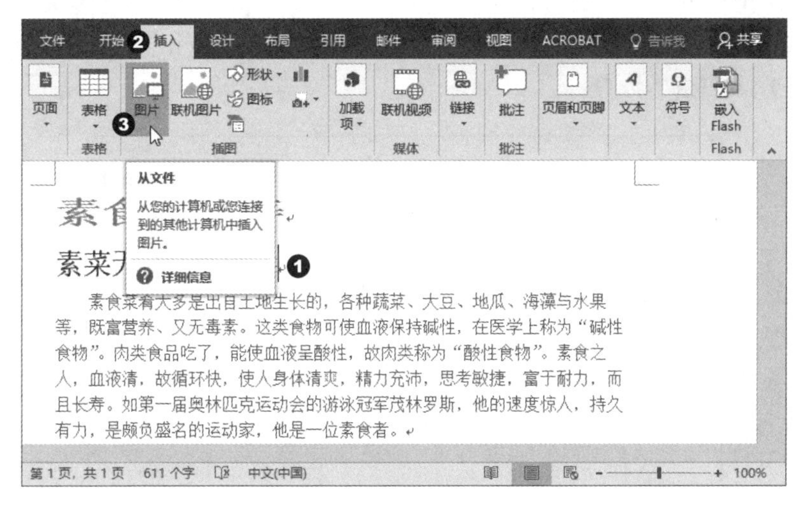

图 7-9

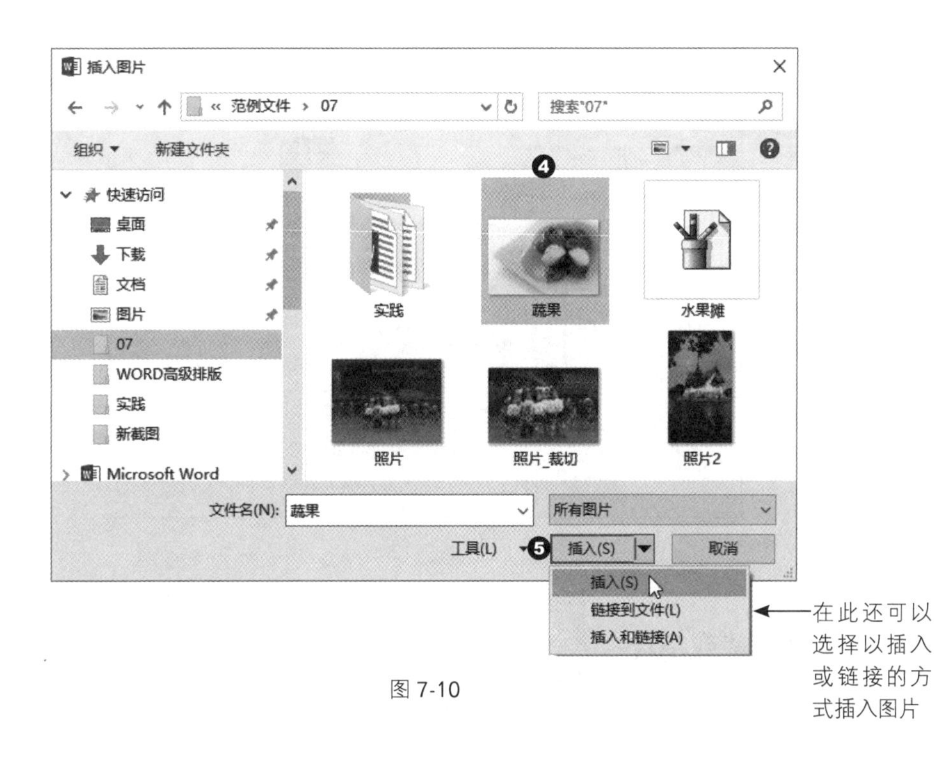

图 7-10

7.2.2 将联机图片插入文件中

除了将计算机上的图片文件插入 Word 文件外，也可以从网络上搜索所需的图片。在“插入”选项卡中单击“联机图片”按钮，在“必应图像搜索”字段中输入要搜索的图片名称，单击搜索按钮后，勾选想要使用的图片，最后单击“Insert”按钮即可插入联机图片，具体步骤如图 7-11 和图 7-12 所示。

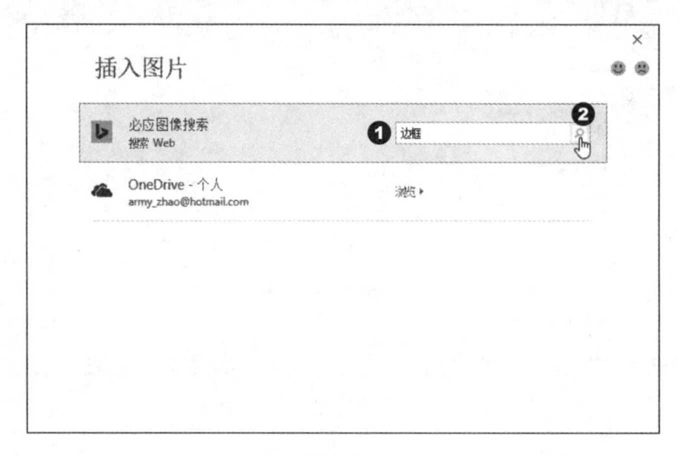

图 7-11

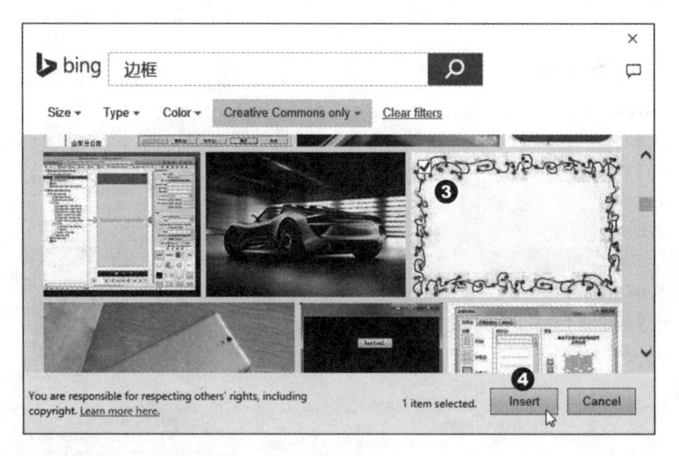

图 7-12

7.2.3 从屏幕截取图片

“屏幕截图”是从 Word 2010 开始提供的功能，用户可以使用 Word 屏幕截图工具将想要截取的屏幕画面直接插入目前的文件中。使用前先打开想要截取的画面，再单击“插入”选项卡中的“屏幕截图”按钮执行截图操作，具体步骤如图 7-13 和图 7-14 所示。

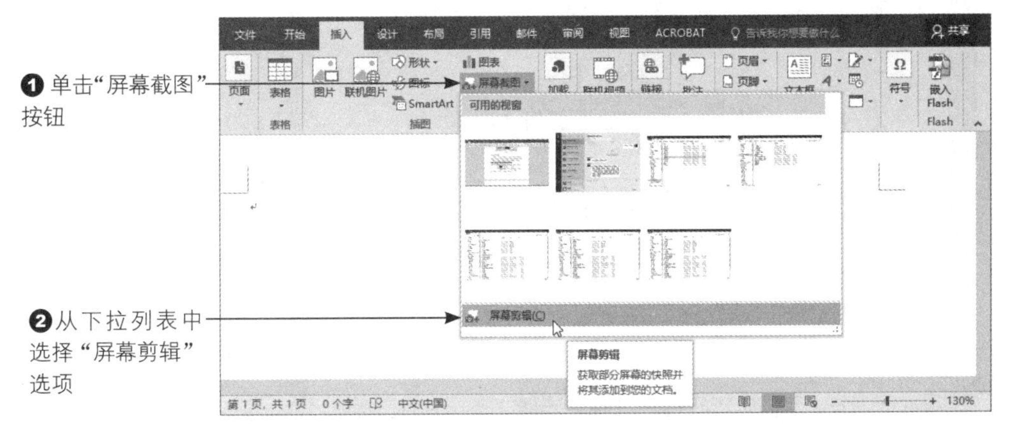

图 7-13

图 7-14

7.2.4 在页眉处插入插图

前面介绍的方式都是最常使用的方式——将插图插入文件中，只要在文件中用鼠标设置要插入图片的位置，然后单击“插入”选项卡中的插入按钮即可。也可以在“页眉”处插入插图，如边框图案、背景底纹、稿纸、名片框等。如图 7-15 ～图 7-17 所示为一些实例。

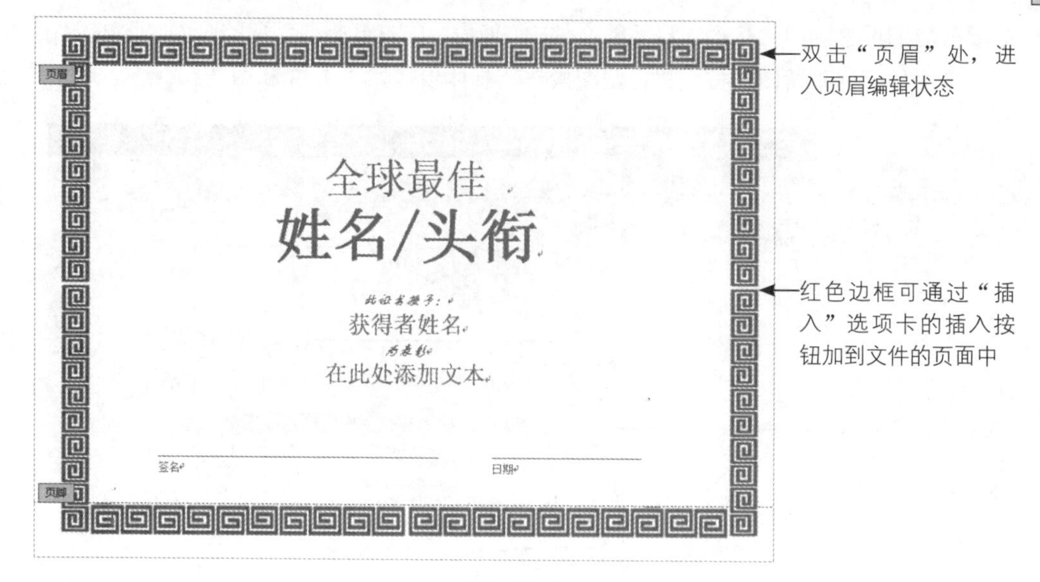

图 7-15

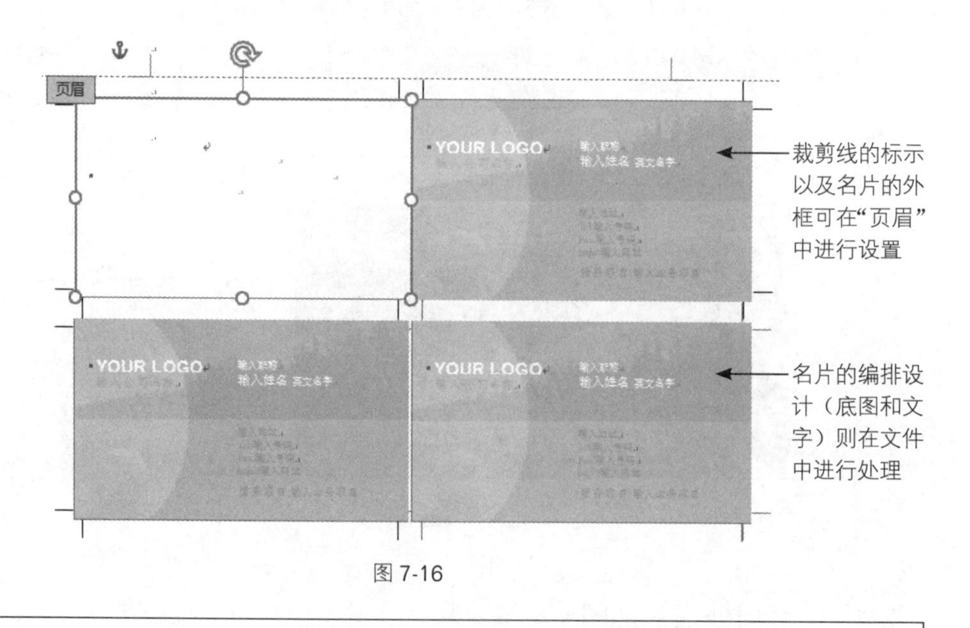

图 7-16

说明

有些人可能会使用“设计”选项卡中的“页面颜色”功能选项，再选择下拉列表中的“填充效果”选项，在弹出的“填充效果”对话框中单击“图片”选项卡，最后单击“选择图片”按钮来将底纹插图插入文件中，但是以这种方式显示的背景图在打印时容易出问题，建议不要使用此方式来插入背景底图。

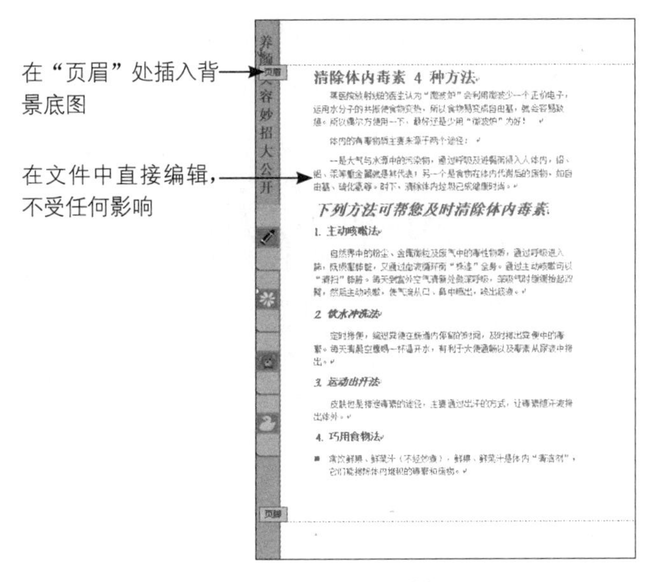

图 7-17

7.2.5 图片排列位置与文字环绕设置

将图片插入文件后，若要根据页面的排版需求来调整图片与文字的排列位置，则在选定图片的状态下在“格式”选项卡中单击“位置”下拉按钮，这样可快速将图片定位在上、中、下、靠左、靠右等不同的位置，可以让文字自动环绕插图，如图 7-18 所示。

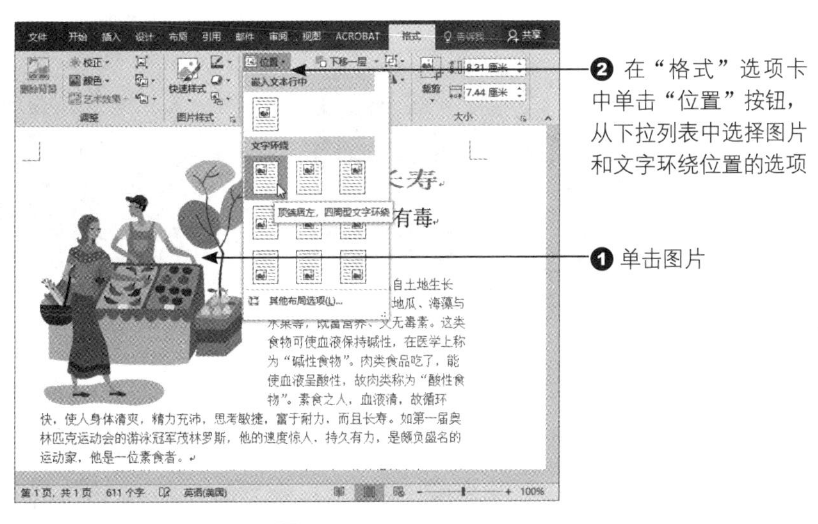

图 7-18

另外，“格式”选项卡中所提供的文字环绕方式有如图 7-19 所示的几种。也可以单击插入的图片，通过图片右上角的 按钮进行图片文字环绕设置。

图 7-19

默认的文字环绕方式是“嵌入型”（注意：界面中有些地方显示的是“文字环绕”，有些地方显示的则是“环绕文字”，意思都一样），选择不同的设置会让界面呈现不同的效果。如图 7-20 左图所示，图片作为底色插图，即选择“衬于文字下方”的编排方式。图片若作为文章的辅助说明，则可选择“四周型”或“紧密型环绕”（如图 7-20 右图所示）的编排方式。

素食可长寿

素菜无毒，肉有毒

素食菜肴大多是出自土地生长的，各种蔬菜、大豆、地瓜、海藻与水果等，既富营养、又无毒素。这类食物可使血液保持[illegible]，在医学上称为“碱性食物”。肉类食品吃了，能使血液呈酸性，故肉[illegible]人，血液清，故循环快，使人身体清爽，精力[illegible]而且长寿。如第一届奥林匹克运动会的游泳冠[illegible]斯，[illegible]有力，是颇负盛名的运动家，他是一位[illegible]

著名法国的化学家建德报告：他发现“[illegible]会导致[illegible]中毒”，因为肉类食品的来源，多为牛、羊、猪、鸡、鸭等动物[illegible]或是恐怖、生气的时候，体内会分泌一种毒素，[illegible]管及肌肉，这种有毒的分泌物，通常都是通过新陈代谢[illegible]是通过大小便排出体外，如果这些动物在恐怖或愤怒之时被杀死亡，身体器官因停止活动，这种有毒分泌物无法排泄出去，仍残存于血肉之中，人类如果吃了这种肉，等于吃进毒素，所以吃肉等于慢性中毒。

图片当底，选择“衬于文字下方”的编排方式

素食可长寿

素菜无毒，肉有毒

素食菜肴大多是出自土地生长的，各种蔬菜、大豆、地瓜、海藻与水果等，既富营养、又无毒素。这类食物可使血液保持碱性，在医学上称为“碱性食物”。肉类食品吃了，能使血液呈酸性，故肉类称为“酸性食物”。素食之人，血液清，故循环快，使人身体清爽，精力充沛，思考敏捷，富于耐力，而且长寿。如第一届奥林匹克运动会的游泳冠军茂林罗斯，他的速度惊人，持久有力，是颇负盛名的运动家，他是一位素食者。

图片作为辅助，选择“紧密型环绕”的编排方式

图 7-20

如果插入的是向量式美工图案，如图 7-21 所示插入“水果摊 .wmf”向量图，选择“穿越型环绕”的图文环绕方式，就可以让文字沿着图片的不规则边缘进行排列。

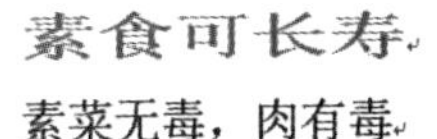

图 7-21

文件中插入图片的默认方式

在默认情况下，文件中插入的图片都是“嵌入型”的，如果在排版时希望插入的图片能自动呈现某一特定的文字环绕方式，如“浮于文字上方”，那么可使用“文件”选项卡中的“选项”命令进行修改，如图 7-22 所示。

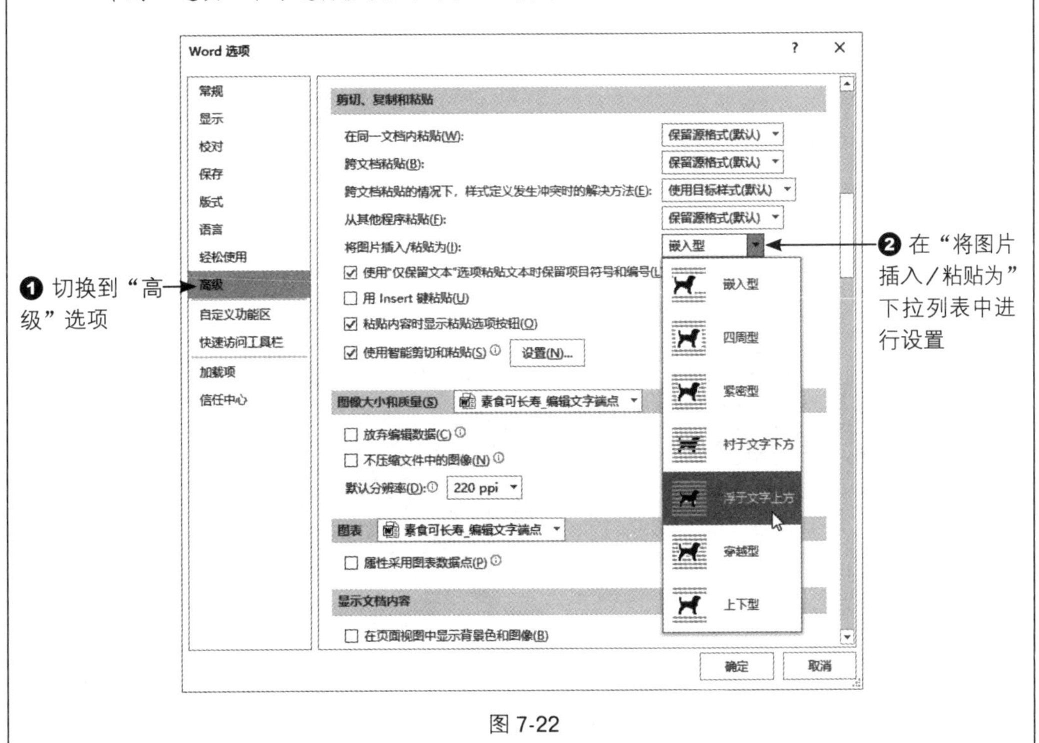

图 7-22

7.2.6 编辑文字区顶点

当美工图案与文字紧密排列时，有时会因为图案造型的关系而切断文字的连贯性，如图 7-23 所示。

素食可长寿

素菜无毒，肉有毒

素食菜肴大多是出自土地生长的，各种蔬菜、大豆、地瓜、海藻与水果等，既富营养、又无毒素。这类食物可使血液保持碱性，在医学上称为“碱性食物”。肉类食品吃了，能使血液呈酸性，故肉类称为“酸性食物”。素食之人，血液清，故循环快，使人身体清爽，精力充沛，思考敏捷，富于耐力，而且长寿。如第一届奥林匹克运动会的游泳冠军茂林罗斯，他的速度惊人，持久有力，是颇负盛名的运动家，他

是一

位素食者。

著名法国的化学家建德报告：他发现 “肉食会导致食物的慢性中毒”，因为肉类食品的来源，多为牛、羊、猪、鸡、鸭等动物。而

因为图案的右下角有空间，所以部分文字显示在右下角，切断了文字的连贯性

图 7-23

遇到这样的情况时，可以在图片上右击，再选择“环绕文字 / 编辑文字顶点”选项，此时图片周围会出现许多黑色顶点，调整这些顶点即可，如图 7-24 和图 7-25 所示。

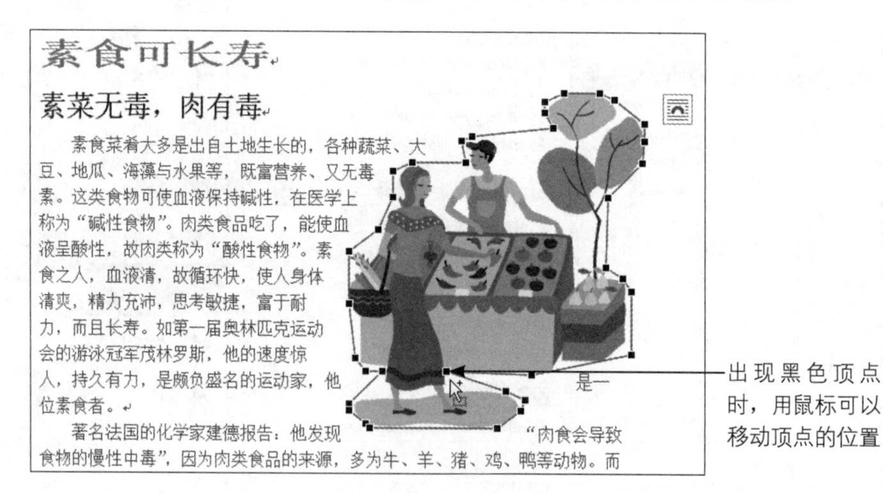

素食可长寿

素菜无毒，肉有毒

素食菜肴大多是出自土地生长的，各种蔬菜、大豆、地瓜、海藻与水果等，既富营养、又无毒素。这类食物可使血液保持碱性，在医学上称为“碱性食物”。肉类食品吃了，能使血液呈酸性，故肉类称为“酸性食物”。素食之人，血液清，故循环快，使人身体清爽，精力充沛，思考敏捷，富于耐力，而且长寿。如第一届奥林匹克运动会的游泳冠军茂林罗斯，他的速度惊人，持久有力，是颇负盛名的运动家，他 是一

位素食者。

著名法国的化学家建德报告：他发现 “肉食会导致食物的慢性中毒”，因为肉类食品的来源，多为牛、羊、猪、鸡、鸭等动物。而

图 7-24

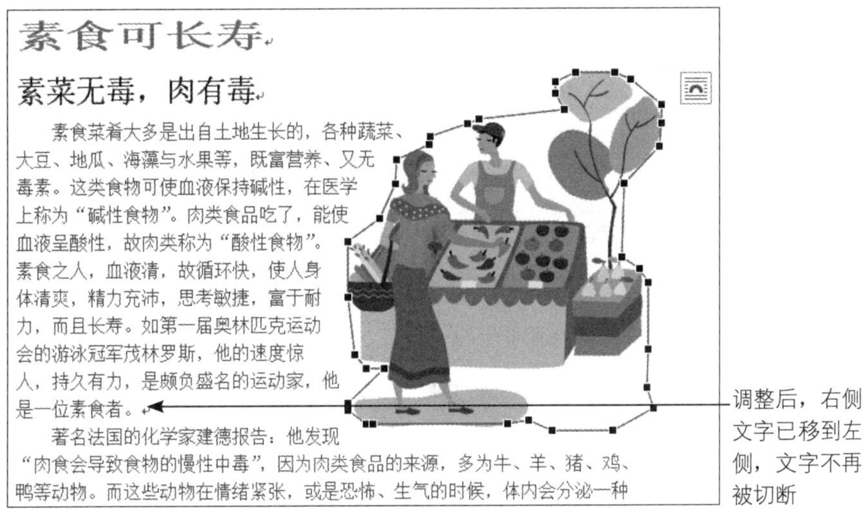

图 7-25

另外，要避免图片切断文字的连贯性，除了使用“编辑环绕顶点”功能进行调整外，也可以右击图片，再次选择“环绕文字”→“其他布局选项”命令，接着切换到“文字环绕”选项卡，再到“环绕文字”中选择方向即可，具体步骤如图 7-26 和图 7-27 所示。

图 7-26

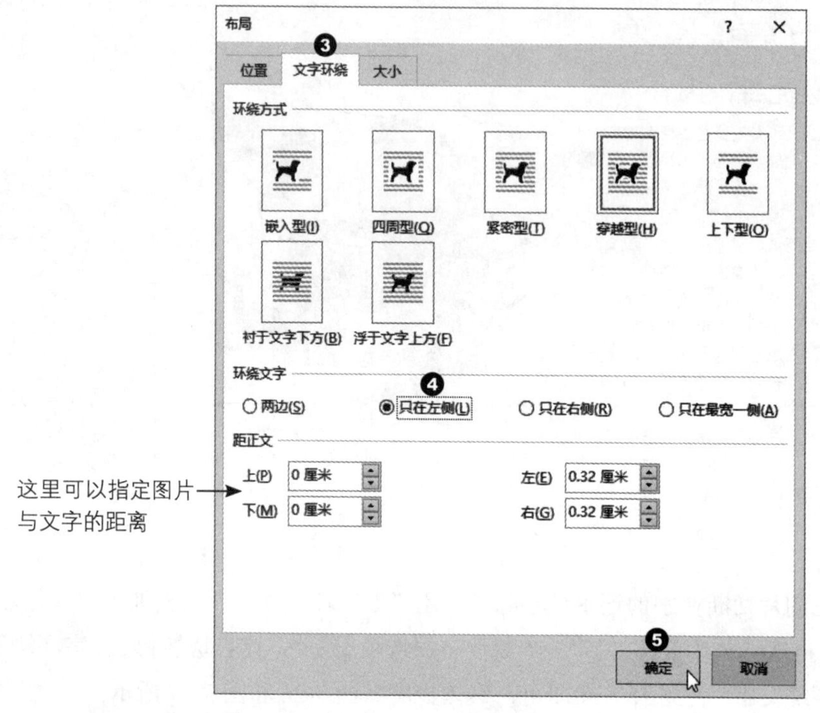

图 7-27

7.3 图片编辑与格式设置

对图文设置方式有所了解后，接下来进一步说明图片的编辑与格式，因为 Word 不仅能进行图文的设置，还拥有绘图软件所提供的裁剪、尺寸修正、翻转、旋转、图片样式、艺术效果、背景消除等处理能力，使得一些专业的图片效果可以直接在 Word 程序中处理，而不需要通过其他绘图软件"帮忙"。

7.3.1 裁剪图片

插入的图片不见得所有画面效果都是自己想要的，可能有多余部分需要裁剪，裁剪图片时可以利用图片四边和四角的 8 个控制点。另外，裁剪时可以指定长宽比例，也可以裁剪成特别的图形，如图 7-28 所示。

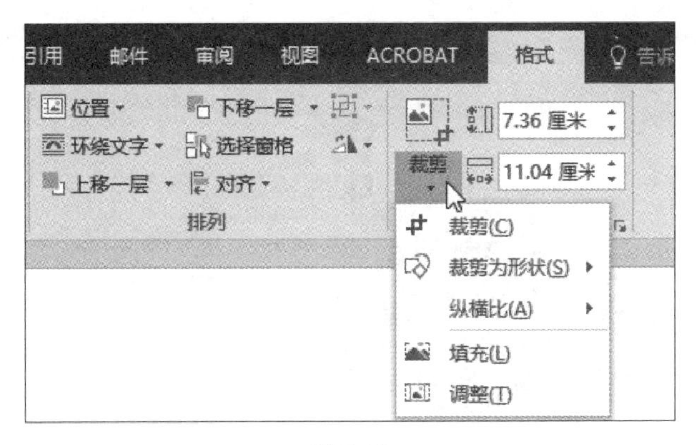

图 7-28

➲ “格式 / 裁剪 / 裁剪”命令

选择“格式”选项卡中的“裁剪”选项，再从下拉列表中选择“裁剪”命令后，会在图片四角和上下左右四边出现如图 7-29 所示的控制点，用鼠标拖曳任意一个控制点就能改变剪裁的位置，调整后在图片之外单击即可完成裁剪。

图 7-29

➲ “格式 / 裁剪 / 裁剪为形状”命令

选择“格式”选项卡中的“裁剪”选项，再从下拉列表中选择“裁剪为形状”命令后，可以自行选择要应用的基本图案，具体步骤如图 7-30 和图 7-31 所示。

图 7-30

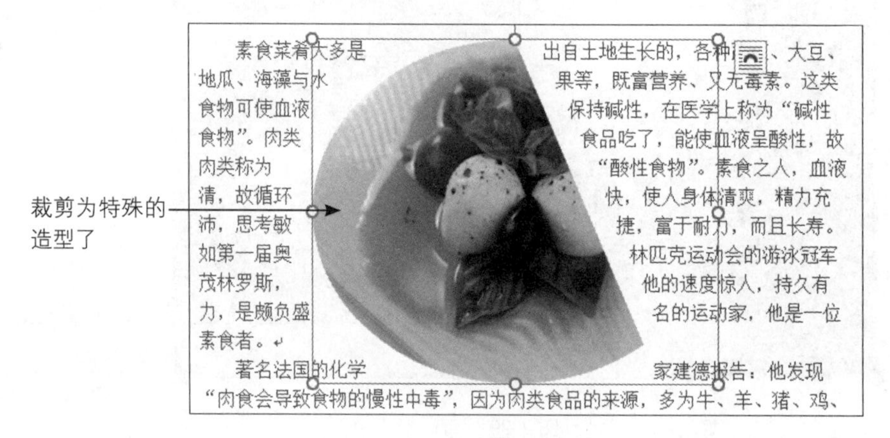

图 7-31

➲ “格式 / 裁剪 / 纵横比”命令

选择“格式”选项卡中的“裁剪”选项，再从下拉列表中选择“纵横比”命令后，可以指定将图片裁剪成方形、纵向或横向的各种比例。当出现控制点时，还可以使用鼠标移动图片，调整裁剪的位置。具体步骤如图 7-32 和图 7-33 所示。

图 7-32

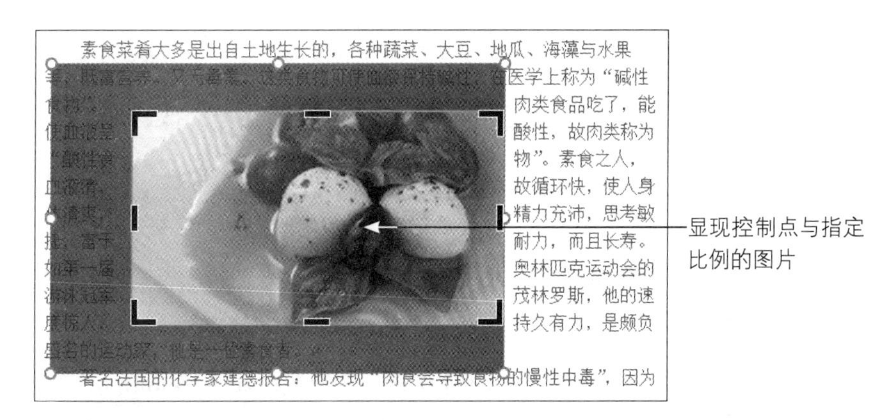

图 7-33

7.3.2 精确设置图片的大小

想要指定图片的精确尺寸，可用“格式”选项卡中的“大小”分组进行高度与宽度的设置，如图 7-34 所示。

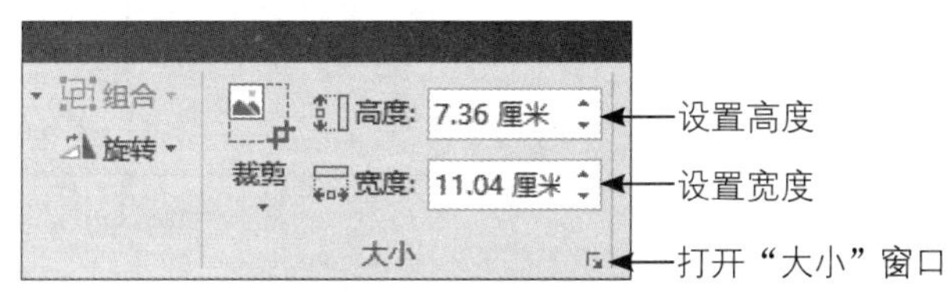

图 7-34

单击“大小”分组旁的按钮，打开如图 7-35 所示的“布局”对话框，可在“大小”选项卡中指定图片大小的绝对值，或者以百分比来调整图片大小。

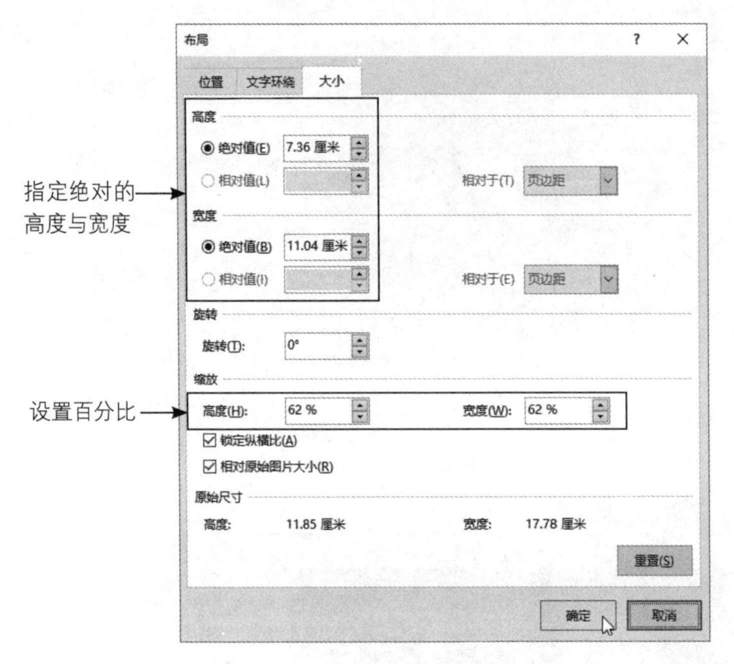

图 7-35

7.3.3 旋转与翻转图片

有时因为角度的关系或视觉效果的考虑，需要将插入的图片旋转或翻转，可在“格式”选项卡中单击“旋转”按钮进行翻转或旋转的设置，如图 7-36 所示。

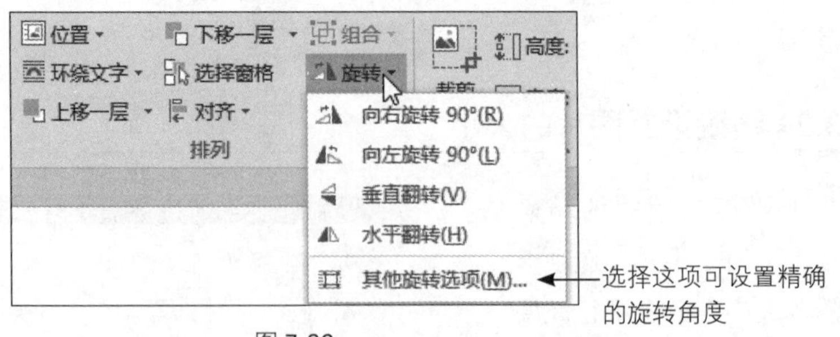

图 7-36

直接用鼠标按住图片上方的按钮即可任意旋转图片，如图 7-37 所示。

图 7-37

7.3.4 应用图片样式

微软也像绘图软件一样提供了各种既专业又有艺术效果的样式，只要在“格式”选项卡中单击“图片样式”分组的下拉按钮，就可以为图片设置各种优美的边框效果。如果应用后有不满意的地方，还可对“图片边框”和“图片效果”进行更改，如图 7-38 所示。

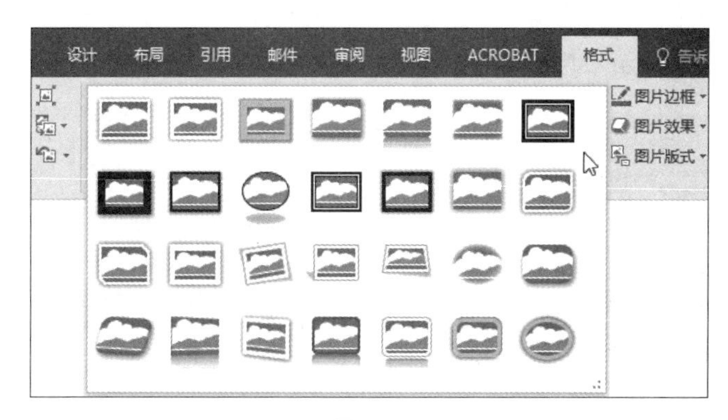

图 7-38

7.3.5 艺术效果的设置

“格式”选项卡中的“艺术效果”按钮提供了各种画笔效果，如标记（麦克笔）、铅笔、粉笔、画图刷、玻璃、纹理化、十字图案蚀刻、水彩海绵效果等（见图 7-39），只要把鼠标移到缩略图上就可以预览其效果。

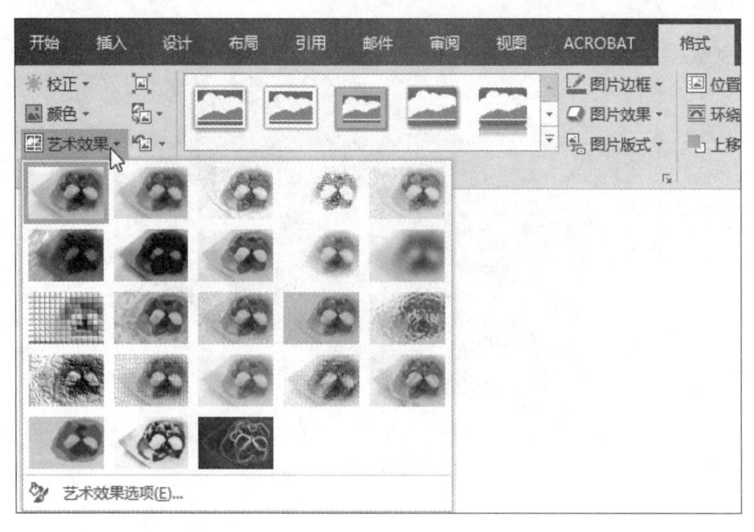

图 7-39

7.3.6 图片校正与变更颜色

“格式”选项卡中的“校正”功能提供了锐化、柔边、亮度、对比度等效果，而“颜色”功能则提供了颜色饱和度、色调、重新着色等多重选择。若从下拉列表中选择“其他变体”选项，则可以自定义重新着色的颜色，如图 7-40 所示。

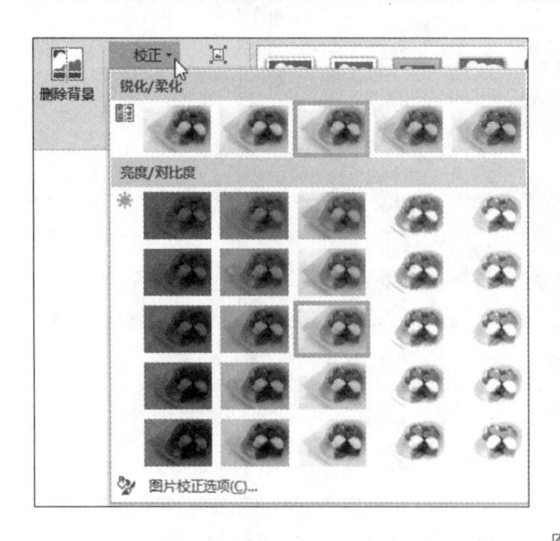

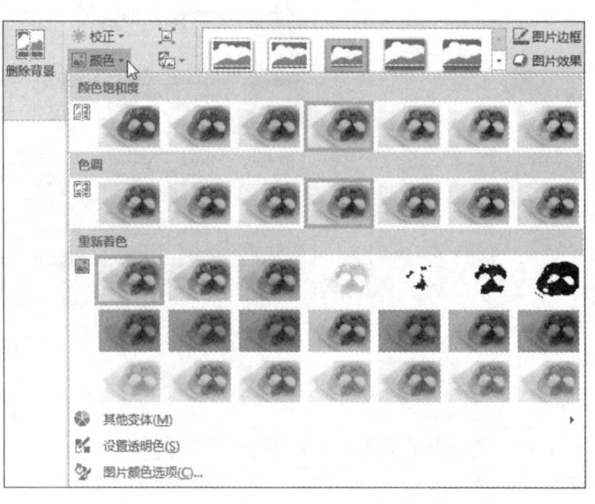

图 7-40

7.3.7 删除图片背景

当为文件背景设置了颜色时，如果插入的图片仍留有白色背景，画面看起来就会不专业。以往要将图片设置为透明色必须使用 Photoshop 等专业绘图软件，现在在 Word 程序中就可以进行简单的背景消除处理了。

在“格式”选项卡中单击“删除背景”按钮，此时计算机会自动将白色背景变成桃红色区域，确认没问题时，单击“保留更改”按钮就能完成背景消除处理，如图 7-41 和图 7-42 所示。

图 7-41

图 7-42

另外，在“格式”选项卡中单击“颜色”按钮，从下拉列表中选择“设置透明色”选项，此时鼠标会变成 图标，如图 7-43 所示，单击白色背景，也能完成背景消除处理。

图 7-43

7.3.8 压缩图片

当文件中插入大量图片后，如果图片的分辨率较高，文件的大小也会剧增，加入的图片越多，就会使得文件的处理速度变得越慢。如果很多图片都经过了裁剪，那么不妨考虑压缩图片，让那些被裁剪掉的部分彻底从文件中删除，而不是被隐藏起来。

在“格式”选项卡中单击“压缩图片” 按钮，打开“压缩图片”对话框，勾选“删除图片的剪裁区域”复选框，这样才能彻底将图片被裁剪掉的部分从文件中删除，如图 7-44 所示。

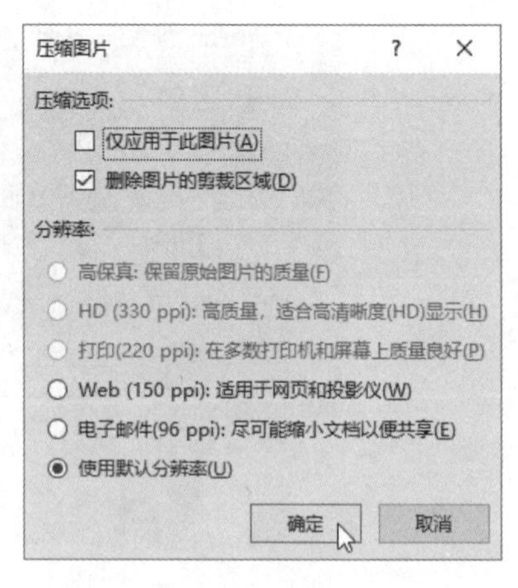

图 7-44

7.3.9 设置图片格式

当我们在“格式”选项卡的“图片样式”分组中单击 按钮后，会在窗口右侧显示“设置图片格式”窗格，里面包含填充与线条、效果、布局属性、图片等类型，直接单击这些按钮即可进行切换与设置，如图 7-45 和图 7-46 所示。

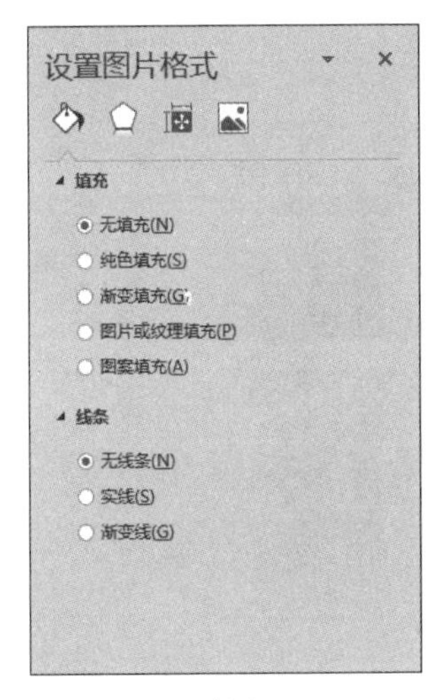

填充与线条设置

效果设置

图 7-45

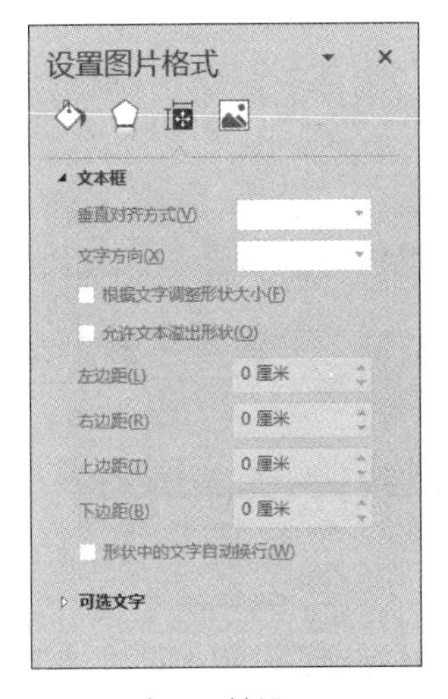

布局属性设置

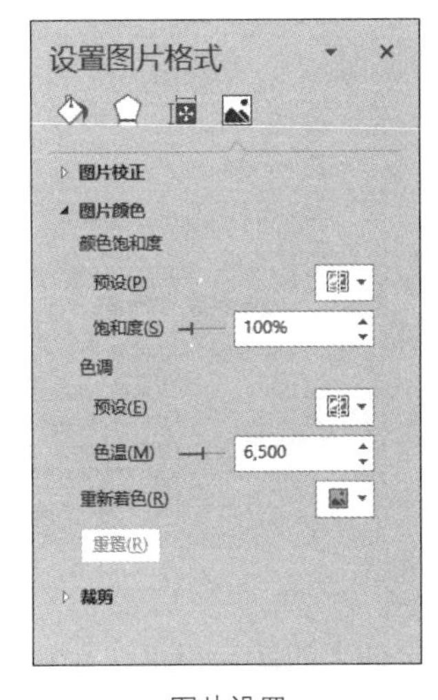

图片设置

图 7-46

7.3.10 导出文件中的图片

Word 允许用户将文件中的图片转存出去，右击图片，在弹出的快捷菜单中选择“另存为图片”选项即可，如图 7-47 所示。这种方法可将图片转换成 4 种图像格式：可移植网络图形（*.png）、JPEG 文件交换格式、图形交换格式（*.gif）、TIF 图像文件格式、Windows 位图（*bmp），如图 7-48 所示。

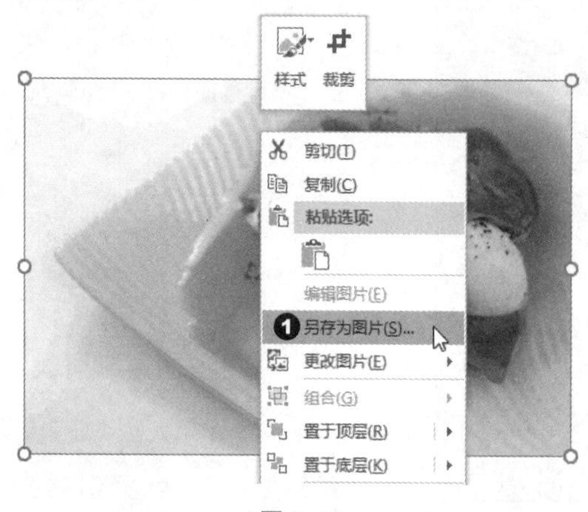

图 7-47

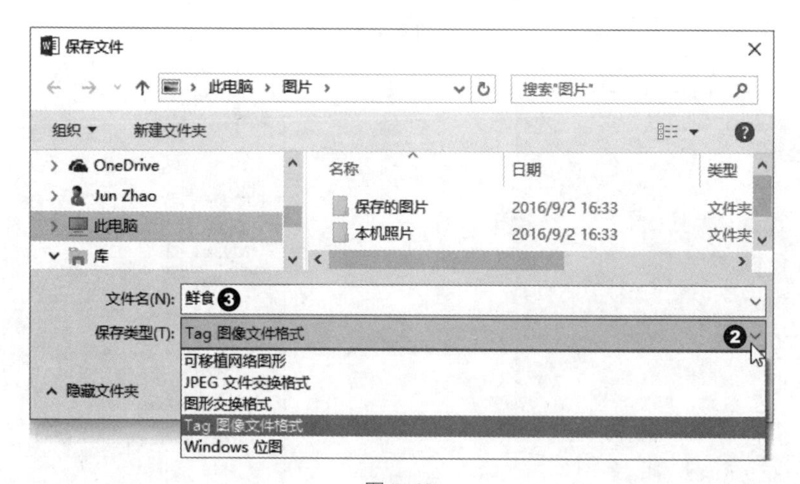

图 7-48

如果文件中的图片很多，想要一次性把所有图片转存出去，那么可以使用“文件”选项卡中的“另存为”选项，再将保存文件类型设为“网页”，这样转存出去的图片都会转换为 JPEG 格式。

7.4 实践：图片与文字的组合搭配

在前面的章节里，我们已经顺利使用“样式”功能对第 1 章内容进行编排，也学会了如何制作模板，将其应用到第 2 章文件的排版中，接下来将文件中的图片逐一插入，使它们与文字排列在一起。

由于对书进行排版时，通常作者会将图片的文件名一并显示在书稿上，所以只要按照标示插入图片，通过“格式”选项卡的各项功能来设置图片格式，让图文在页面上显示出视觉的美感与舒适感就可以了。打开本章提供的“01_ 多层次回转记忆 .docx”范例文件，一起进行图片的插入与图文搭配的设置。

7.4.1 插入图片

首先标记选取的图片，按 Ctrl + X 组合键将文字剪切下来，接着单击“插入”选项卡中的“图片”按钮，进入“插入图片”对话框，再按 Ctrl + V 组合键将文件名粘贴到“文件名”字段中，最后单击“插入”按钮将图片插入文件，具体步骤如图 7-49 和图 7-50 所示。

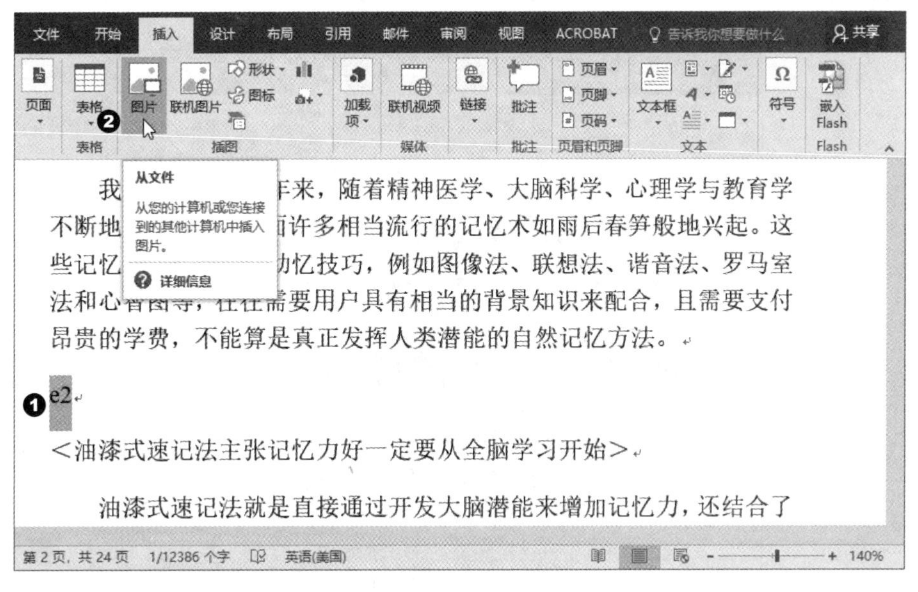

图 7-49

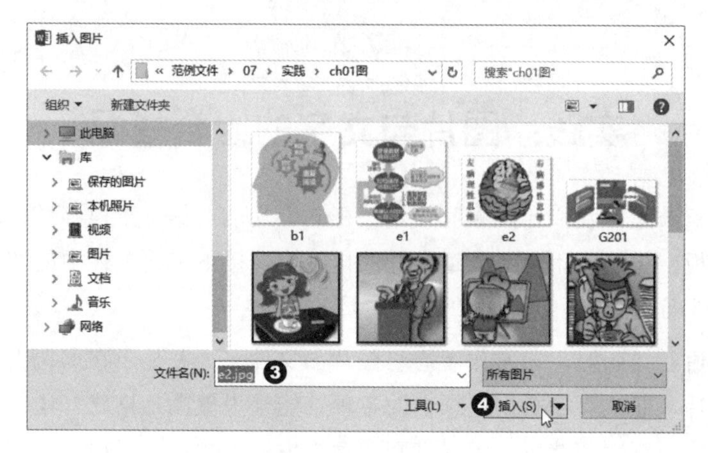

图 7-50

7.4.2 调整图片大小与对齐方式

在排版时，图片的大小有时候要根据页面的空间多少来进行适当的调整，这里我们将把图片排列到上一页的底部，通过“格式”选项卡的“大小”分组来调整图片的宽度。选择图片后，将宽度的数值更改为“5 厘米”，如图 7-51 所示。图片上移到上一页后，在“开始”选项卡中将图片与其说明文字设置为“居中”对齐方式，如图 7-52 所示。

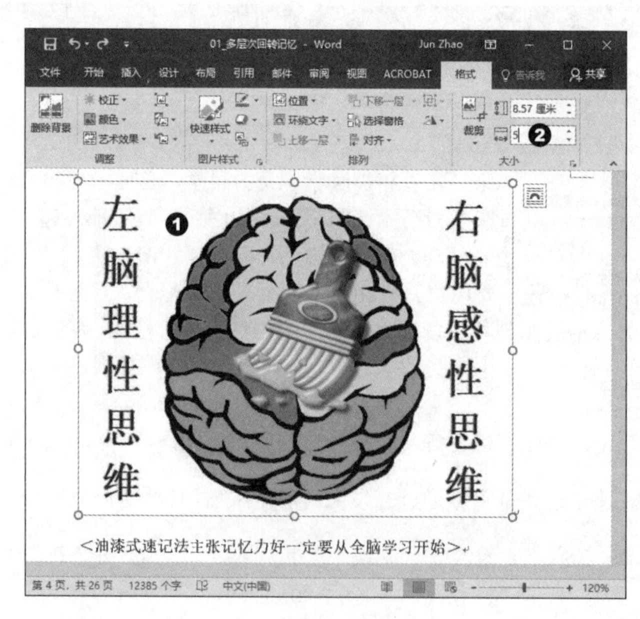

图 7-51

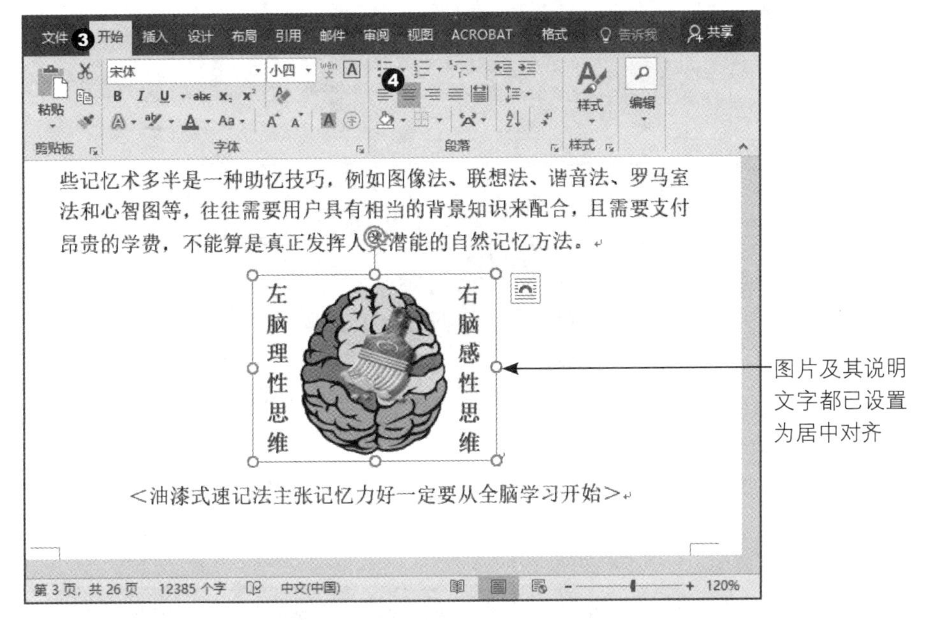

图 7-52

7.4.3 并列图片与图片样式的设置

在进行版面编排时，基本上是按照作者的原意进行图文搭配，也可以在不影响作者原意的情况下调整图文的位置。让“S1”与“S2”两张图并列在一起，同时加入图片样式，让两张图都能显示在同一页面中，方便读者对照查看，具体步骤如图 7-53 ～图 7-55 所示。

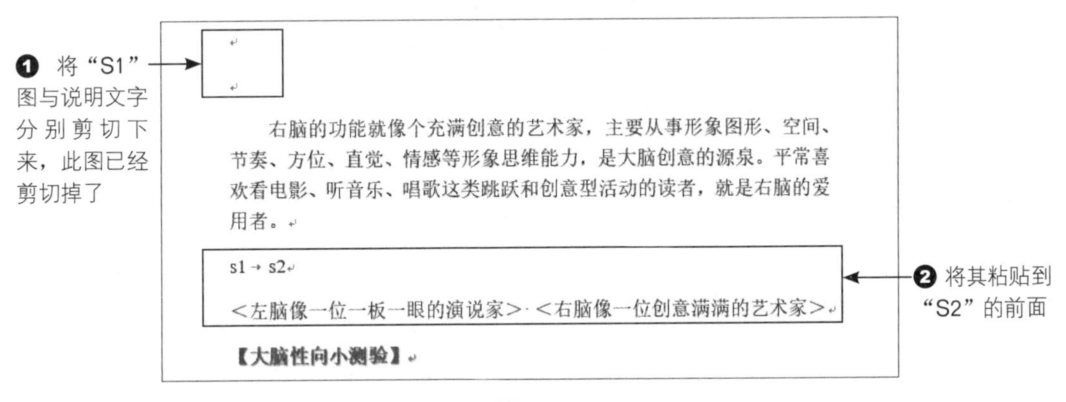

图 7-53

图 7-54

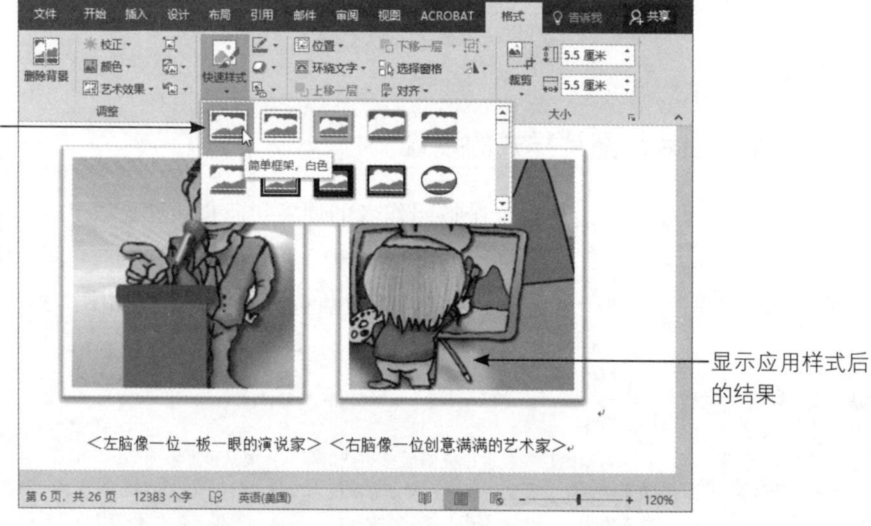

图 7-55

7.4.4 设置图旁文字环绕效果

在范例文件的 1-6 节处，我们希望“脑电波”插图有图旁文字环绕的效果，但是因为图片的说明文字必须与图片在一起，所以我们将以文本框来处理图片的说明文字，使其变成对象，这样方便增加图旁文字环绕的效果，具体步骤如图 7-56 ～图 7-58 所示。

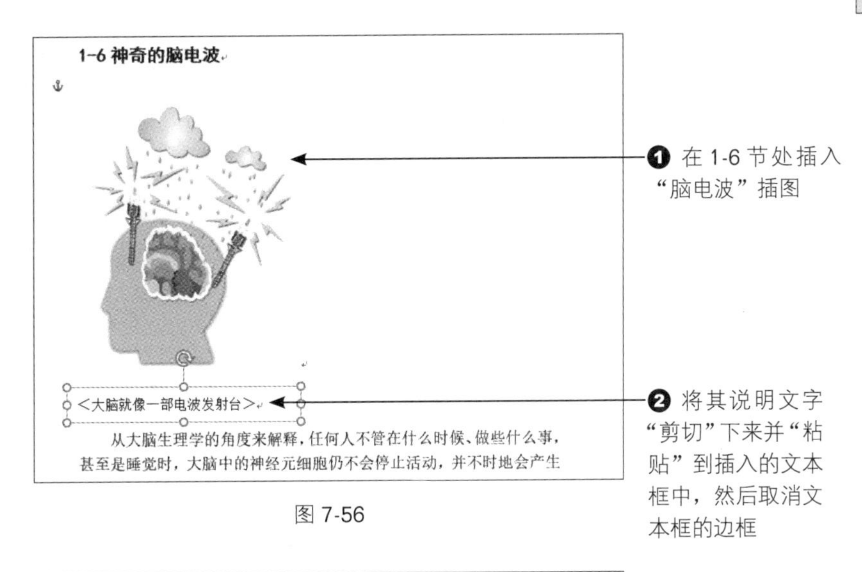

图 7-56

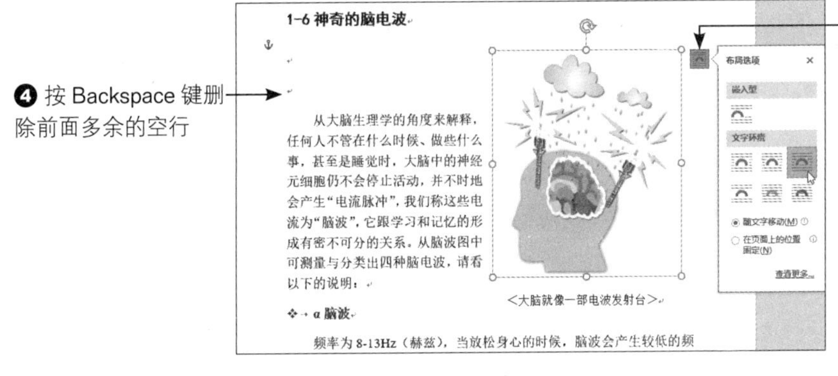

图 7-57

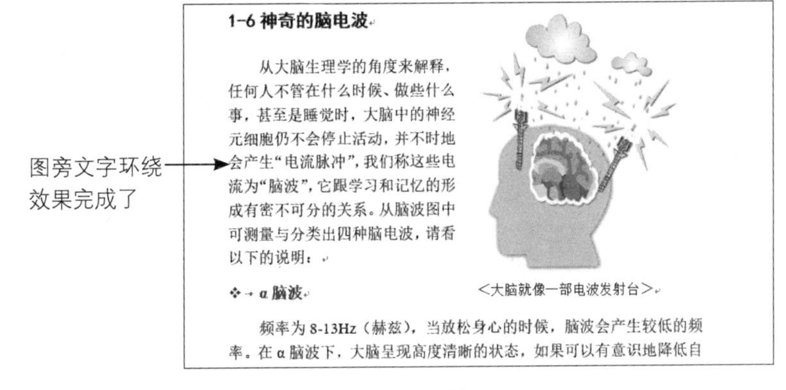

图 7-58

通过以上方式就能按序完成整个章节的排版。至于页面编排，还有几项希望大家注意：

- 如果章节标题在页面的最下方，那么就多空一行，让标题移到下一页，如图 7-59 所示。

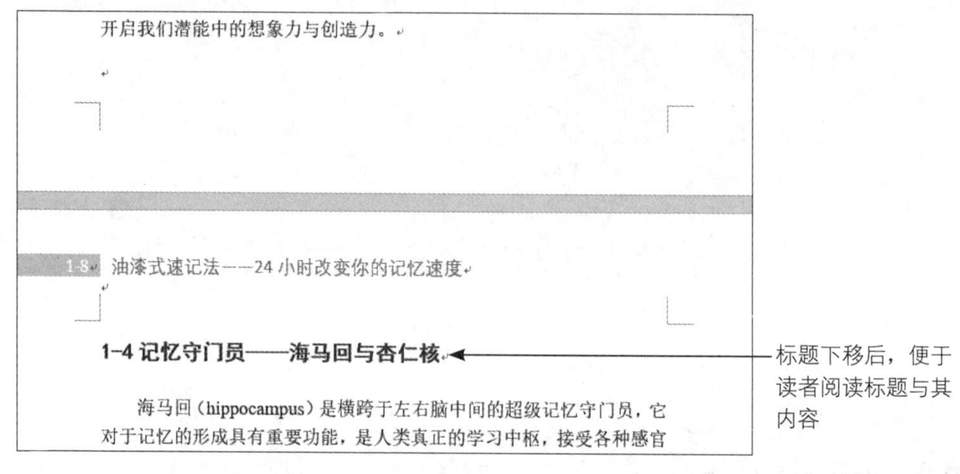

图 7-59

- 如果方框的标题在页面下方，那么就让下方多空几行，让方框与标题移到下一页，避免造成不连贯的情况，如图 7-60 所示。

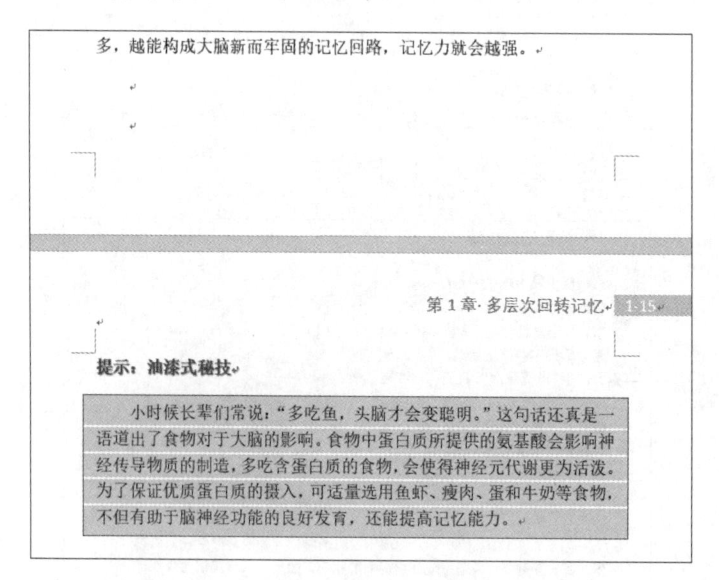

图 7-60

- 适当地调整图片的尺寸，让同一段落的文字尽量在一起，不需要翻页就能了解同一段落的内容，如图 7-61 所示。

＜海马回是避免记忆流失的最佳守门员＞

至于杏仁核（amygdala）则是在脑前额部分一个呈扁桃形的区域，是人类的情绪中心，用来管理与存储各种情绪反应，任何不同形式的情绪都会传至杏仁核，其功能是强化记忆的深度。它跟海马回合作无间，当海马回记忆事物时，会借助杏仁核所发出的振动来作为某些记忆的判断。

在我们日常生活中，伴随着感动、喜悦、难过、惊讶等情绪而来的信息，杏仁核较容易发生振动，旁边的海马回就知道这是个重要的信息，记忆自然就会较深刻。例如海马回可以帮助我们认出人群中某个人是你的中学同学，杏仁核则会同步提醒你，当年他是还个用功读书的高材生。

图 7-61

第 8 章

文件内容图形化的排版技巧

将复杂的文件内容以图形的方式呈现最容易让读者理解文件的中心思想。要将内容图形化，可以使用 Word 所提供的基本图案或图形来进行绘制，也可以使用 SmartArt 图形功能。基本图形包含默认的线条、矩形、箭头、流程图、标注等各种造型，通过堆叠组合即可产生复杂的图形。而 SmartArt 图形则包括组织结构、流程图、图形列表等，它是预先将各种图形组合在一起，让最终图案显示出具有设计师水平的图形范例，所以使用这两种功能能够搭建以视觉方式与读者沟通的桥梁。本章将对这两种功能做进一步说明，让大家轻松使用图形进行排版，如图 8-1 所示。

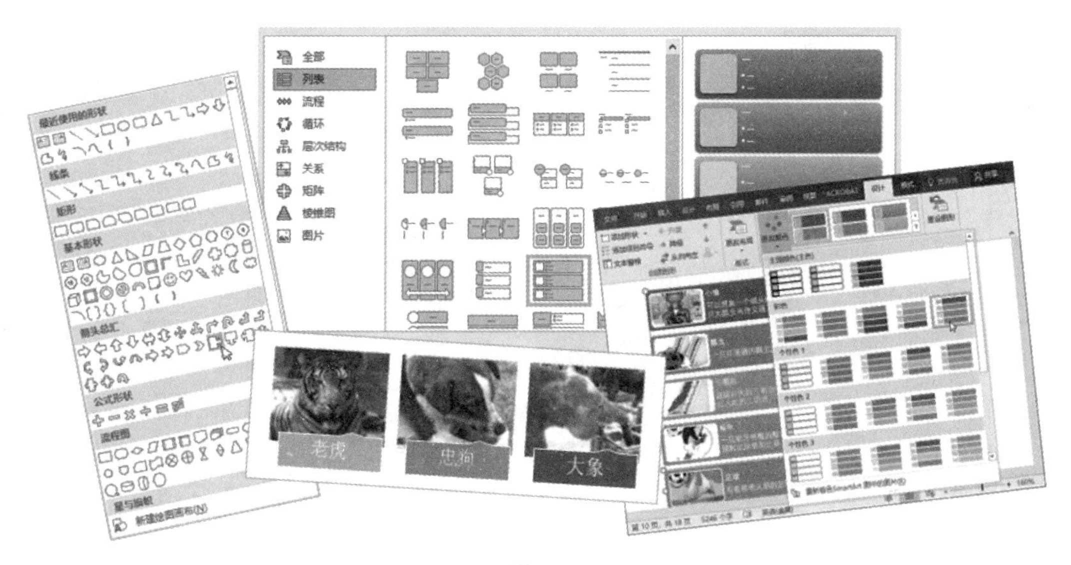

图 8-1

8.1 使用与编辑图形

本节将介绍“插入”选项卡中的“形状”功能，虽然图案看起来很简单，但是运用起来的变化却是无穷的，想要让自己绘制的图案显示出专业的设计水平，就不要错过本节内容。

注意

Word 程序中翻译成“形状”，本书为了让叙述接近日常习惯用语，在行文中会用“图形”或“图案”来说明，只是在描述 Word 程序中特定的选项时保留“形状”的说法。

8.1.1 插入基本图形

在“插入”选项卡中单击“形状”按钮可以插入基本形状、箭头总汇、流程图、标注、星与旗帜等图形。只要从下拉列表中选择图形对应的图标，再到文件中单击然后拖曳，即可画出该图形的造型，如图 8-2 所示。

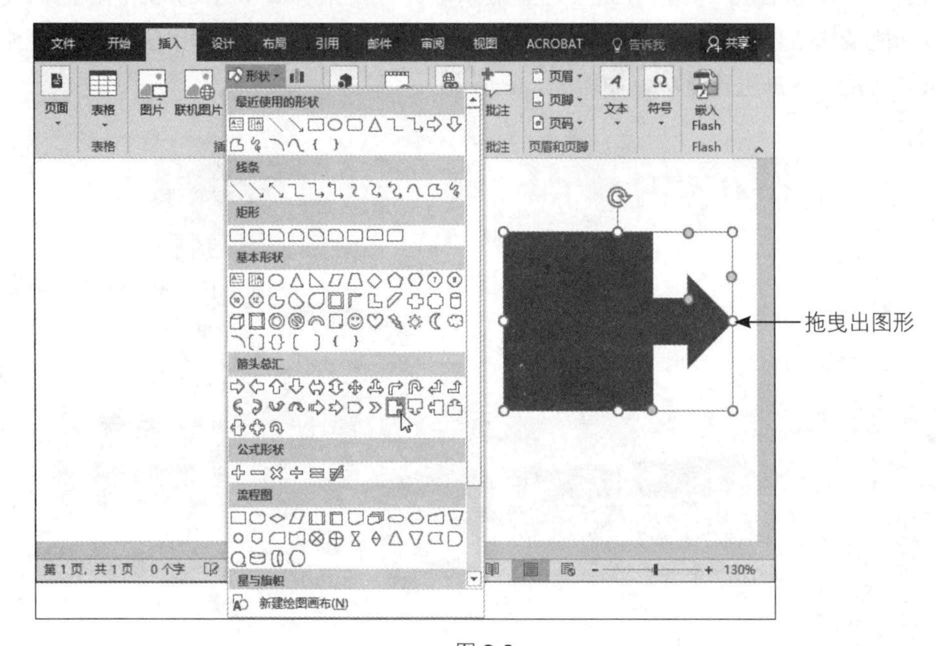

图 8-2

我们也可以在选择图形对应的图标后，在文件中直接单击，就会显示默认的图形尺寸——高和宽都为 2.54 厘米。

8.1.2 插入线条图形

线条在排版中使用的机会相当多，在 Word 程序中线条图形包括线条、曲线、任意多边形、自由曲线等。

➲ 线条

用来绘制各种方向的直线、箭头、肘形或曲线。单击形状按钮后，在页面上单击，就会看到默认的图形尺寸。也可以按住鼠标左键不放，使之建立起始点，接着拖曳到结束点，放开鼠标按键，即可产生图形。

在排版文件中，箭头符号使用的机会也相当多，因为箭头除了提示顺序外，还能解说某一细节或者指明特定的范围。

加入线条后，在“格式”选项卡中单击“形状轮廓”按钮，从下拉列表中选择“箭头”选项，即可选择想要的箭头样式。另外，在“设置形状格式”窗格中，可对箭头前端和末端的大小与类型进行更改。

当线条设置完成后，右击线条，在弹出的快捷菜单中选择“设置为默认线条”选项，之后所画的线条就能拥有相同的样式，从而加快文件的编辑速度。

➲ 曲线

用来绘制弯曲的线条。绘制时先单击以建立起始点，再按序用鼠标左键设置 2、3、4 等点，直到结束时双击即表示完成，如图 8-3 所示。

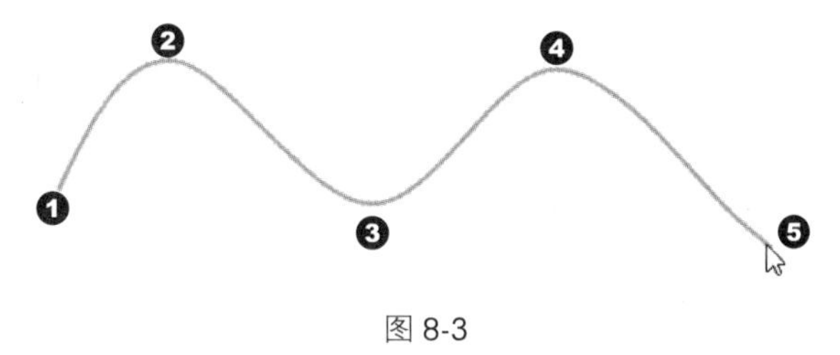

图 8-3

➲ 自由曲线

按住鼠标左键在文件中拖曳，即可沿着鼠标移动的轨迹产生线条（徒手画）。放开鼠标左键时就自动变成对象，显示如图 8-4 所示的图形框。

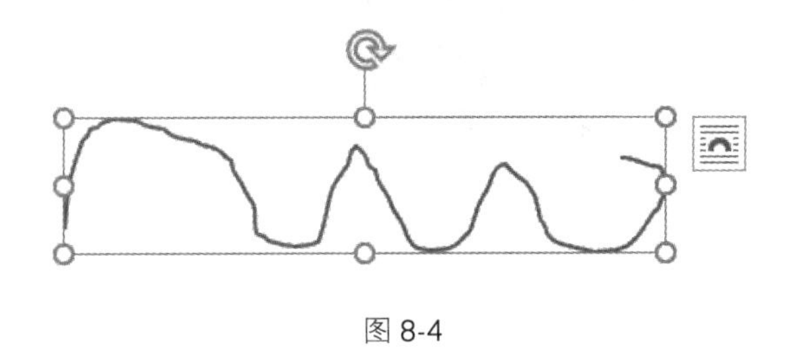

图 8-4

➲ 任意多边形

用于绘制封闭或非封闭的多边形造型。按序单击会建立笔直的线条，而按住鼠标左键同时拖曳鼠标则可变成随手画的线条，如图 8-5 所示，此功能融合了线条和自由曲线（徒手画）两种功能。

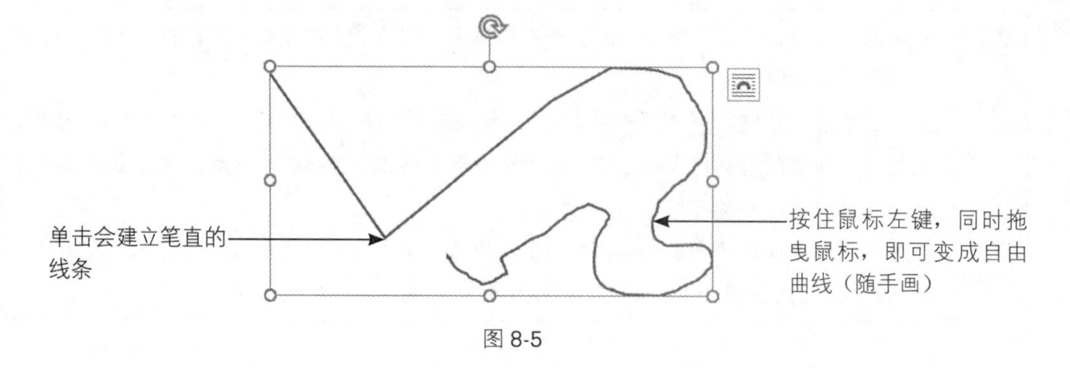

图 8-5

8.1 3　图形的缩放与变形

绘制图形或线条后，会在图形四周看到如图 8-6 所示的圆形控制点，通过四角的白色控制点可等比例缩放图形，而通过上、下、左、右中间的白色控制点可拉长或压扁图形。或者用鼠标选中图形后，用“格式”选项卡中“大小”分组内的功能项来设置精确的高度与宽度值。

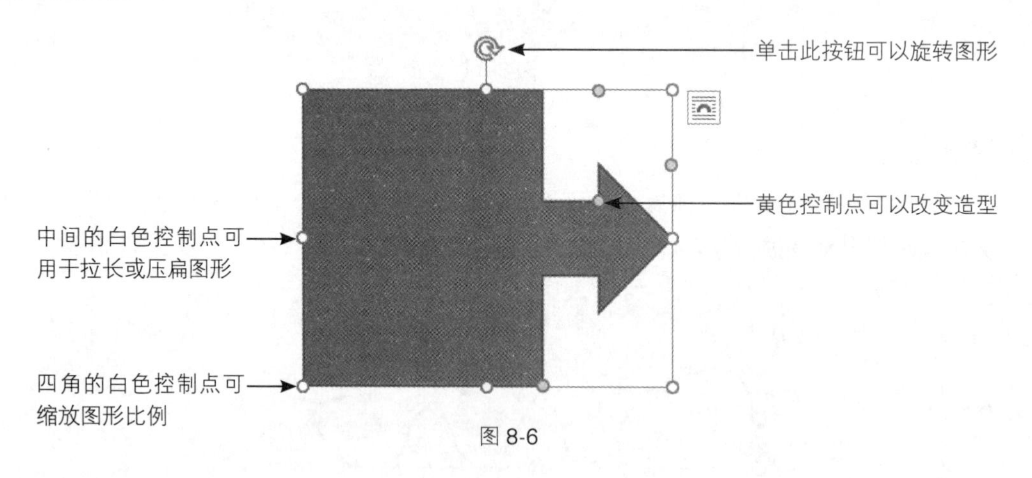

图 8-6

8.1.4　编辑图形顶点

绘制图形后右击，在弹出的快捷菜单中选择“编辑顶点”选项（见图 8-7），会在图形的转角处看到黑色方形的顶点，使用这些顶点可改变造型。另外，右击黑色顶点也可以对选定的顶点进行新建、删除、平滑线条、拉直线条等处理，让图案按照用户的想法进行变更，如图 8-8 所示。

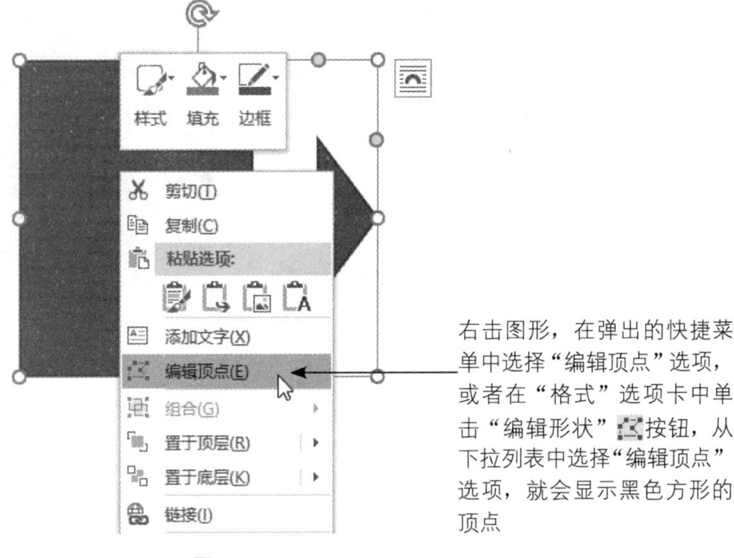

图 8-7

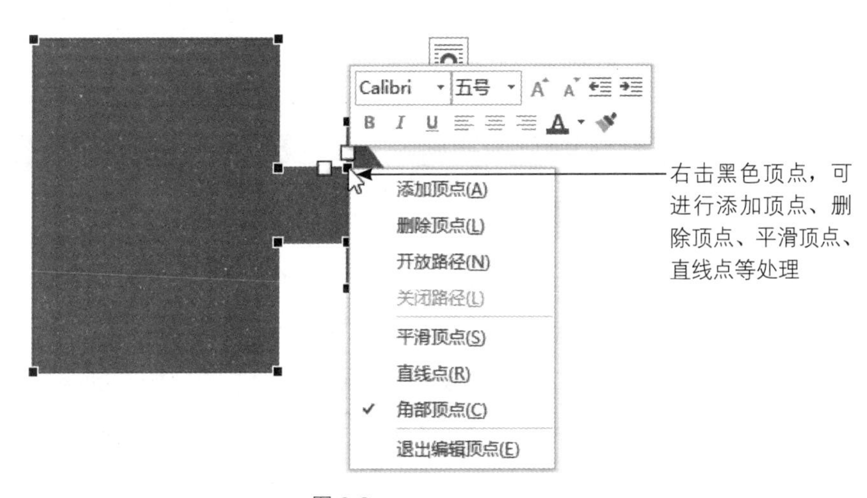

图 8-8

8.1.5 在图形中添加文字

插入图形后，想要在图形中加入文字内容，只要右击图形，在弹出的快捷菜单中选择“添加文字”选项，即可在图形上出现文字输入点供用户输入文字，具体步骤如图 8-9 所示。

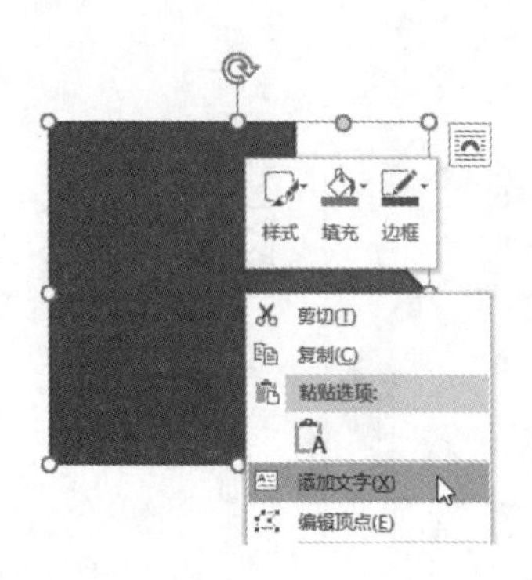

图 8-9

8.1.6 加入与更改图形样式

在选择图形后，切换到“格式”选项卡，“形状样式”下拉列表中提供了 Word 内建的主题样式。每种样式都由不同的颜色、线条与效果组合而成，直接单击缩略图就能看到效果。另外，“形状填充”“形状轮廓”“形状效果”等功能允许在应用样式后，分别修正图案（形状）的属性与效果，如图 8-10 所示。

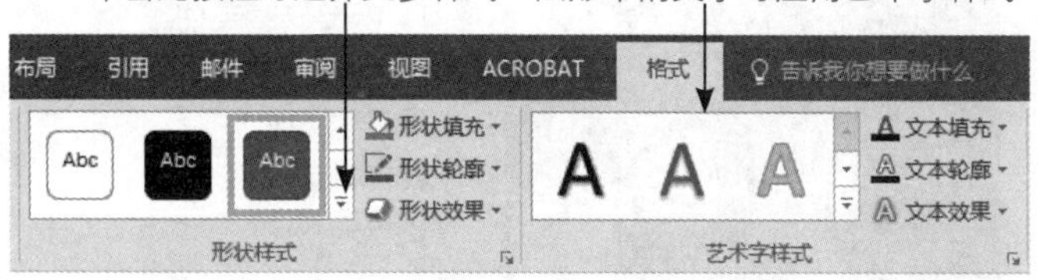

图 8-10

- 形状填充：可修改填充的颜色、填充的渐变类型、图片或填充的纹理。
- 形状轮廓：可修改形状轮廓的颜色、粗细、虚线、箭头样式。
- 形状效果：可修改图案的阴影、映像、发光、柔化边缘、棱台、三维旋转等效果。

说明

设置图案格式

单击“格式”选项卡中“形状样式”分组旁的 按钮，将会在窗口右侧显示“设置形状格式”窗格，用户可切换到“形状选项”或“文本选项”进行设置，如图 8-11 所示。

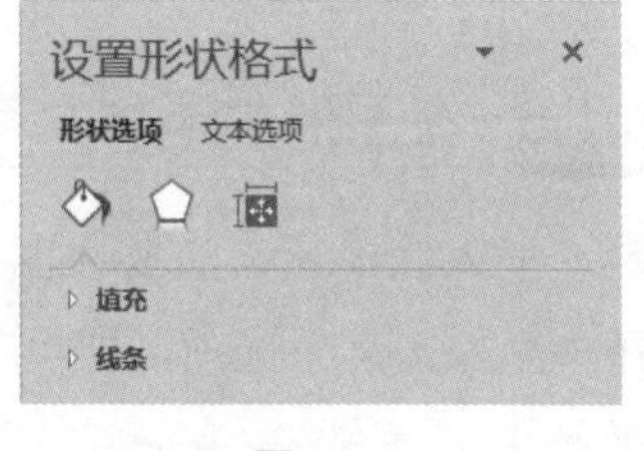

图 8-11

8.1.7 更改图形

图形在经过大小、样式等设置后，如果发现图形不适合，想要把原先的造型更换成其他形状，那么可以单击“格式”选项卡中的“编辑形状”按钮，再从下拉列表中选择“更改形状”选项，最后选择要替换的图形（见图 8-12），就可以保有原先已设置好的文字、颜色、大小与样式，而不需重新设置，如图 8-13 所示。

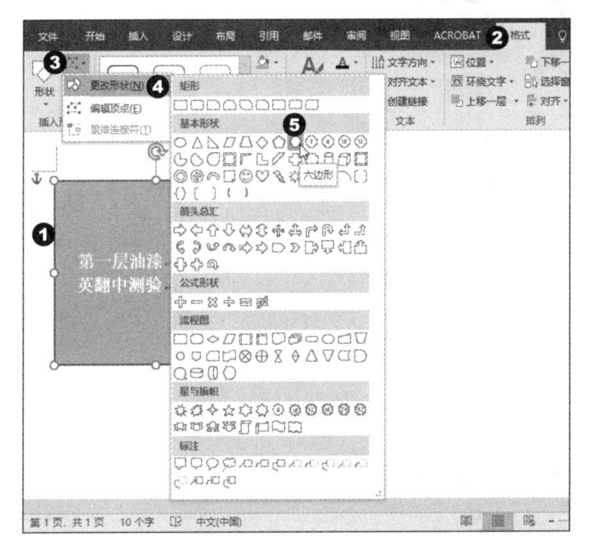

图 8-12

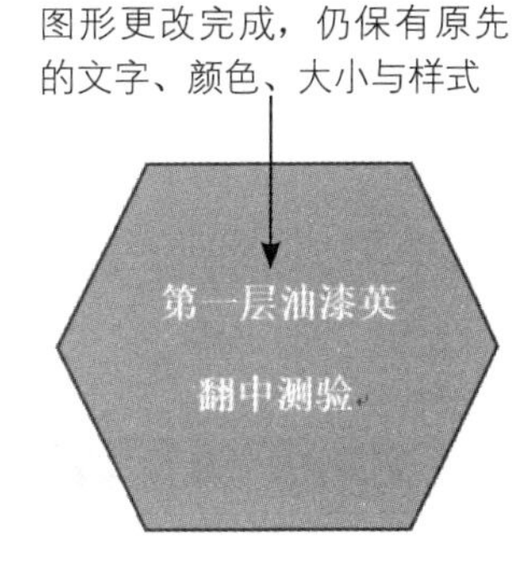

图 8-13

8.1.8 设置为默认图形

当图形经过格式设置后，可以右击图形，在弹出的快捷菜单中选择“设置为默认形状”选项，这样后面所绘制的图形都会同时应用这些设置的样式，如图 8-14 和图 8-15 所示。

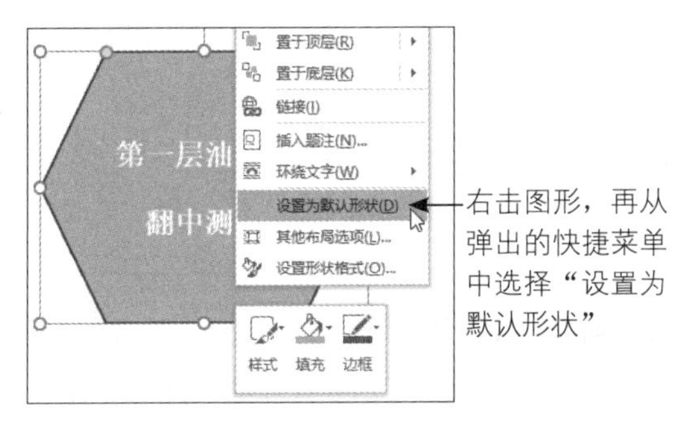

图 8-14

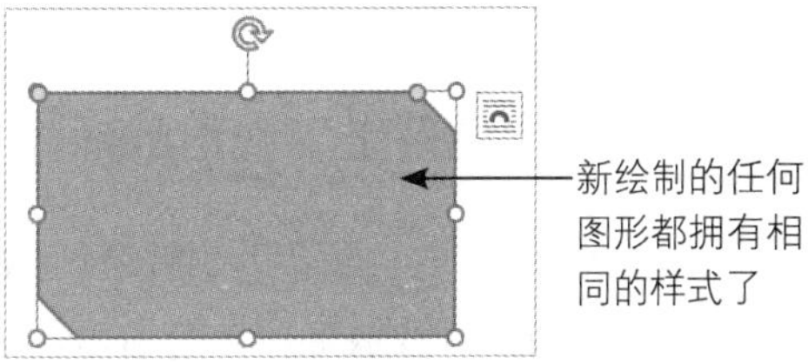

图 8-15

8.1.9 多图形的对齐 / 等距排列

当有多个图形需要排列在一起时，可使用“格式”选项卡中的“对齐”按钮，里面提供了各种对齐方式与横纵分布方式，可以使得选中的多个图形排列得整整齐齐，具体步骤如图 8-16 和图 8-17 所示。

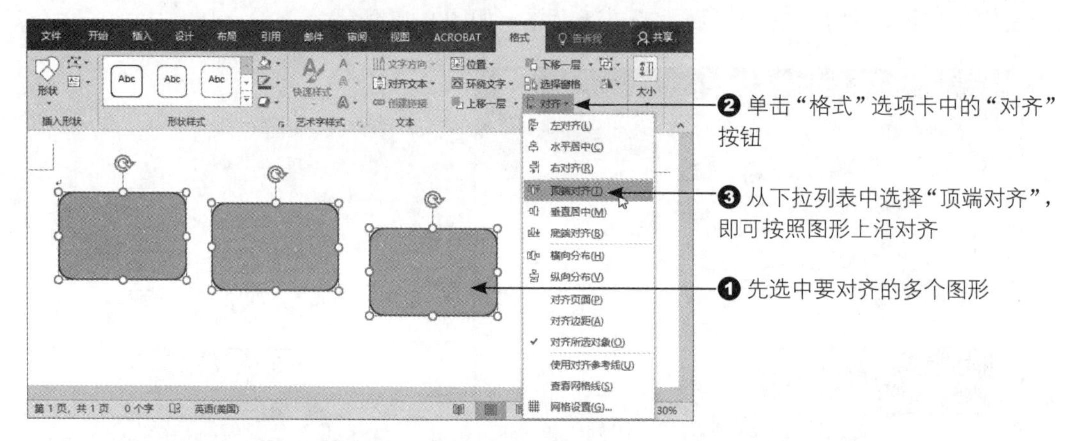

图 8-16

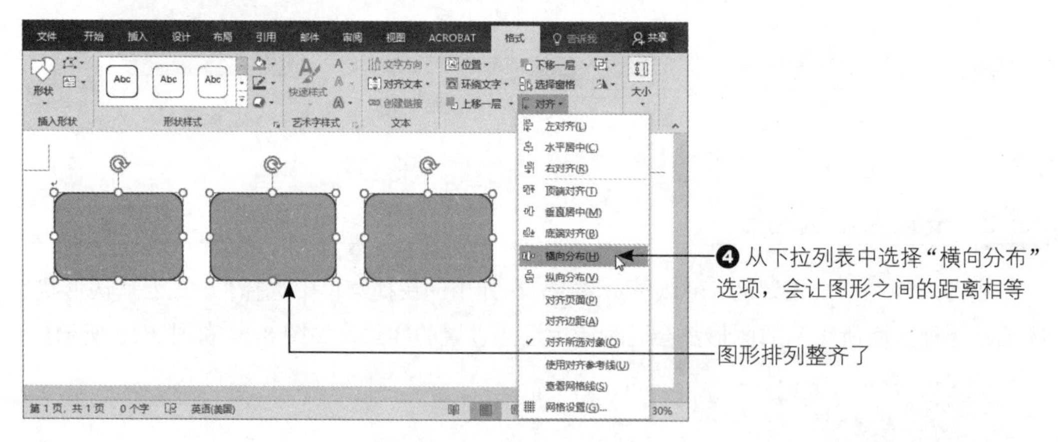

图 8-17

8.1.10 更改图形上下叠放的顺序

在绘制图形时，通常都是后绘制的图形堆叠在之前绘制图形的上方。万一绘制后需要调整图形的上下叠放顺序，可右击图形，然后选择要上移或下移叠放的顺序，如图 8-18 所示。

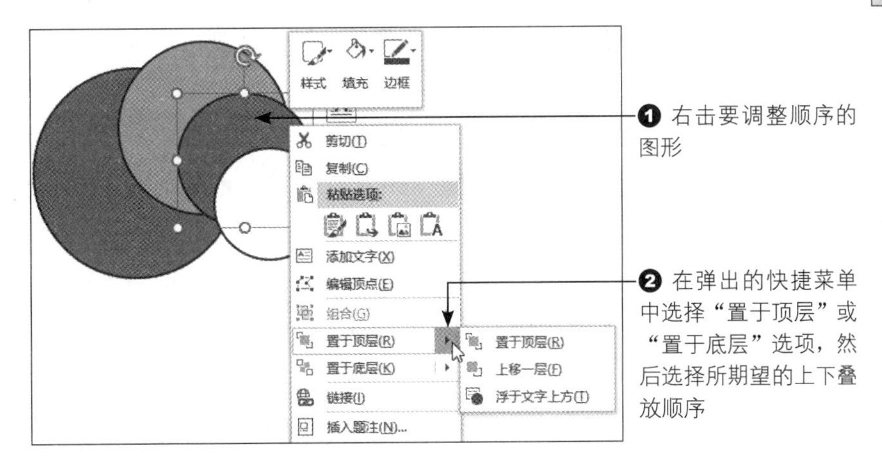

图 8-18

8.1.11 组合图形

将数个简单的图形拼接成一个造型后，为了方便整体操作，可以考虑将它们组合成一组。具体操作是：选择所有图形后右击，再依次选择“组合 / 组合”选项（见图 8-19），就可以将图形转变成单个对象（见图 8-20），转变成对象后就可对该对象进行格式设置。

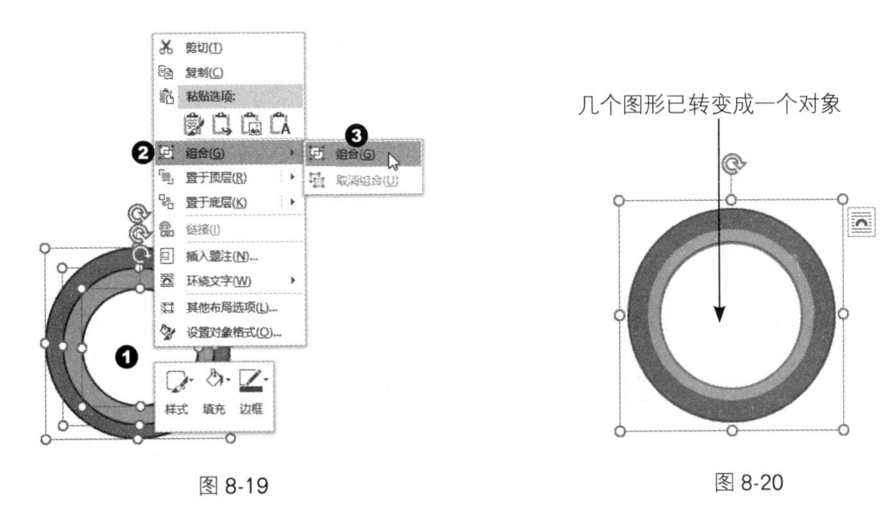

图 8-19　　图 8-20

8.1.12 新建绘图画布与应用

前面介绍的是在文件上绘制图形，图形较多时，则使用“组合”功能将多个图形组

合成一个对象。如果我们经常使用多个图形来组合造型，那么也可以考虑使用“新建绘图画布”功能进行处理。

“新建绘图画布”功能可以将所有图形直接绘制在一张画布上，在编排图形时，画布只是一个对象，所以很容易调整它的位置，而且要缩放画布内的图形大小也是轻而易举的事。

要新建绘图画布，单击“形状”按钮，从下拉列表中选择“新建绘图画布”选项，就会在文件上看到新画布，接着在画布中画出所需的图形即可，具体步骤如图 8-21 和图 8-22 所示。

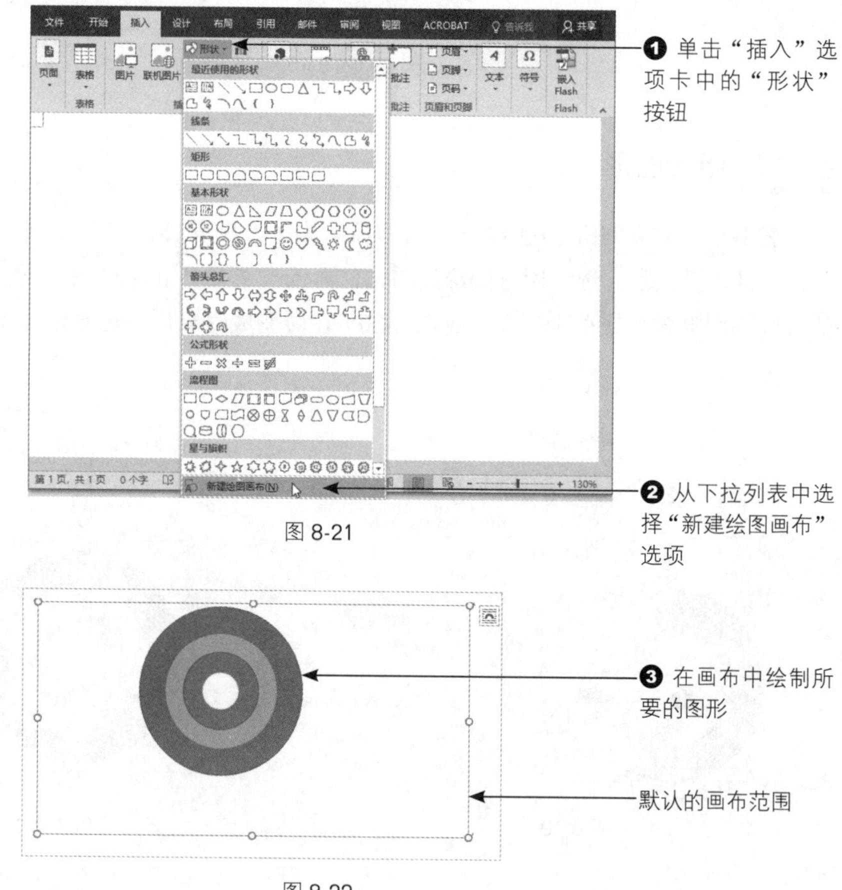

图 8-21

图 8-22

在画布中画完图形后，右击画布的边框，选择“调整”选项，可让画布贴近图形，也可以直接用鼠标调整画布边界使之贴近图形。如果要缩放整个图形在文件中的比例大小，可单击“缩放绘图”选项，可再用鼠标拖曳图形的四角控制点来缩放图形，如图8-23所示。

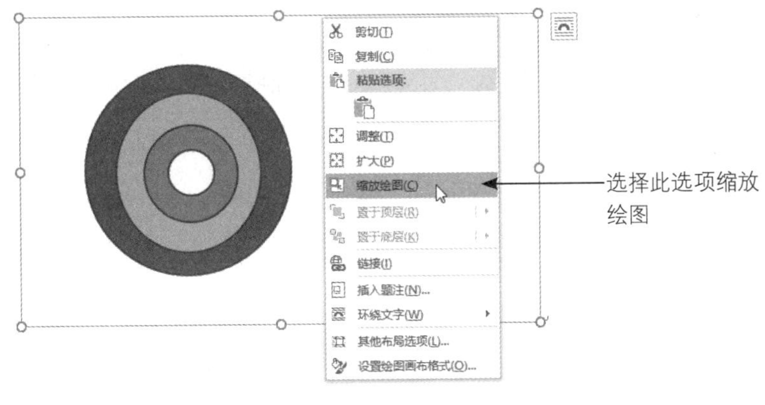

图 8-23

8.2 使用与编辑 SmartArt 图形

SmartArt 图形是信息和想法的视觉表示，Word 提供了各种版式，只要从版式中选择想要表达的图形类型就可以快速创建 SmartArt 图形。要注意的是，使用 SmartArt 图形时，文字应该简化处理，也就是将文字内容摘出重点，这样图形才能展现最佳的效果。下面对 SmartArt 图形的使用技巧与编辑方式进行说明。

8.2.1 内容图形化的使用时机

图形是视觉沟通最佳的方式，冗长的文字一旦换成图形的表现方式，就会让内容变得简单清晰。在创建 SmartArt 图形时，并不需要包含数据或信息，但是在使用图形前必须先确认一下数据或信息的类型，因为不同图形的设置代表不同的内涵与意义。下面列出 SmartArt 图形常用的类型与使用时机供大家参考。

➲ 列表

列表是以条列方式显示非有序信息块或分组信息块，所有文字的突显或强调程度相同，不需指示方向。

➲ 流程图

用来显示工作流程、过程或时间表中的步骤。

➲ 循环图

以循环流程来表示阶段、工作或事件的连续顺序，强调阶段或步骤胜于箭头或流程的连接。

➲ 阶层图

用来建立有上下阶层的关系、顺行次序的组织或分组间的阶层关联。

➲ 关联图

用来比较、显示项目之间的关联性或重叠的信息。

➲ 矩阵图

显示内容与整体之间的关联性。

➲ 金字塔图

用于显示比例关系，或者显示向上或向下发展的关系。

8.2.2 插入 SmartArt 图形

想要在文件中插入 SmartArt 图形，单击“插入”选项卡中的“SmartArt” 按钮，就可以从如图 8-24 所示的窗口中选择要插入的图形类型与设置方式，结果如图 8-25 所示。

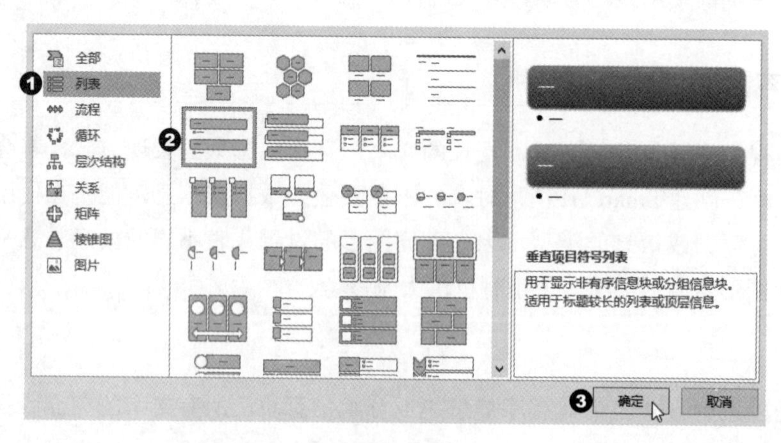

图 8-24

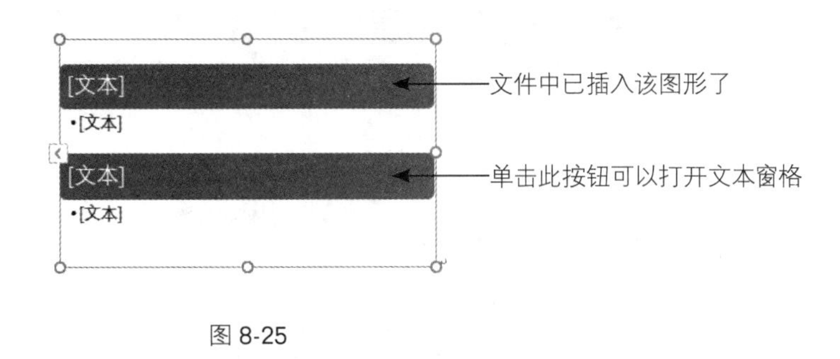

图 8-25

8.2.3 以文本窗格增删 SmartArt 结构

基本的图形出现后，接下来单击“设计”选项卡中的“文本窗格”按钮以显示出文本窗格，直接单击图形或下层的项目符号即可输入文字内容，若按 Enter 键，则会自动新建同一层级的项目符号，具体步骤如图 8-26 所示。

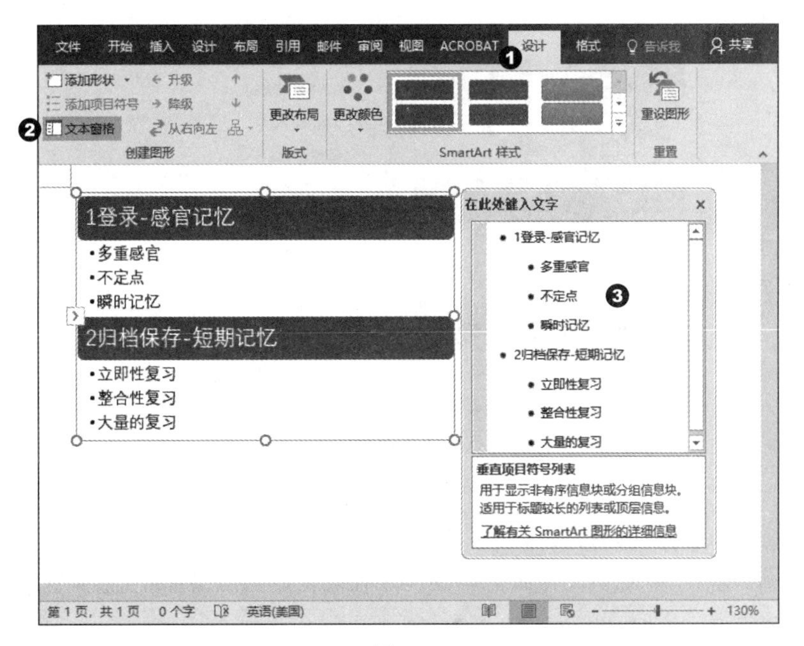

图 8-26

若默认的图形版面不够用，则可单击“设计”选项卡中的“添加形状”按钮，再从下拉列表中选择“在后方添加形状”选项，也可以在文本窗格里使用“设计”选项卡中的“升级”“降级”按钮来控制层级，具体步骤如图 8-27 和图 8-28 所示。

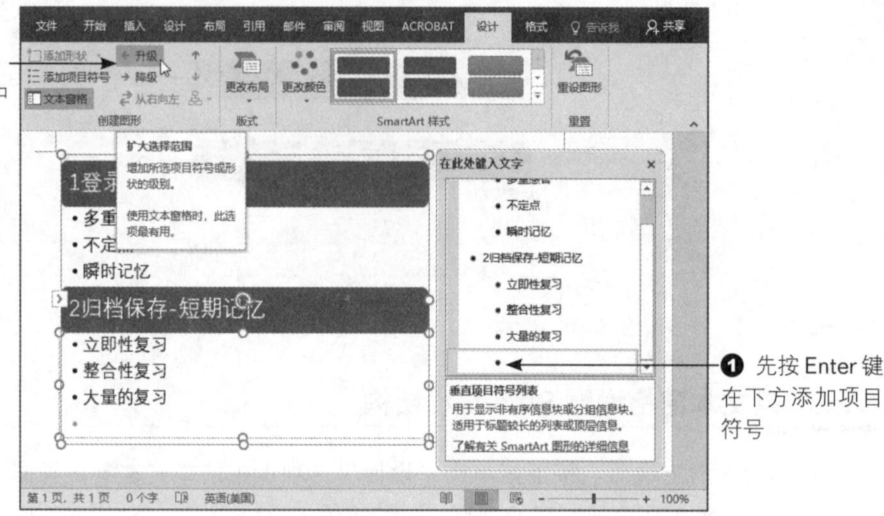

图 8-27

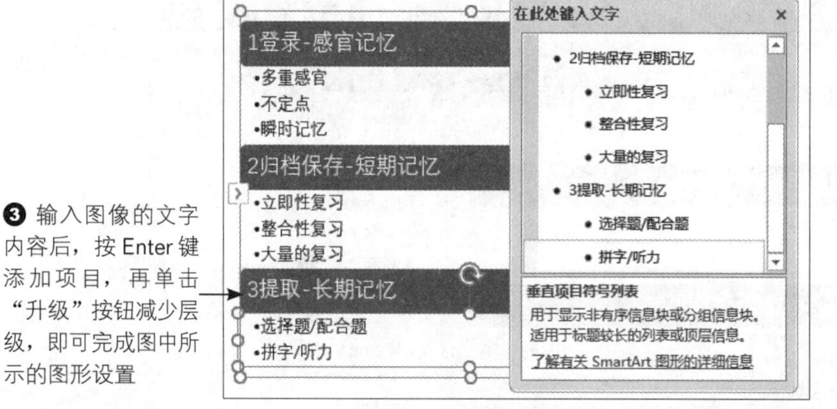

图 8-28

说明

单击“添加形状”按钮，选择“在后方添加形状”后，若不能直接输入文字，则可右击新添加的图形，而后选择“编辑文字”选项才能输入文字。如果当前图形处于选中状态（双击即可选中），也可以直接输入文字。

8.2.4 更改 SmartArt 布局

输入文字内容后，如果因为版面编排的关系要更换其他类型的图形布局，只要单击“设计”选项卡中的“更改布局”按钮即可重新选择，这样原先输入的文字内容就不需要再重新输入了，具体步骤如图 8-29 所示。

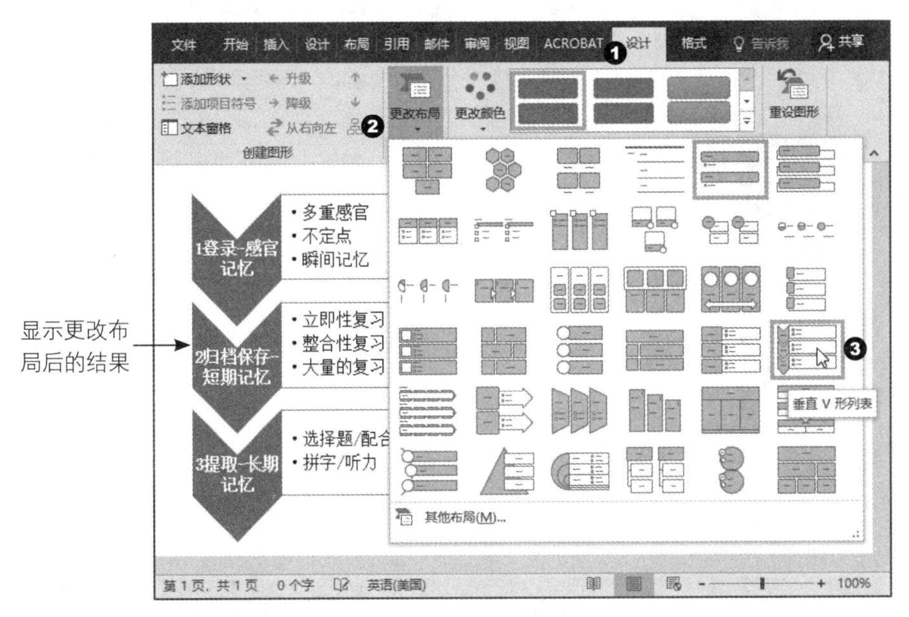

图 8-29

说明 如果要更改图形中的文字，可使用“开始”选项卡中的各个功能选项进行更改。如果更改的布局中包含图片，那么只要单击 按钮，再从“插入图片”窗口中选择要插入的图片文件即可，如图 8-30 所示。

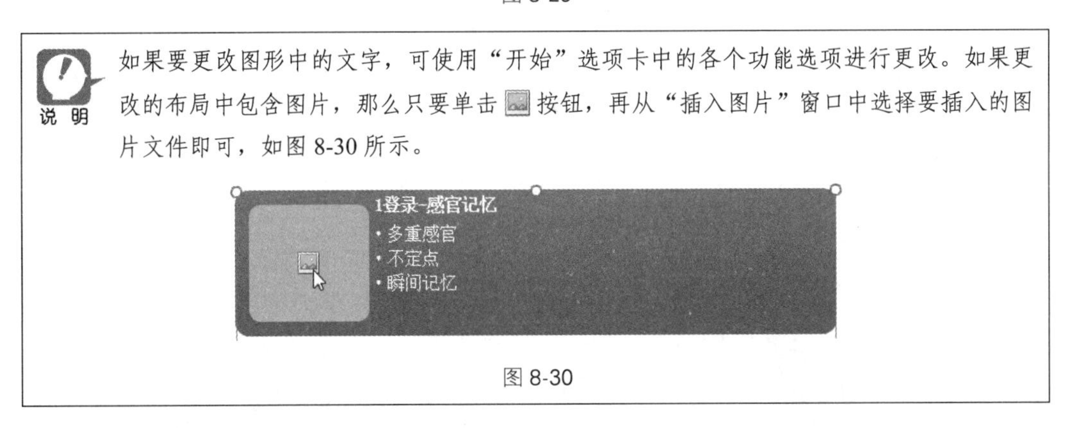

图 8-30

8.2.5 SmartArt 样式的美化

选择图形的布局后，还可以在“设计”选项卡中选择 SmartArt 的样式，也可以更改颜色，如图 8-31 和图 8-32 所示。

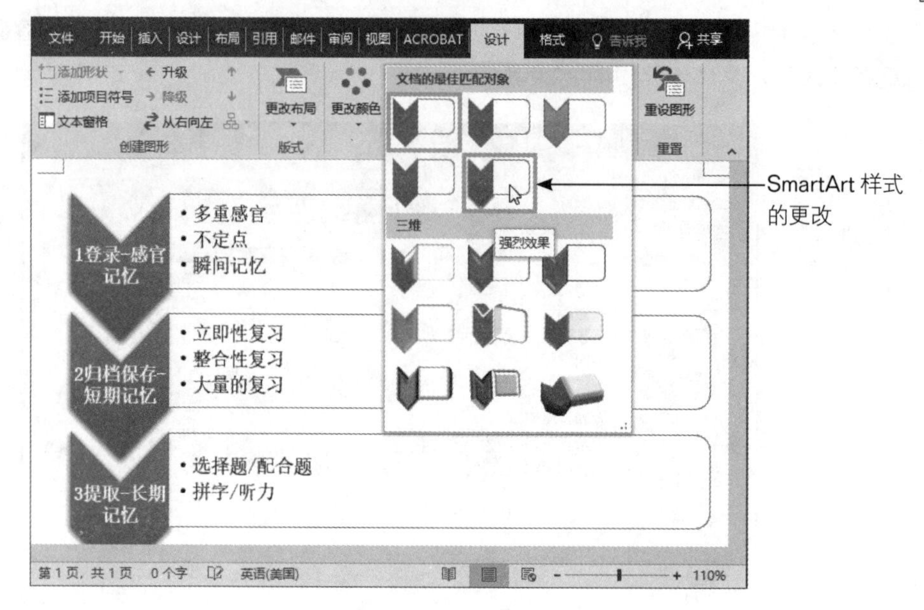

图 8-31

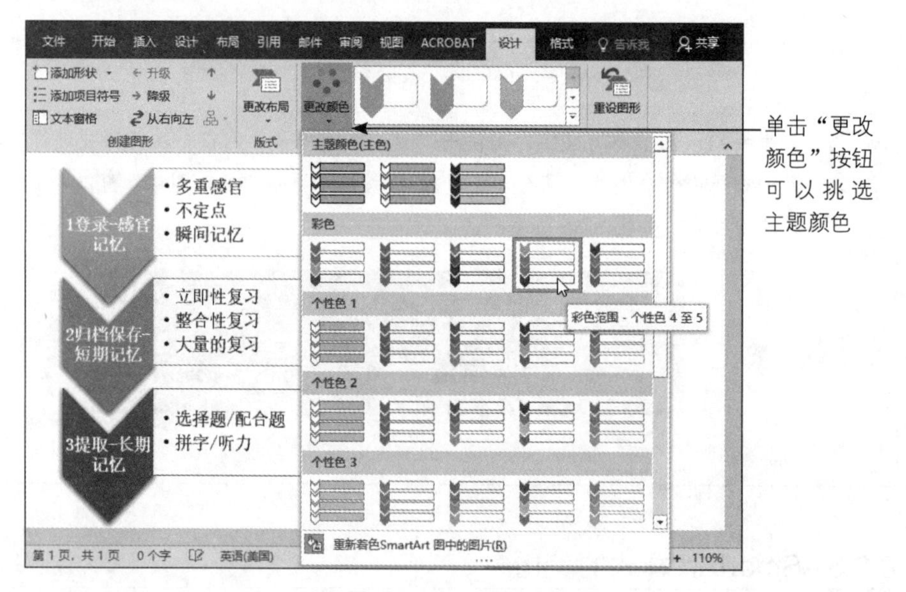

图 8-32

上面介绍的是调整 SmartArt 的整体外观，如果要修改局部的外观，可切换到“格式”选项卡，再对选定项目的形状填充、形状轮廓、形状效果或者文本填充、文本轮廓、文本效果进行更改，如图 8-33 所示。

图 8-33

8.2.6 将插入的图片转换为 SmartArt 图形

在 Word 文件中插入的图片，只要排好图片位置，就可以将图片转换成 SmartArt 图形。如果将图片的布局方式设置为“文字环绕”，那么一次只能转换一张图片。如果将图片的布局方式设置为“穿越型环绕”，就可以一次选择多张图片来进行转换。

转换方式很简单，先选择图片，在“格式”选项卡中单击“图片版式”按钮，再从下拉列表中选择要应用的版式即可，具体步骤如图 8-34 和图 8-35 所示。

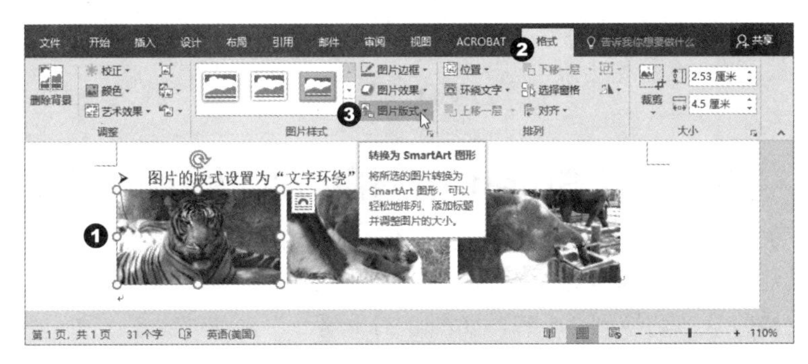

图 8-34

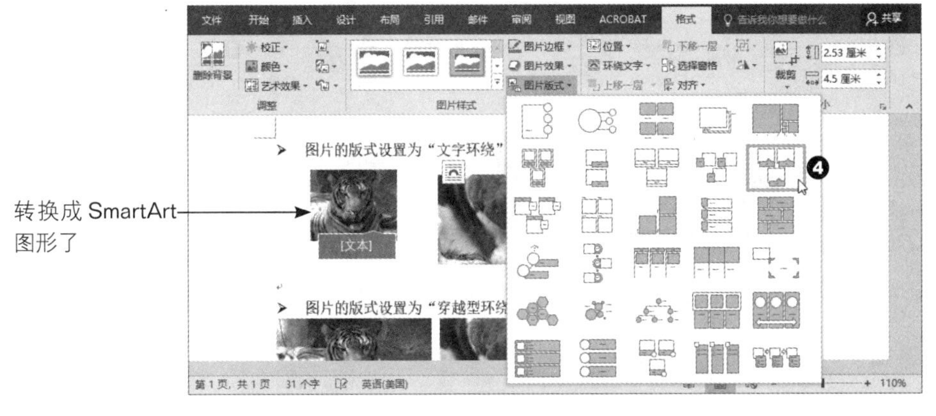

图 8-35

将图片转换为 SmartArt 图形后，图片就具有 SmartArt 属性了，我们可以按照 SmartArt 图形编辑技巧对图片进行编辑，如图 8-36 所示。

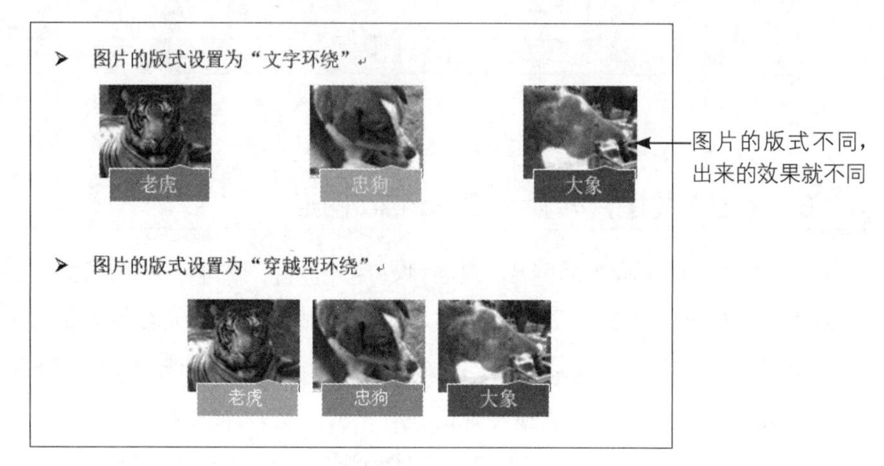

图 8-36

8.3

实践：以 SmartArt 图形制作图片列表

本节将使用 SmartArt 图形功能来制作图片列表。打开“02_联想力的魔术 .docx”文件，在“导航”窗格将章节切换到 2-5 节，如图 8-37 所示。

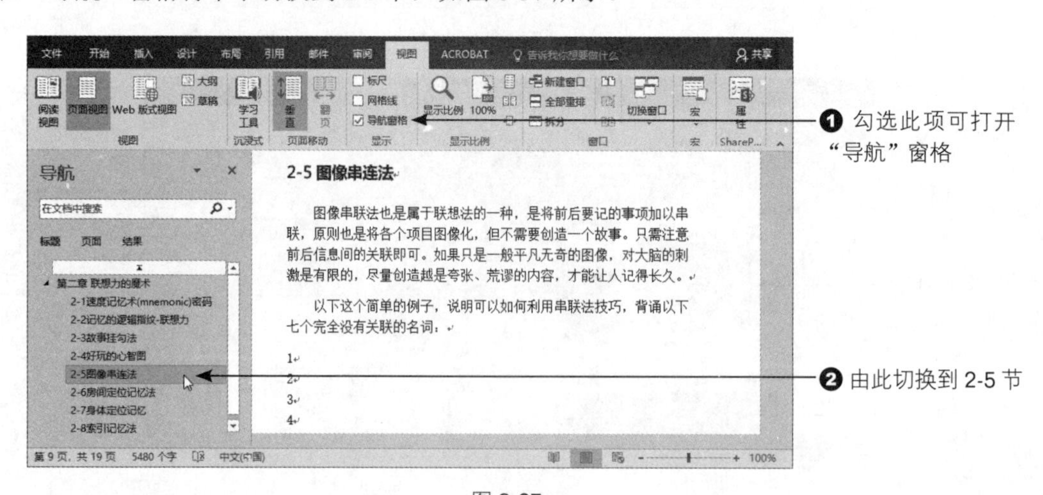

图 8-37

在此把文件中的小偷、瓢虫、三明治、鲸鱼、足球等样式列表与其内容以“垂直图片列表”的方式呈现。

8.3.1 插入与选择 SmartArt 图形版式

1. 插入 SmartArt 图形：先在“小偷”的样式列表前加入一个空行，在“样式”窗格中单击“全部清除”按钮以删除第一行的缩进，再单击“插入”选项卡中的“插入 SmartArt 图形”按钮，具体步骤如图 8-38 所示。

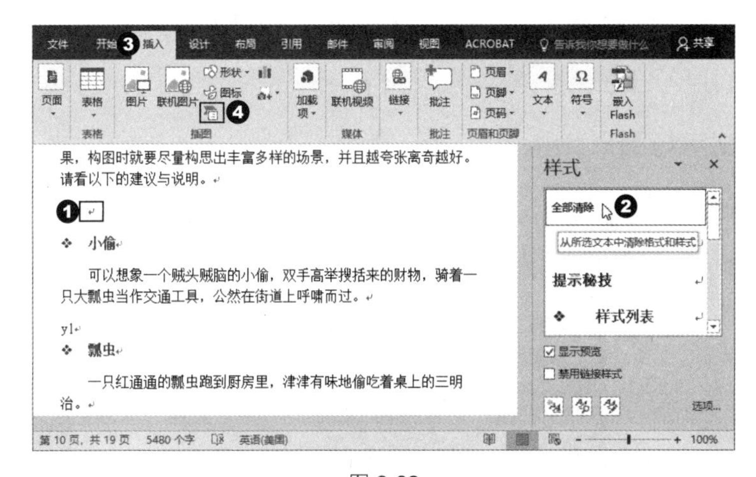

图 8-38

2. 选择“垂直图片列表”图形版式：切换到“列表”类型，单击“垂直图片列表”图形样式，然后单击“确定”按钮以插入该样式，具体步骤如图 8-39 和图 8-40 所示。

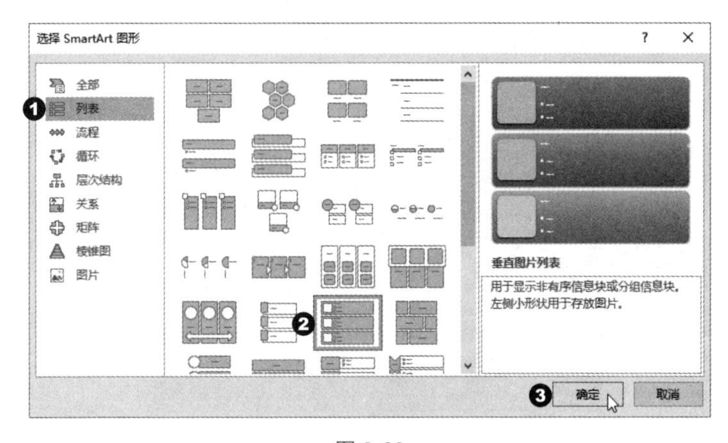

图 8-39

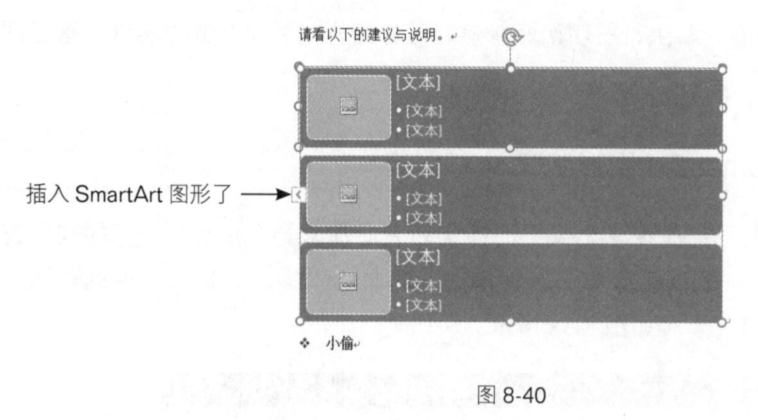

图 8-40

8.3.2 编修文字与图形结构

1. 剪贴文字到图形中：默认的图形版式包含标题和下层列表，现在按序剪切文件中的标题与正文，然后粘贴到图形中，具体步骤如图 8-41 和图 8-42 所示。

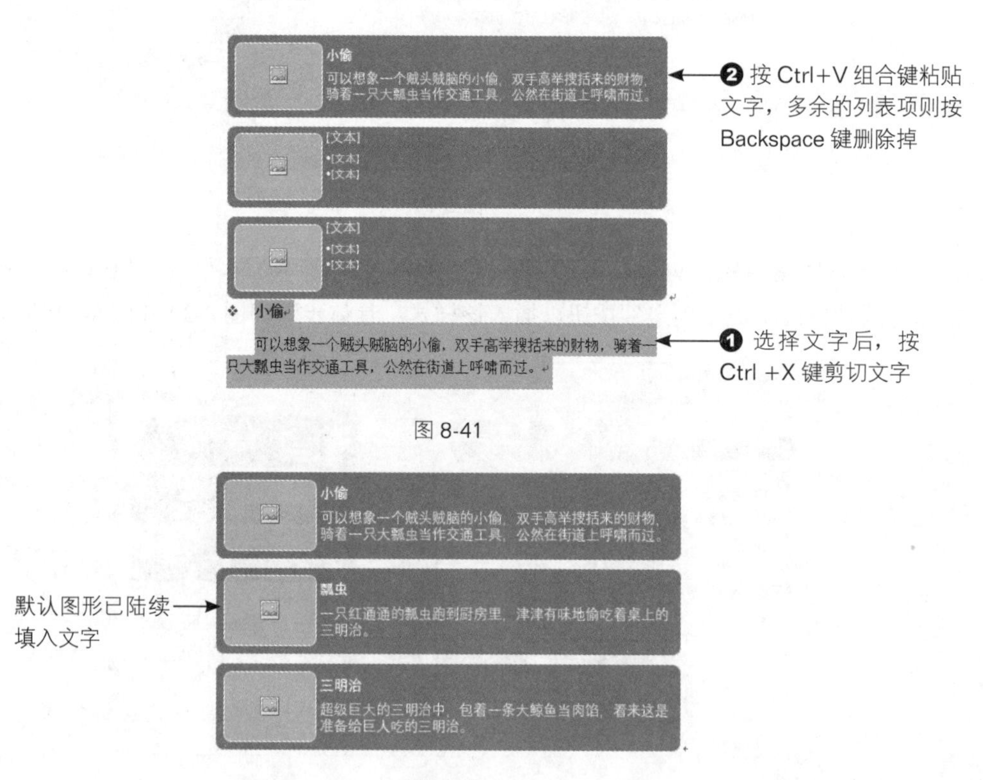

图 8-41

图 8-42

2. 添加图形并粘贴文字：单击第三个图形，单击“设计”选项卡中的“添加形状”按钮，并从下拉列表中选择“在后面添加形状”选项 3 次，以添加 3 个空白图形，如图 8-43 所示。

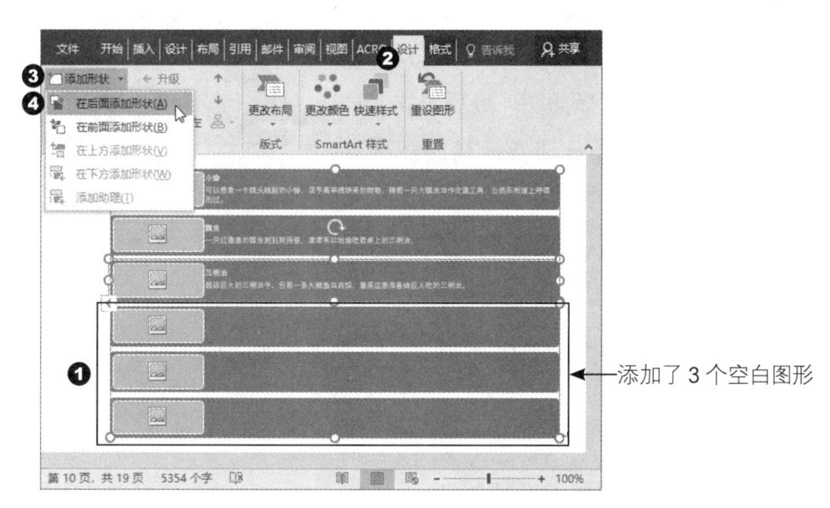

图 8-43

3. 剪切 / 粘贴文字到图形中：按序选择并剪切标题与正文后，右击新添加的图形，选择“编辑文本”选项，出现文字输入点时再将文字粘贴到图形中，完成后拖曳图形版式下方的圆形控制点可调整 SmartArt 图形的高度，具体步骤如图 8-44 ～图 8-46 所示。

图 8-44

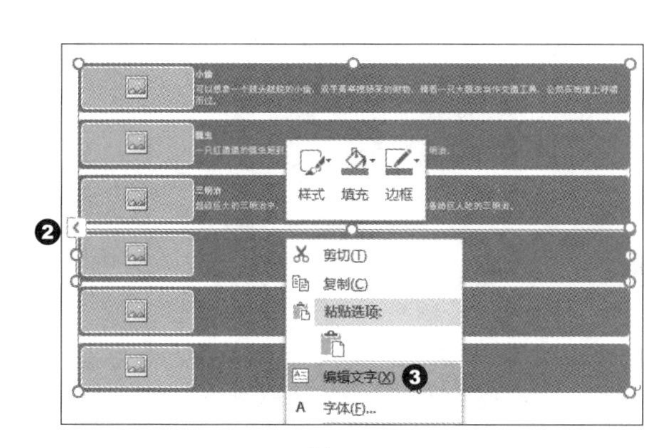

图 8-45

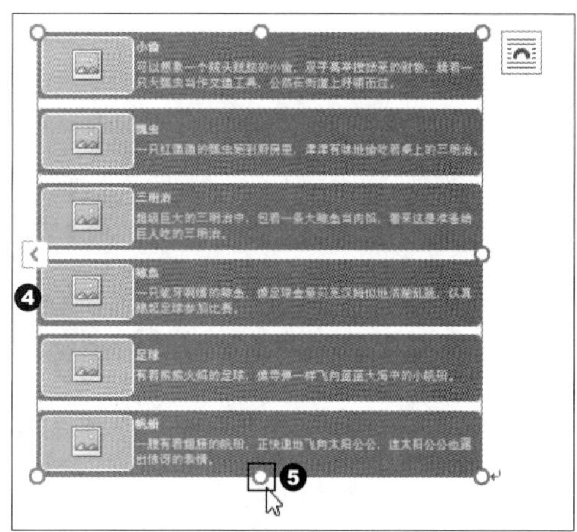

图 8-46

8.3.3 插入列表图片

图形版式中包含图片图标，单击图片图标按钮后，选择“来自文件”，再从“插入图片”对话框中选择插图，最后单击“插入”按钮，按序将图片插入，具体步骤如图 8-47 ～图 8-50 所示。

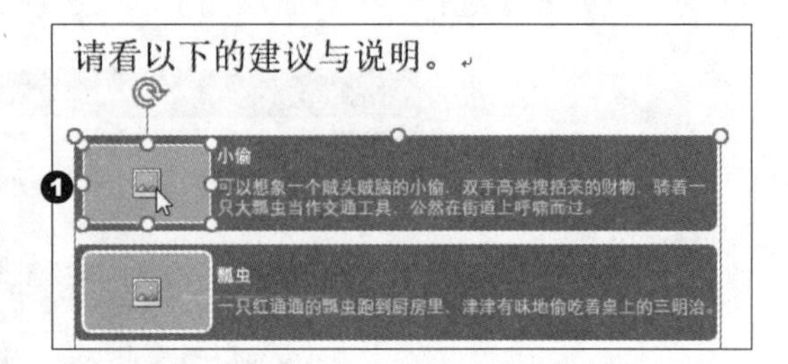

图 8-47

图 8-48

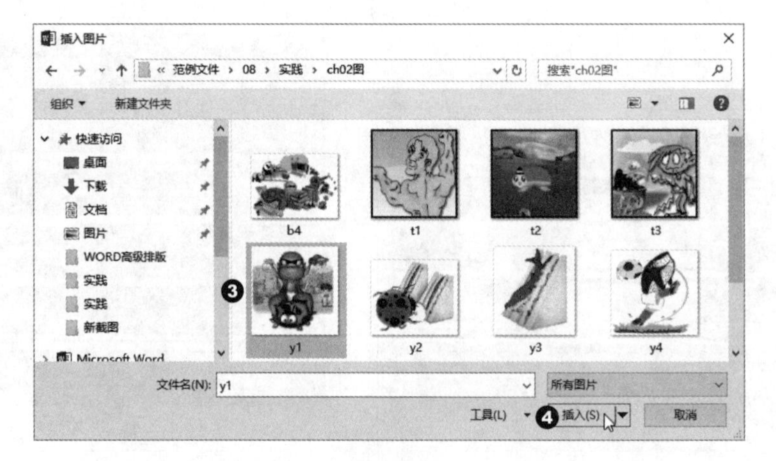

图 8-49

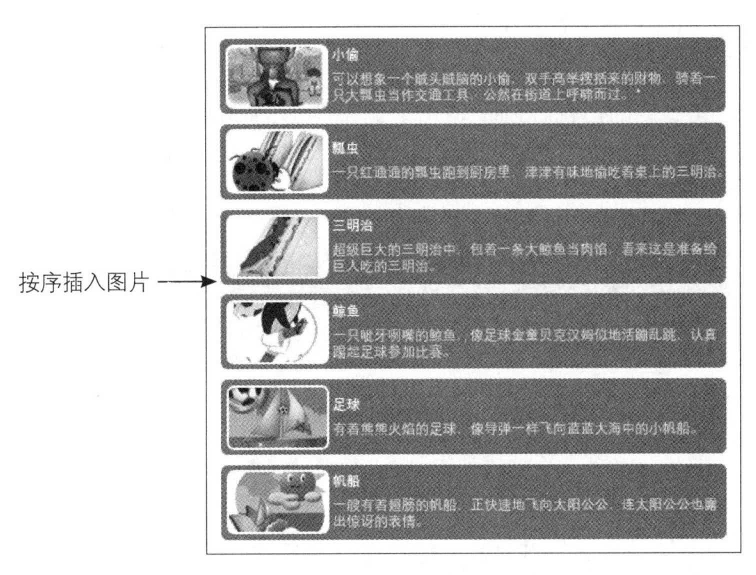

图 8-50

8.3.4 更改图形颜色

想让图形版式多一点颜色，可单击“设计”选项卡中的“更改颜色”按钮，再从下拉列表中选择颜色，如图 8-51 所示。

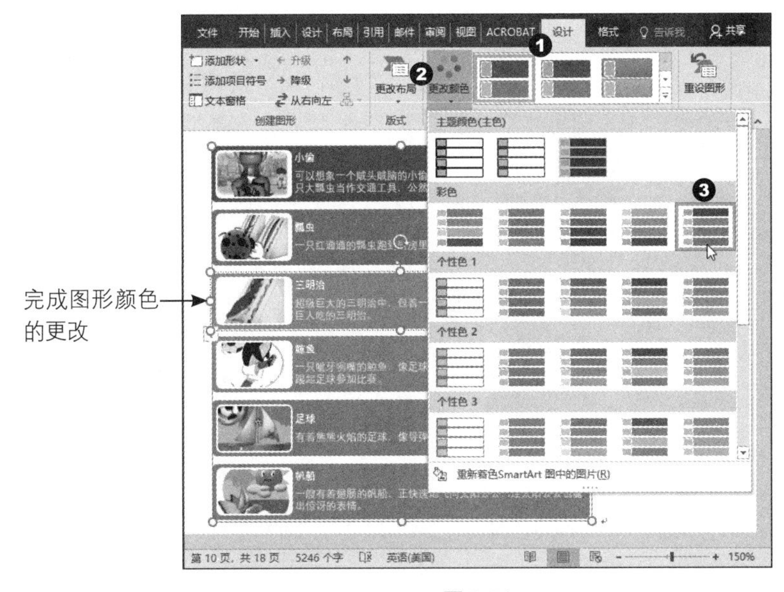

图 8-51

8.3.5 图形版式居中对齐

选择图形版式时，其右侧的白色控制点可用于调整图形的宽度。当输入点放在图形右侧时，可单击“开始”选项卡的“居中”按钮将图形对齐文件中央，具体步骤如图 8-52 所示。

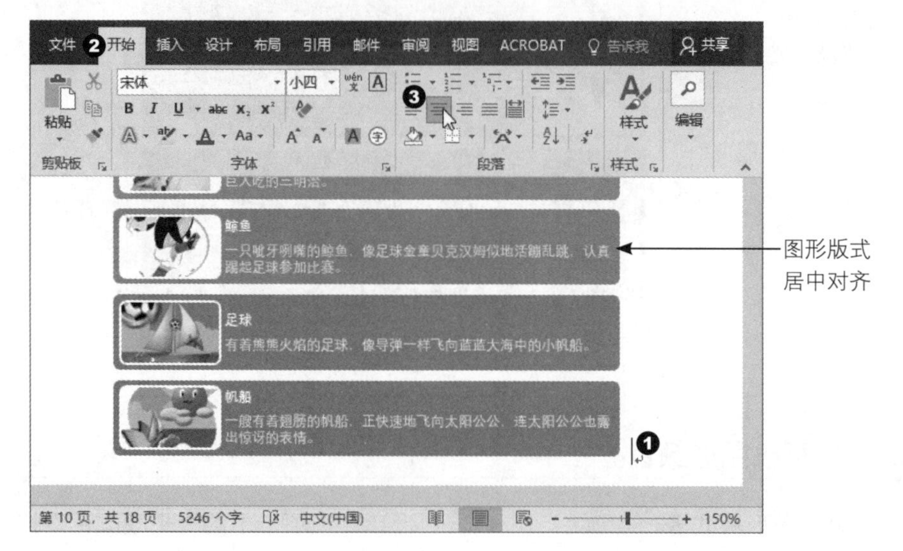

图 8-52

第 9 章

表格与图表的排版技巧

表格在办公文件或排版中应用得相当广泛，不仅可以自由组合出复杂的表格形式，也可以使文件看起来整齐美观。图表则是将数据有关的信息以图形方式呈现出来，让复杂的统计数据顿时变得一目了然，也能让抽象的数据具体化，使阅读者易于比较数据之间的差异。本章将对表格与图表进行说明，让大家能够轻松自如地应用表格与图表，如图 9-1 所示。

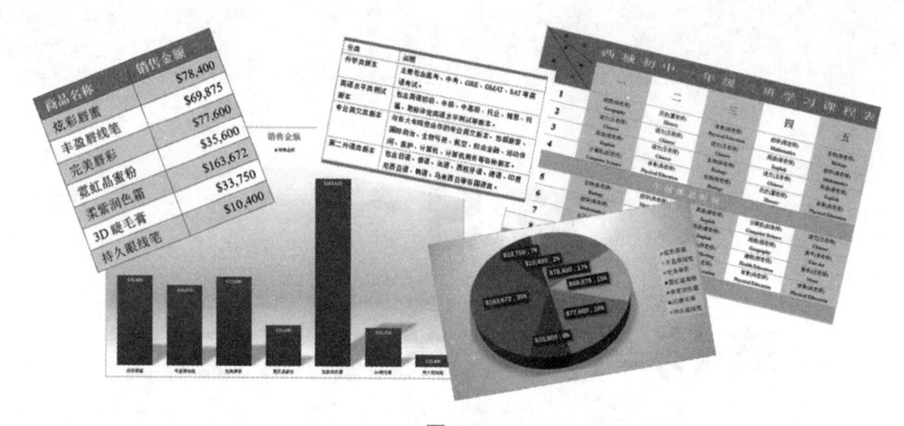

图 9-1

9.1 表格与图表的使用技巧

表格和图表是组织与呈现数据的利器，在制作文件的过程中，因为表格结构灵活，经常作为版面设计的辅助工具，图表则可以将表格中的数据以易于理解的图形方式呈现出来。表格与图表在“比较”与“说明”方面占有举足轻重的地位。

要让表格和图表能够更清楚地比较出数据的差异，就必须在设计表格时多用些心思。这里提供几项技巧作为参考，让大家能够快速、清晰、简明地对各项内容进行比较和对照。

9.1.1 快速将文件内容转换为表格

要将文件内容快速转换成表格形式，Word 提供了“文字转换成表格”指令，只要使用段落、逗点、制表符或特定的分隔符，就可以将选择的文字快速转换成表格形式。现有的 Excel 电子表格也能够在 Word 文件中快速插入，省去了复制数据的步骤。另外，Word 也提供了“快速表格”功能，如图 9-2 所示。

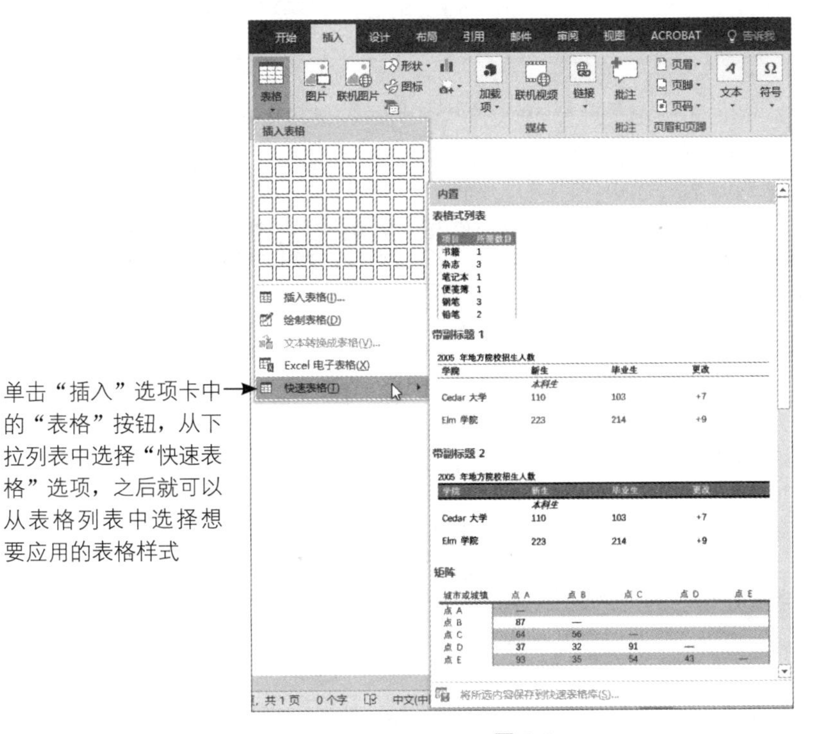

图 9-2

9.1.2 显示内容间的差异

要显示内容之间的差异，利用表头进行说明效果比较好，如果需要同时突出显示第一行与第一列标题，Word 也提供了“绘制表格”的方式来插入斜线表头，如图 9-3 所示。

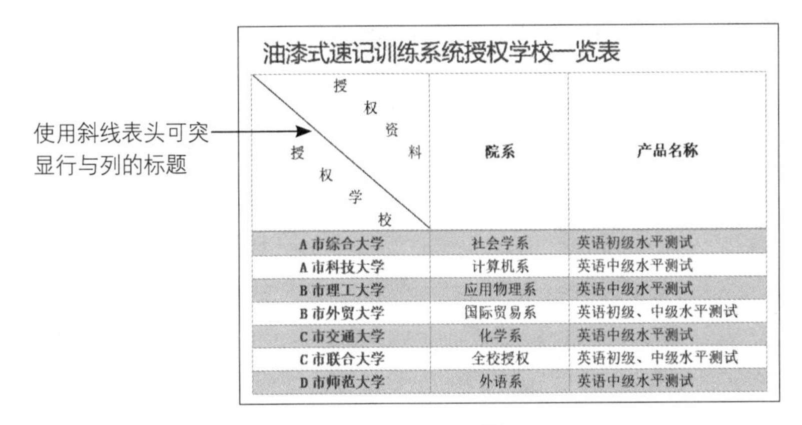

油漆式速记训练系统授权学校一览表

授权资料 / 授权学校	院系	产品名称
A 市综合大学	社会学系	英语初级水平测试
A 市科技大学	计算机系	英语中级水平测试
B 市理工大学	应用物理系	英语中级水平测试
B 市外贸大学	国际贸易系	英语初级、中级水平测试
C 市交通大学	化学系	英语中级水平测试
C 市联合大学	全校授权	英语初级、中级水平测试
D 市师范大学	外语系	英语中级水平测试

图 9-3

9.1.3 利用配色使表格内容更明确

当表格的内容较多时，为了让表格数据更易于阅读，不妨将奇数行 / 列与偶数行 / 列的颜色分隔出来，如图 9-4 所示。

班级 星期 节次	西城初中一年级二班学习课程表				
	一	二	三	四	五
1	地理(杨老师) Geography	历史(董老师) History	体育(肖老师) Physical Education	数学(周老师) Mathematics	生物(张老师) Biology
2	语文(王老师) Chinese	语文(王老师) Chinese	语文(王老师) Chinese	英语(谢老师) English	数学(周老师) Mathematics
3	英语(谢老师) English	语文(王老师) Chinese	生物(张老师) Biology	语文(王老师) Chinese	英语(谢老师) English
4	计算机(赵老师) Computer Science	体育(肖老师) Physical Education	生物(张老师) Biology	历史(董老师) History	体育(肖老师) Physical Education
午间休息时间					
5	生物(张老师) Biology	数学(周老师) Mathematics	英语(谢老师) English	计算机(赵老师) Computer Science	语文(王老师) Chinese
6	数学(周老师) Mathematics	数学(周老师) Mathematics	英语(谢老师) English	地理(杨老师) Geography	美术(李老师) Fine Art
7	自习(蒋老师) Independent Study	音乐(汪老师) Music	班会(孙老师) Class Meeting	健教(贺老师) Health Education	音乐(汪老师) Music
8	体育(肖老师) Physical Education	美术(李老师) Fine Art	体育(肖老师) Physical Education	体育(肖老师) Physical Education	体育(肖老师) Physical Education
课后辅导时间					

图 9-4

除了以手动方式自行设置行列的颜色外，Word 也贴心地提供了表格样式供用户选择。单击“设计”选项卡中的“表格样式选项”，预先勾选“镶边行”或“镶边列”复选框，如图 9-5 所示，在应用表格样式时就能自动加入。

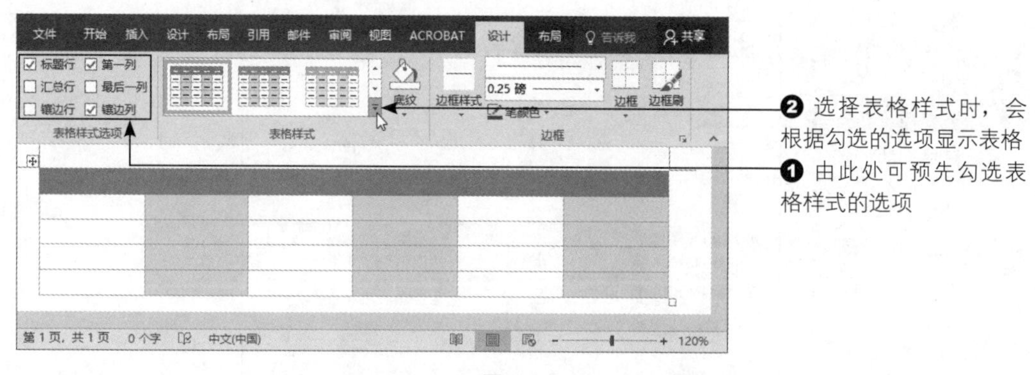

图 9-5

9.1.4 将数据信息可视化

如果文件中有数据信息，使用表格虽然简单明了，但是要让用户直接比较出数值的高低，还是没有图形表达得清楚。将图 9-6 左图的表格数据以直方图的方式显示，其视觉效果一目了然，如图 9-6 右图所示。

商品名称	销售金额
炫彩唇蜜	$78,400
丰盈唇线笔	$69,875
完美唇彩	$77,600
霓虹晶蜜粉	$35,600
柔紫润色霜	$163,672
3D睫毛膏	$33,750
持久眼线笔	$10,400

图 9-6

9.1.5 重复标题与防止跨页断行

对于跨页的大表格，经常会出现两种情况：一种是从第二页开始就看不到标题栏的内容；另一种是单元格无法将数据完全显示时跨越到下一页，使表格出现断行跨页的情况。这两种情况都会造成不易对照数据，如图 9-7 所示。

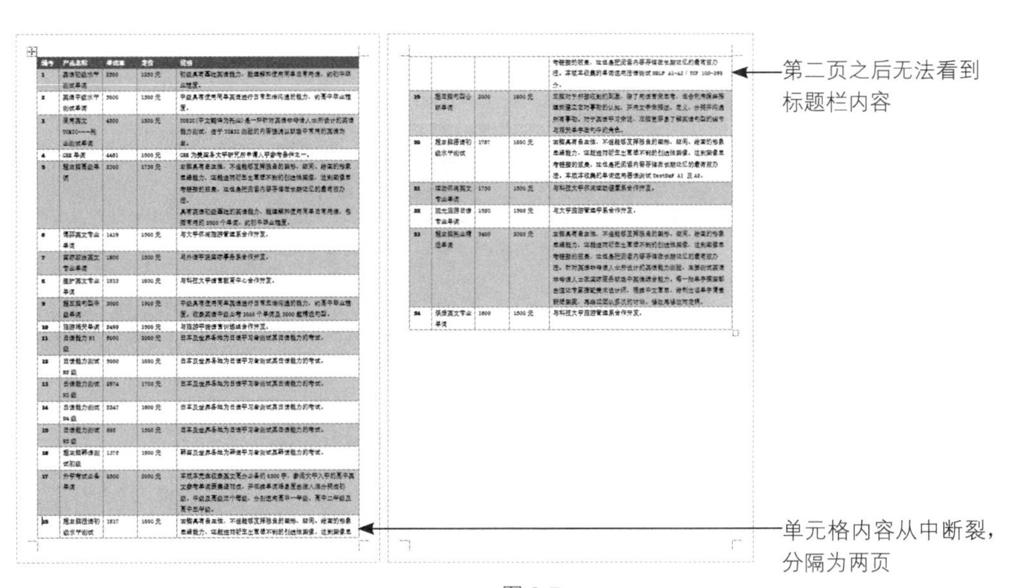

图 9-7

解决这样的表格困扰其实很简单。只要把鼠标指针放在标题栏上，再单击“布局”选项卡中的“重复标题行” 按钮，第二页就会自动显示标题栏（注意：我们习惯称为标题栏，而在 Word 中翻译成“标题行”），如图 9-8 所示。

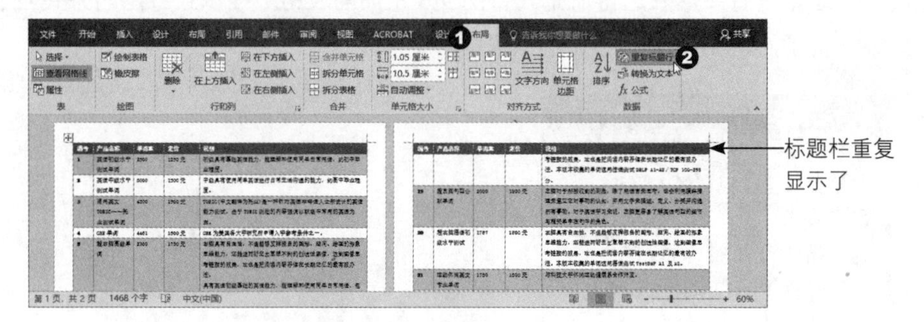

图 9-8

至于跨页断行的情况，在“布局”选项卡中单击“属性” 按钮，进入“表格属性”对话框后，在“行”选项卡中取消勾选“允许跨页断行”复选框即可，如图 9-9 所示。

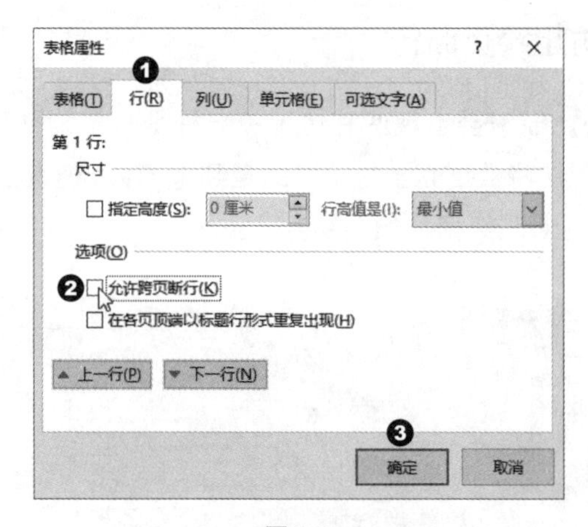

图 9-9

9.2 表格的创建与表格结构的调整

前面已经简要说明了表格与图表的使用技巧，下面将介绍表格的创建方式以及如何调整表格的结构。

9.2.1 插入表格

要在文件中插入基本表格，可以在“插入”选项卡中单击“表格”按钮，然后用鼠标拖曳出表格所需的行列数，随后就可以在文件中看到插入的表格，如图 9-10 所示。

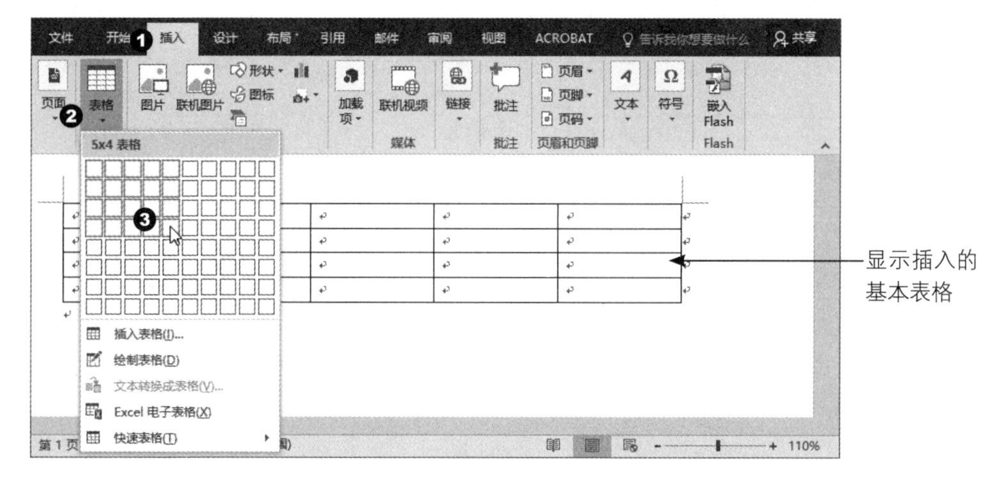

图 9-10

我们也可以在单击“表格”按钮后，选择“插入表格”选项，随后会显示如图 9-11 所示的“插入表格”对话框，除了输入表格的行数与列数外，还可以设置表格的“自动调整”方式。

创建基本表格后，利用插入 / 删除行列、合并 / 拆分单元格等处理就能将表格调整成所需的各种形态，这部分稍后再介绍。

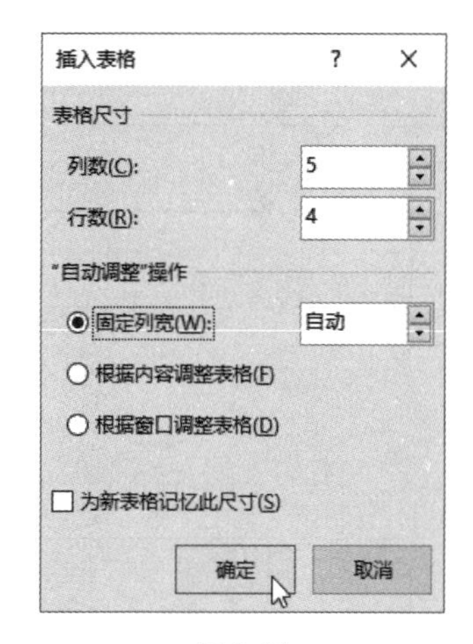

图 9-11

9.2.2 绘制表格

如果想要以手绘方式制作表格，在 Word 中也可以实现。先使用鼠标拖曳出表格外框，再在表格范围内画出直线、横线或斜线，具体步骤如图 9-12 ～图 9-15 所示。

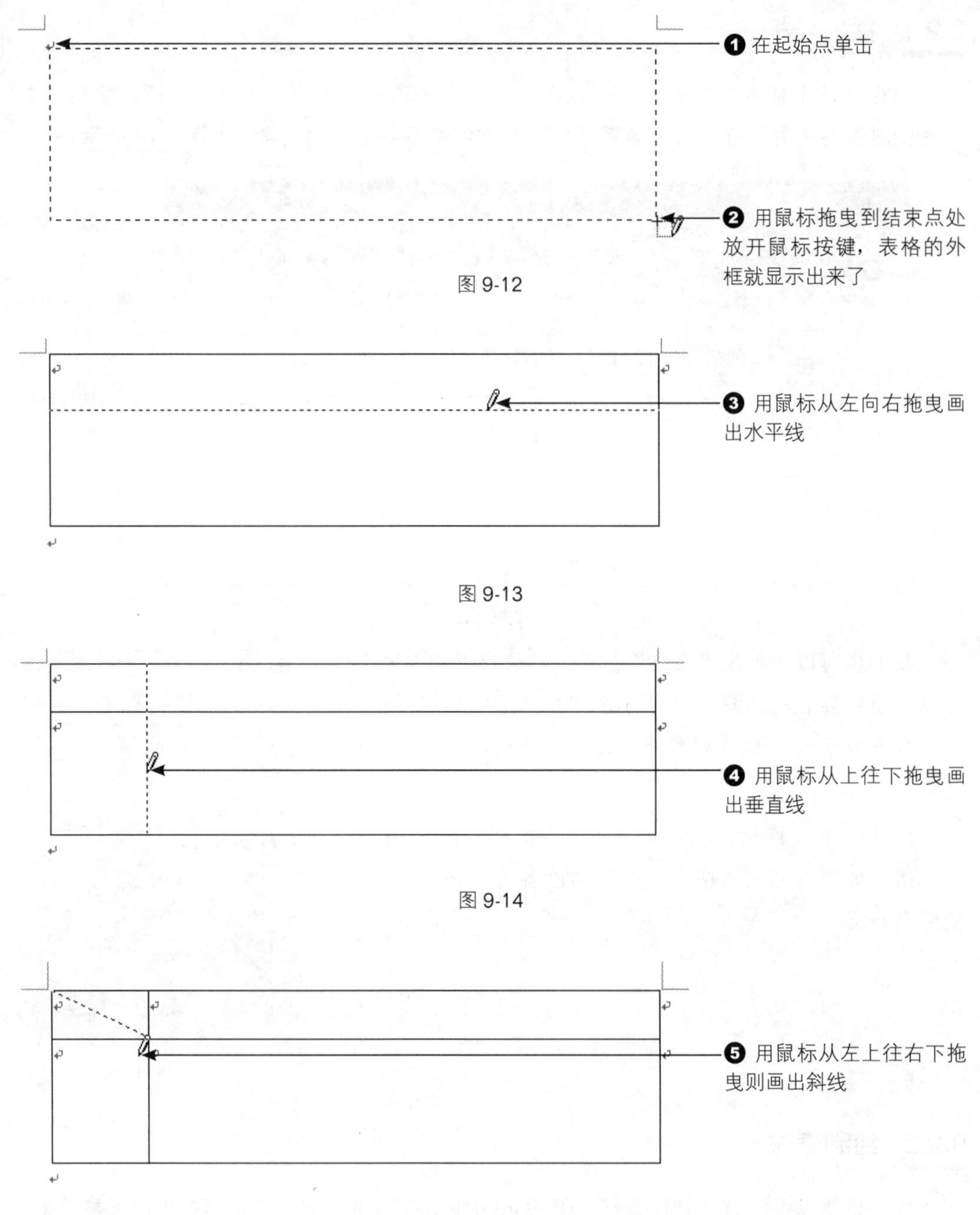

图 9-12

图 9-13

图 9-14

图 9-15

如果要结束表格的绘制工作，在表格外双击即可。

9.2.3 文字 / 表格相互转换

除了从无到有慢慢绘制表格外，若有现成的文字内容，则用段落标记、逗点或制表符进行分隔也可以快速将数据转换成表格形式。

下面以Tab键输入制表符作为文字的分隔，选择文字后，在“插入”选项卡中单击“表格”按钮，再从下拉列表中选择“文本转换成表格”选项，接着设置“制表符”作为分隔符，即可将文字内容转换为表格，具体步骤如图9-16～图9-18所示。

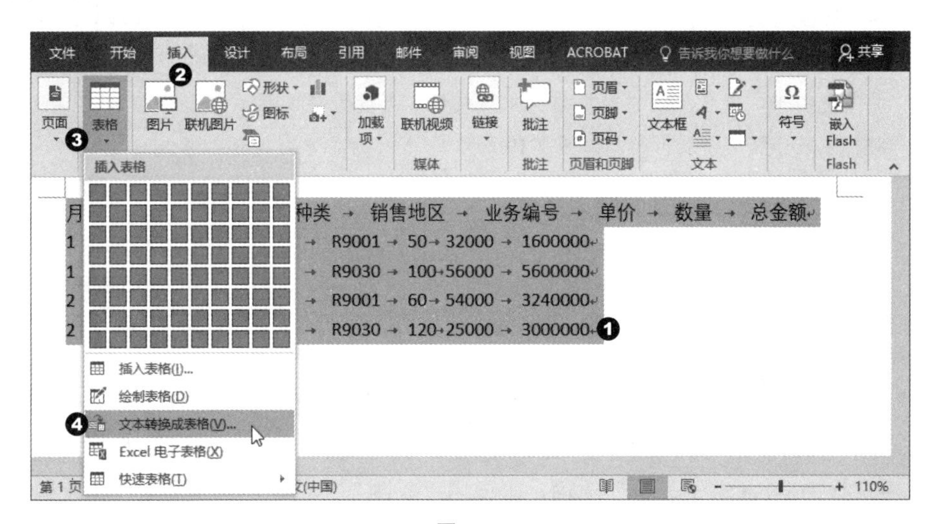

图 9-16

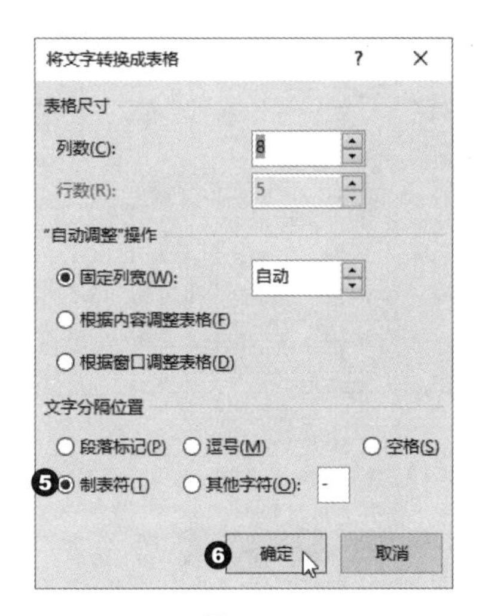

图 9-17

月份	产品代号	水果种类	销售地区	业务编号	单价	数量	总金额
1	30369	香蕉	日本	R9001	50	32000	1600000
1	30587	苹果	美国	R9030	100	56000	5600000
2	30369	香蕉	日本	R9001	60	54000	3240000
2	30587	苹果	美国	R9030	120	25000	3000000

文字转为表格了

图 9-18

表格转换为文字

表格的内容也可以转换为文字，只要单击表格后再切换到“布局”选项卡，接着单击“转换为文本”按钮，再设置要以哪种符号来分隔文字就行了，如图 9-19 所示。

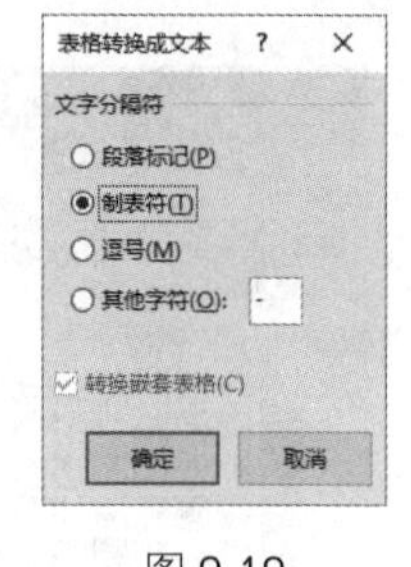

图 9-19

9.2.4 插入 Excel 电子表格

在 Word 文件中，若要将 Excel 电子表格插入进来，可单击“表格”下拉按钮，在下拉列表中选择“Excel 电子表格”选项，再使用“复制”“粘贴”选项将 Excel 表格插入，如此一来，还能在 Word 程序中进行复杂的公式计算，具体步骤如图 9-20 ～图 9-24 所示。

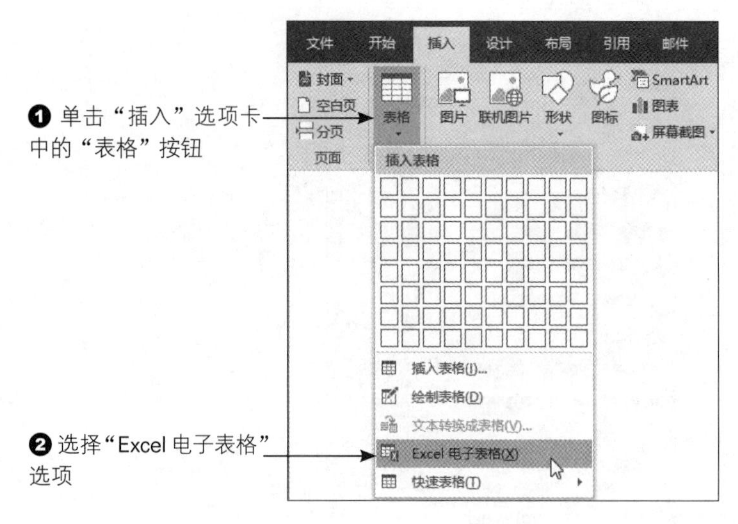

图 9-20

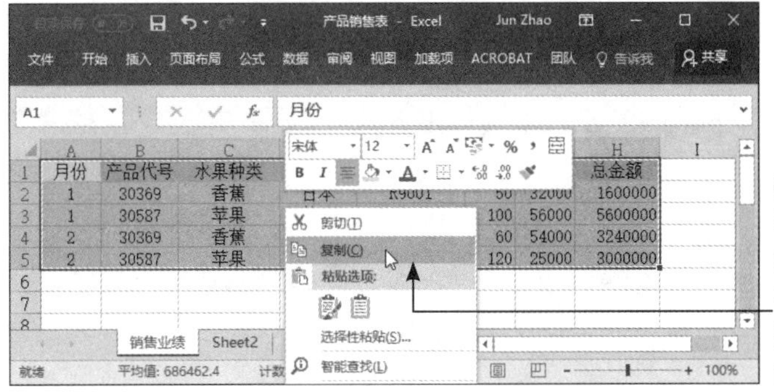

❸ 切换到Excel程序，选择要复制的内容后，右击，再从弹出的快捷菜单中选择“复制”选项

图 9-21

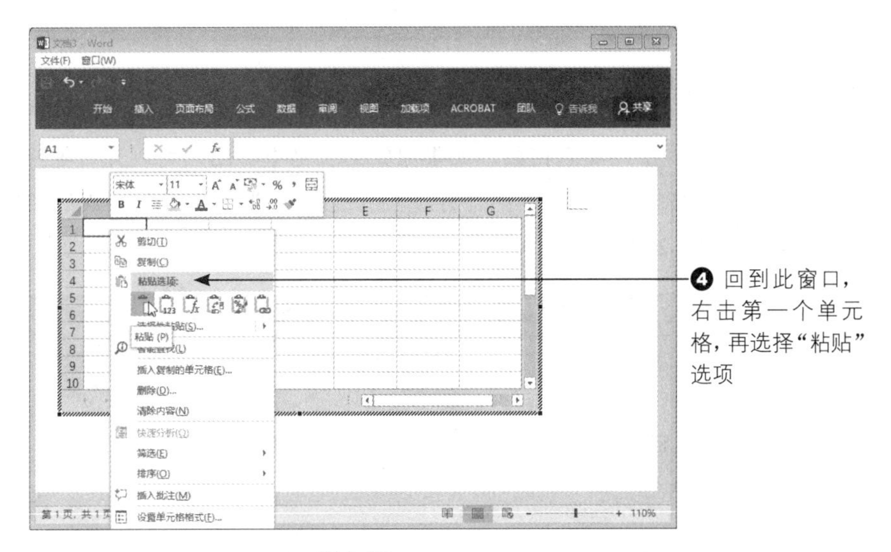

❹ 回到此窗口，右击第一个单元格，再选择“粘贴”选项

图 9-22

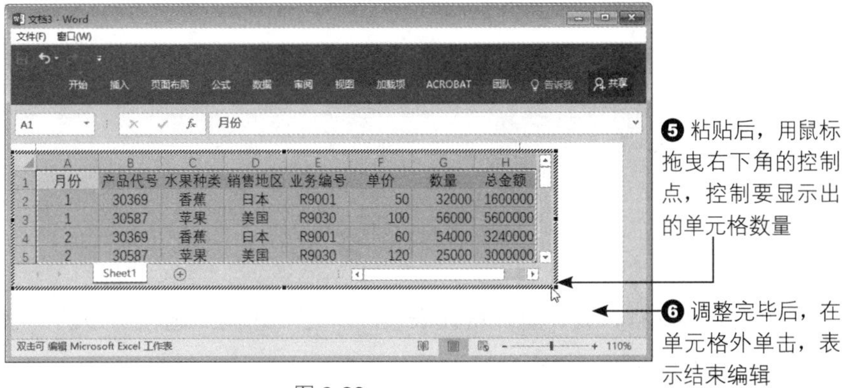

❺ 粘贴后，用鼠标拖曳右下角的控制点，控制要显示出的单元格数量

❻ 调整完毕后，在单元格外单击，表示结束编辑

图 9-23

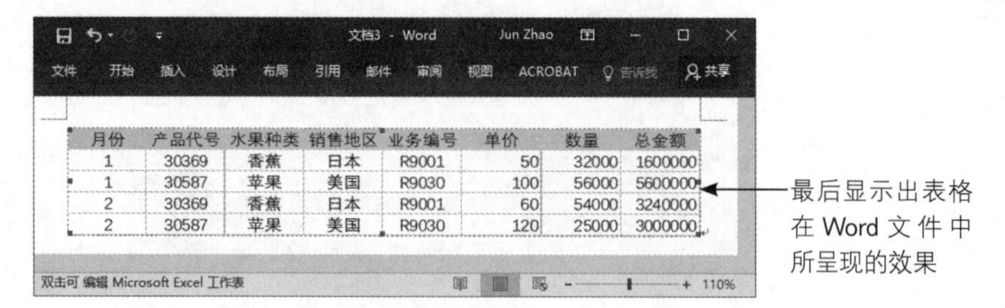

月份	产品代号	水果种类	销售地区	业务编号	单价	数量	总金额
1	30369	香蕉	日本	R9001	50	32000	1600000
1	30587	苹果	美国	R9030	100	56000	5600000
2	30369	香蕉	日本	R9001	60	54000	3240000
2	30587	苹果	美国	R9030	120	25000	3000000

图 9-24

对于上面所加入的电子表格内容，如果需要进行加总或其他计算处理，只要双击表格，就会回到电子表格编辑状态，再使用“公式”选项卡进行计算即可。

9.2.5 插入与删除行或列

在 Word 文件中绘制表格后，如果原先的表格不够用，可以先将鼠标放在想要插入点的位置，再从“布局”选项卡的“行和列”分组中选择要插入行或列的位置，具体步骤如图 9-25 和图 9-26 所示。

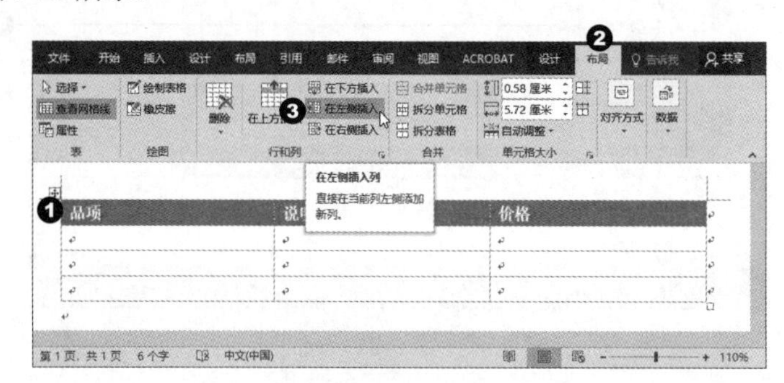

图 9-25

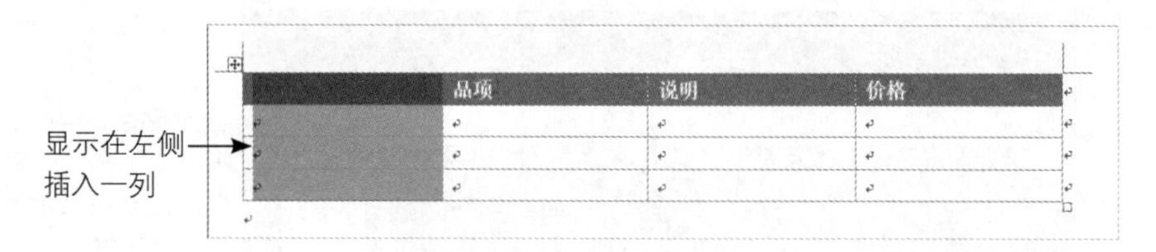

图 9-26

如果要删除行、列、单元格或表格，单击“布局”选项卡中的“删除”按钮，再选择要删除的项目即可，如图 9-27 所示。

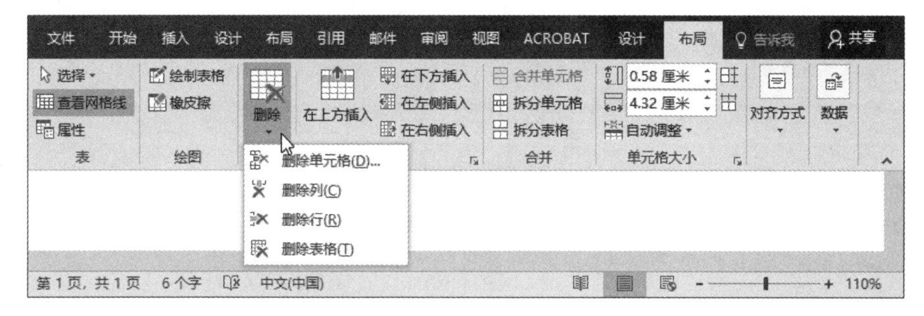

图 9-27

9.2.6 合并与拆分单元格

如果要将多个单元格合并成一个单元格，可选中要合并的多个单元格，单击“布局”选项卡中的“合并单元格”按钮，具体步骤如图 9-28 和图 9-29 所示。

	品项	说明	价格

单元格合并了

图 9-29

若选择单元格后单击“拆分单元格”按钮，则会显示如图 9-30 所示的“拆分单元格”对话框，直接输入要拆分的行数和列数之后，该单元格就会被拆分成指定的数量了。

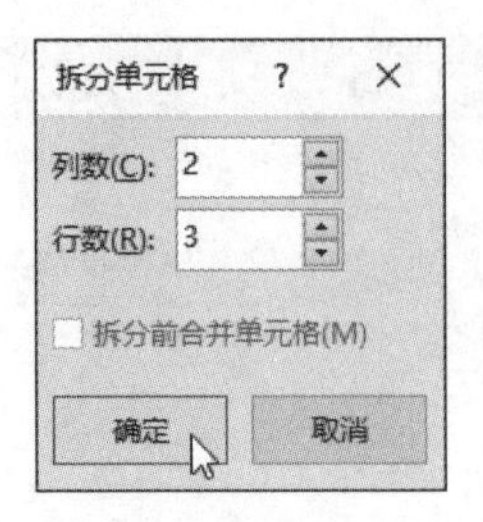

图 9-30

9.2.7 行高 / 列宽的调整与均分

要想任意调整表格的行高与列宽，可将鼠标光标移到行 / 列的边界上，当鼠标光标变成双箭头时，单击并拖曳鼠标，即可改变行高或列宽。若要精确设置单元格的大小，则可在“布局”选项卡的“单元格大小”分组中设置。另外，单击 按钮可在所选行之间平均分配行高，单击 按钮则可以平均分配列宽，如图 9-31 所示。

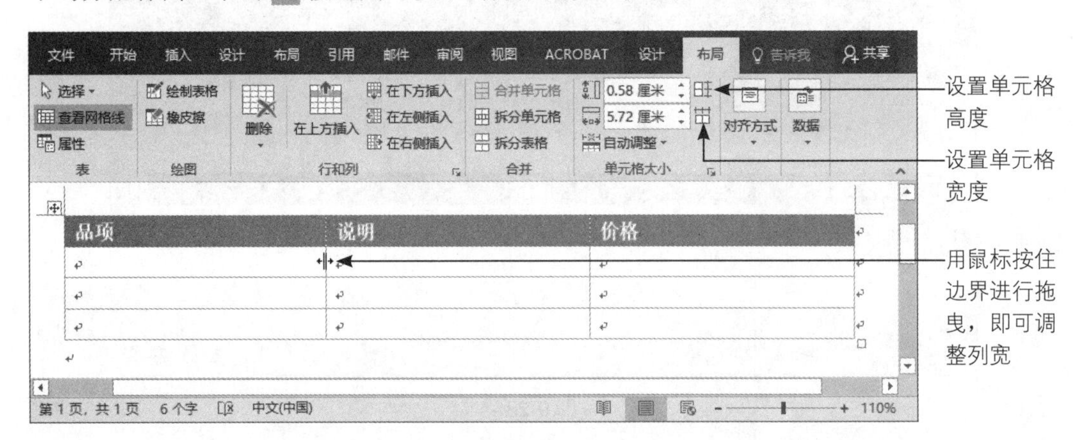

图 9-31

9.2.8 自动调整表格大小

右击表格，在弹出的快捷菜单中选择“自动调整”选项，随后可以选择让 Word 根据内容自动调整表格、根据窗口自动调整表格或者固定列宽。也可以单击“布局”选项卡中的“自动调整”按钮，从下拉列表中选择，如图 9-32 所示。

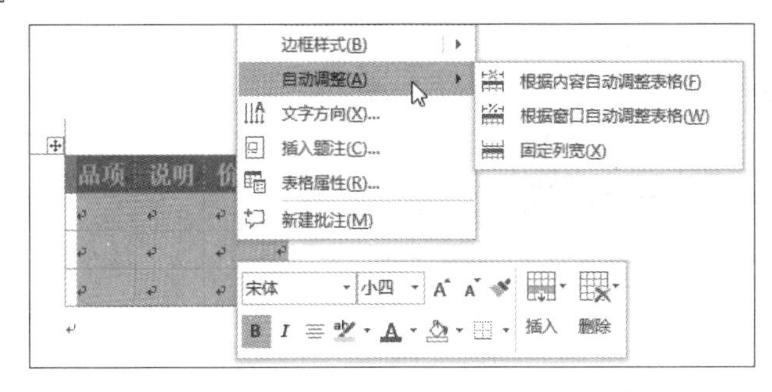

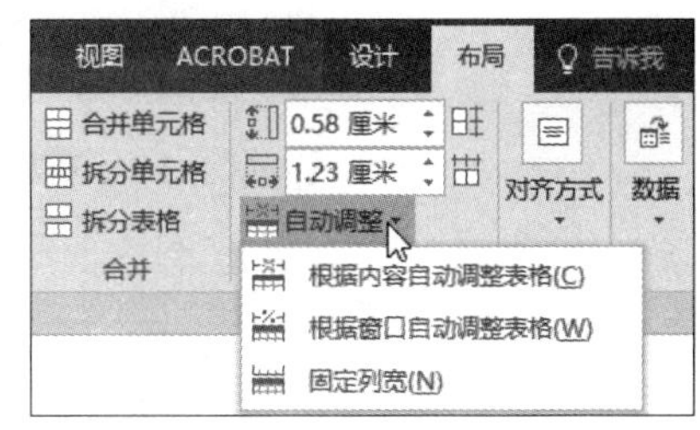

图 9-32

9.2.9 上下或左右拆分表格

表格制作好后，如果需要将原表格一分为二，那么可将输入点放在要拆分为第二个表格的首行内，再单击“布局”选项卡中的“拆分表格”按钮。拆分后，如果第二个表格需要加入标题栏，再选择“在上方插入行”选项即可，具体步骤如图 9-33 ～图 9-35 所示。

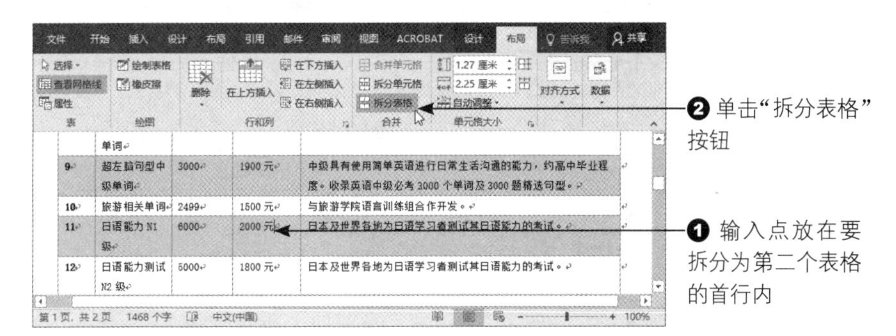

图 9-33

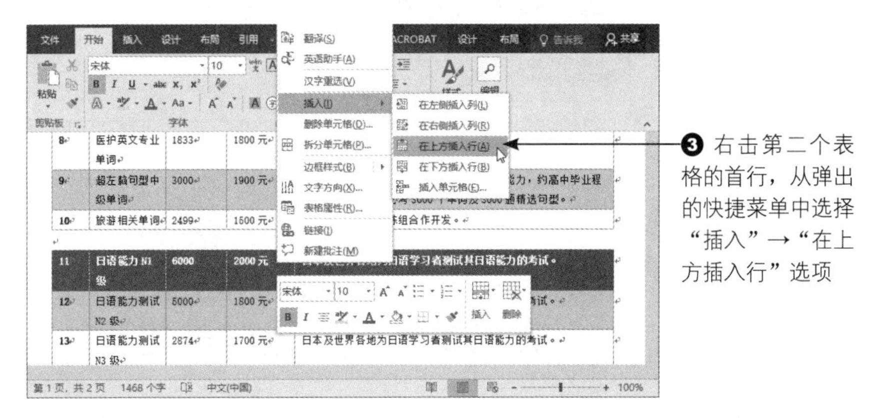

图 9-34

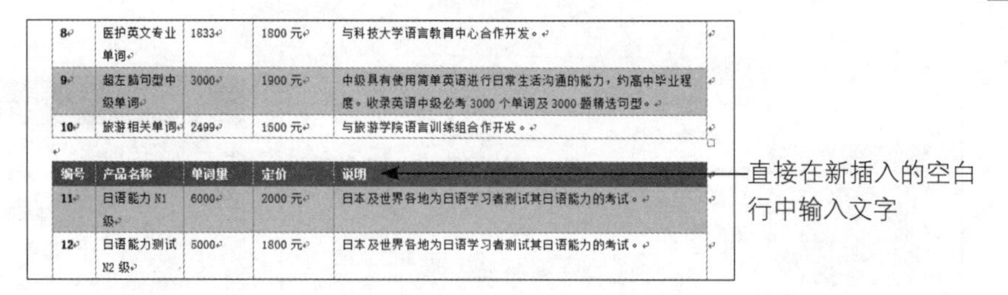

8	医护英文专业单词	1833	1800 元	与科技大学语言教育中心合作开发。
9	超左脑句型中级单词	3000	1900 元	中级具有使用简单英语进行日常生活沟通的能力，约高中毕业程度。收录英语中级必考 3000 个单词及 3000 题精选句型。
10	旅游相关单词	2499	1500 元	与旅游学院语言训练组合作开发。

编号	产品名称	单词量	定价	说明
11	日语能力 N1 级	6000	2000 元	日本及世界各地为日语学习者测试其日语能力的考试。
12	日语能力测试 N2 级	5000	1800 元	日本及世界各地为日语学习者测试其日语能力的考试。

图 9-35

除了从上或下进行表格拆分外，也可以从左或右来拆分表格。选择并以鼠标按住要分割的右半部分表格，直接拖曳到下方的段落标记处，这种方式可以完成表格的拆分，如图 9-36 和图 9-37 所示。

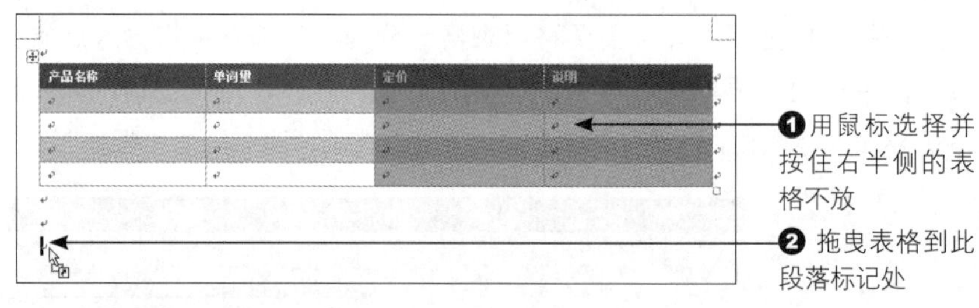

图 9-36

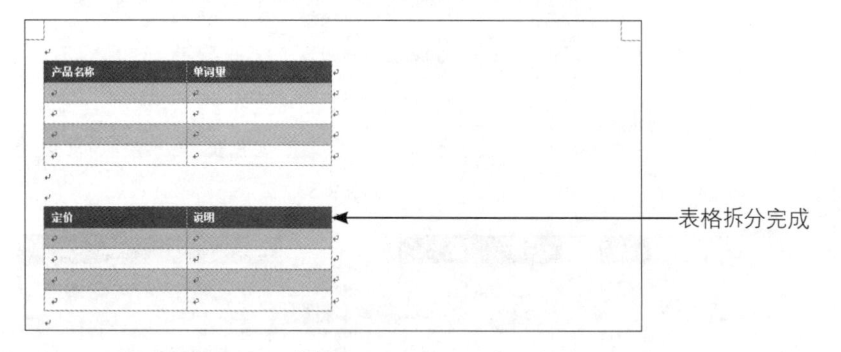

图 9-37

9.3

表格属性的设置与美化

学会基础表格的创建之后，接下来介绍表格属性的设置与美化。因为表格中可以放入文字或图片，表格也可以和文字一起进行编排或组合，即使是纯表格也可以让它穿上很美的“衣裳”，这些都会在本节中进行说明。

9.3.1 表格文字的输入与对齐设置

在表格中输入文字很简单，只要单击单元格就可以输入。如果要移到下一个单元格，那么可按 Tab 键切换，或者按上 / 下 / 左 / 右方向键移动。在单元格中输入过多文字时，若无法在一行中完全显示出来，Word 会自动将多余文字换行显示（见图 9-38），如果要显示在同一行上，只要拖曳单元格的边框来调整单元格的大小即可。

编号	品项	定价	数量
	德国 Q 丁地铁堡餐	59 元	
	酱烧猪排地铁堡餐	59 元	
	黑胡椒熏鸡地铁堡餐	59 元	
	双层猪肉干酪堡餐	79 元	
	三杯鸡地铁堡餐	69 元	
	里肌铁板面套餐	69 元	

单元格中输入了过多文字时，若在一行中无法完全显示出来，Word 会自动将多余文字换行显示

图 9-38

➲ 水平对齐设置

输入文字后，若要设置水平方向对齐，可在选择内容后，到“开始”选项卡的“段落”分组中选择“左对齐”“居中”“右对齐”“两端对齐”“分散对齐”5 种方式，如图 9-39 所示。

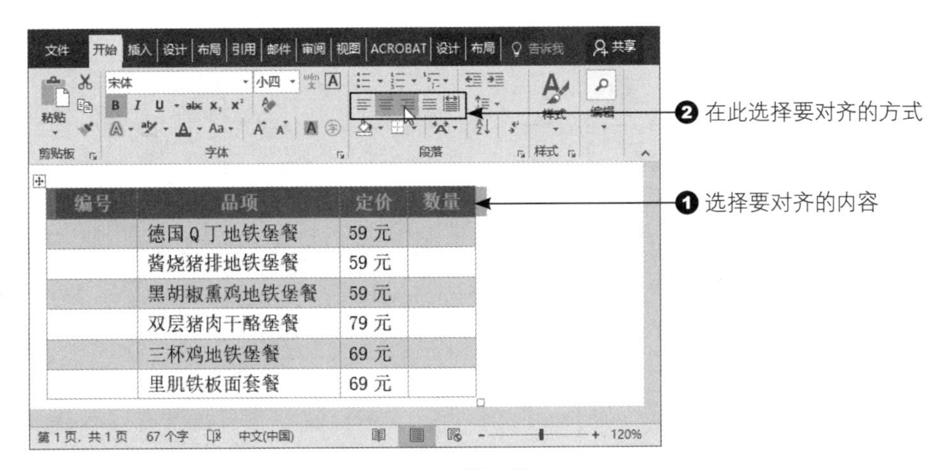

图 9-39

➲ 垂直对齐设置

在默认状态下，单元格中的文字是靠上对齐，所以当单元格的高度设得比较大时，就会出现如图 9-40 所示的情形。

编号	品项	定价	数量
	德国 Q 丁地铁堡餐	59 元	
	酱烧猪排地铁堡餐	59 元	
	黑胡椒熏鸡地铁堡餐	59 元	
	双层猪肉干酪堡餐	79 元	
	三杯鸡地铁堡餐	69 元	
	里肌铁板面套餐	69 元	

默认的表格文字是靠上对齐

图 9-40

若要改变文字的垂直对齐方式，则可在“布局”选项卡中单击“属性”按钮，进入“表格属性”对话框后，在“单元格”选项卡中设置，具体步骤如图 9-41 和图 9-42 所示。

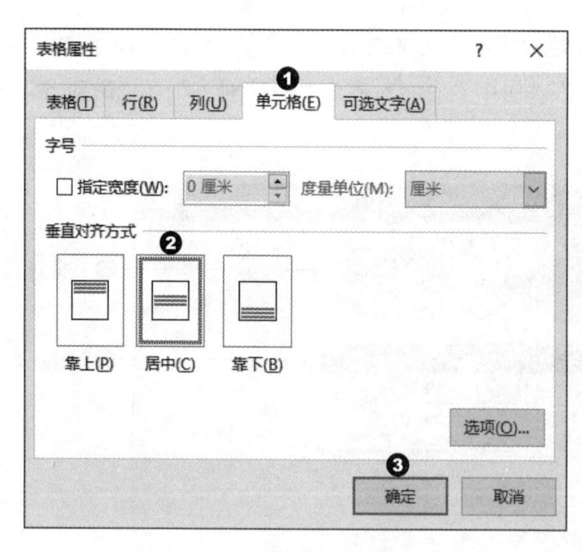

图 9-41

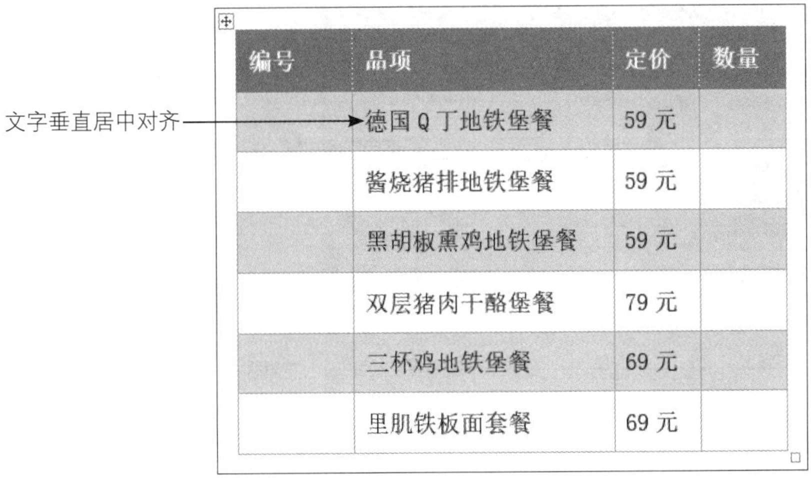

文字垂直居中对齐

编号	品项	定价	数量
	德国Q丁地铁堡餐	59 元	
	酱烧猪排地铁堡餐	59 元	
	黑胡椒熏鸡地铁堡餐	59 元	
	双层猪肉干酪堡餐	79 元	
	三杯鸡地铁堡餐	69 元	
	里肌铁板面套餐	69 元	

图 9-42

若要同时进行水平与垂直的对齐设置，则可以直接在“布局”选项卡的“对齐方式”分组中选择，如图 9-43 所示。

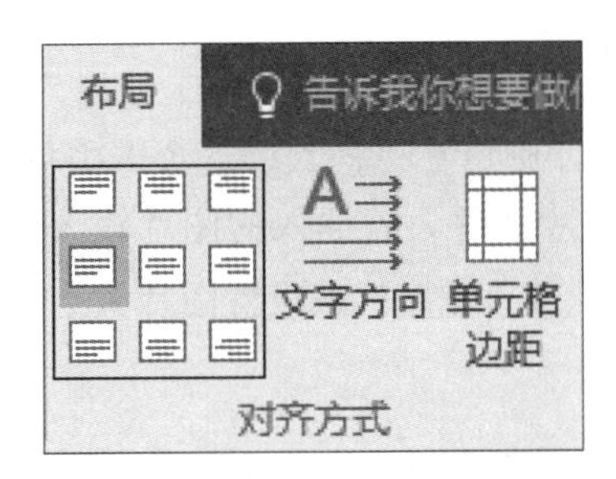

图 9-43

9.3.2 表格内容自动编号

如果表格中需要输入有序编号，那么可在选择内容后使用“开始”选项卡的“编号”功能快速加入，如图 9-44 所示。

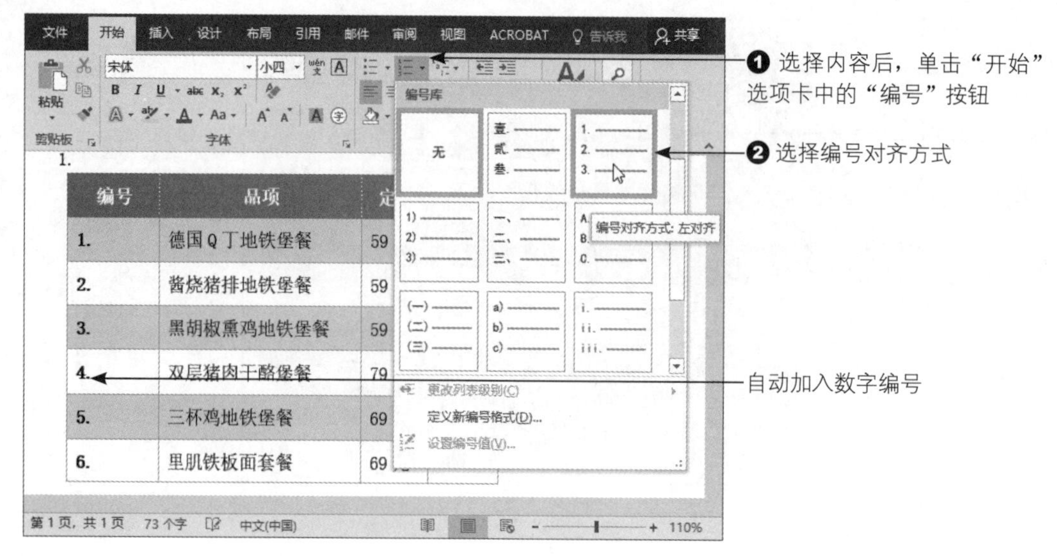

图 9-44

9.3.3 在表格中插入图片

若要在单元格中插入图片，则可在“插入”选项卡中单击“图片”按钮，随后即可从计算机上选择要插入的图片文件。若插入的图片较大，单元格会自动被撑大，可使用“格式”选项卡中的“高度”或“宽度”来设置图片大小。具体步骤如图 9-45 ～图 9-48 所示。

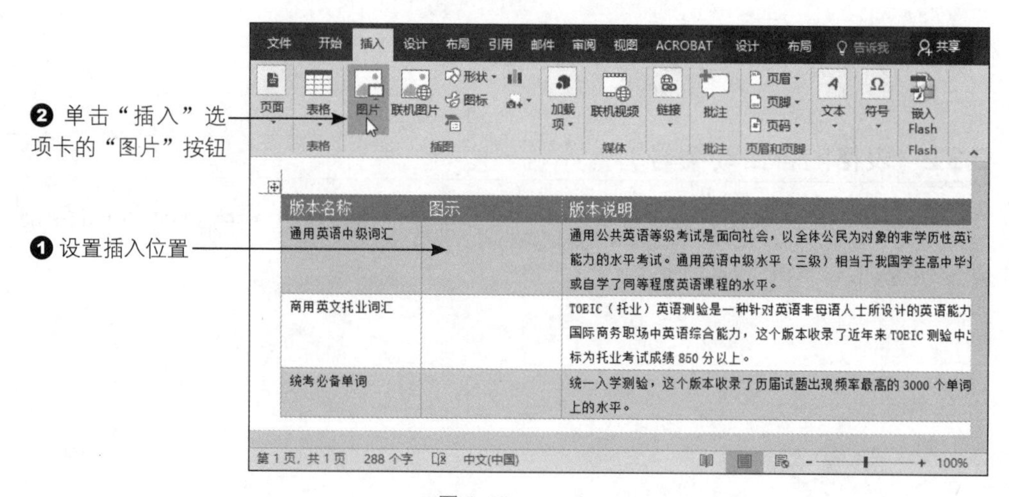

图 9-45

图 9-46

图 9-47

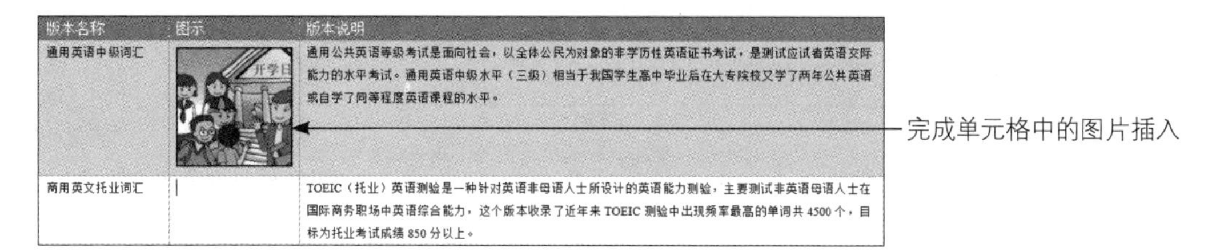

版本名称	图示	版本说明
通用英语中级词汇		通用公共英语等级考试是面向社会，以全体公民为对象的非学历性英语证书考试，是测试应试者英语交际能力的水平考试。通用英语中级水平（三级）相当于我国学生高中毕业后在大专院校又学了两年公共英语或自学了同等程度英语课程的水平。
商用英文托业词汇		TOEIC（托业）英语测验是一种针对英语非母语人士所设计的英语能力测验，主要测试非英语母语人士在国际商务职场中英语综合能力，这个版本收录了近年来 TOEIC 测验中出现频率最高的单词共 4500 个，目标为托业考试成绩 850 分以上。

图 9-48

9.3.4 图片自动调整成单元格大小

9.3.3 节插入图片时，单元格会自动调整成插入图片的大小，所以图片较大时会自动将单元格撑大。如果希望插入图片时能够自动调整成已设置的单元格大小，那么可在“布局”选项卡中单击“属性”按钮，进入“表格属性”对话框后，切换到“表格”选项卡，再单击“选项”按钮，取消勾选“自动重调尺寸以适应内容”复选框，具体步骤如图 9-49 ~ 图 9-51 所示。

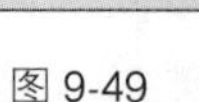

图 9-49

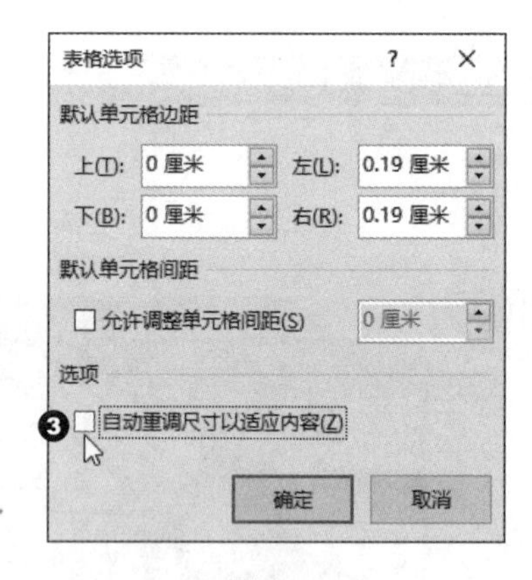

图 9-50

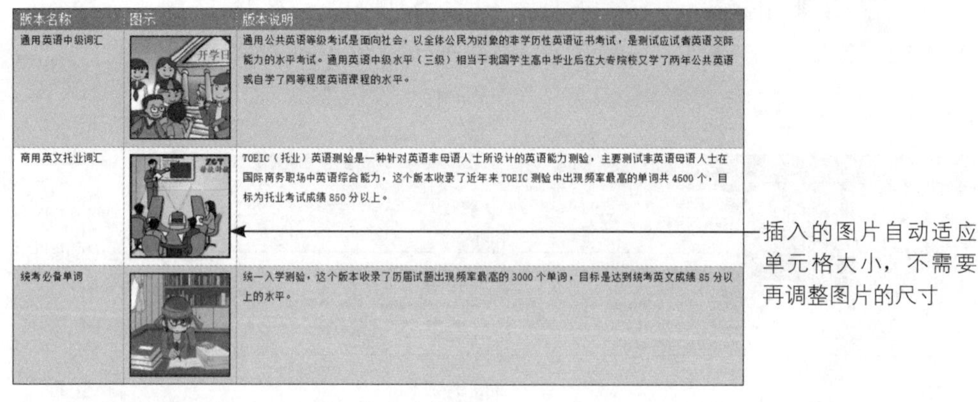

版本名称	图示	版本说明
通用英语中级词汇		通用公共英语等级考试是面向社会，以全体公民为对象的非学历性英语证书考试，是测试应试者英语交际能力的水平考试。通用英语中级水平（三级）相当于我国学生高中毕业后在大专院校又学了两年公共英语或自学了同等程度英语课程的水平。
商用英文托业词汇		TOEIC（托业）英语测验是一种针对英语非母语人士所设计的英语能力测验，主要测试非英语母语人士在国际商务职场中英语综合能力，这个版本收录了近年来 TOEIC 测验中出现频率最高的单词共 4500 个，目标为托业考试成绩 850 分以上。
统考必备单词		统一入学测验，这个版本收录了历届试题出现频率最高的 3000 个单词，目标是达到统考英文成绩 85 分以上的水平。

图 9-51

9.3.5 应用表格样式

在绘制表格后，Word 还提供各种可以应用的表格样式，只要在“设计”选项卡的“表格样式选项”中预先勾选“镶边行”或“镶边列”复选框，在应用表格样式时就能自动加入镶边的底纹。另外，标题行、第一列、最后一列、汇总行等也可以轻松应用到表格中，具体步骤如图 9-52 ～图 9-54 所示。

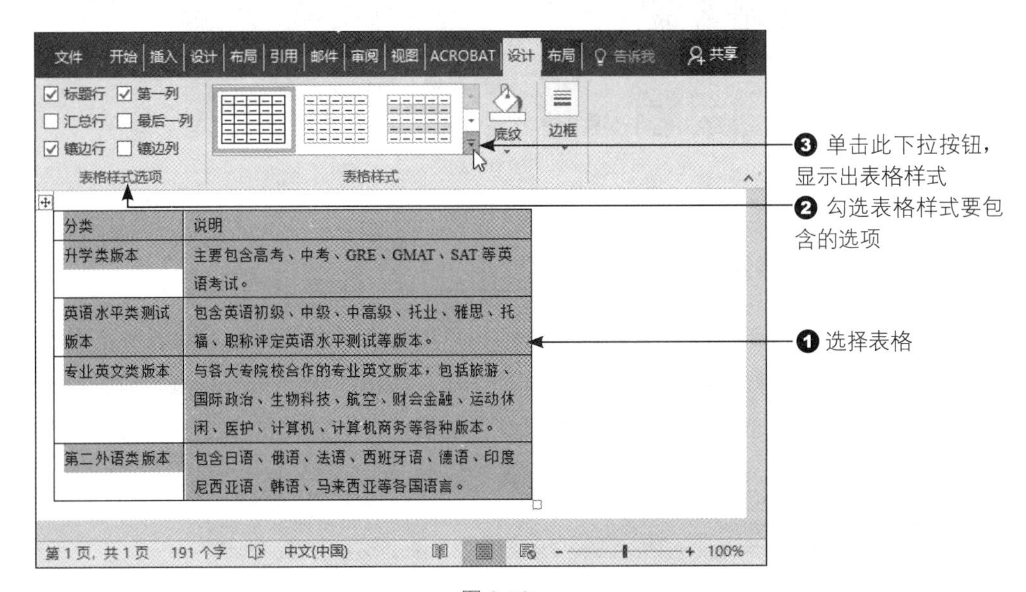

图 9-52

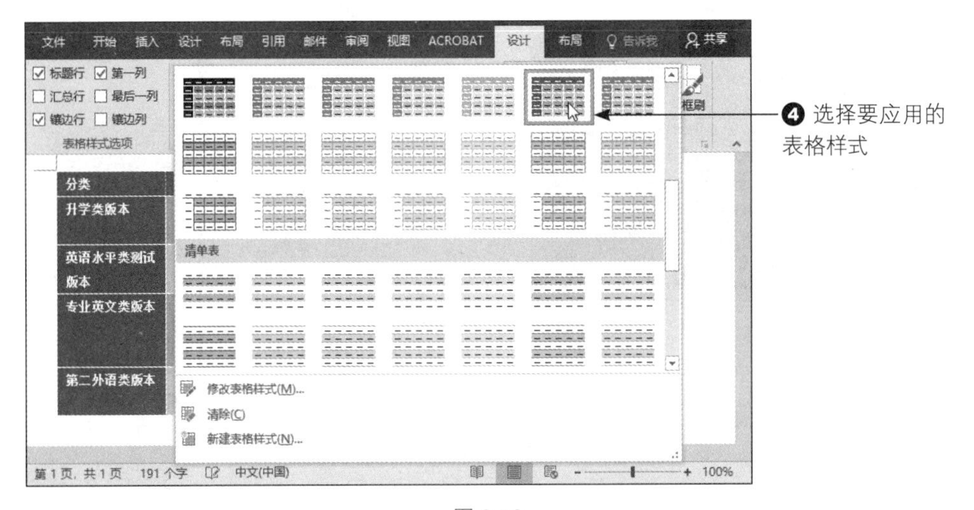

图 9-53

标题行、第一列、镶边行都特别突显了

分类	说明
升学类版本	主要包含高考、中考、GRE、GMAT、SAT 等英语考试。
英语水平类测试版本	包含英语初级、中级、中高级、托业、雅思、托福、职称评定英语水平测试等版本。
专业英文类版本	与各大专院校合作的专业英文版本，包括旅游、国际政治、生物科技、航空、财会金融、运动休闲、医护、计算机、计算机商务等各种版本。
第二外语类版本	包含日语、俄语、法语、西班牙语、德语、印度尼西亚语、韩语、马来西亚等各国语言。

图 9-54

9.3.6 自定义表格边框

表格的美化除了直接应用表格样式外，也可以自定义表格边框，让表格呈现不同的粗线效果。要设置边框，可用“设计”选项卡中的“边框”分组进行设置，或者单击“边框”按钮，从下拉列表中选择“边框和底纹”选项进行高级设置。这里我们先为表格上下加入较粗的线条，具体步骤如图 9-55 ～图 9-57 所示。

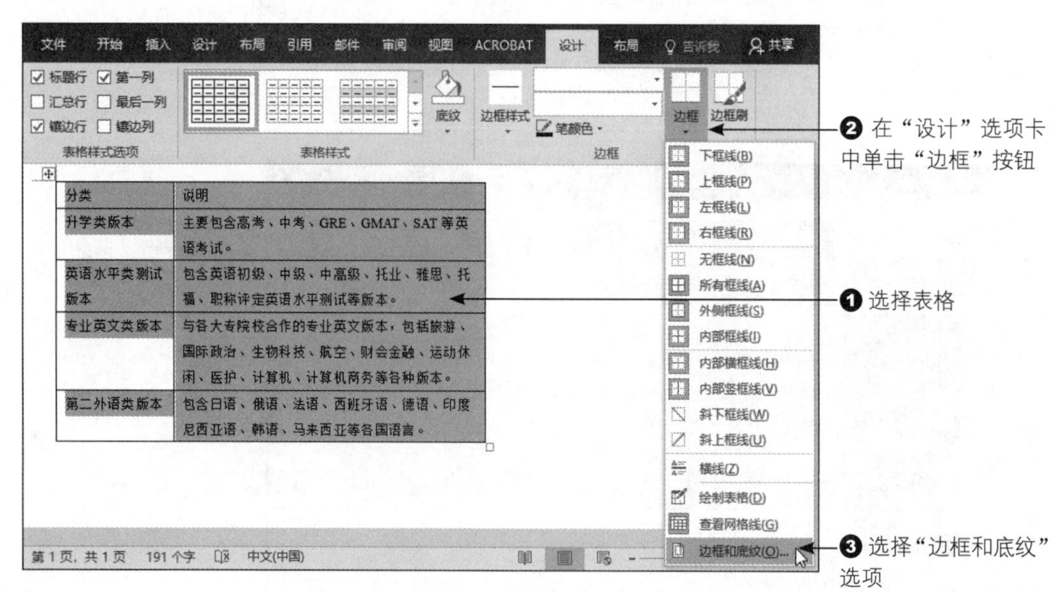

图 9-55

图 9-56

分类	说明
升学类版本	主要包含高考、中考、GRE、GMAT、SAT 等英语考试。
英语水平类测试版本	包含英语初级、中级、中高级、托业、雅思、托福、职称评定英语水平测试等版本。
专业英文类版本	与各大专院校合作的专业英文版本，包括旅游、国际政治、生物科技、航空、财会金融、运动休闲、医护、计算机、计算机商务等各种版本。
第二外语类版本	包含日语、俄语、法语、西班牙语、德语、印度尼西亚语、韩语、马来西亚等各国语言。

表格只显示上下边框

图 9-57

另外，在“设计”选项卡中设置好边框样式与边框粗细，就可以快速指定要加入的边框位置，方式如图 9-58 所示。

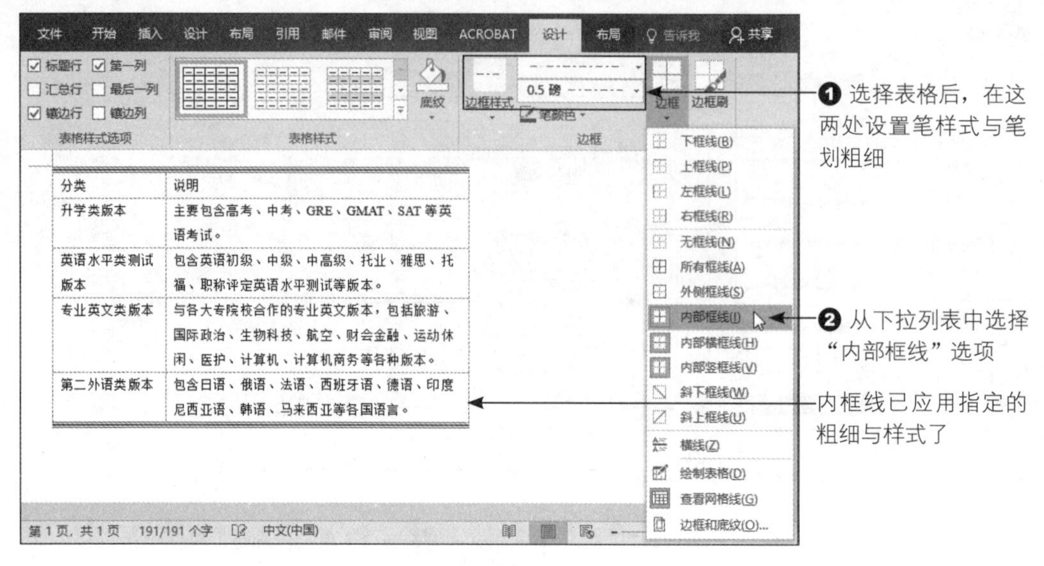

图 9-58

9.3.7 文字环绕表格

表格和文字同时排列时，也可以做出文字环绕表格的效果。在选择表格后，单击“布局”选项卡中的“属性”按钮，在进入“表格属性”对话框后，在“表格”选项卡中选择“文字环绕”方式即可，具体步骤如图 9-59 ～图 9-61 所示。

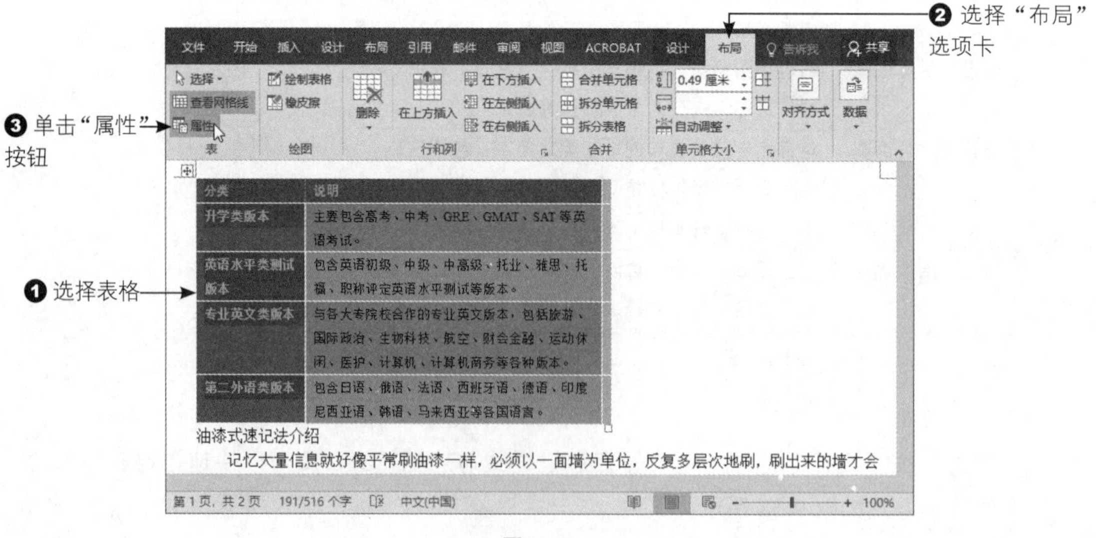

图 9-59

图 9-60

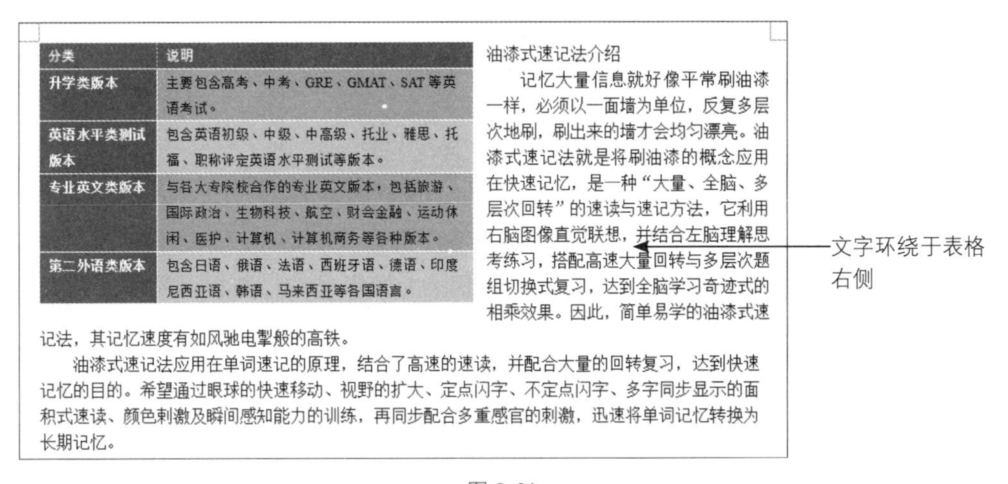

分类	说明
升学类版本	主要包含高考、中考、GRE、GMAT、SAT 等英语考试。
英语水平类测试版本	包含英语初级、中级、中高级、托业、雅思、托福、职称评定英语水平测试等版本。
专业英文类版本	与各大专院校合作的专业英文版本，包括旅游、国际政治、生物科技、航空、财会金融、运动休闲、医护、计算机、计算机商务等各种版本。
第二外语类版本	包含日语、俄语、法语、西班牙语、德语、印度尼西亚语、韩语、马来西亚等各国语言。

油漆式速记法介绍

记忆大量信息就好像平常刷油漆一样，必须以一面墙为单位，反复多层次地刷，刷出来的墙才会均匀漂亮。油漆式速记法就是将刷油漆的概念应用在快速记忆，是一种“大量、全脑、多层次回转”的速读与速记方法，它利用右脑图像直觉联想，并结合左脑理解思考练习，搭配高速大量回转与多层次题组切换式复习，达到全脑学习奇迹式的相乘效果。因此，简单易学的油漆式速记法，其记忆速度有如风驰电掣般的高铁。

油漆式速记法应用在单词速记的原理，结合了高速的速读，并配合大量的回转复习，达到快速记忆的目的。希望通过眼球的快速移动、视野的扩大、定点闪字、不定点闪字、多字同步显示的面积式速读、颜色刺激及瞬间感知能力的训练，再同步配合多重感官的刺激，迅速将单词记忆转换为长期记忆。

图 9-61

在选择“文字环绕”效果后，若继续在“表格”选项卡中单击 定位(P)... 按钮，则会进入如图 9-62 所示的“表格定位”对话框，在其中可设置表格居中或左侧，另外还可以设置表格与周围文字的距离。

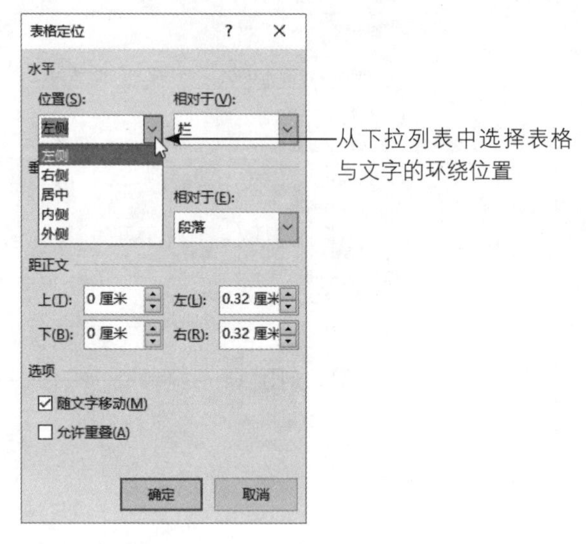

图 9-62

说明 若只是设置表格在文件中的对齐位置，则可使用“开始”选项卡中的“段落”分组来设置右对齐或居中对齐。

9.4 使用与编辑图表

假如要在文件中加入与营业销售或数据有关的信息，以便进行说明或比较，通常使用“插入”选项卡中的“图表”功能来实现，因为将复杂的统计数据以简单的图表呈现不仅易于将抽象的数据具体化，还能让阅读者一目了然。

9.4.1 插入图表

要在文件中插入图表，可在“插入”选项卡中单击“图表” 按钮，接着根据图表的用途选择适合的图表类型与样式，如饼图、条形图、柱形图、折线图等，随后可进入图表的编辑状态，具体步骤如图 9-63 ～图 9-65 所示。

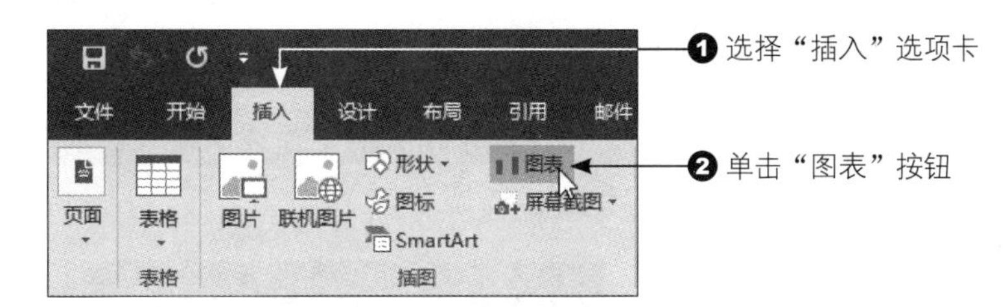

图 9-63

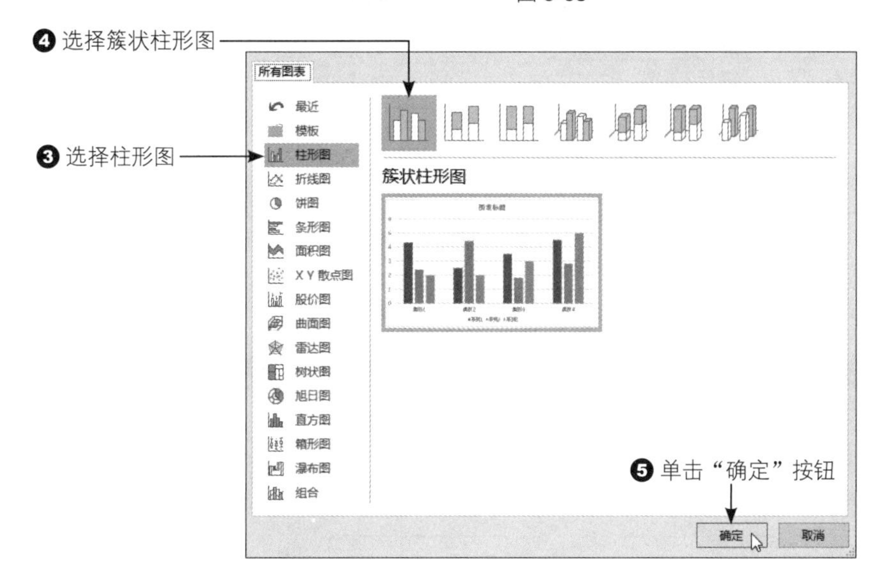

图 9-64

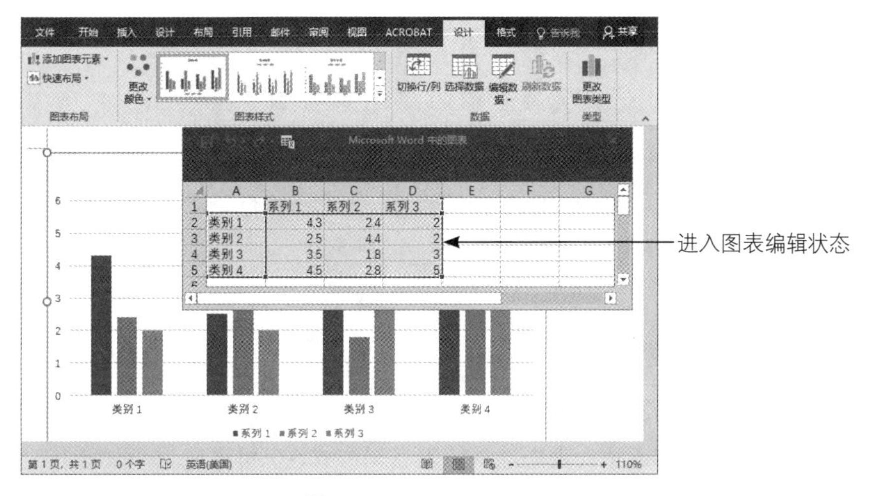

图 9-65

9.4.2 编辑图表数据

进入图表编辑状态后，可在显示出来的工作表中输入数据和信息，随后就可以看到更改后的图表，如图 9-66 和图 9-67 所示。

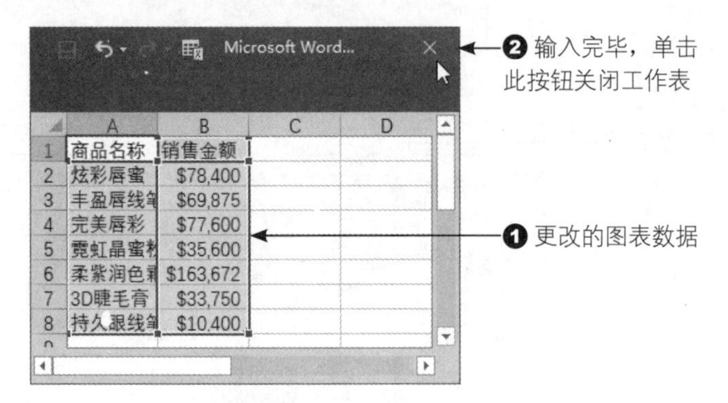

	A	B
1	商品名称	销售金额
2	炫彩唇蜜	$78,400
3	丰盈唇线笔	$69,875
4	完美唇彩	$77,600
5	霓虹晶蜜粉	$35,600
6	柔紫润色霜	$163,672
7	3D睫毛膏	$33,750
8	持久眼线笔	$10,400

图 9-66

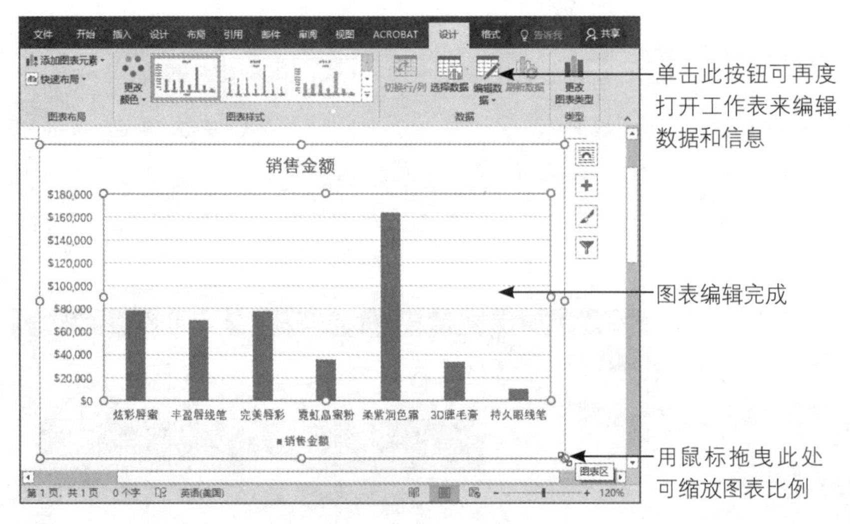

图 9-67

9.4.3 更改图表布局

如果对默认的图表布局不满意，可在“设计”选项卡中的“图表布局”分组中单击“快速布局”按钮，从下拉列表中选择图表布局样式，也可以选择“添加图表元素”，如图 9-68 所示。

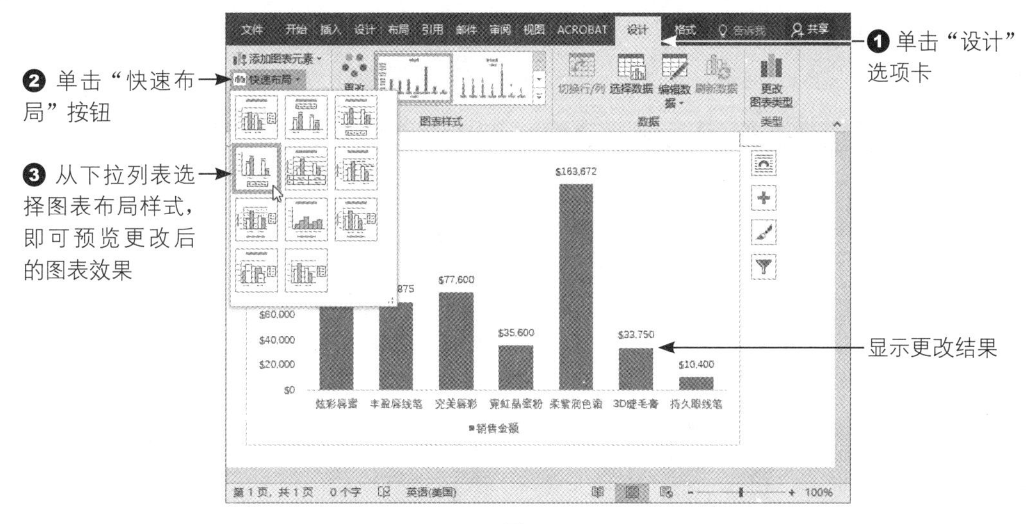

图 9-68

说明 单击“设计”选项卡中的“添加图表元素”按钮，即可弹出下拉列表，下拉列表中有坐标轴、坐标轴标题、图表标题、数据标签、数据表、网格线、图例等选项，选择其中的选项即可看到更改后的效果。

9.4.4 更改图表样式与颜色

在创建图表后，我们可以应用“设计”选项卡中提供的各种图表样式。另外，单击“更改颜色”按钮也可以更改图表颜色，如图 9-69 所示。

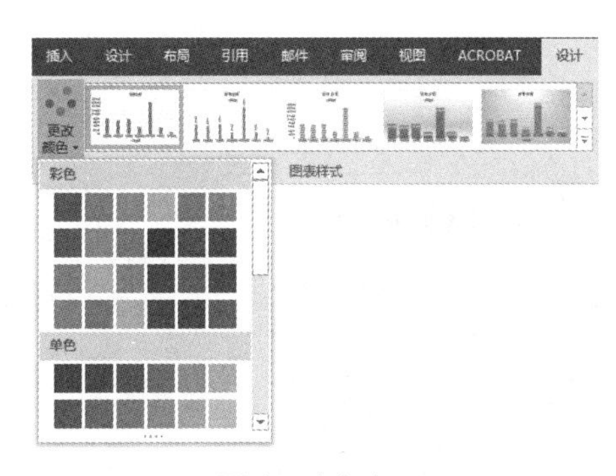

更改图表颜色

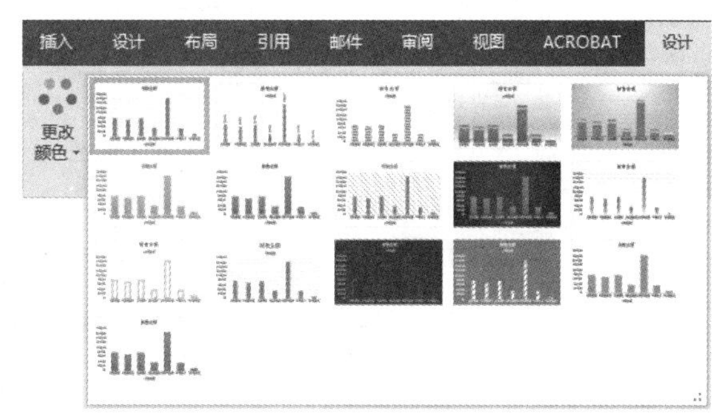

图表样式

图 9-69

如果需要更改其中某一个图形的颜色或突显出来，只要双击该图形进行选择，再到“格

式”选项卡中单击“形状填充” 按钮，从下拉列表中选择要更改的颜色即可，如图 9-70 所示。

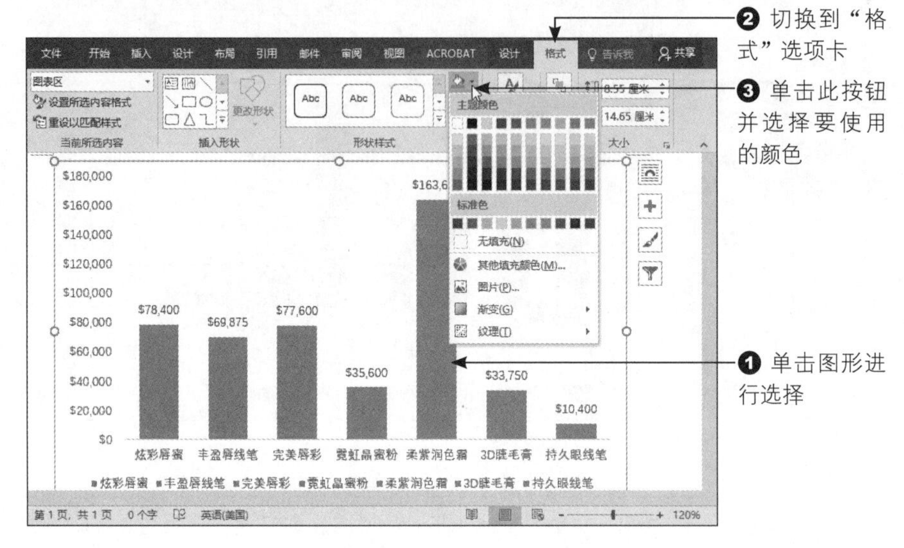

图 9-70

9.4.5 更改图表类型

如果之前选择好了图表类型，在图表数据制作完成后却想更改为其他类型，那么可单击“设计”选项卡中的“更改图表类型”按钮，在“更改图表类型”对话框中重新选择图表类型与样式，如图 9-71 所示。

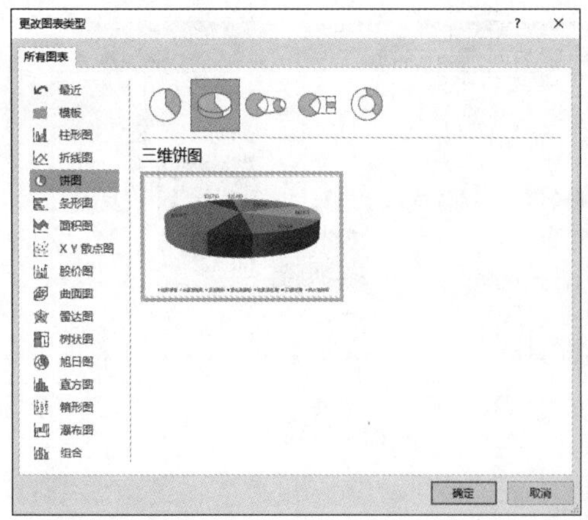

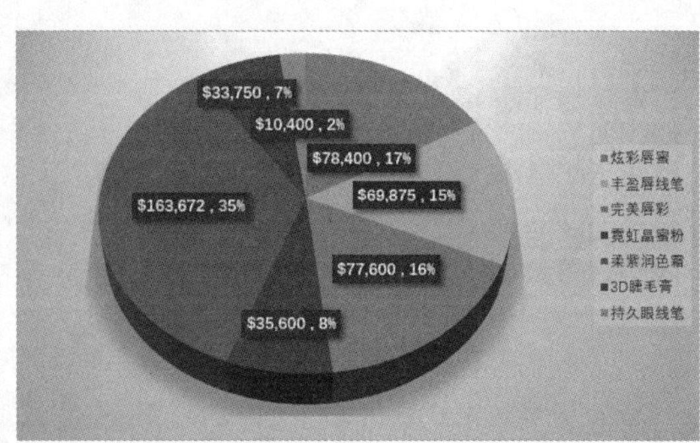

图 9-71

9.5 实践：文字转表格与表格美化

本节将把文字转换成适合的表格，同时加入表格样式的设置，让表格显示出丰富的颜色。打开“实践”文件夹中的“02 联想力的魔术 .docx”文件，在“视图”选项卡中勾选“导航窗格”，并在“导航”窗格切换到 2-3 节处，如图 9-72 所示。

02_联想力的魔术 - Word
导航
第二章 联想力的魔术
2-1速度记忆术(mnemonic)...
2-2记忆的逻辑指纹-联想力
2-3故事挂勾法
2-4好玩的心智图
2-5图像串连法
2-6房间定位记忆法
2-7身体定位记忆
2-8索引记忆法
2-3 故事挂勾法
故事挂勾法是自己当编剧来编出一串故事，来把要记忆的事物，通过故事串起来，以便帮助我们记忆。这个道理与看电影的原理相同，如果能把故事情节以可视化效果呈现出来，就更能强化记忆的强度。
接着我们来看以下这个简单的例子，请各位尝试利用故事挂勾法来联想出它们之间的关系，并快速记住下表中这十个名词：
1
2
3

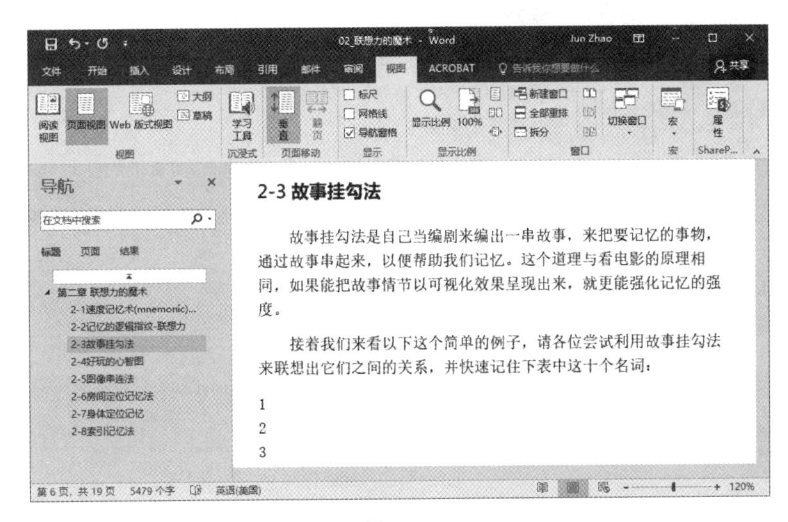

图 9-72

9.5.1 文字转换成表格

1. 以逗号分隔文字：先将数字 1 ～ 10 用逗号进行分隔，使它们排成一行。同样地，从“熊猫”到“警察”的段落也用逗号分隔，并排成第二行，文字显示如图 9-73 所示。

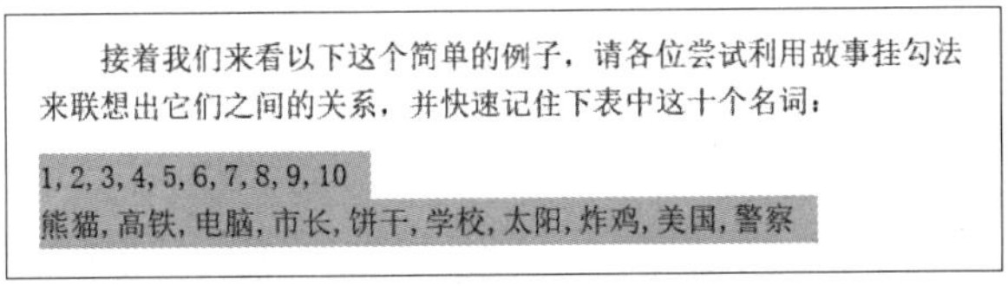

接着我们来看以下这个简单的例子，请各位尝试利用故事挂勾法来联想出它们之间的关系，并快速记住下表中这十个名词：
1, 2, 3, 4, 5, 6, 7, 8, 9, 10
熊猫, 高铁, 电脑, 市长, 饼干, 学校, 太阳, 炸鸡, 美国, 警察

图 9-73

2. 文字转换成表格：选择这两段文字后，单击“插入”选项卡中的“表格”按钮，并从下拉列表中选择“文字转换成表格”选项，然后在对话框中的“文字分隔位置”中

选择“逗号”选项，最后单击“确定”按钮，基本表格就创建完成了，具体步骤如图 9-74 ～图 9-76 所示。

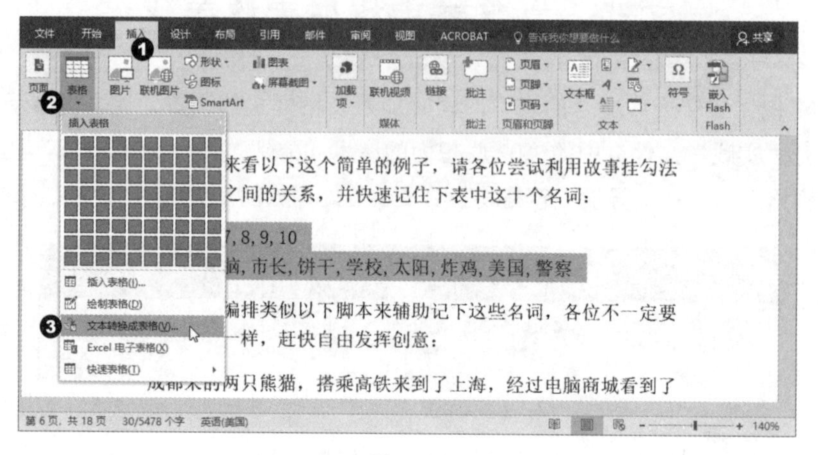

图 9-74

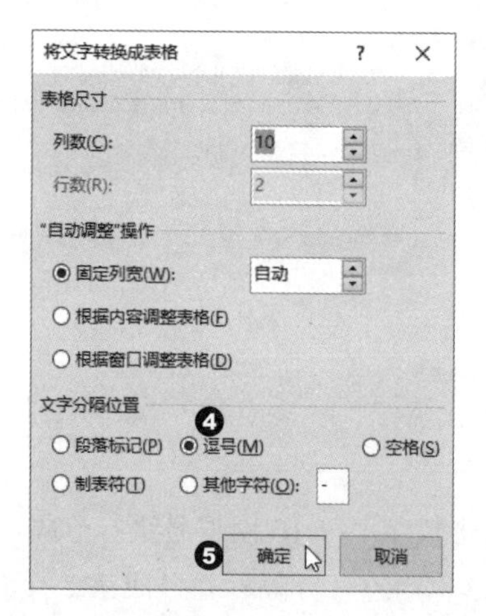

图 9-75

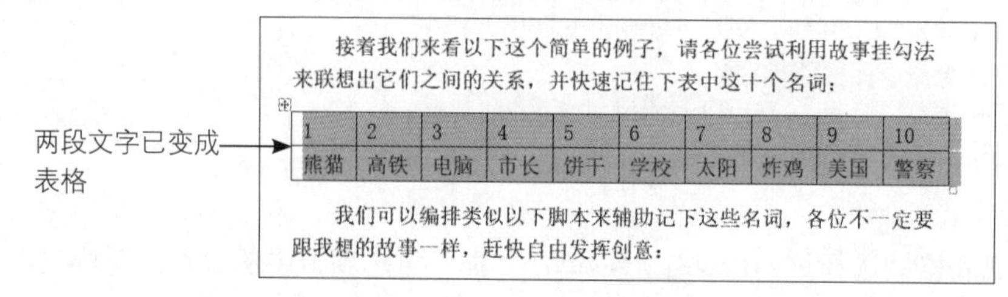

接着我们来看以下这个简单的例子，请各位尝试利用故事挂勾法来联想出它们之间的关系，并快速记住下表中这十个名词：

1	2	3	4	5	6	7	8	9	10
熊猫	高铁	电脑	市长	饼干	学校	太阳	炸鸡	美国	警察

我们可以编排类似以下脚本来辅助记下这些名词，各位不一定要跟我想的故事一样，赶快自由发挥创意：

图 9-76

9.5.2 表格与文字居中对齐

1. 自动调整单元格大小：在表格左上方单击 ⊞ 按钮以选中整个表格，再到“布局”选项卡中单击“自动调整” 按钮，从下拉列表中选择“根据内容自动调整表格”选项，可将列宽设为与内容宽度相同，具体步骤如图 9-77 所示。

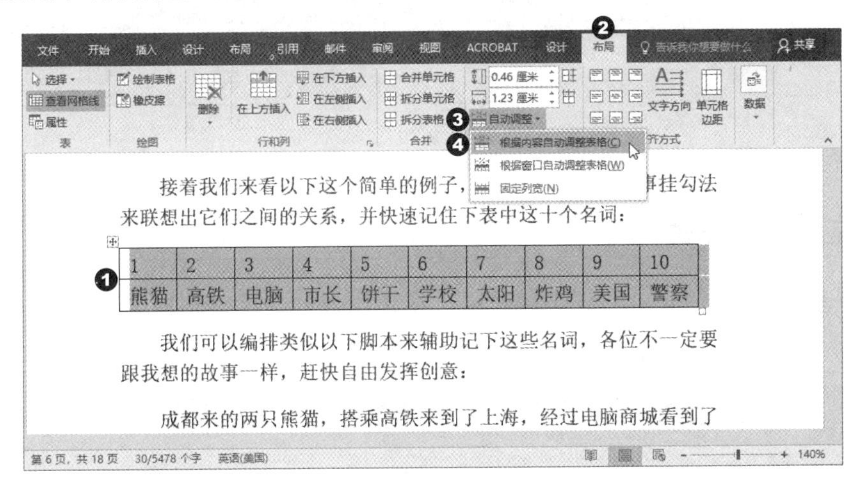

图 9-77

2. 表格对齐页面中央：在“开始”选项卡的“段落”分组中单击“居中” 按钮，可将表格对齐页面的中央，如图 9-78 所示。

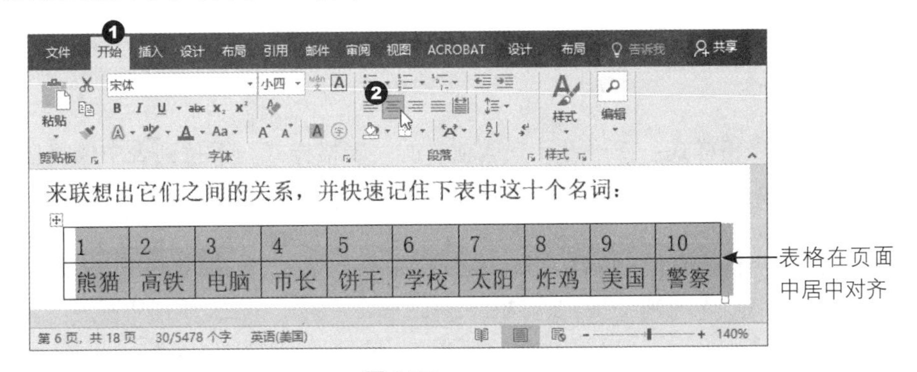

图 9-78

3. 表格文字居中对齐：只选择表格中的文字，在“开始”选项卡的“段落”分组中单击“居中” 按钮，可将表格中的文字居中对齐，如图 9-79 所示。

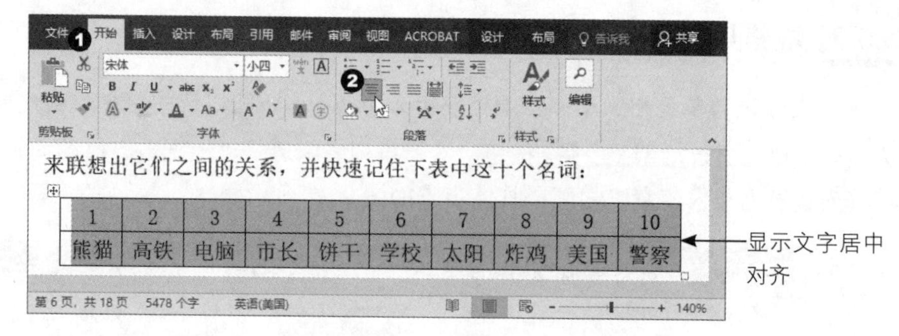

图 9-79

9.5.3 应用表格样式

1. **设置表格样式选项**：选择表格后，在“设计”选项卡的“表格样式选项”分组中勾选“标题行”与“镶边列”复选框，如图 9-80 所示。

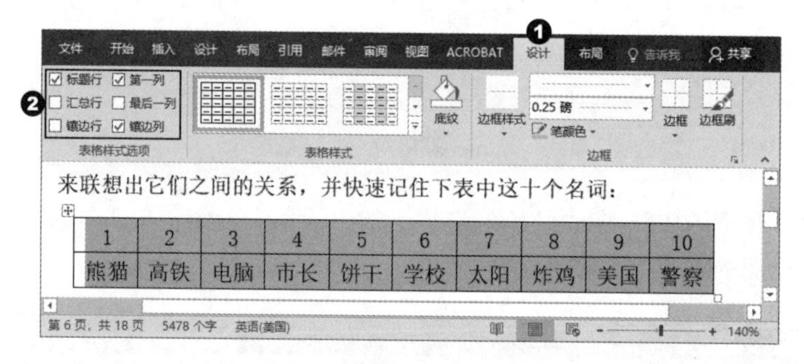

图 9-80

2. **选择表格样式**：在“设计”选项卡的“表格样式”下拉列表中选择自己想要应用的颜色与效果，如图 9-81 和图 9-82 所示。

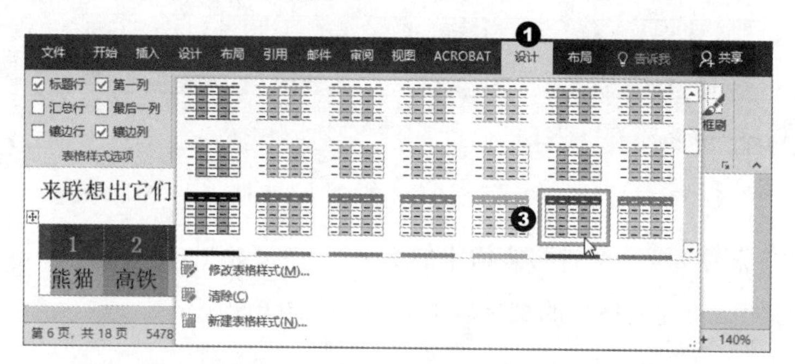

图 9-81

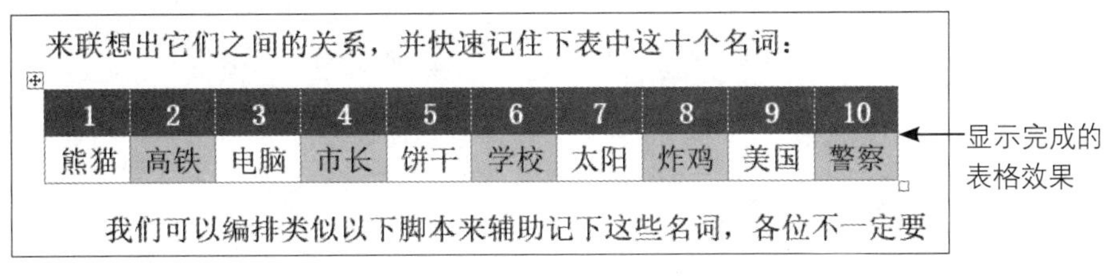

来联想出它们之间的关系，并快速记住下表中这十个名词：

1	2	3	4	5	6	7	8	9	10
熊猫	高铁	电脑	市长	饼干	学校	太阳	炸鸡	美国	警察

我们可以编排类似以下脚本来辅助记下这些名词，各位不一定要

图 9-82

按此方式即可完成表格的制作。接下来以同样的方式完成2-3节后面的表格，如图9-83所示。

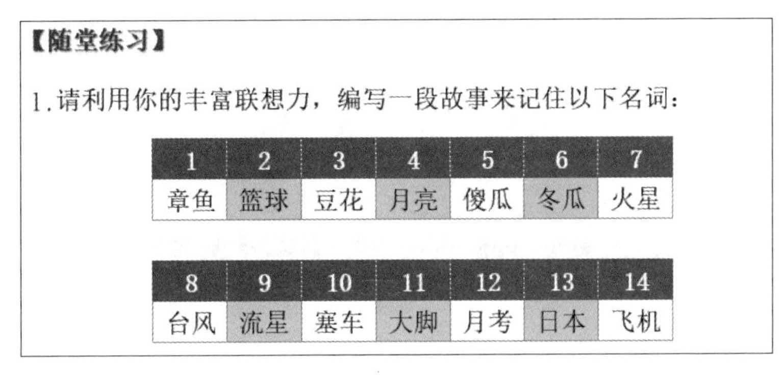

【随堂练习】

1.请利用你的丰富联想力，编写一段故事来记住以下名词：

1	2	3	4	5	6	7
章鱼	篮球	豆花	月亮	傻瓜	冬瓜	火星

8	9	10	11	12	13	14
台风	流星	塞车	大脚	月考	日本	飞机

图 9-83

第10章

长文件的排版技巧

在学术界或出版界，使用Word进行长文件编排是常有的事，少则数十页，多则数百页，想要加快编排的速度，目录、页眉、页脚、脚注、参考资料、封面等事项都必须考虑进去，如果能多花一些时间来了解，就能让排版工作变得简单容易，如图 10-1 所示。

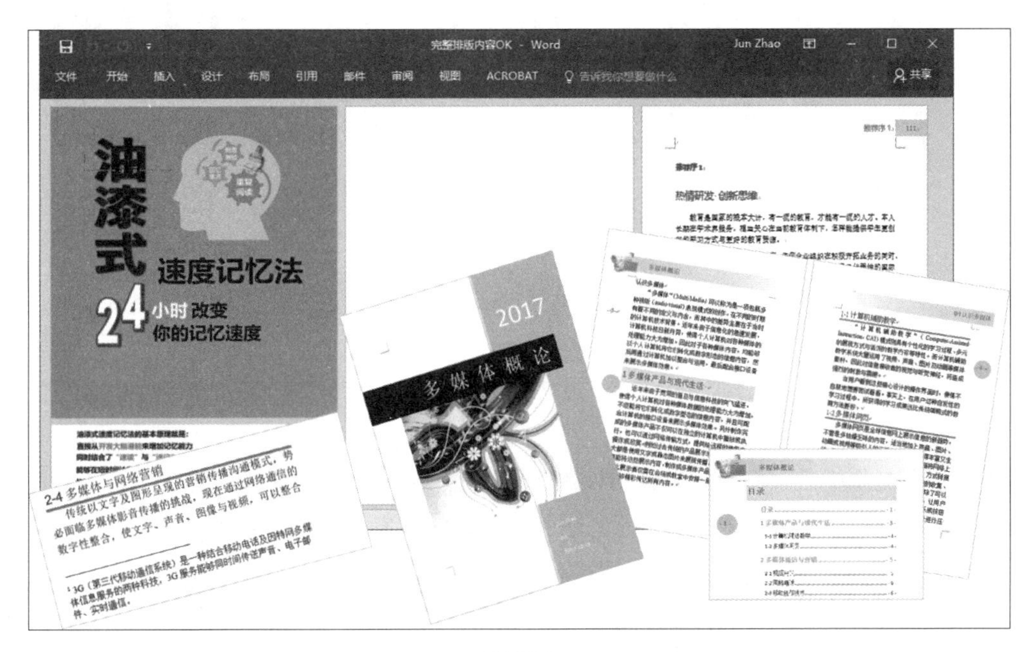

图 10-1

10.1 长文件编排时的注意事项

想要让读者在长篇文件中快速找到所需的信息，提高文件的易读性，在编排长篇文件时就必须在这方面多加考虑，这里提供几个注意事项供大家参考。

10.1.1 使用目录速查数据

目录对于长篇文件来说是不可或缺的部分，其作用是指导读者快速找到想要阅读的内容。在 Word 中可以通过大纲来自动产生目录，不用通过复制 / 粘贴功能一一抄录章节标题。如图 10-2 所示为大纲自动生成目录的范例。

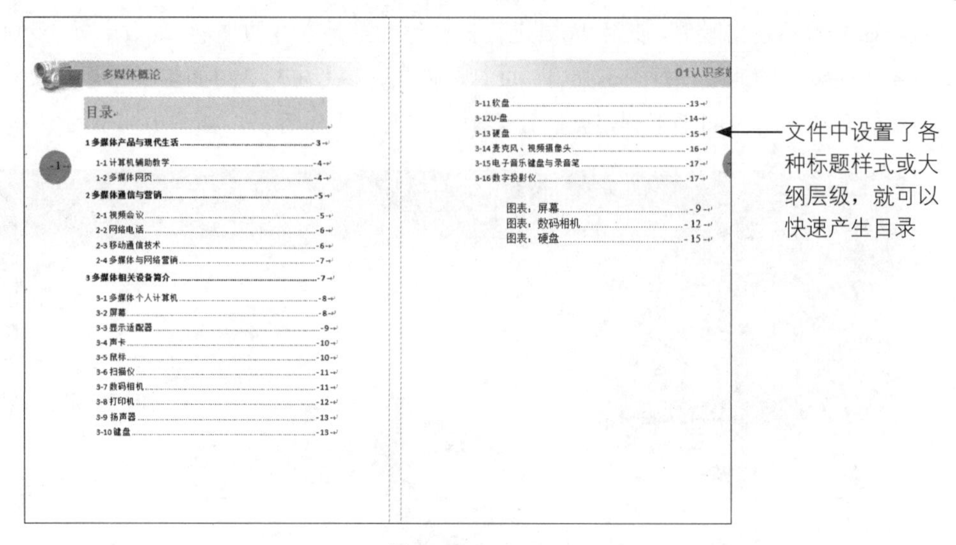

图 10-2

要查看文件中是否有大纲层级的设置，可在打开文件后，在“视图”选项卡中单击“大纲”按钮，随后即可进入“大纲”状态进行浏览，具体步骤如图 10-3 和图 10-4 所示。

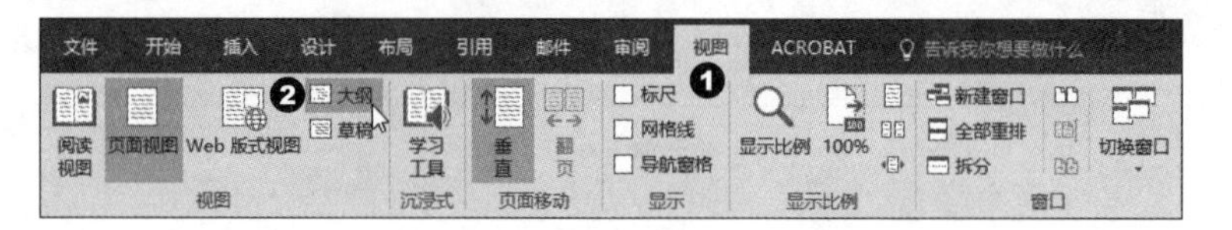

图 10-3

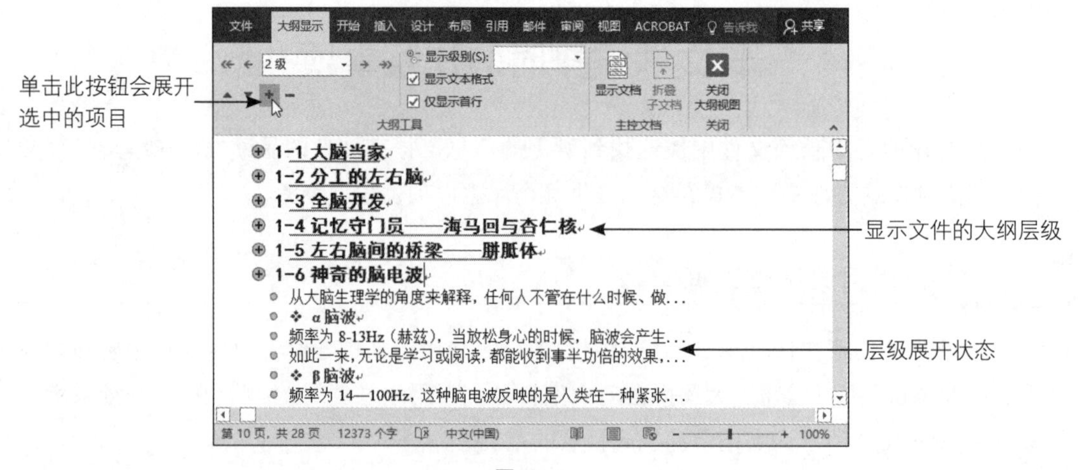

图 10-4

另外，在“视图”选项卡中勾选“导航窗格”，就可以从“导航”窗格看到所设置的标题情况与文件结构，这些都是设置目录的基础，如图 10-5 所示。

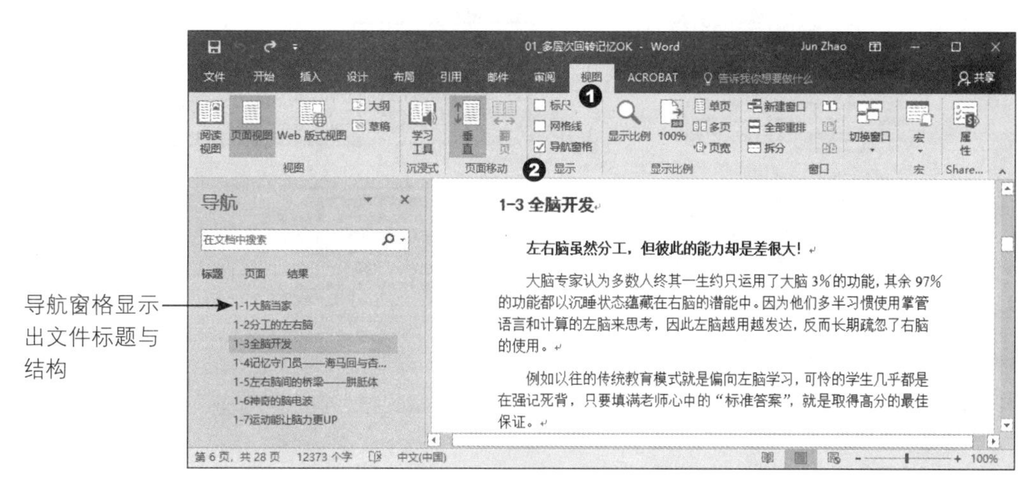

图 10-5

10.1.2 善用页眉和页脚以增加文件的易读性

页眉和页脚的基本功能就是为读者提供阅读的导航，所以文件名称、章节名称、页码、文件创建日期等信息都会显示在这里。尤其是长篇文件，页眉和页脚信息对于导航的作用更加重要，而且设计一次后即可应用到整个文件或整本书中。这部分在开始进行页面布局时已经指导大家如何设置了，相信大家都很熟悉了。

10.1.3 加入页码显示当前页数

页码用来标示页面的号码，也可以进行书的页面总数的统计。页码方便读者进行检索，以便快速翻阅到想要阅读的内容。

页码除了放置在页眉或页脚处外，也可以根据设计者的版面设计而放置在页面的左边界或右边界。页码可以加入装饰的图样，或者使用线条图案来与正文做视觉区分，让读者能够清楚辨识，如图 10-6 所示。

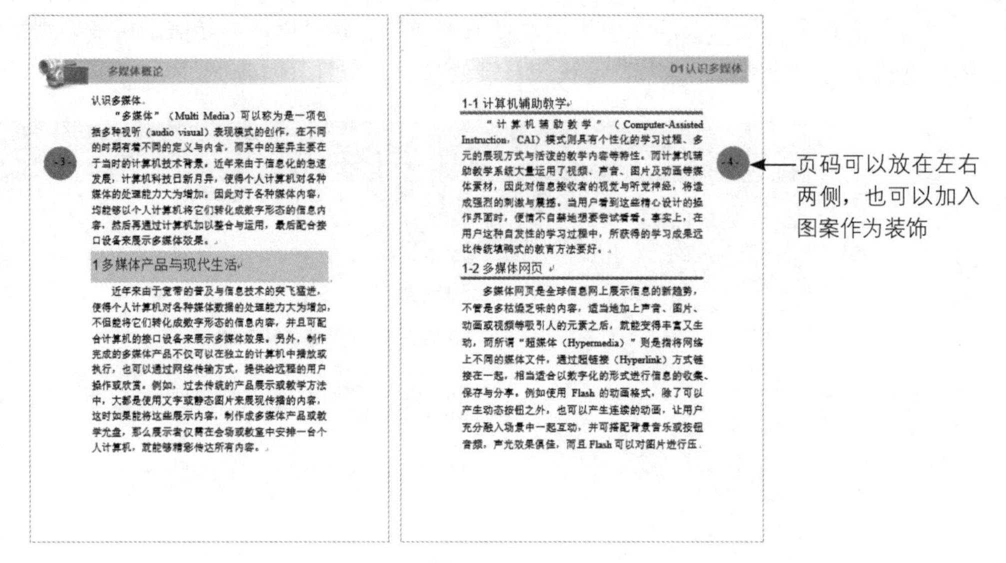

多媒体概论

认识多媒体。

“多媒体”（Multi Media）可以称为是一项包括多种视听（audio visual）表现模式的创作，在不同的时期有着不同的定义与内含，而其中的差异主要在于当时的计算机技术背景。近年来由于信息化的急速发展，计算机科技日新月异，使得个人计算机对各种媒体的处理能力大为增加。因此对于各种媒体内容，均能够以个人计算机将它们转化成数字形态的信息内容，然后再通过计算机加以整合与运用，最后配合接口设备来展示多媒体效果。

1多媒体产品与现代生活

近年来由于宽带的普及与信息技术的突飞猛进，使得个人计算机对各种媒体数据的处理能力大为增加，不但能将它们转化成数字形态的信息内容，并且可配合计算机的接口设备来展示多媒体效果。另外，制作完成的多媒体产品不仅可以在独立的计算机中播放或执行，也可以通过网络传输方式，提供给远程的用户操作或欣赏。例如，过去传统的产品展示或教学方法中，大都是使用文字或静态图片来展现传播的内容，这时如果能将这些展示内容，制作成多媒体产品或教学光盘，那么展示者仅需在会场或教室中安排一台个人计算机，就能够精彩传达所有内容。

-3-

01认识多媒体

1-1 计算机辅助教学

“计算机辅助教学”（Computer-Assisted Instruction，CAI）模式则具有个性化的学习过程、多元的展现方式与活泼的教学内容等特性。而计算机辅助教学系统大量运用了视频、声音、图片及动画等媒体素材，因此对信息接收者的视觉与听觉神经，将造成强烈的刺激与震撼。当用户看到这些精心设计的操作界面时，便情不自禁地想要尝试看看。事实上，在用户这种自发性的学习过程中，所获得的学习成果远比传统填鸭式的教育方法要好。

1-2 多媒体网页

多媒体网页是全球信息网上展示信息的新趋势，不管是多枯燥乏味的内容，适当地加上声音、图片、动画或视频等吸引人的元素之后，就能变得丰富又生动，而所谓“超媒体（Hypermedia）”则是指将网络上不同的媒体文件，通过超链接（Hyperlink）方式链接在一起，相当适合以数字化的形式进行信息的收集、保存与分享，例如使用 Flash 的动画格式，除了可以产生动态按钮之外，也可以产生连续的动画，让用户充分融入场景中一起互动，并可搭配背景音乐或按钮音频，声光效果俱佳，而且 Flash 可以对图片进行压.

-4-

图 10-6

在 Word 程序中，在“插入”选项卡中单击“页码”按钮，就可以选择页码要放置的位置。若文件中要分章节，想要调整页码的显示格式，则可以从下拉列表中选择“设置页码格式”选项进行设置，如图 10-7 所示。

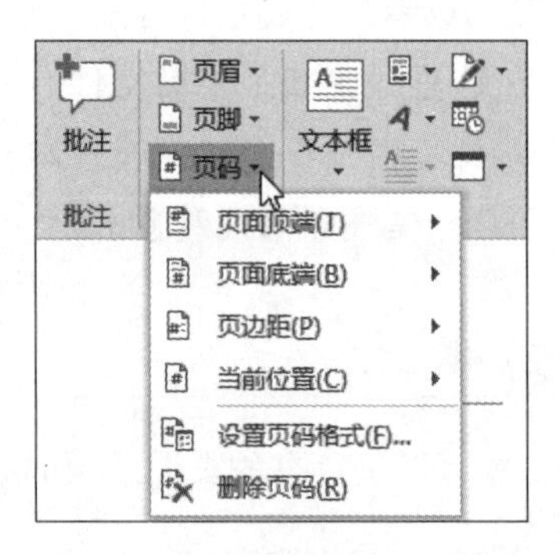

图 10-7

10.1.4 用脚注和尾注增加文件的可读性

“脚注”和“尾注”是文件正文的补充说明，常用来解释或批注某个专有名词或词语，是正文的参考资料，用以说明资料来源或补充，以增强文件的可读性，一般多在研究报告中出现。

“脚注”的特点是文字之后会出现一个上标符号或编号，而说明文字会显示在该页的底部，同时会以脚注分隔线隔开，并在左侧显示脚注引用编号，如图 10-8 所示。

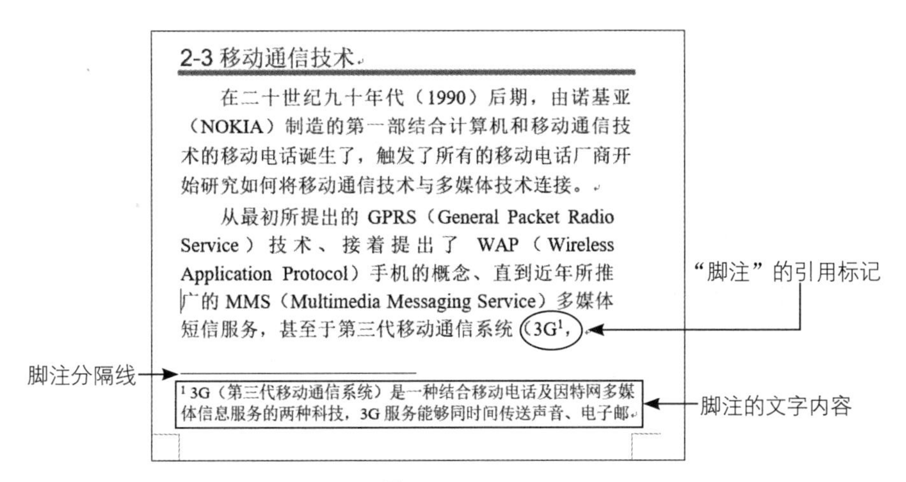

图 10-8

当我们将鼠标指针移到脚注所标示的符号上时，Word 会自动以小方块显示该脚注的内容，如图 10-9 所示。

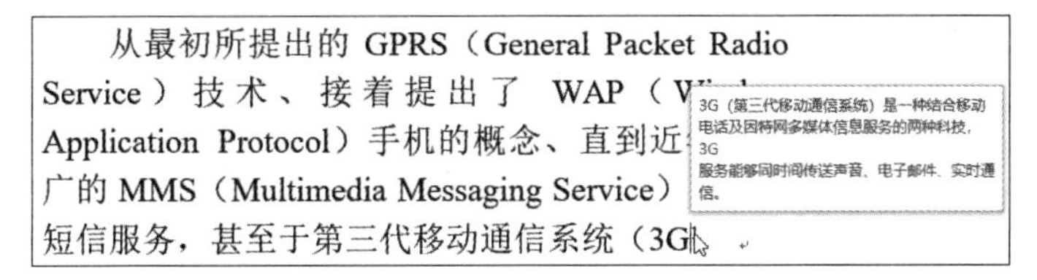

图 10-9

“尾注”的作用与“脚注”类似，所不同的是，尾注放在文件的最后或者小节的最后，如图 10-10 和图 10-11 所示。

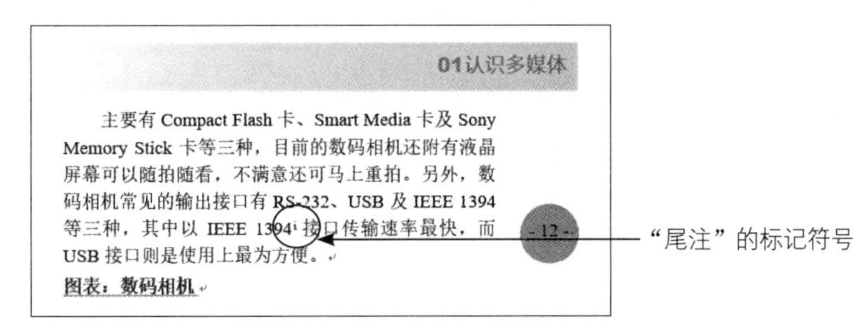

图 10-10

01认识多媒体

[i] IEEE1394 是由电气与电子工程师协会（IEEE）所提出的规格，是一种适用于消费类电子与视频产品，例如刻录器、数码相机、扫描仪、DV 等。

- 18 -

尾注的文字内容会放在文件的最后

图 10-11

10.1.5 用题注来增强图表的可读性

在编排文件时，经常会将表格或图例以数字加以编号，然而在创建文件的过程中，经常会反复挪动章节的内容、增减图表，所以当图表顺序有变动后，如果要手动重新编号，就会相当耗费时间。

Word 提供了“题注”功能，只要在图表的位置插入一个题注位置，一旦更改了图表的位置，系统就会自动将其重新编号，这样一来作者就不必担心图表的增减，从而专心于文字的编写和创作。

10.2 页码与页眉 / 页脚的设置

页眉 / 页脚与页码的设置相信大家都已经熟悉了，早在第 2 章介绍页面布局时我们已经介绍了基本的设置技巧，只要双击文件的页眉或页脚处，就能进入页眉和页脚的编辑状态，若要新建页码，则可在“设计”选项卡中单击“页码”按钮，从下拉列表中选择要新建的位置即可。这里将针对页眉 / 页脚与页码的部分做些补充说明，让大家有更深一层的认识。

10.2.1 更改页眉 / 页脚的大小

双击页眉/页脚处并进入编辑状态之后，在“设计”选项卡中可看到“位置”分组，修改“页眉顶端距离”或“页脚底端距离”的数值，即可更改页眉 / 页脚的大小，如图 10-12 所示。

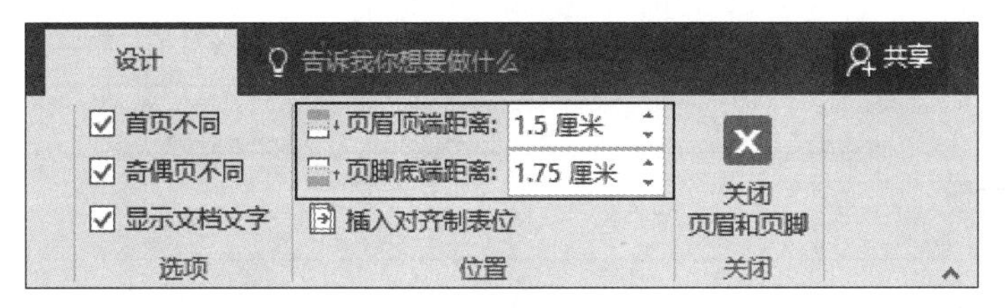

图 10-12

10.2.2 让页眉 / 页脚信息靠右对齐

在编辑页眉 / 页脚信息时，最简单的方式是使用“开始”选项卡的“段落”分组来设置文字左对齐、居中、右对齐或两端对齐，如图 10-13 左图所示。除此之外，在进入页眉和页脚编辑模式时，可以单击“设计”选项卡中的“插入对齐制表位”按钮插入制表位来协助页眉 / 页脚信息的对齐，如图 10-13 右图所示。

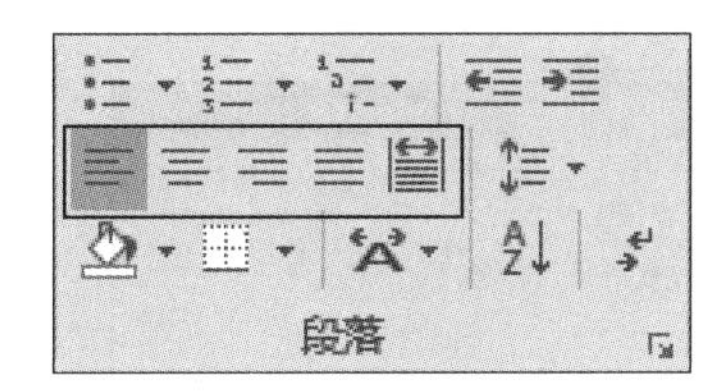

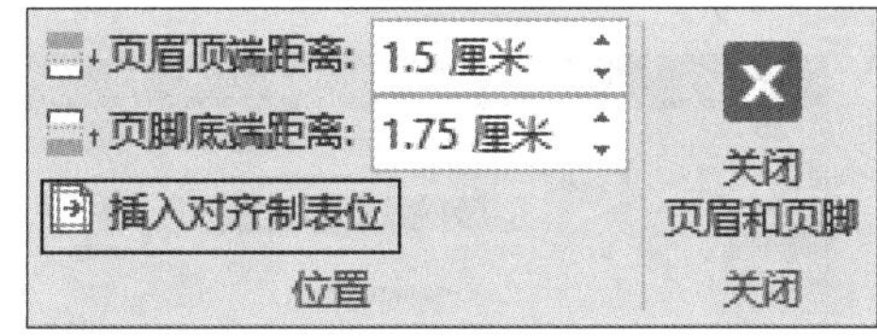

图 10-13

如图 10-14 所示，设置“右对齐”，对齐基准为“边距”，再选择“前导符”，就可以在文字之前加入指定的前导字符，具体步骤如图 10-14 和图 10-15 所示。

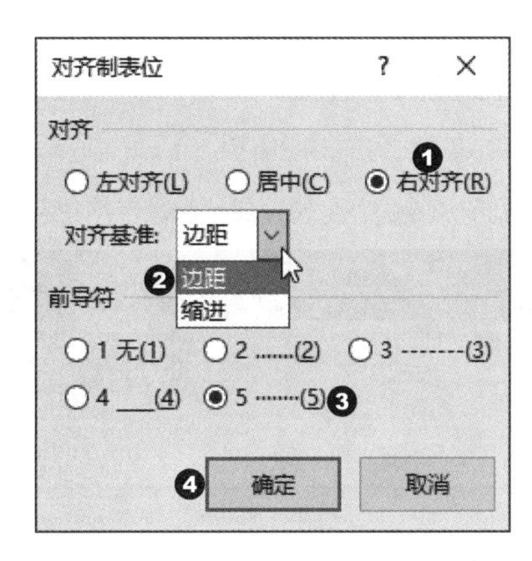

图 10-14

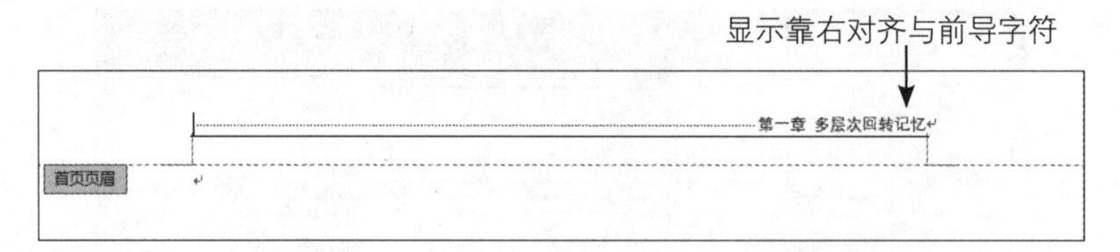

图 10-15

10.2.3 快速新建页眉和页脚内容的部件

在新建页眉 / 页脚内容时，Word 也为用户提供了许多文档部件，可以加入日期、标题、公司、作者等文件摘要信息。在页眉 / 页脚编辑状态下，在“设计”选项卡中单击“文档部件”按钮，从下拉列表中选择“文档属性”选项，再从列表中选择要加入部件对应的名称即可。插入文档部件后，用户只需在其字段内输入信息即可，具体步骤如图 10-16 和图 10-17 所示。

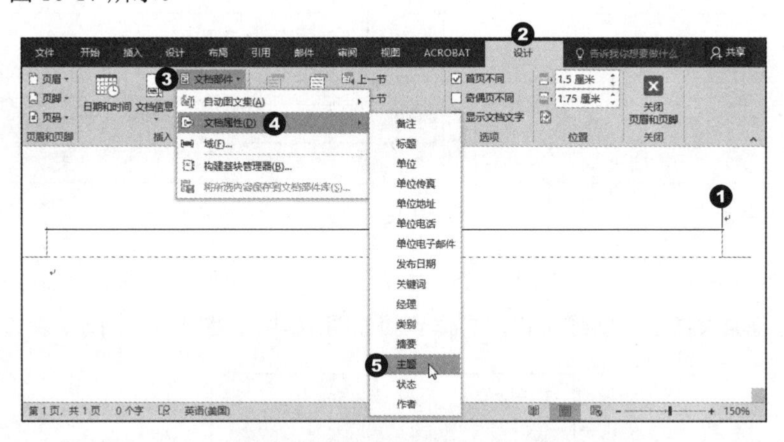

图 10-16

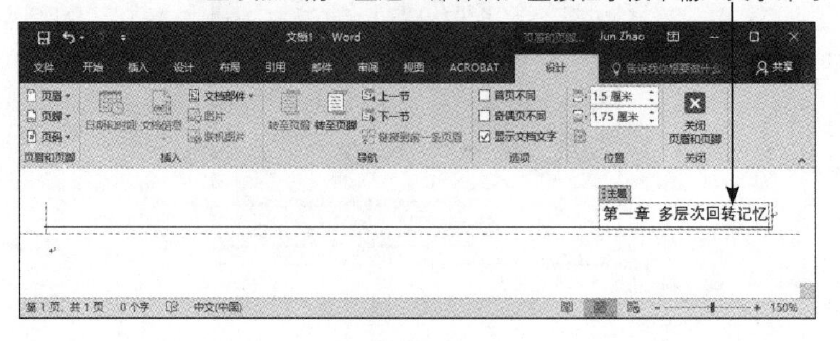

图 10-17

10.2.4 同一份文件的不同页码格式

在同一份文件中的页码格式基本上是相同的，页码也是连续的，但是有时候也会在同一份文件中采用不同的页码格式，如书的目录、前言、序言等，此时页码编号往往与正文的页码格式不同。想要在同一份文件中应用不同的格式，最简单的方式就是按照章节内容将文件划分成不同的章节，然后在不同的章节中新建不同的页码格式。

要进行不同的设置，先将插入点放在要分页或分节的位置上，在“布局”选项卡中单击“分隔符”按钮，从下拉列表中选择“下一页”分节符，这样就可以将光标以后的文字显示到下一页中，如图 10-18 和图 10-19 所示。

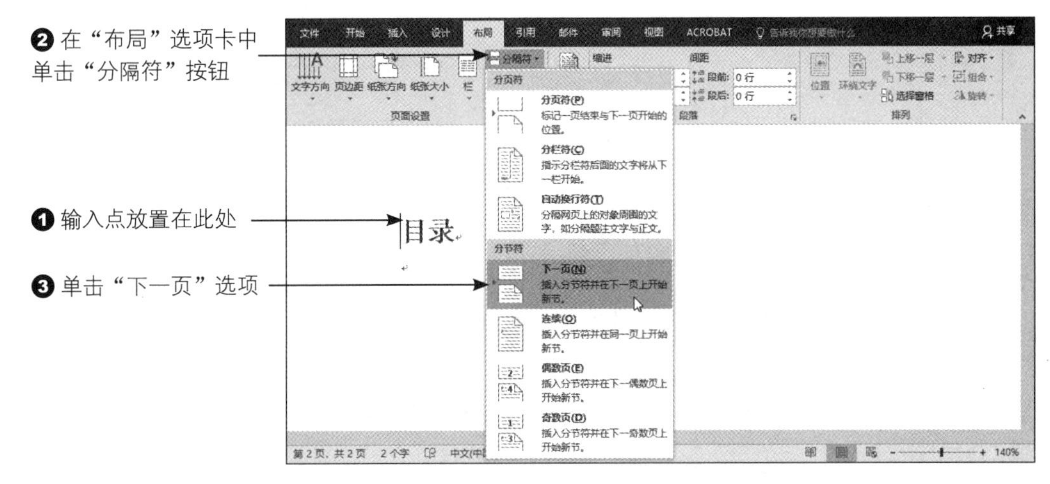

图 10-18

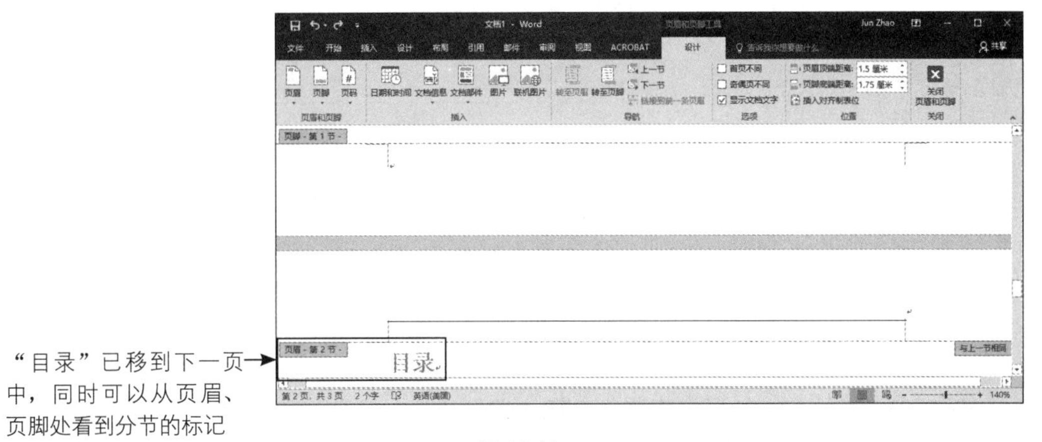

图 10-19

在分节以后，就可以在每节新建不同的格式页码。在“设计”选项卡中单击“页码”按钮，从下拉列表中选择“设置页码格式”，弹出如图 10-20 所示的“页码格式”对话框，从中选择新的编号格式。另外，要让不同小节的页码从 1 或指定的数值开始排列，可选中“起始页码”单选按钮，再设置起始的编号即可。

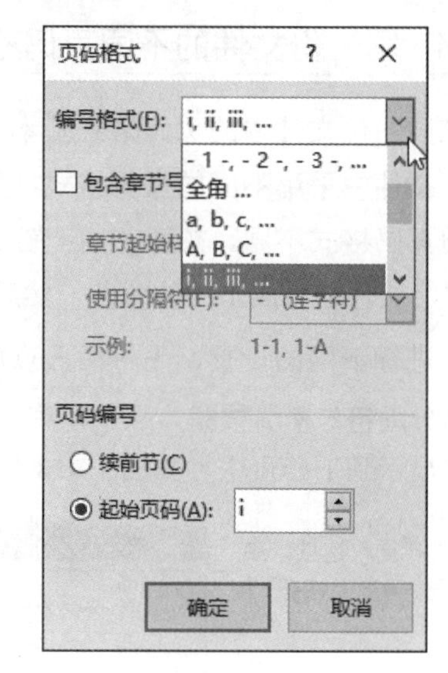

图 10-20

10.2.5 让每页的页眉和页脚内容都不同

有时候我们希望文件每一页页眉和页脚的内容都不一样，这时可以在“设计”选项卡中取消“导航”分组内的“链接到前一条页眉”选用状态，如图 10-21 所示，让它断开页与页之间的链接关系，如此一来就可以在最后的页眉或页脚新建所需的内容。

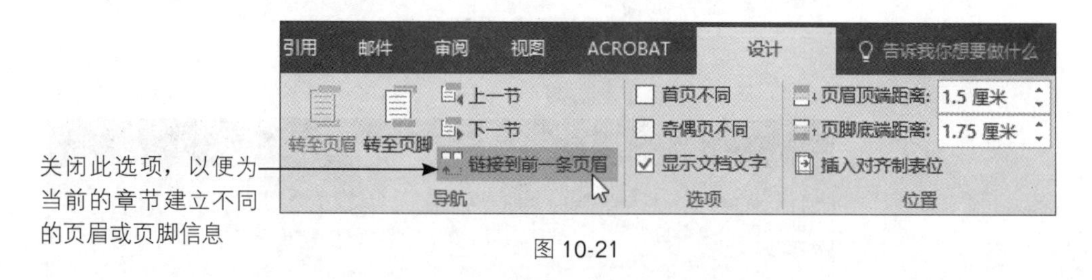

图 10-21

10.3 自动题注功能

Word 的“题注”功能可以增强文件图表的可读性，它会对选定的图表、表格或公式进行编号，题注的结构包含“标签”“标签编号”“标签文字”三部分，如图 10-22 所示。

图 10-22

10.3.1 用题注功能为图片自动编号

要为图形插入题注，可右击该对象，并在弹出的菜单中选择“插入题注”选项，如图 10-23 所示，或者在“引用”选项卡中单击“插入题注”按钮，就会看到“题注”对话框，如图 10-24 所示。

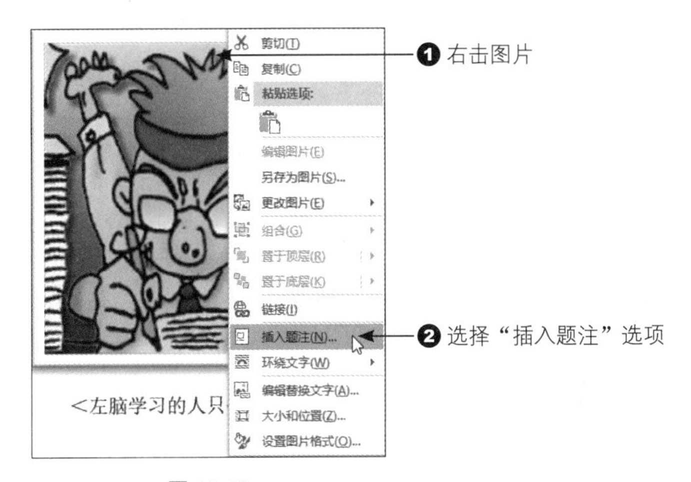

图 10-23

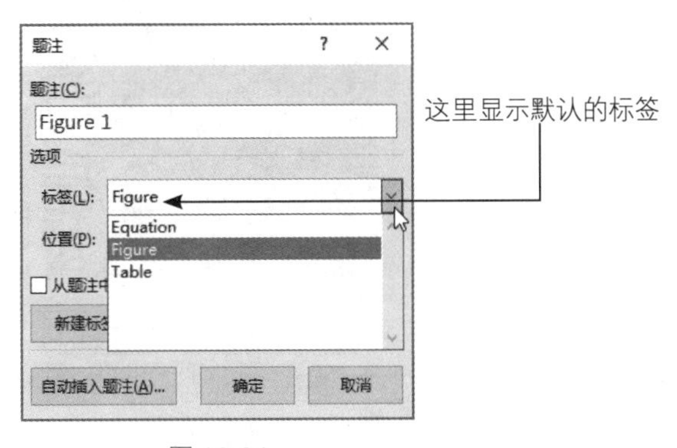

图 10-24

默认的标签有 3 种（以英文形式显示的 Equation、Figure、Table），用户可以自定义题注的标签。要新建标签，按照下面的方式进行设置，这里以“图”标签为例为大家进行示范，具体步骤如图 10-25 ～图 10-27 所示。

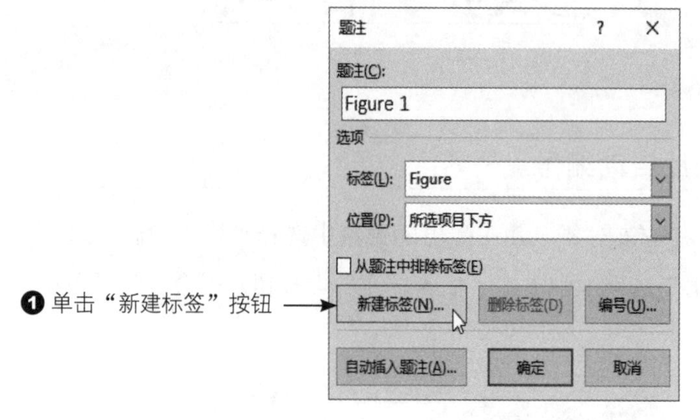

图 10-25

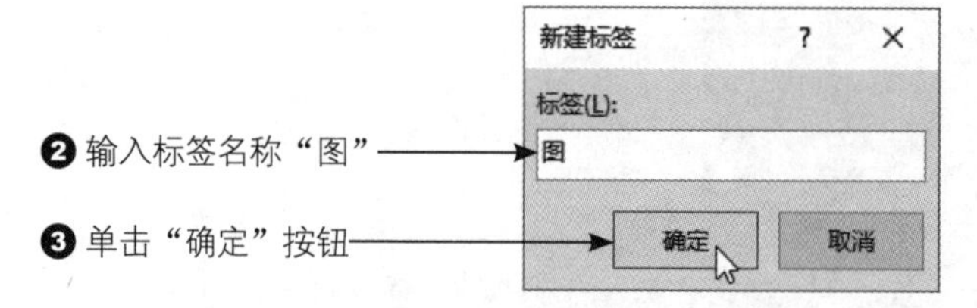

图 10-26

图 10-27

标签的编号方式一般是以阿拉伯数字 1、2、3 等编码格式呈现的，如果要设置其他编号格式，可单击“编号”按钮，进入如图 10-28 所示的“题注编号”对话框进行格式的选择。另外，如果希望标签中可以显现章节号，那么可勾选“包含章节号”复选框，然后设置“章节起始样式”和“使用分隔符”。但是，使用包含有章节号的标签时，必须使用“多级列表”功能对标签进行编号才行。

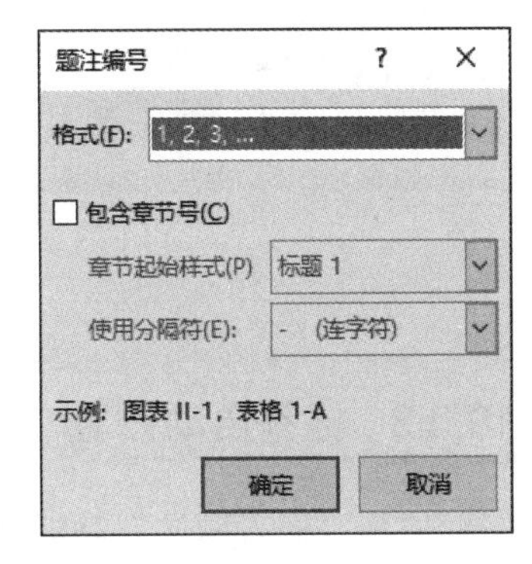

图 10-28

10.3.2 用标签功能为表格自动编号

要为表格插入题注，同样是右击表格，再从弹出的快捷菜单中选择“插入题注”选项，标签则选择“表格”（如果没有“表格”选项，就单击“新建标签”按钮新建一个），具体步骤如图 10-29 ～图 10-31 所示。

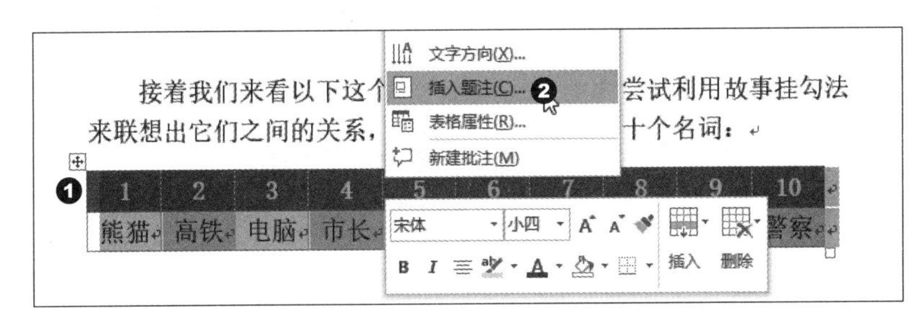

图 10-29

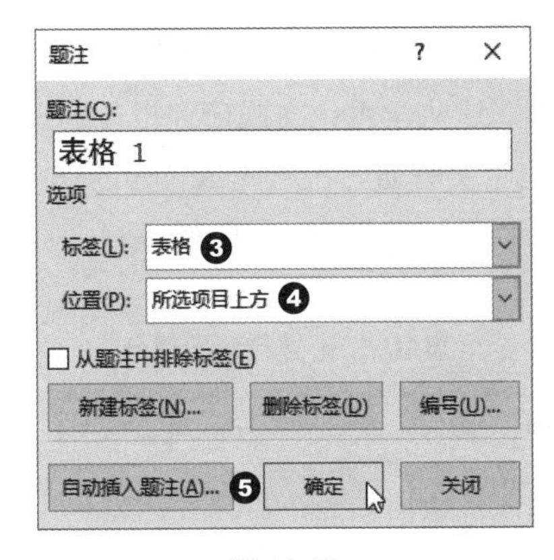

图 10-30

表格标签显示在表格之上

■ 表格 1

1	2	3	4	5	6	7	8	9	10
熊猫	高铁	电脑	市长	饼干	学校	太阳	炸鸡	美国	警察

图 10-31

10.3.3 标签自动设置

使用“插入题注”功能可以按序将表格或图表插入题注。万一表格或图表的位置有变动，或者在编排图表时有所遗漏，只要右击未加入标签的对象，而后在弹出的快捷菜单中选择“插入题注”选项，文件中所有标签的顺序就会自动更新。另外，选择标签编号并右击，再选择“更新域”选项，也可以快速更新表格的编号顺序，如图 10-32 所示。

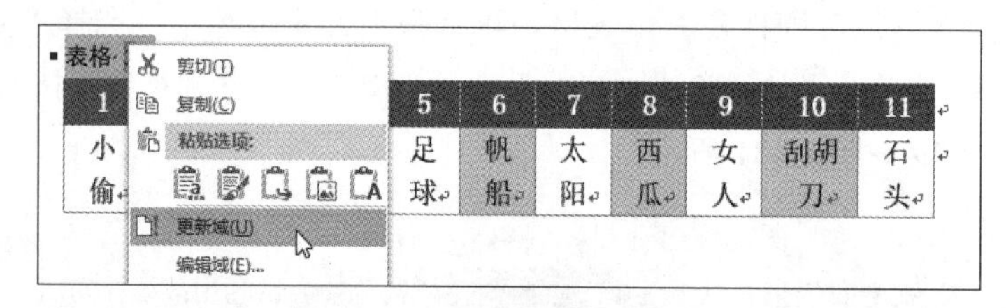

图 10-32

10.4 引用设置

大专学生、研究生或从事学术工作的人经常需要写研究报告或论文，而大多数人都会使用 Word 来制作这些报告。这些学术论文或研究报告的撰写都有一定的写作格式，而且要求也非常严格，下面列出论文与研究报告应该包含的部分。

➲ **论文（见表 10-1）**

表10-1 论文包含的部分

篇前	包含标题页、签名页、摘要、序言、致谢、目录、图目录、表目录
正文	包含章、节、项、脚注
篇后	包含参考文献、附录、索引

➲ 研究报告（见表 10-2）

表10-2 研究报告包含的部分

前言	说明研究动机与背景
正文	包含章、节、项、脚注
结论	包含参考文献、附录、索引

在编辑研究报告或论文时，有些额外的专有名词或内容通常需加入引文或批注，让阅读文件的人能够更清楚地了解该内容的含义。这些专有名词或内容对于一般读者而言可能不太熟悉，因此在研究报告或论文中需增加这些引用或批注。下面对“脚注”“参考文献”“附录”“索引”等项目做进一步的说明。

➲ 脚注

当文件内容需要进一步说明，或者提及他人的句子或概念时，可运用脚注辅助说明。脚注通常会出现在一页的下端、正文的左边，也有些著作会将所有尾注放在一章结束或全书正文结束之后。脚注的标示数字会按照整篇报告脚注出现的顺序进行编号。

➲ 参考文献

参考文献一般是指作者在撰写内容时所参考或引用的书目或期刊论文。论文中若引用他人的文献，不但要注明出处，还要符合引文格式的规定，按照顺序写出这些参考的资料，使读者容易查询或深入研究，也是对参考对象的尊重。

➲ 附录

附录通常用于放置文件的重要相关资料，因为其内容不适合放在正文中，所以放在附录中供读者查阅。附录若有两个以上，则通常会以附录 A、附录 B 等顺序按序排列。

➲ 索引

索引是将文件中所有的词句、主题或重要资料（如人名、概念等）一并列出，同时注明出现在文中的页次，方便读者查阅。索引通常以两栏的方式排列，中文是按照字体笔画的多寡决定先后顺序，英文则按照字母的顺序排列，作为查询资料的线索。

10.4.1 插入脚注或尾注

要插入脚注，先将插入点放在要插入脚注的位置，在“引用”选项卡中单击“插入脚注”按钮，接着鼠标会自动跳到该页的底部，同时显示脚注分隔线及脚注引用编号，此时直接输入脚注文字即可，如图 10-33 和图 10-34 所示。

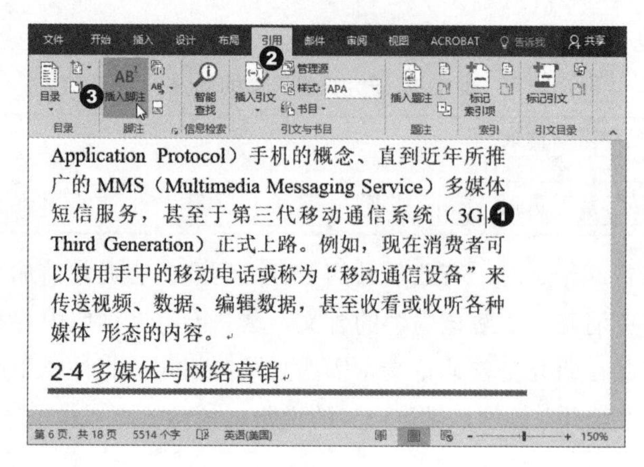

图 10-33

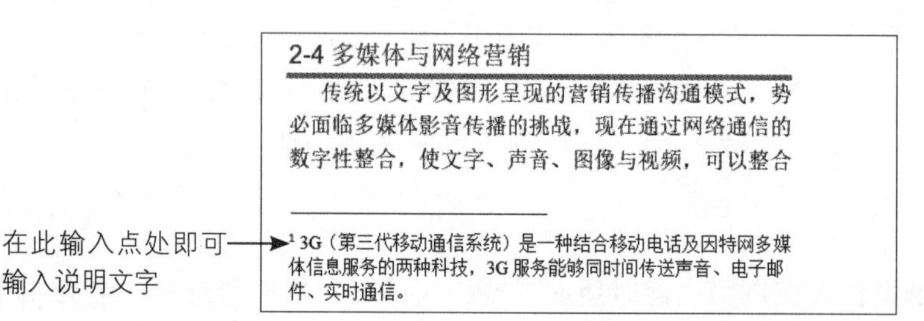

图 10-34

“尾注”的作用与“脚注”类似，所不同的是新建的尾注放在文件最后或者章节最后。将输入点放在要加入尾注的地方，在“引用”选项卡中单击“插入尾注”按钮，Word 就会自动切换到文件的最后一页，随后直接输入文字内容即可，具体步骤如图 10-35 和图 10-36 所示。

图 10-35

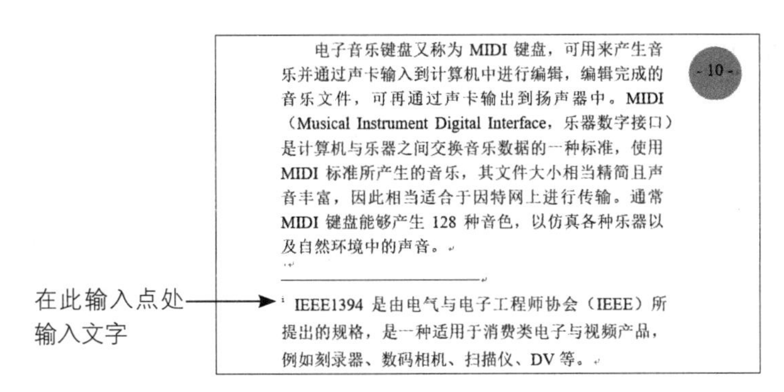

电子音乐键盘又称为 MIDI 键盘，可用来产生音乐并通过声卡输入到计算机中进行编辑，编辑完成的音乐文件，可再通过声卡输出到扬声器中。MIDI（Musical Instrument Digital Interface，乐器数字接口）是计算机与乐器之间交换音乐数据的一种标准，使用 MIDI 标准所产生的音乐，其文件大小相当精简且声音丰富，因此相当适合于因特网上进行传输。通常 MIDI 键盘能够产生 128 种音色，以仿真各种乐器以及自然环境中的声音。

IEEE1394 是由电气与电子工程师协会（IEEE）所提出的规格，是一种适用于消费类电子与视频产品，例如刻录器、数码相机、扫描仪、DV 等。

图 10-36

10.4.2 调整脚注 / 尾注的位置与编码格式

当文件中插入大量脚注或尾注后，如果要查看脚注或尾注的内容，可在“引用”选项卡中单击“下一条脚注”按钮，再从下拉列表中选择所要查看的项目，如图 10-37 所示。

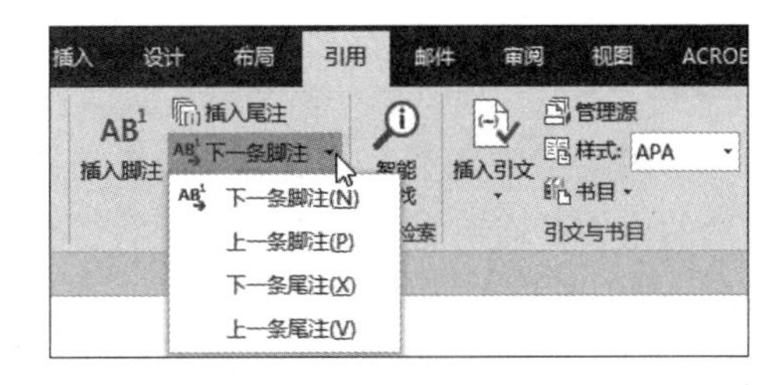

图 10-37

单击“脚注”分组旁的 按钮，可对脚注或尾注的位置进行设置。例如，脚注可放在“页面底端”或“文字下方”，而尾注可设置在“节的结尾”或“文档结尾”处，如图 10-38 所示。若要调整编号格式，则可单击“编号格式”，在下拉列表中更改。

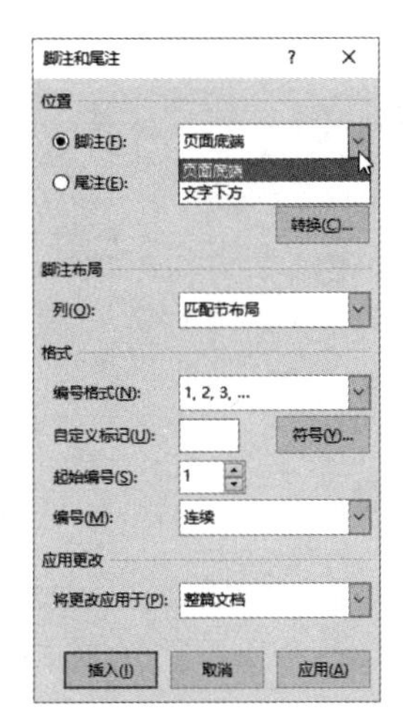

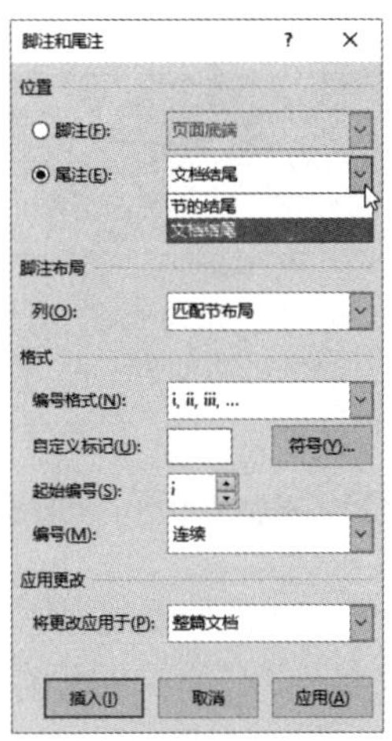

图 10-38

10.4.3 转换脚注与尾注

所加入的尾注或脚注彼此之间也可以互相转换。在如图 10-38 所示的“脚注和尾注”对话框中单击 转换(C)... 按钮，出现如图 10-39 所示的“转换注释”对话框，在其中就可以选择转换的方式。

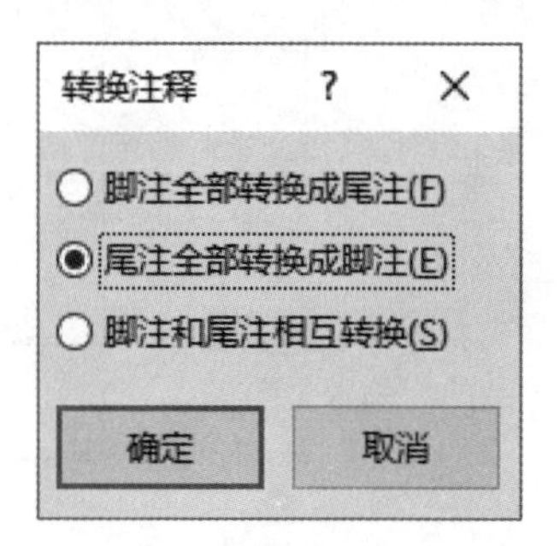

图 10-39

删除脚注与尾注

若要删除文件中所加入的脚注或尾注，只需单击正文中的脚注或尾注的引用标记，再按 Delete 键，就可以将其引用文字一并删除。

10.4.4 插入引文

有时为了佐证个人的观点，会在文件中引用其他书籍、期刊文章、研讨会论文集等文章的内容，而所有引文都必须注明资料的来源。使用“插入引文”功能时，会根据所选择的“源类型”的不同而显示不同的字段来让编著者输入源信息，引文的来源可为书籍、书籍章节、期刊文章、会议记录、报告、网站、网站文档、电子资料、艺术作品、录音、表演、电影、采访、专利、案例以及杂项，可引用的范围相当广，不一定只限于书籍或期刊。

要插入引文，可将输入点放在引文处，在“引用”选项卡中单击“插入引文”按钮，从下拉列表中选择“添加新源”选项，在“创建源”对话框中输入相关信息即可，具体步骤如图 10-40 ～图 10-42 所示。

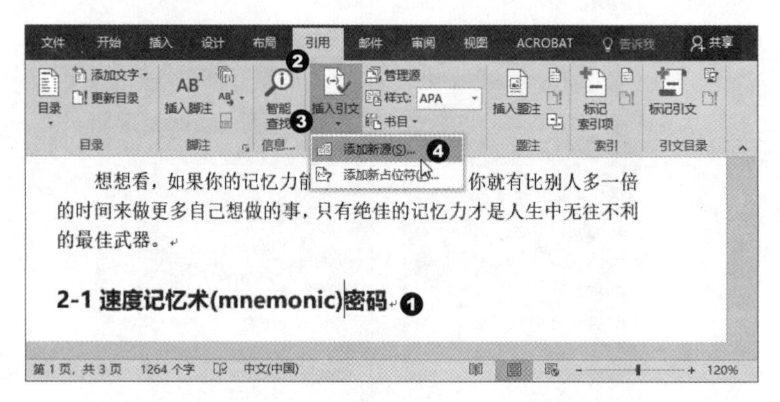

图 10-40

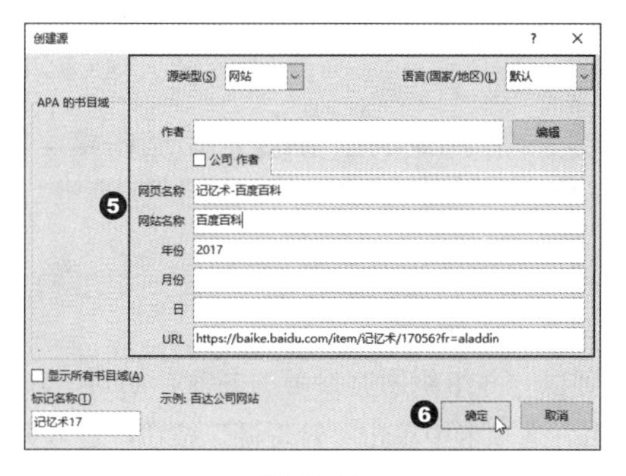

图 10-41

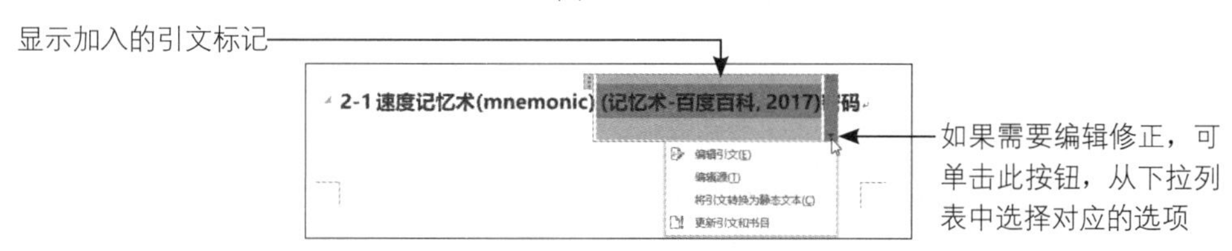

图 10-42

10.4.5 插入书目

文件中按序插入引文后，还可以根据所创建的引文信息来自动产生书目。可将输入点放在书目要插入的位置，在“引用”选项卡中单击“书目”按钮，再从下拉列表中选择“插入书目”选项，最后就能加入参考的书目信息了，具体步骤如图 10-43 和图 10-44 所示。

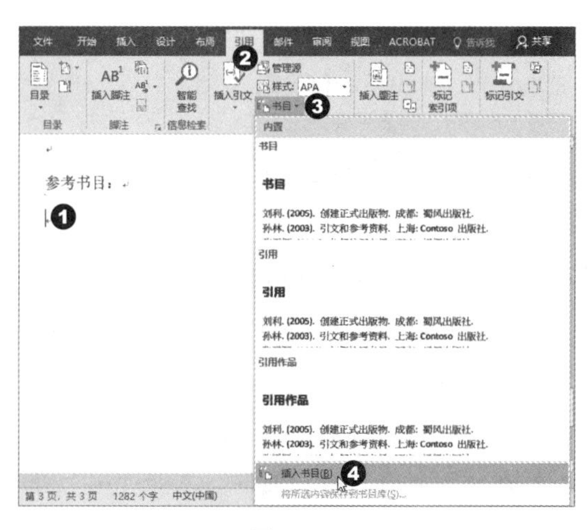

图 10-43

参考书目：

记忆术-百度百科. (2017). 检索来源: 百度百科: https://baike.baidu.com/item/记忆术/17056?fr=aladdin

加入了参考书目的信息

图 10-44

在编写论文时，也可以一并组织所有参考的书籍、期刊、杂志等资料，方便书目的编辑与管理。可在“引用”选项卡中单击“管理源”按钮，进入如图 10-45 所示的“源管理器”对话框，即可对引用资料的来源进行复制、删除、编辑，或者新建其他引用源。

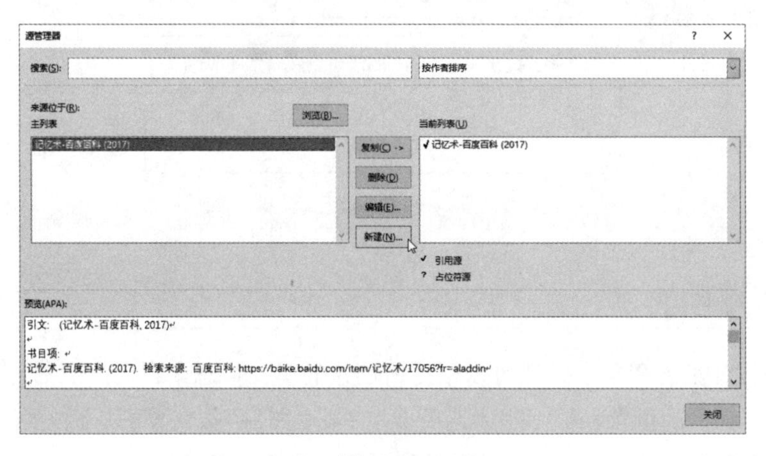

图 10-45

10.5 创建目录

要制作目录，最有效率的方式是使用 Word 所提供的“目录”制作功能，不但创建容易，更新也易如反掌。不像“土法炼钢”那样手动制作目录，除了要不断地往返复制 / 粘贴标题与页码外，一旦内容有所变动，就要花费不少时间修正和确认标题、页码。

不过，使用“目录”功能得配合“样式”设置才能完成，也就是说，当我们要使用“样式”功能将各个标题与副标题都加入样式的设置时，才能使用“引用”选项卡下的“目录”功能。

10.5.1 用标题样式自动创建目录

要以标题样式来自动创建目录，先将输入点放在要加入目录的地方，在“引用”选项卡中单击“目录” 按钮，从下拉列表中选择“自定义目录”选项，在“目录”对话框中单击“选项”按钮，以数字 1、2 设置文件中的主 / 副标题样式，再选择应用的格式，退出对话框后就能完成目录的加入，具体步骤如图 10-46 ～图 10-51 所示。

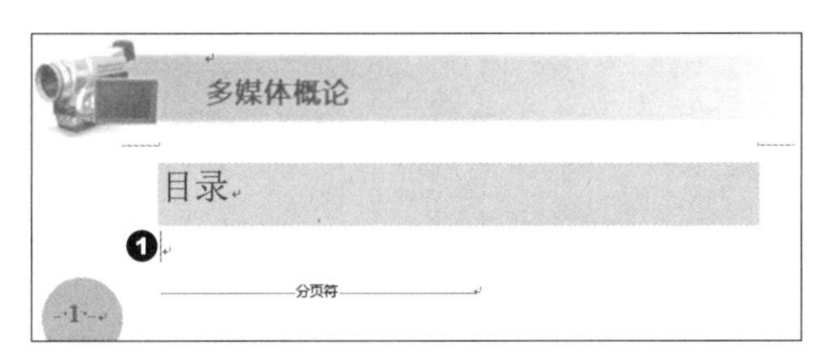

图 10-46

图 10-47

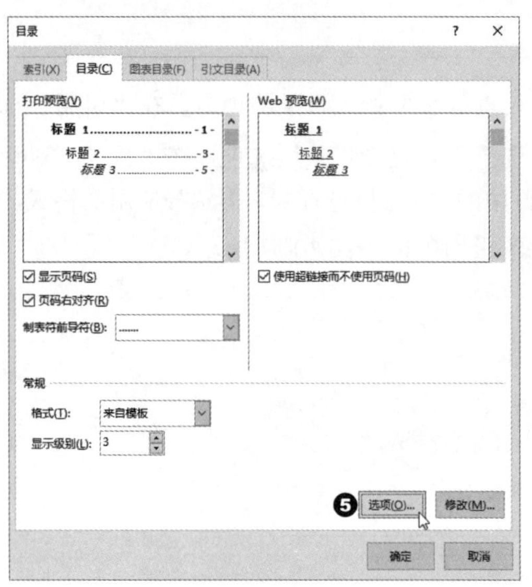

图 10-48

图 10-49

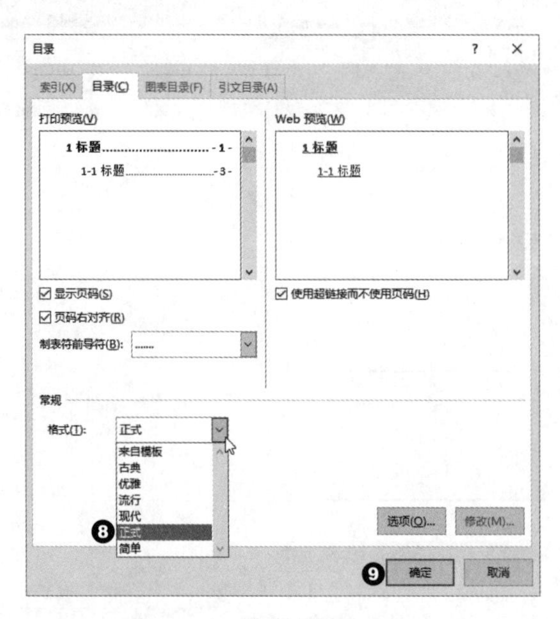

图 10-50

目录创建完成后，单击目录范围内的任意位置都会自动显示灰色的底纹。此时若按住 Ctrl 键，再单击目录中的标题，就会自动跳转到文件中与标题对应的位置，如图 10-52 和图 10-53 所示。

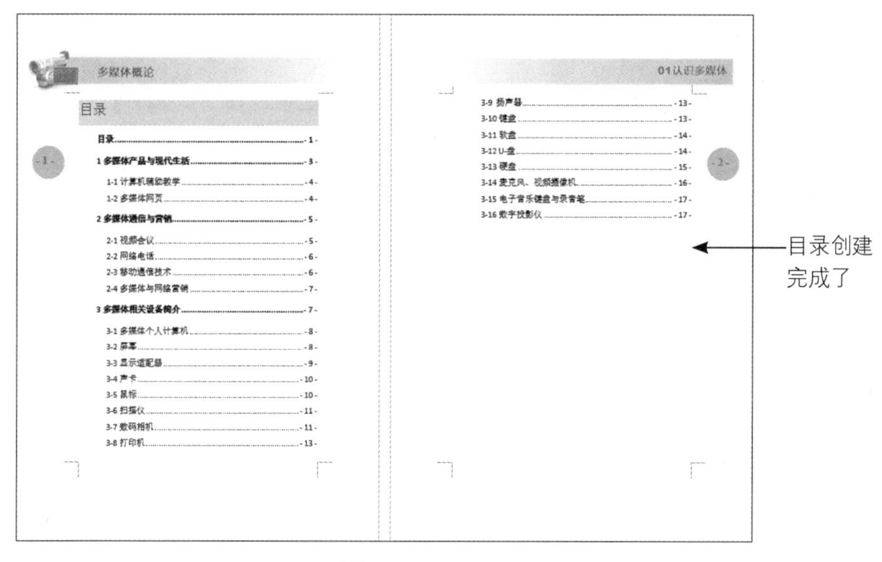

图 10-51

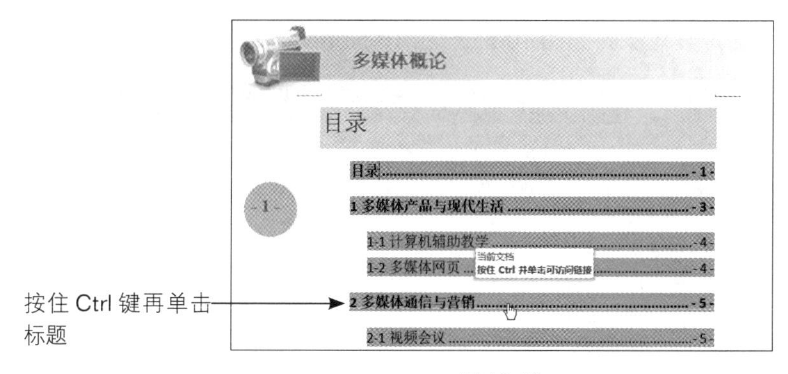

图 10-52

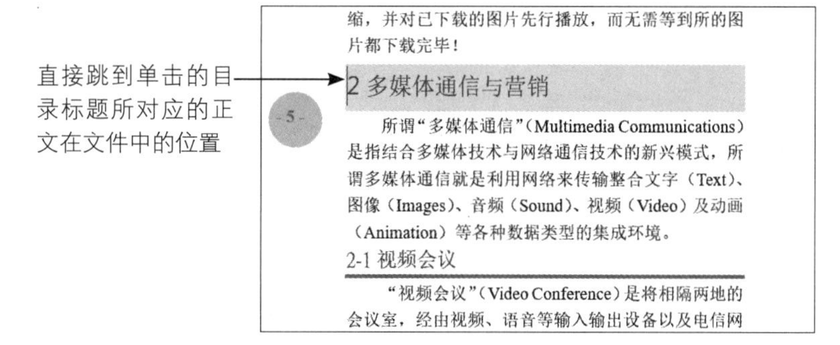

图 10-53

10.5.2 更新目录

如果文件的内容有变动，而想要更新目录的信息，只要单击“引用”选项卡中的“更新目录”按钮，就可以在如图 10-54 所示的“更新目录”对话框中选择“只更新页码”或“更新整个目录”。

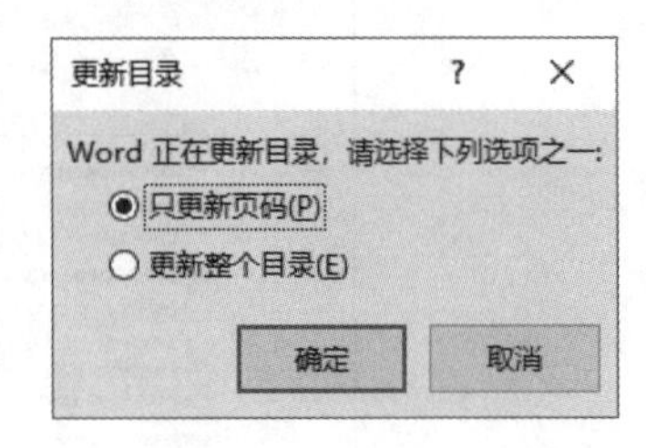

图 10-54

10.5.3 使用题注样式创建图表目录

如果排版的文件中有为图、表格或公式等加入题注的设置，那么也可以将这些图、表格等制作成目录。我们可以在“引用”选项卡中单击“插入表目录”按钮，在弹出的“图表目录”对话框中将“题注标签”设为要加入的题注类型，接着单击“选项”按钮，勾选“样式”后从下拉列表中选择“图”（注：在此例中为图），随后按序单击“确认”按钮退出窗口，就完成了图表目录的添加，具体步骤如图 10-55 ～图 10-58 所示。

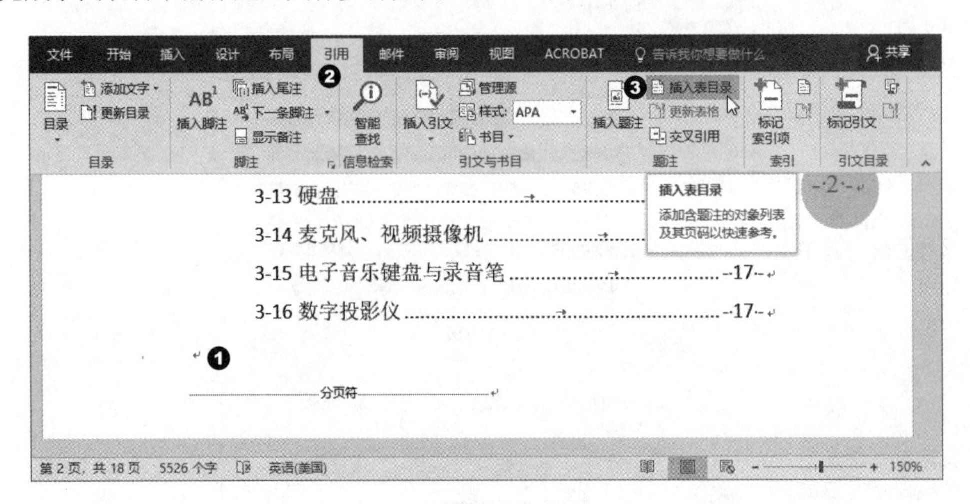

图 10-55

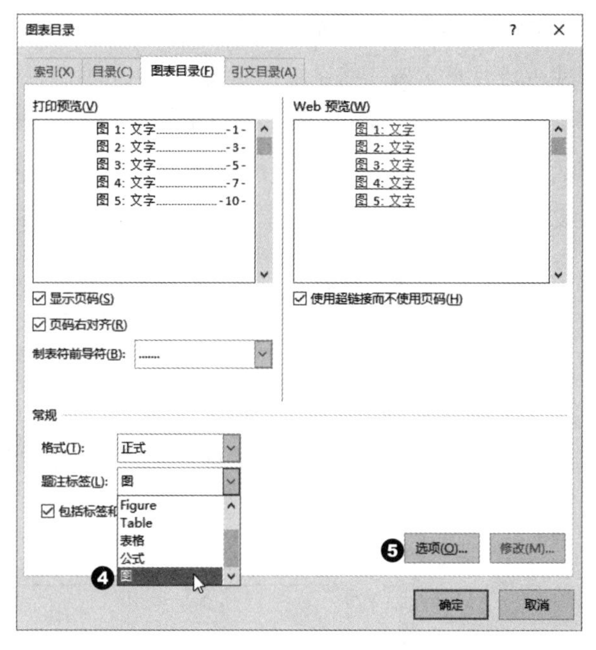

图 10-56

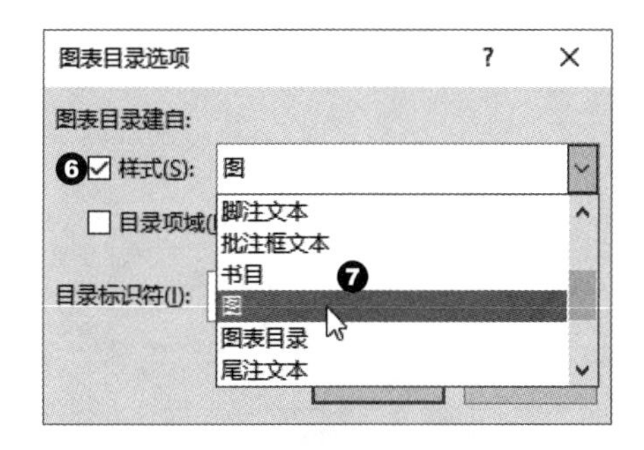

图 10-57

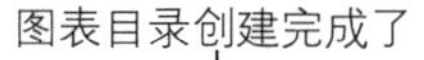

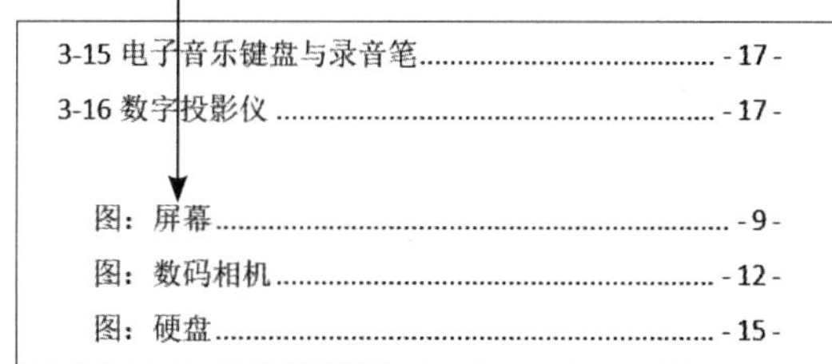

图 10-58

更新图表目录

如果图表目录需要更新，可直接在“引用”选项卡中单击“更新目录”按钮来选择“只更新页码”或“更新整个目录”。注意：Word 中翻译的不一致性容易造成混淆，功能按钮上的文字有时候翻译成“图表”，有时候翻译成“表格”，读者需要特别注意。

10.5.4 设置目录格式

在创建目录时，也可以同时为目录的文字创建格式。方法是单击“目录”按钮并选择

“自定义目录”选项后，先单击“选项”按钮指定目录源，接着将“格式”设置为“来自模板”，再单击“修改”按钮即可进行目录格式的设置，如图 10-59 所示。

弹出“样式”对话框后，分别单击“目录 1”和“目录 2”选项，再单击“修改”按钮，修改目录 1 与目录 2 的样式，如图 10-60 和图 10-61 所示。

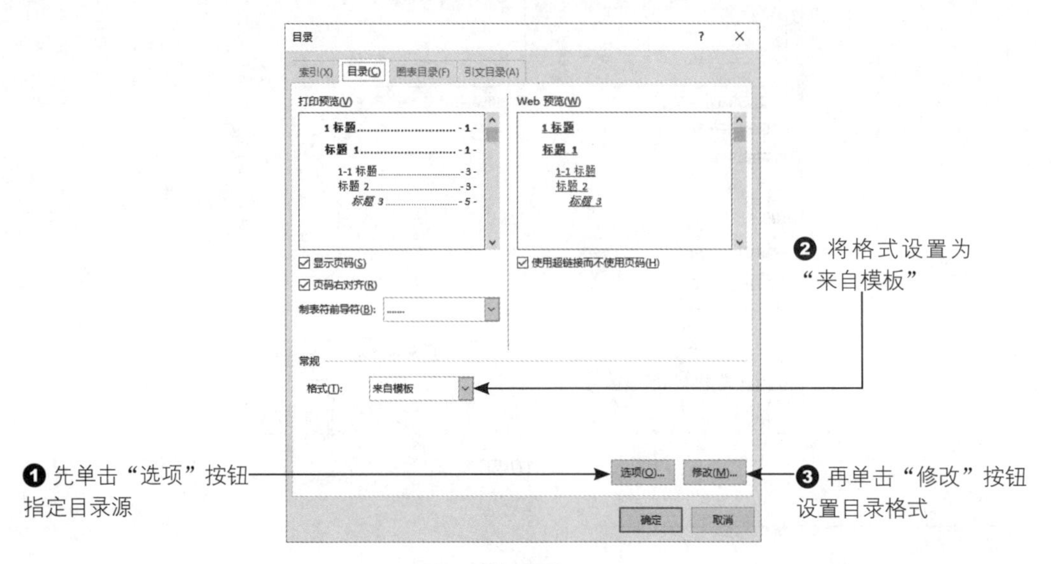

图 10-59

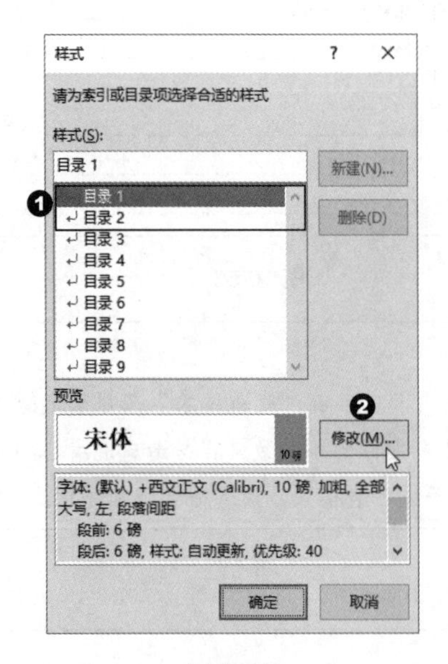

图 10-60

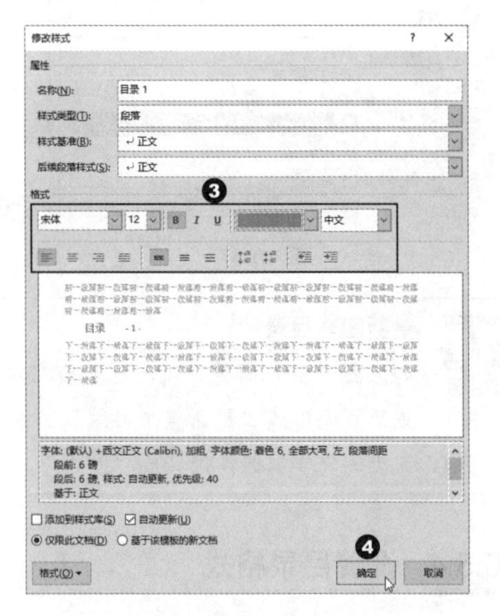

图 10-61

修改完成后，可从“打印预览”处看到修改的效果，如图 10-62 所示，退出“目录”窗口即可看到美观的目录外观，如图 10-63 所示。

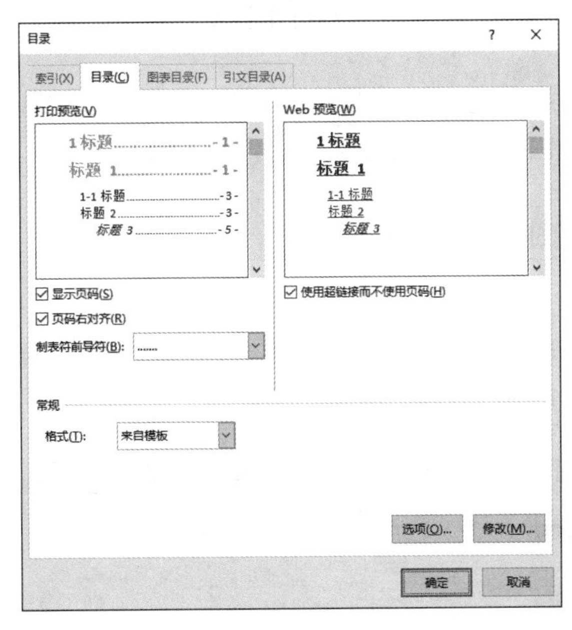

图 10-62

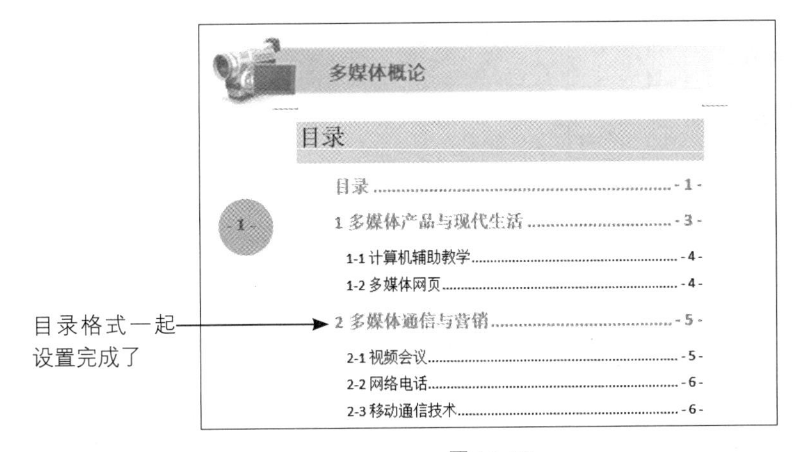

图 10-63

说明

将目录文字转换成普通文字

目录制作完成后，如果确定不会再进行更改，可以考虑将目录转换成普通文字，按 Ctrl + Shift + F9 组合键 3 次即可。

10.6 封面制作

文件排版大致完成后，最后还必须加入封面，使得文件的外观更美观，一方面能够表达文件的主题和制作者要传达的信息，另一方面能通过封面的设计来吸引读者的目光。

10.6.1 插入与修改内建的封面页

Word 程序内建了各种不同风格的封面，用户可以加以应用与修改。要插入封面，可将输入点放在文件的最前端，在“插入”选项卡中单击“封面”按钮，再从内建的缩略图中选择自己想要应用的封面效果，具体步骤如图 10-64 和图 10-65 所示。

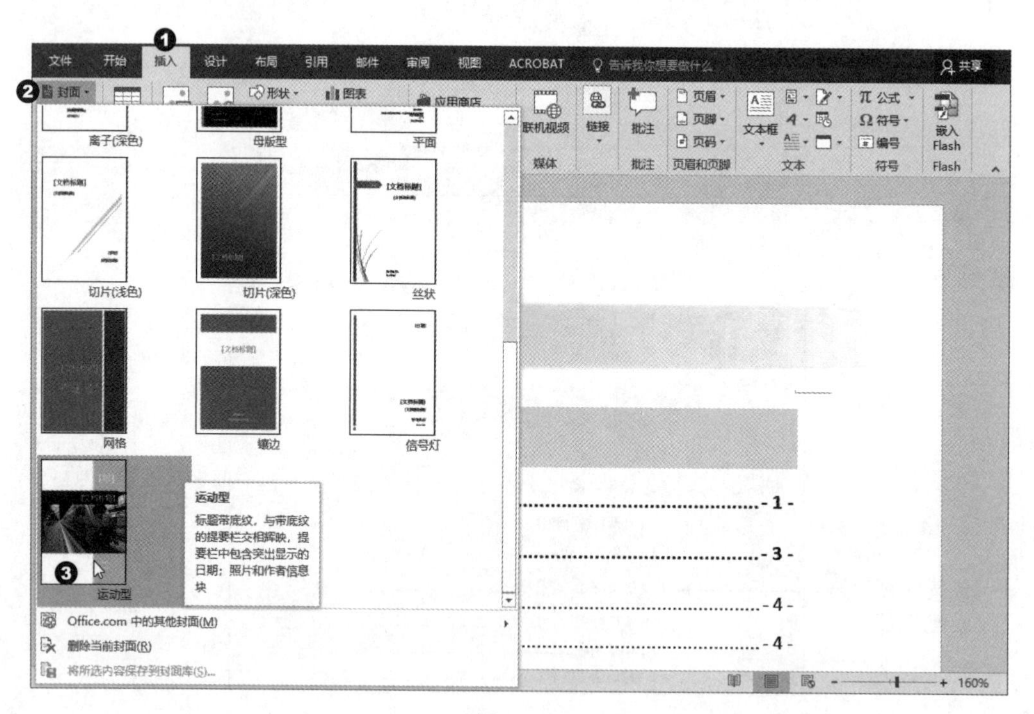

图 10-64

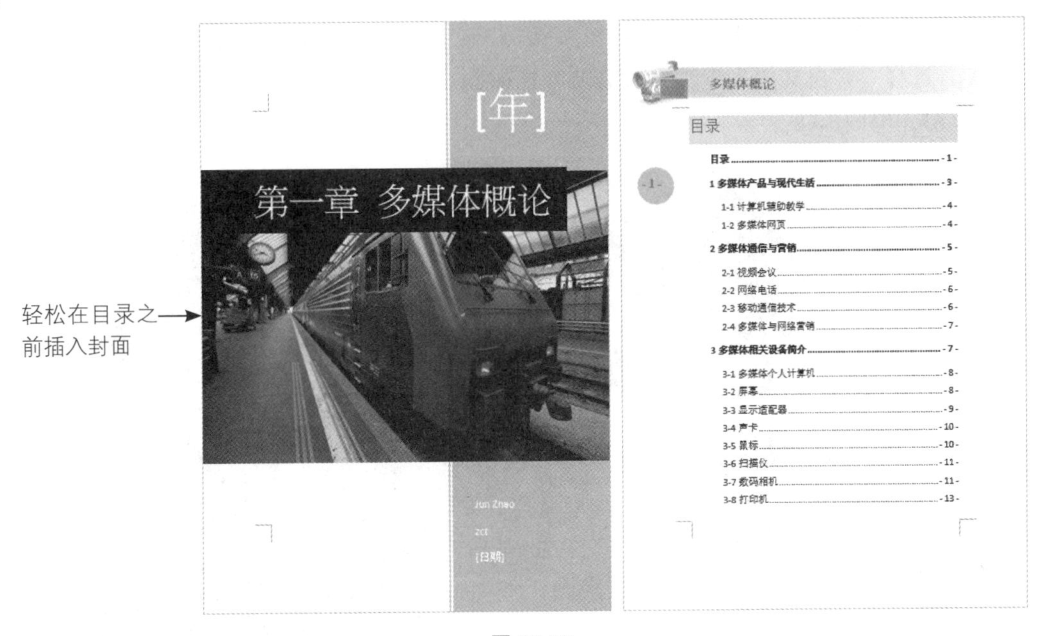

图 10-65

应用封面后，由于页面中的字段都是由文档部件所构成的，因此采用的是部件默认的文字。我们可以更改文字内容，也可以更改字体的样式，或者更改形状的颜色，如图 10-66 所示。

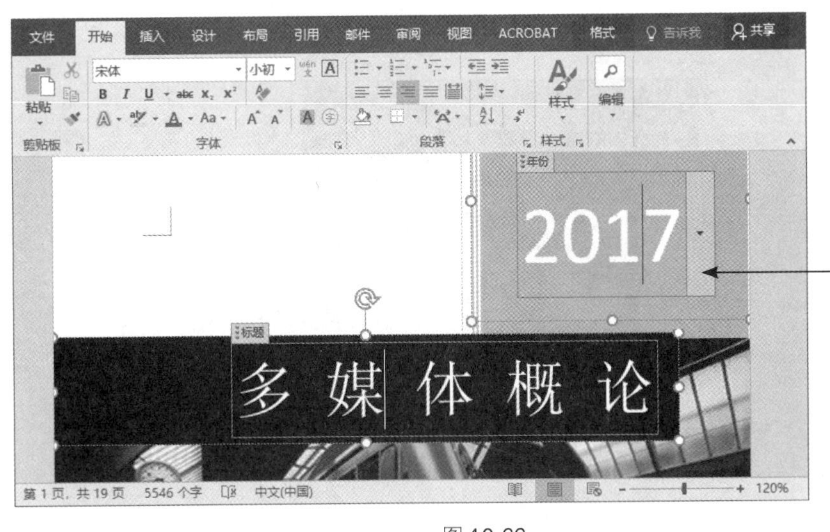

图 10-66

如果要更改文件中的默认照片，可右击图片，再从快捷菜单中选择“更改图片”选项，接着选择“来自文件”选项，找到要替换的图片文件，再调整图片的比例大小即可，如图 10-67 和图 10-68 所示。

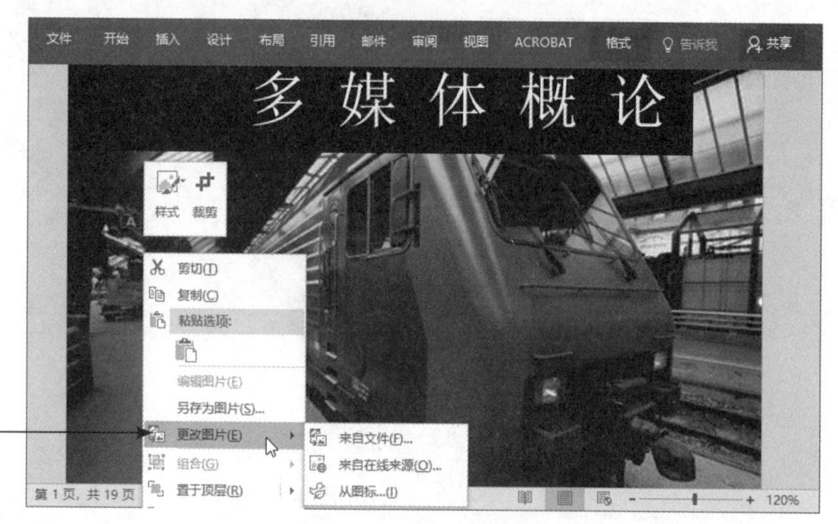

图 10-67

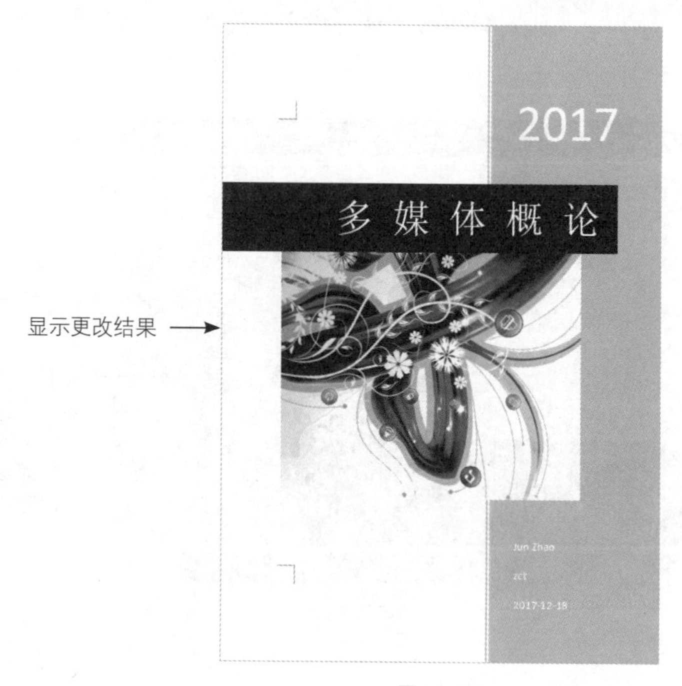

图 10-68

10.6.2 插入空白页或分页符号

除了使用内建的封面外，若想在目录之前插入自己制作好的封面图片，则要先插入一个空白页或分页符号。可先将输入点放在文件最前面，再单击“插入”选项卡中的“空白页”按钮或“分页”按钮，如图 10-69 所示。

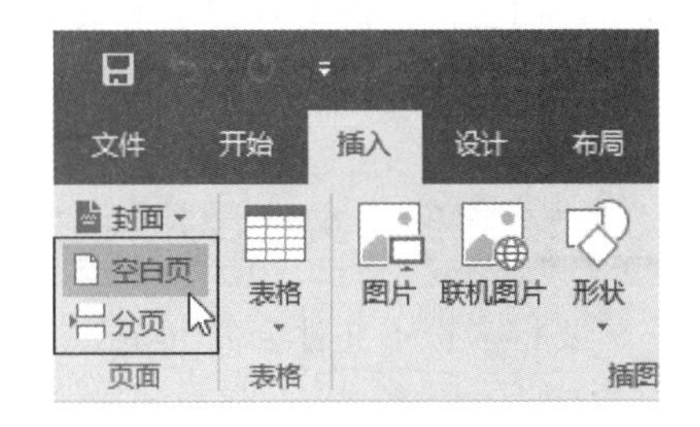

图 10-69

加入空白页面后，在“插入”选项卡中单击“图片”按钮将图片插入后，把“文字环绕”方式更改为“衬于文字下方”，然后将图片缩放成与文件页面相同大小即可，结果如图 10-70 所示。

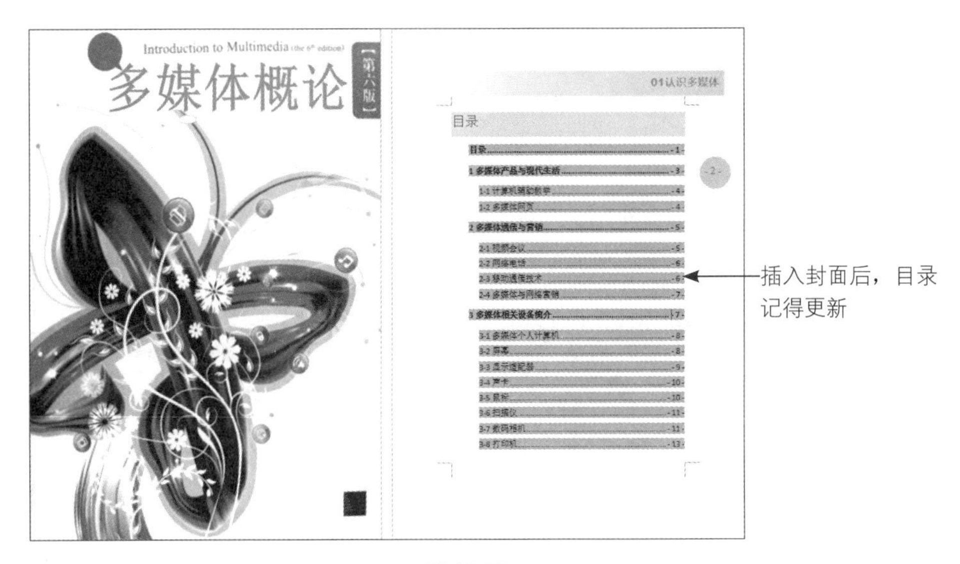

图 10-70

10.7 主控文档的应用

如果 Word 文件包含数十页或数百页，那么在打开文件或编辑文件时就会耗时过长，尤其是图片较多时，有时还会出现 Word 程序看似无法响应的窘境。对于书册的排版，如

果将各章分散保存，要为这些分开保存的章节文件建立统一的页码和目录就会变得比较复杂，而主控文档的目的是解决这些问题。主控文档并不会包含各个独立的文件内容，而是通过超链接来指向这些章节子文件。

10.7.1 将多份文件合并到主控文档

要将多份子文件合并到主控文档中，首先必须确保主控文档的页面布局与子文件相同，同时主控文档中所使用的样式和模板与子文件相同，这样才能执行合并操作。

大家可以使用模板文件打开空白文件，删除所有文件的内容后，再单击“视图”选项卡中的“大纲”按钮，出现“大纲显示”选项卡，如图 10-71 和图 10-72 所示。

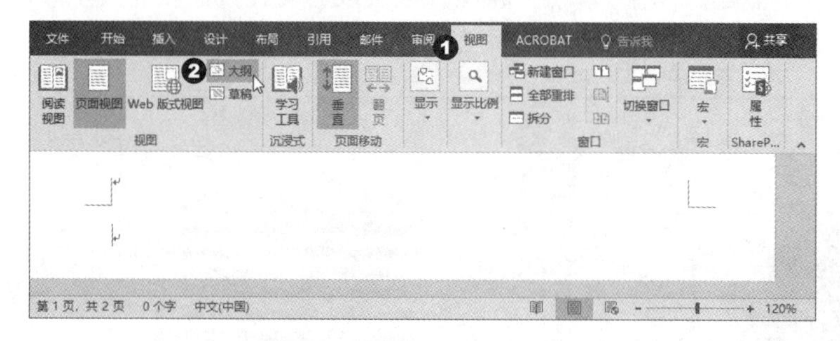

图 10-71

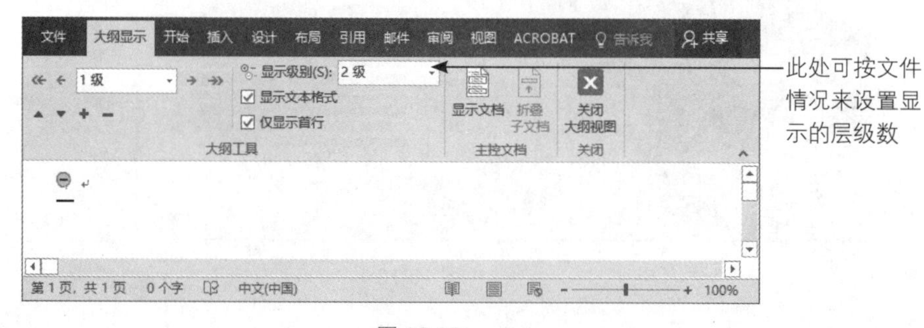

图 10-72

接下来，在“大纲显示”选项卡中单击“显示文档”按钮，出现“主控文档”分组后，单击其中的“插入”按钮，在弹出的“插入子文件”对话框中按照书的编排顺序，按序将子文件打开到主控文档中，具体步骤如图 10-73 ～图 10-75 所示。

我们可以看到，“1 级”标题就代表一份子文件，同时四周会有灰色边框环绕，表示子文件的范围。边框左上角还有一个 ▤ 图标，双击该图标可以快速打开对应的子文件。

图 10-73

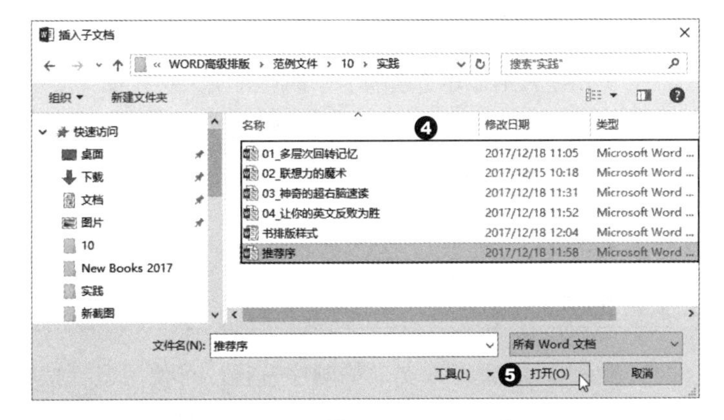

图 10-74

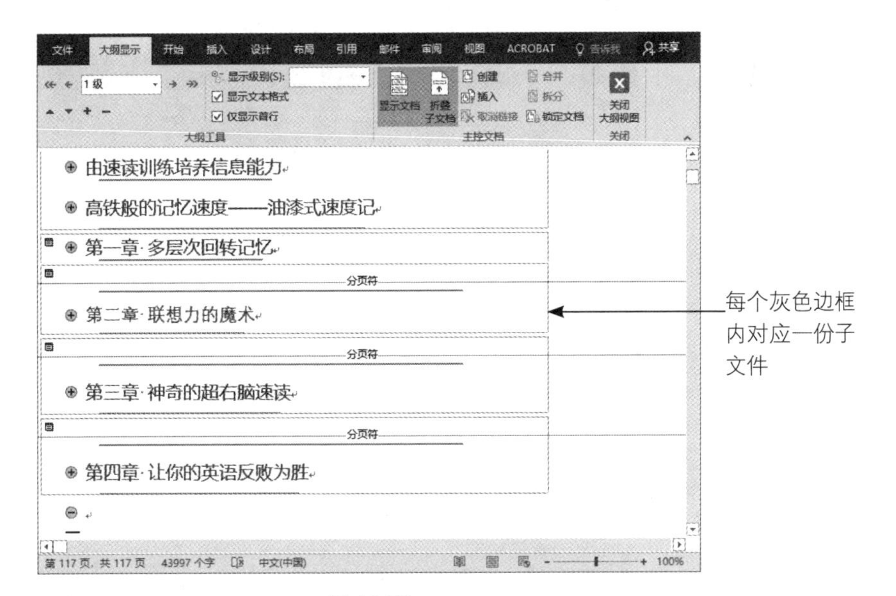

图 10-75

另外，在插入子文件时，有时候会显示如图 10-76 所示的询问窗口，这是因为所插入的文件中有与主控文档中相同的样式，这里建议单击“全否”按钮，即不允许样式重新命名，以确保子文件内容的完整性。

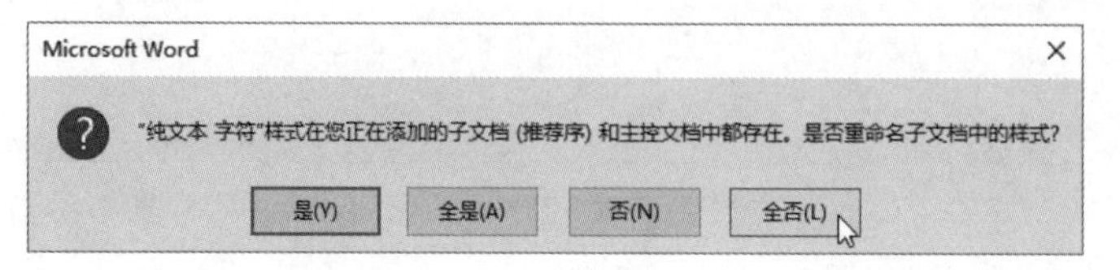

图 10-76

子文件都插入后，单击“大纲显示”选项卡中的“关闭大纲视图”按钮，将会回到“页面视图”，此时可浏览所有文件合并之后的效果，检查一下各章的页码、页眉、页脚等相关信息，看看是否有错误，如果有误，就要回到子文件中进行修正。若确定没有问题，则将文件命名为“主控文档 .docx”。

10.7.2 调整子文件的先后顺序

在插入子文件的过程中，如果发现文件的顺序有误，可使用鼠标按住文件标题左侧的 ⊕ 按钮不放，然后把文件拖曳到正确的位置上，当出现黑色的三角形时，放开鼠标，子文件的顺序就调整完成了，如图 10-77 和图 10-78 所示。

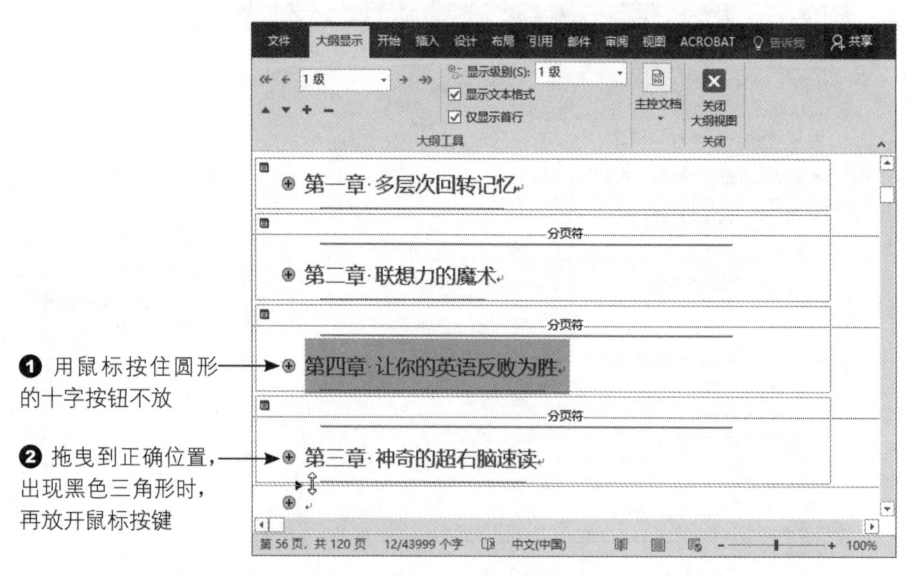

图 10-77

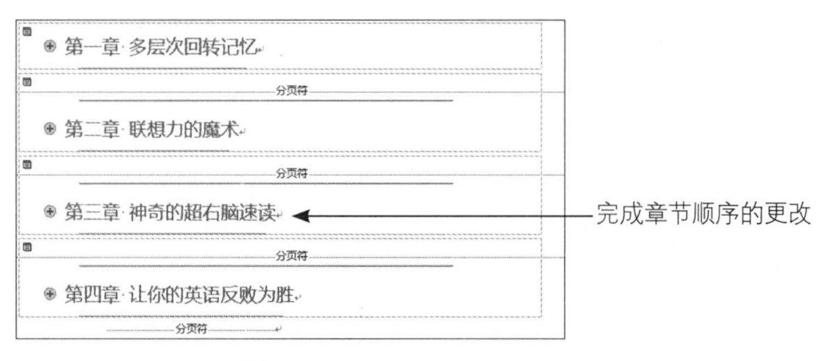

图 10-78

10.7.3 锁定子文件防止修改

若要避免因为操作过程的失误而导致子文件被修改的情况，则可以指定将子文件设置为锁定状态。先将输入点放在要锁定的子文件范围内，在“大纲显示”选项卡中单击“锁定文档”按钮，就会在子文件标题左侧出现🔒图标，具体步骤如图 10-79 和图 10-80 所示。

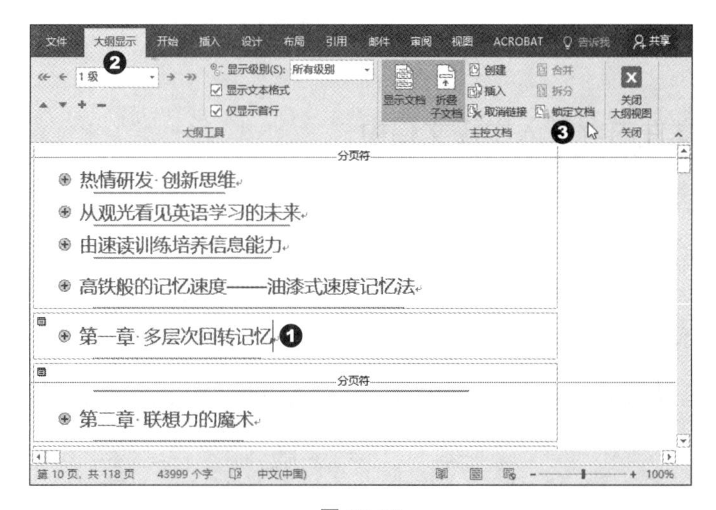

图 10-79

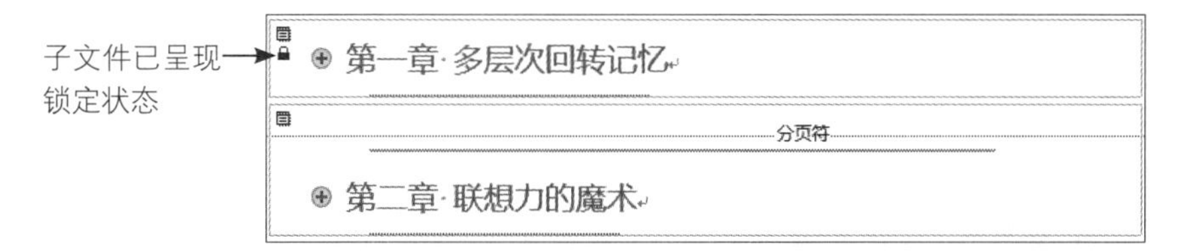

图 10-80

子文件被锁定后，在“大纲显示”或“页面视图”模式中就无法修改文件内容。

说 明

解除子文件锁定状态

想要解除子文件被锁定的状态，只要在“大纲显示”模式中再次单击“锁定文档”按钮即可。

10.7.4 在主控文档中编辑子文件

创建主控文档后，下次打开“主控文档”时，只会显示如图 10-81 所示的超链接，而按住 Ctrl 键，再单击超链接文字，即可打开子文件。

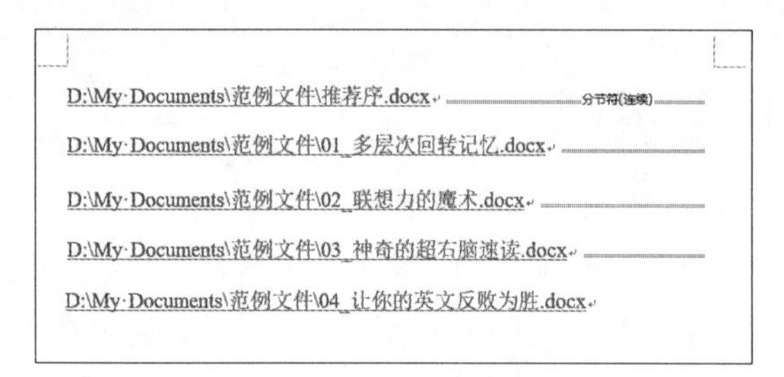

图 10-81

10.7.5 将子文件内容写入主控文档中

在默认情况下，所创建的主控文档只包含超链接，用以指向所链接的子文件。如果想要将子文件内容都写入主控文档中，以便让主控文档包含所有编排的内容，那么只需切断主控文档与子文件的链接关系。在主控文档中按序将输入点放在每个子文件的范围内，在“大纲显示”选项卡中单击“取消链接”按钮，具体步骤如图 10-82 和图 10-83 所示。

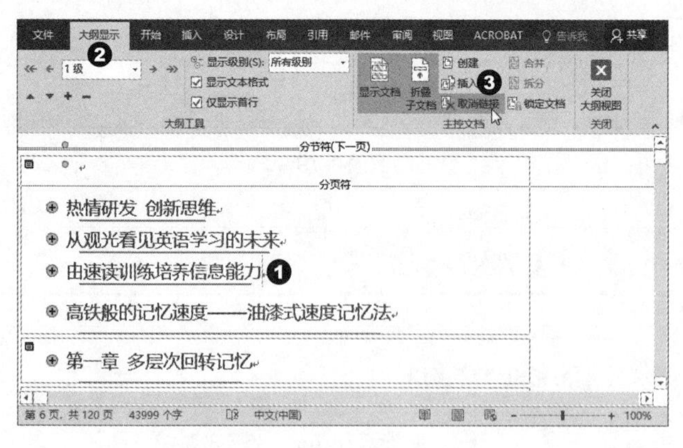

图 10-82

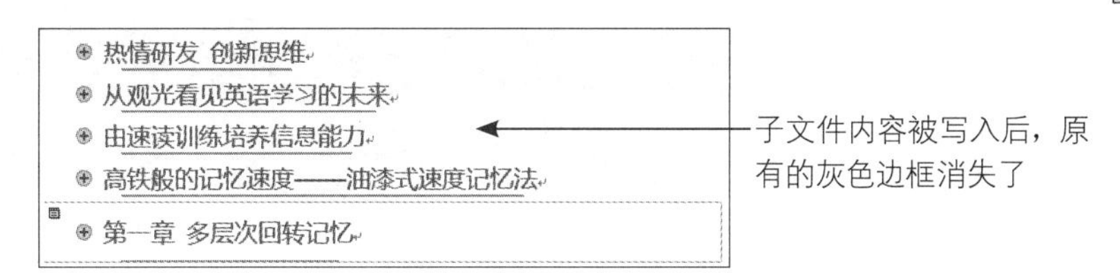

图 10-83

将一份文件分割成多份独立文件

要将一个包含大量内容的文件分割成多份子文件，可以使用“大纲显示”模式来处理。在进入“大纲显示”模式后，单击“创建”按钮即可办到，如图 10-84 所示。但要注意的是，分割后的原文件将不包含任何实际内容，而只包含指向这些独立子文件的超链接。

图 10-84

10.8

实践：章名页 / 书名页 / 推荐序 / 目录 / 主控文档的设置

本节将说明章名页、书名页、推荐序言、目录、主控文档等的加入方式，同时介绍如何在同一份文件中让推荐序 1、2、3 与序言都能在页眉处标示出来，让大家可以轻松完成长篇文件的编排与组合。相关范例文件放在本书提供的“10\ 实践”文件夹中，按照后文的提示打开文件开始练习。

10.8.1 各章加入章名页

1. 以插入图片的方式插入章名页：先打开本章“实践”文件夹中的“01_ 多层次回转记忆 .docx”文件，将输入点放在第一页的开始处，在“插入”选项卡中单击“图片”按钮，插入“01 章名”图片文件，具体步骤如图 10-85 和图 10-86 所示。

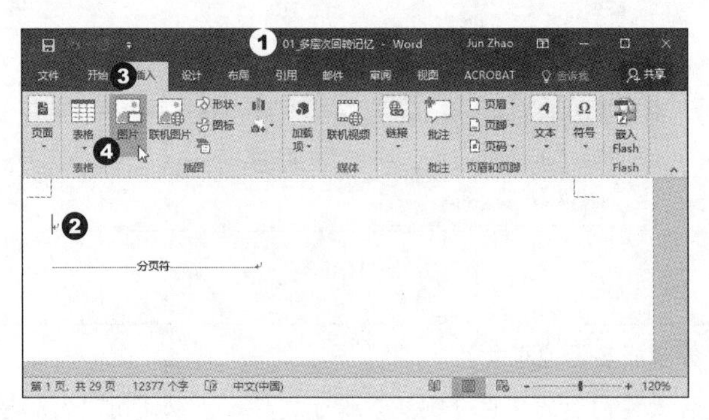

图 10-85

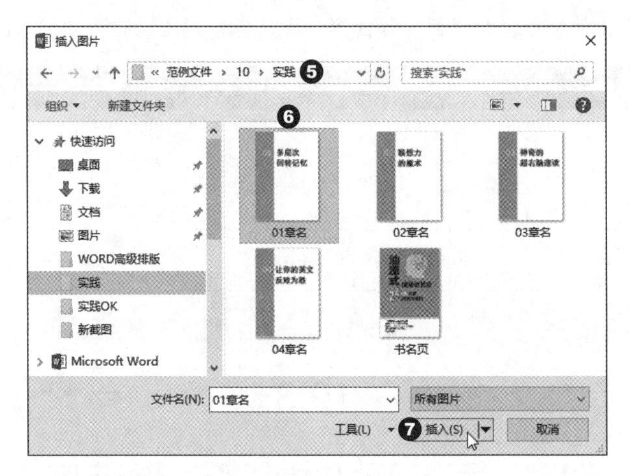

图 10-86

2. **更改文字环绕方式**：在已选择图片的情况下，在“格式”选项卡中单击“环绕文字”按钮，从下拉列表中选择“衬于文字下方”排列方式，如图 10-87 所示。

图 10-87

3. 调整图片大小并保存文件：用鼠标拖曳图片四角的控制点，让图片布满整个页面，然后单击左上角的“保存”按钮以保存文件，如图 10-88 所示。

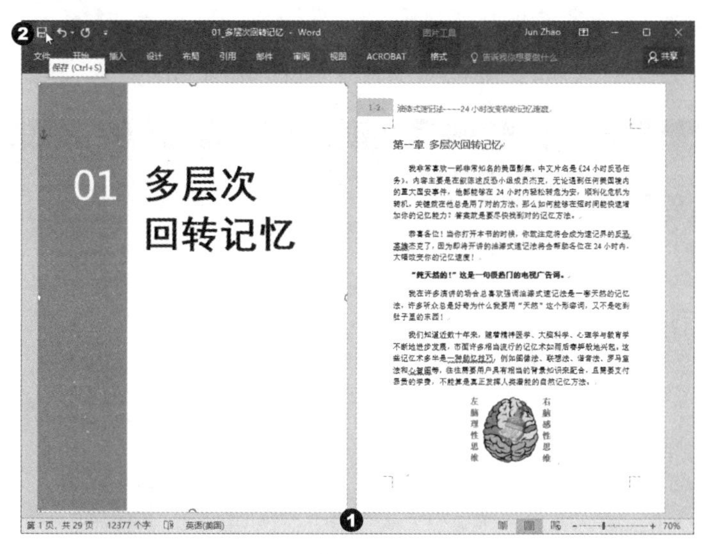

图 10-88

按照上面的方式按序完成 02、03、04 章章名页的设置并保存设置好的文件，其他 3 章的章名页如图 10-89 所示。

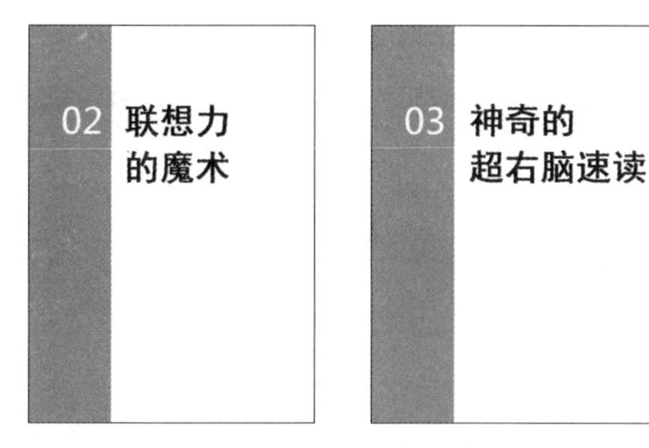

图 10-89

10.8.2 加入书名页

打开“推荐序 .docx”文件，这个文件将同时放入书名页、3 篇推荐序、自序等内容，稍后还会加入目录。

打开该文件后，首先要在第一页加入书名页，书名页之后一般为空白页，也可以加入版权声明或出版物的编目资料。此处以空白页作为示范。

1. 插入空白页：打开“推荐序 .docx”文件，将输入点放在第一页的开始处，在“插入”选项卡中单击“空白页”按钮以便插入空白页，如图 10-90 所示。

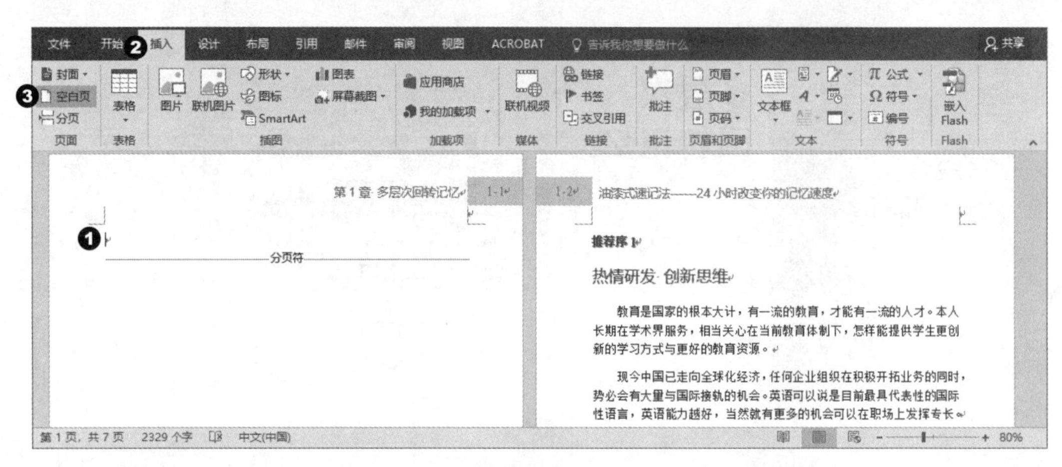

图 10-90

2. 以插入图片的方式插入书名页：将输入点放在第一页的开始处，在“插入”选项卡中单击“图片”按钮，找到“书名页”图片文件后，将其插入文件中并重设大小，使其贴满整个页面，具体步骤如图 10-91 ～图 10-93 所示。

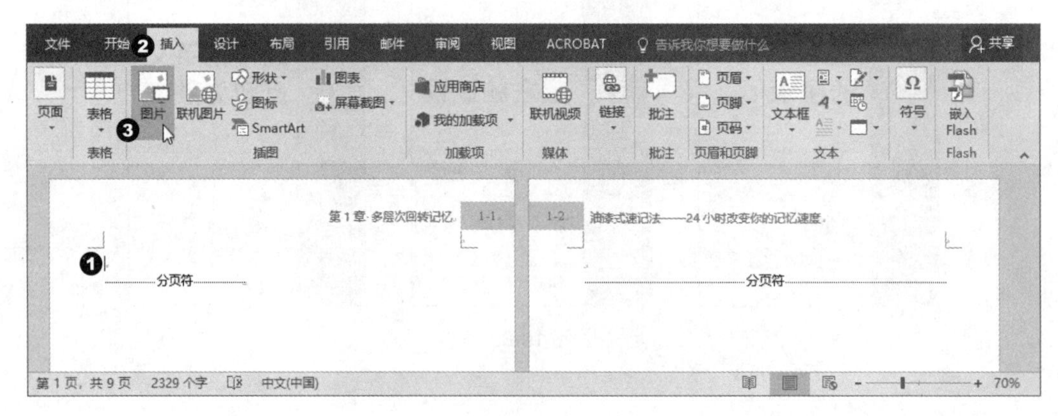

图 10-91

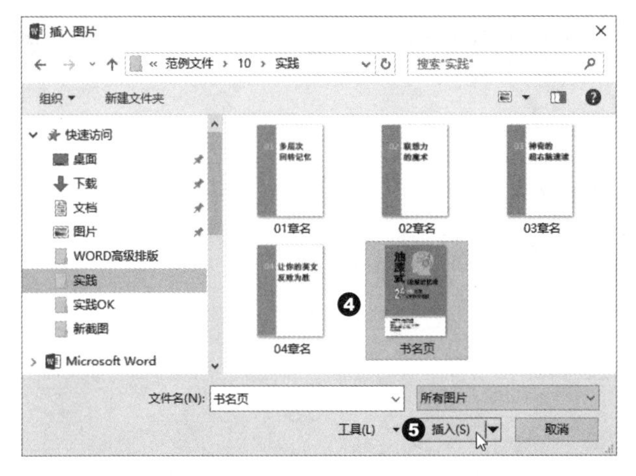

图 10-92

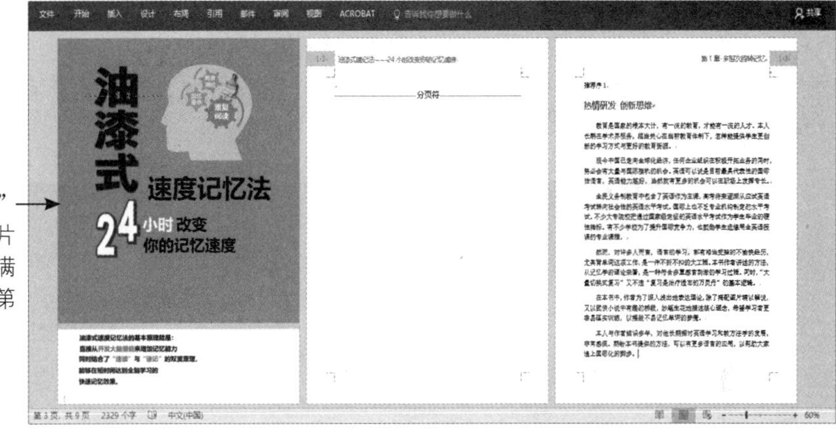

图 10-93

因为第二页会显示页眉和页脚信息，所以可自行用“形状”按钮插入一个白色矩形。

10.8.3 推荐序与页眉信息的设置

从第 3 页开始放“推荐序 1”，第 5 页开始放“推荐序 2”，第 7 页开始放“推荐序 3”，第 9 页开始放“自序”，同时设置页眉，让右侧的页眉能显示出推荐序与自序的不同。至于页码部分，则改使用罗马编号，同时由书名页开始编码。

1. 在推荐序 1 开始处插入分节符：将鼠标指针放在“推荐序 1”文字前，单击“布局”选项卡中的“分隔符”按钮，并在下拉列表中选择“下一页”分节符，如图 10-94 所示。

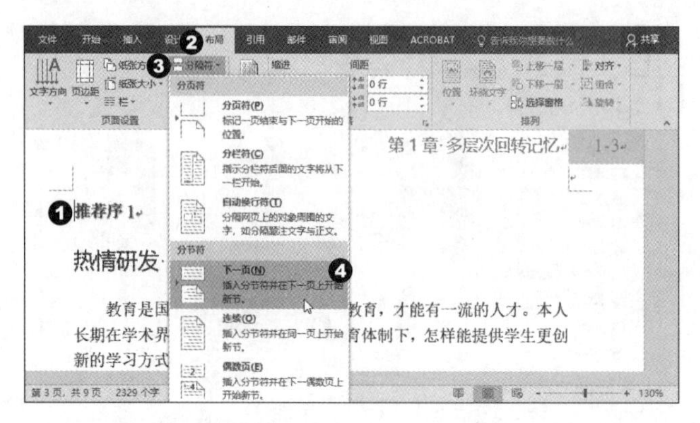

图 10-94

2. 设置推荐序 1 的页眉文字与页码格式：双击推荐序 1 的页眉处，进入页眉编辑状态，将标题名称更改为“推荐序 1”，单击页码“1-3”，将前方的章名删去。接着单击“设计”选项卡中的“页码”按钮，再选择“设置页码格式”选项，将“编码格式”设为罗马数字后，页码编排方式设为“续前节”，最后单击“确定”按钮退出就会看到更改后的结果，具体步骤如图 10-95 ～图 10-97 所示。

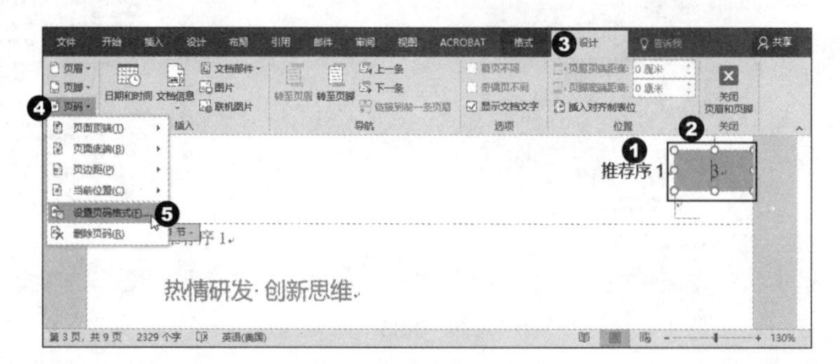

图 10-95

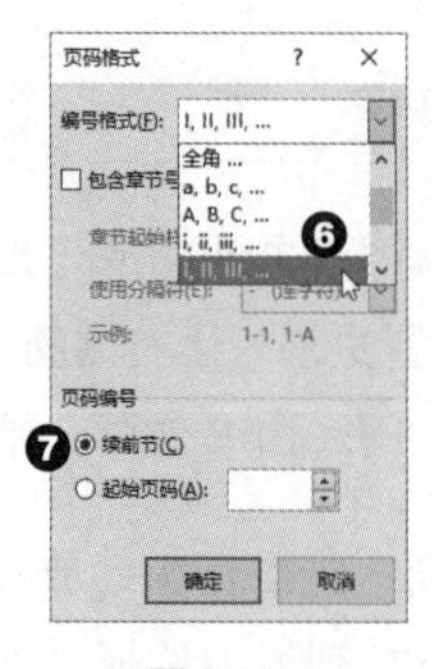

图 10-96

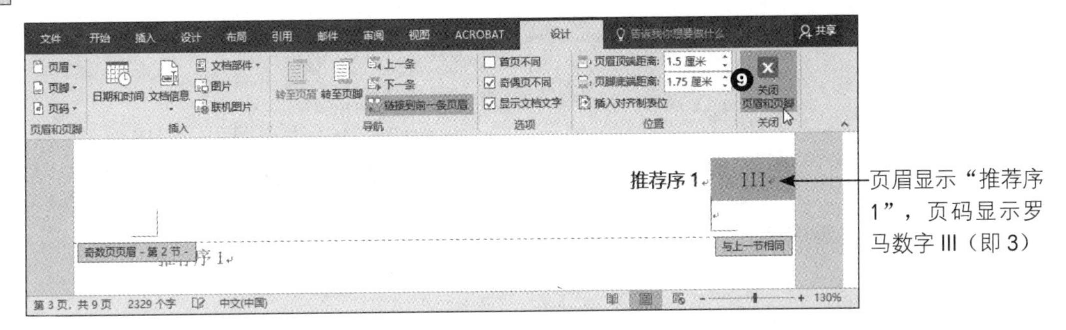

图 10-97

奇数页的页眉设置完成后，移到下一页，在偶数页的页眉处，将页码编号的章名编号删除，完成偶数页页码的修改，如图 10-98 所示。

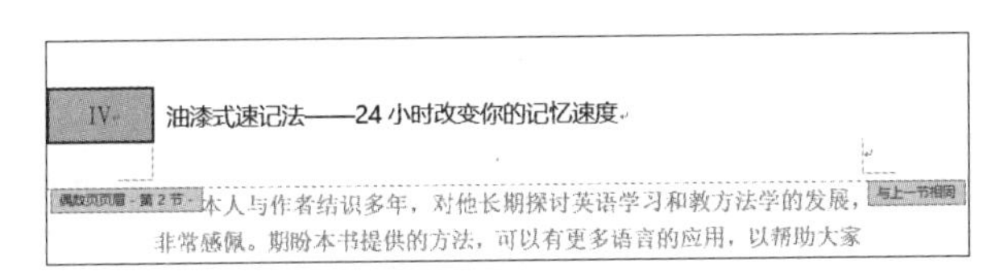

图 10-98

3. 设置推荐序 2 的页眉文字：将输入点放在“推荐序 2”文字前，单击“布局”选项卡中的“分隔符”按钮，接着从下拉列表中选择“下一页”分节符。双击页眉，以便进入页眉编辑状态，再单击“设计”选项卡中的“链接到前一条页眉”按钮，取消链接状态，再将标题名称更改为“推荐序 2”。如此一来，在阅读“推荐序 1”页面时，奇数页的页面会显示“推荐序 1”的页眉信息，在阅读“推荐序 2”页面时，页眉显示的信息为“推荐序 2”。具体步骤如图 10-99 ～图 10-101 所示。

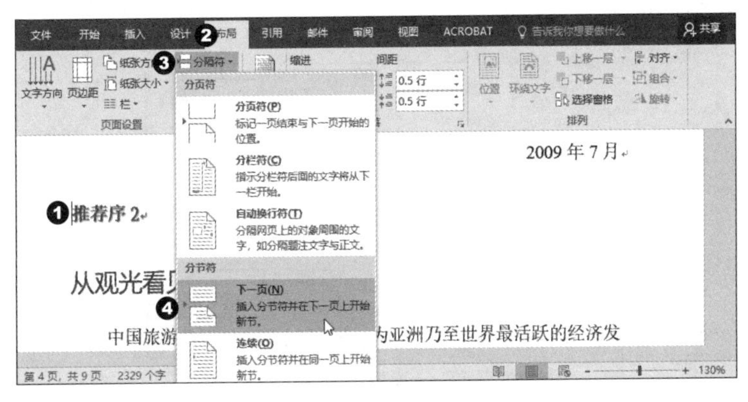

图 10-99

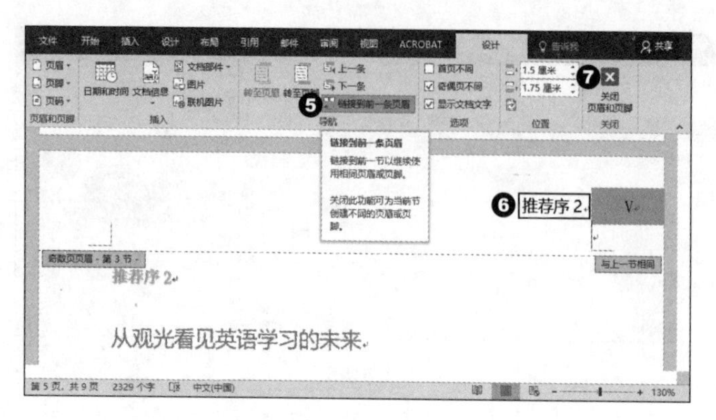

图 10-100

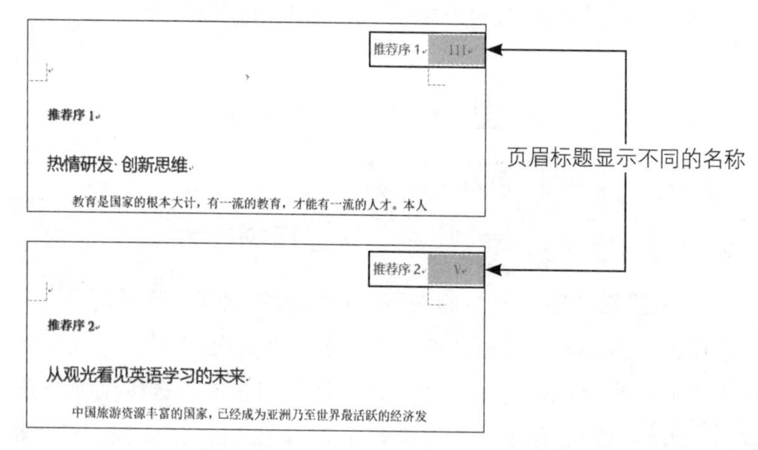

图 10-101

确认没问题后，自行以相同方式设置“推荐序 3”与“自序”的页眉标题，设置之后的结果如图 10-102 所示。

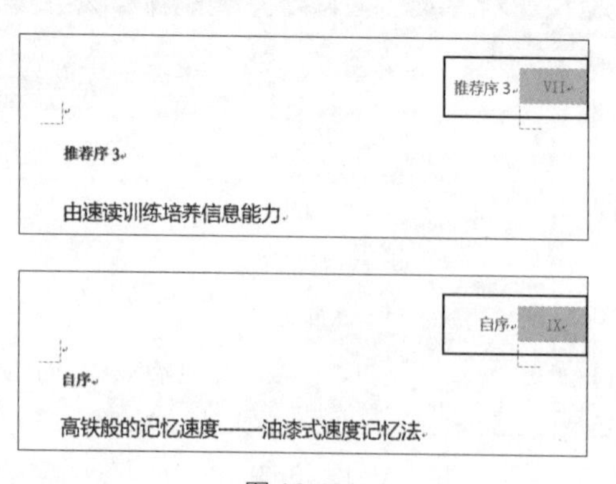

图 10-102

10.8.4 加入章节目录

在完成“推荐序 .docx”文件之后，我们要继续加入章节目录。由于各章放置在不同的文件中，因此可以在加入目录之后，再将其复制到“推荐序 .docx”后面。

1. 自定义目录：先打开“01_多层次回转记忆 .docx”文件，将输入点放在文件最后，在“引用”选项卡中单击“目录”按钮，从下拉列表中选择“自定义目录”选项，随后弹出“目录”对话框。取消选择“使用超链接而不使用页码”复选框，确认勾选“显示页码”和“页码右对齐”复选框，并设置“制表符前导符”，格式设为“来自模板”，“显示级别”设为 2，再单击“选项”按钮以确定“目录建自”是否设置在“标题 1”与“标题 2”的位置上，单击“确定”按钮退出当前对话框。再单击“修改”按钮进入“样式”对话框，把“目录 1”修改成褐色粗体，按序退出对话框，就会看到创建完成的目录。具体步骤如图 10-103 ～图 10-107 所示。

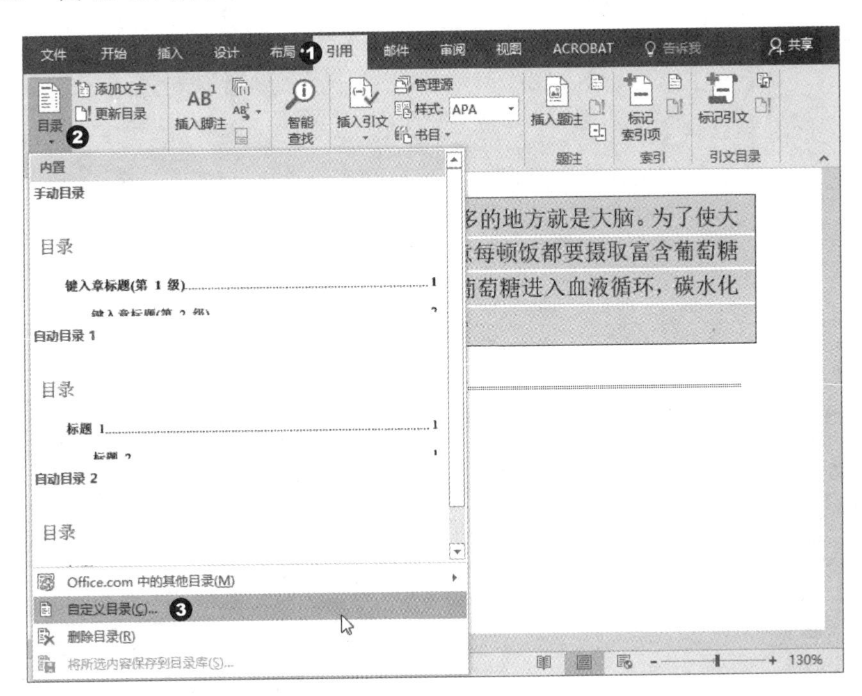

图 10-103

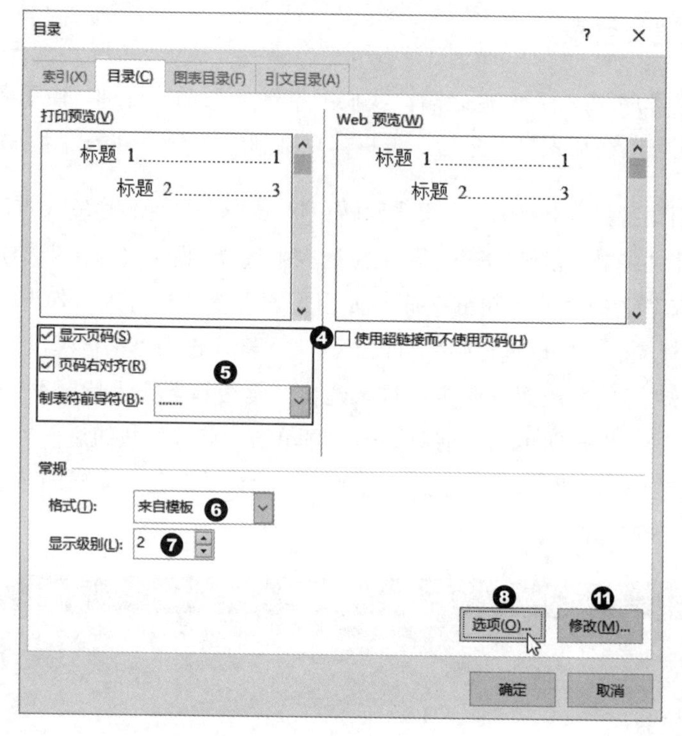

图 10-104

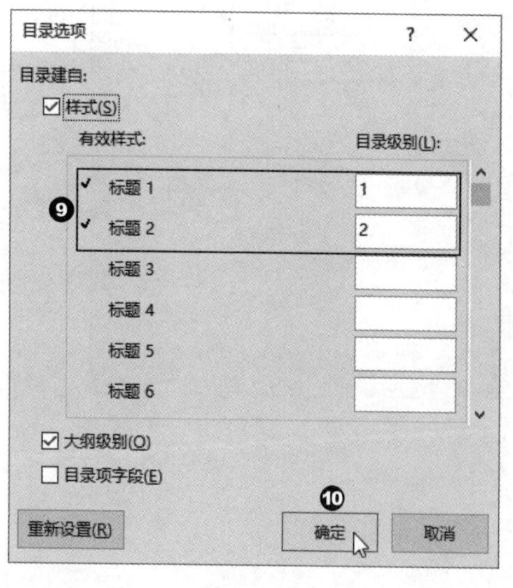

图 10-105

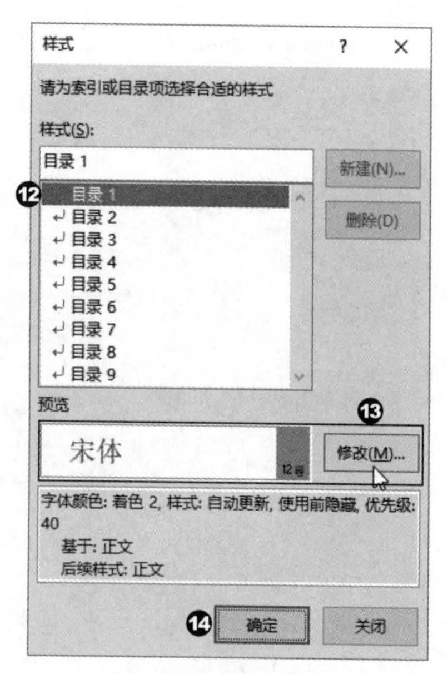

图 10-106

第一章· 多层次回转记忆 2
1-1 大脑当家 3
1-2 分工的左右脑 4
1-3 全脑开发 6
1-4 记忆守门员——海马回与杏仁核 8
1-5 左右脑间的桥梁——胼胝体 9
1-6 神奇的脑电波 10
1-7 运动能让脑力更 UP 12
1-8 大脑与记忆 13
1-9 记忆的形成 15
1-10 油漆式速记法的发明 17
1-11 记忆就像刷油漆 19
1-12 回转寿司理论 21
1-13 记住就是忘记 23
1-14 固化记忆的秘诀 25

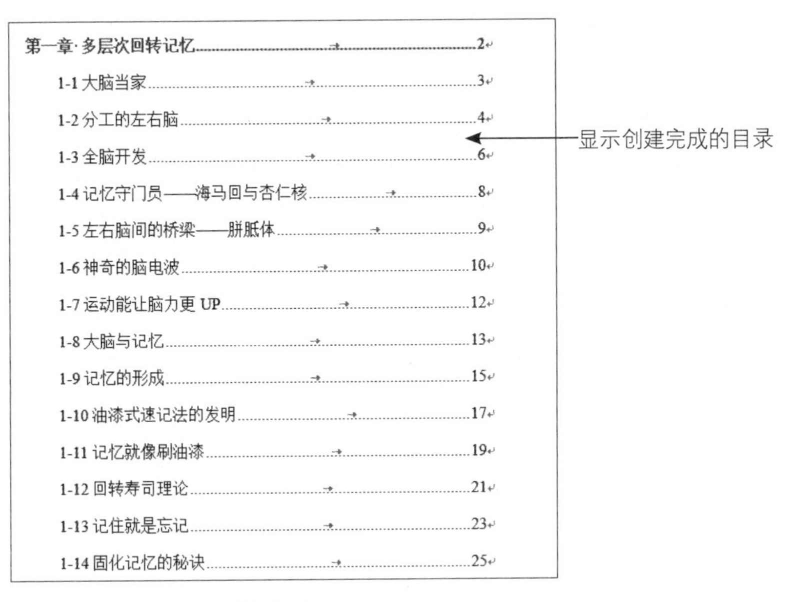

图 10-107

2. **手动方式加入章的编号**：由于先前在设置版面布局时是直接在页码前加入章的编号，因此现在需使用手动方式加入章的编号。直接将输入点放在各个页码之前，再输入“1-”，目录显现的结果如图 10-108 所示。

第一章· 多层次回转记忆 1-2
1-1 大脑当家 1-3
1-2 分工的左右脑 1-4
1-3 全脑开发 1-6
1-4 记忆守门员——海马回与杏仁核 1-8
1-5 左右脑间的桥梁——胼胝体 1-9
1-6 神奇的脑电波 1-10
1-7 运动能让脑力更 UP 1-12
1-8 大脑与记忆 1-13
1-9 记忆的形成 1-15
1-10 油漆式速记法的发明 1-17
1-11 记忆就像刷油漆 1-19
1-12 回转寿司理论 1-21
1-13 记住就是忘记 1-23
1-14 固化记忆的秘诀 1-25

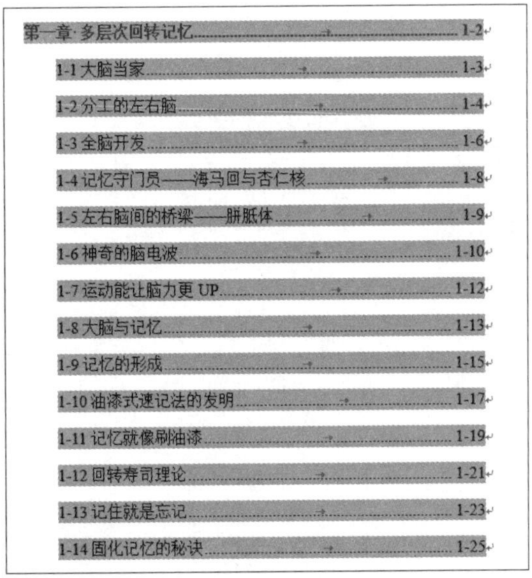

图 10-108

3. 剪切目录再粘贴到推荐序的后面：打开“推荐序 .docx”文件，在“自序”的最后一行按 Enter 键，并输入“目录”二字。把输入点放在“目录”文字前，再单击“布局”选项卡中的“分隔符”，从下拉列表中选择“下一页”选项，以使目录移到下一页。进入页眉编辑状态后，先到“设计”选项卡中单击“链接到前一条页眉”按钮，取消这个功能，再将标题修改为“目录”。退出页眉编辑状态后，选择刚才修改好的目录，按 Ctrl + X 组合键剪切下目录，然后按 Ctrl + V 组合键粘贴到推荐序文件的“目录”文字后面。具体步骤如图 10-109 ～图 10-111 所示。

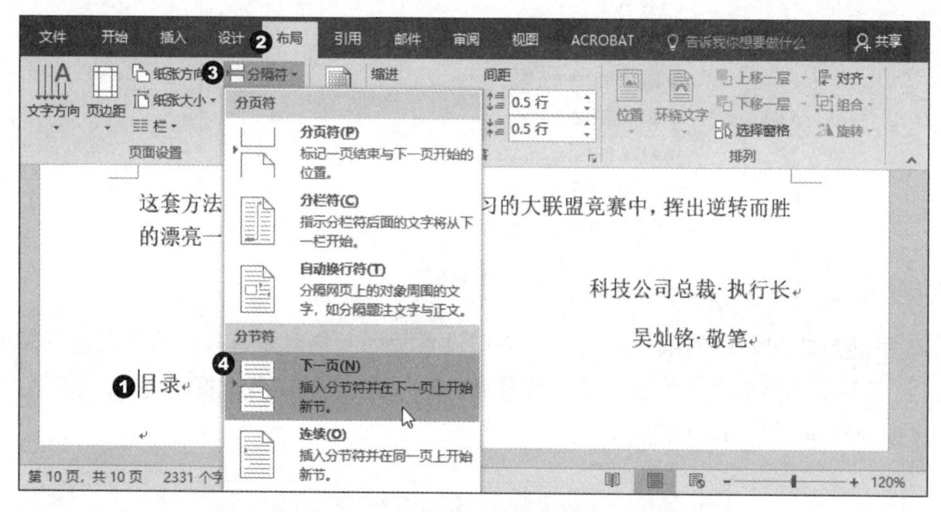

图 10-109

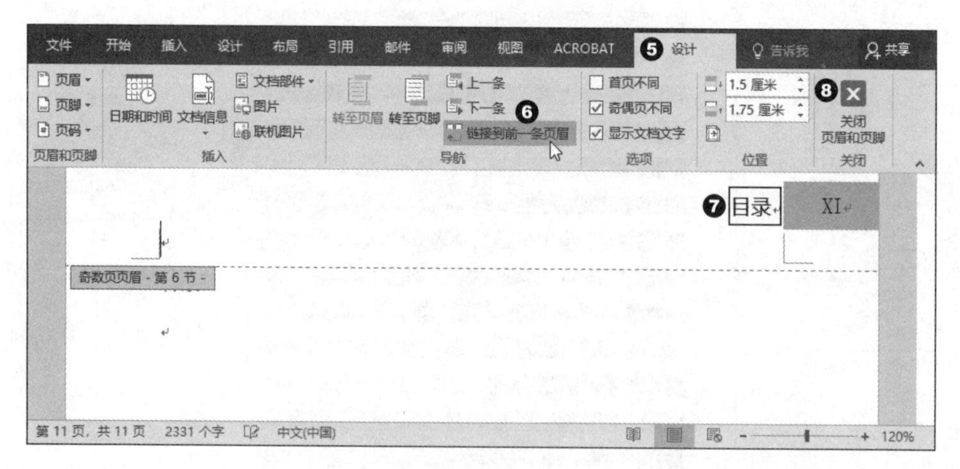

图 10-110

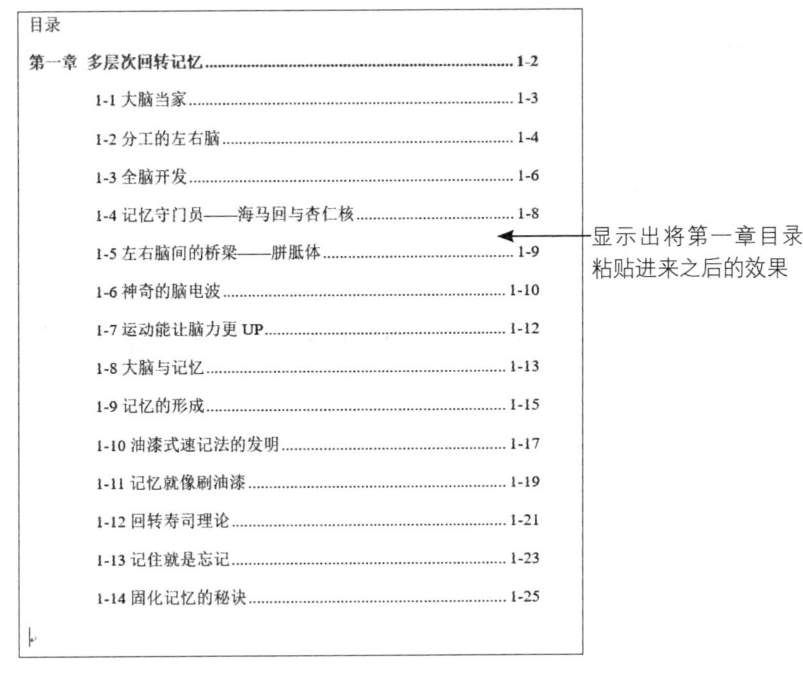

目录

图 10-111

接下来按照相同的方式按序将第二章、第三章、第四章的目录粘贴到“推荐序 .docx”文件的后面，最后的结果如图 10-112 所示。

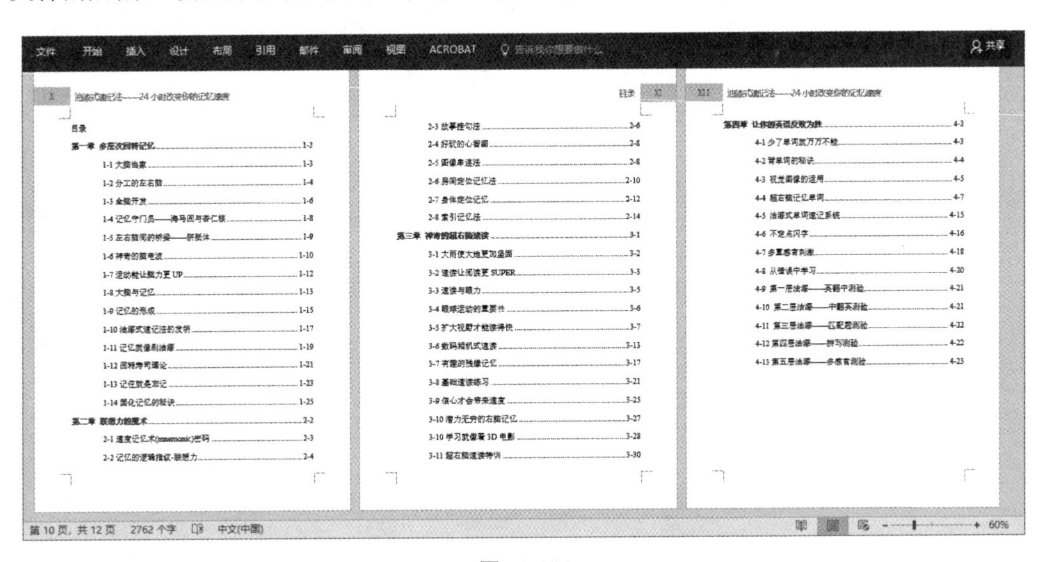

图 10-112

10.8.5 主控文档的设置

1. 插入子文件到主控文档：先使用模板文件打开空白文件，删除所有文件内容后，在“视图”选项卡中单击“大纲”按钮，之后在“大纲显示”选项卡中单击“显示文档”按钮，接着单击“插入”按钮，在“插入子文档”对话框中按照书的编排顺序将推荐序、01、02、03、04 等子文件打开到主控文档中（按 Delete 键把前面多余的分节符删除掉）。具体步骤如图 10-113 ～图 10-116 所示。

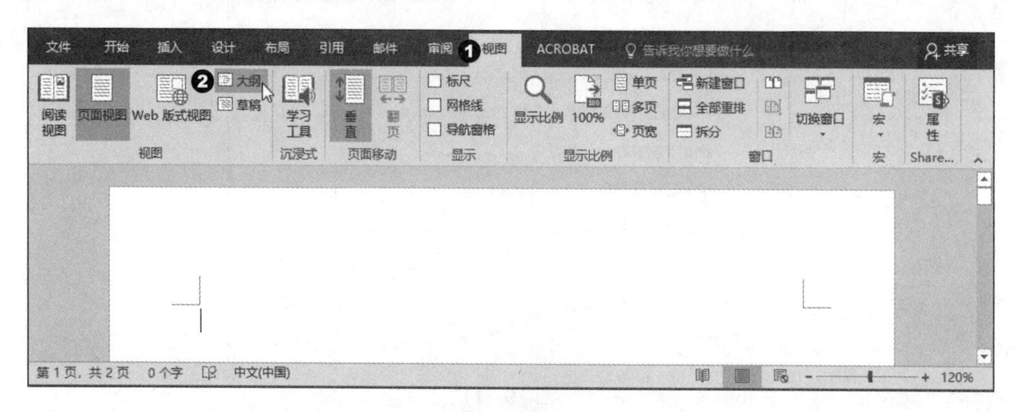

图 10-113

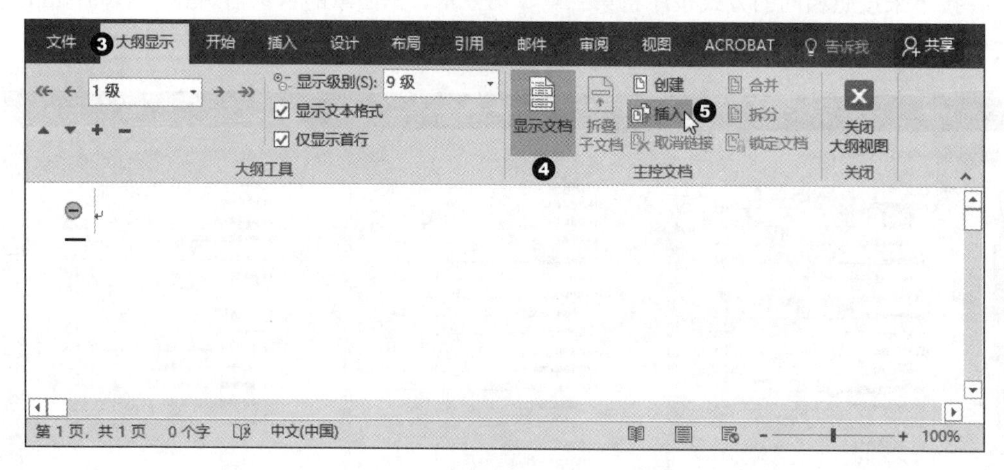

图 10-114

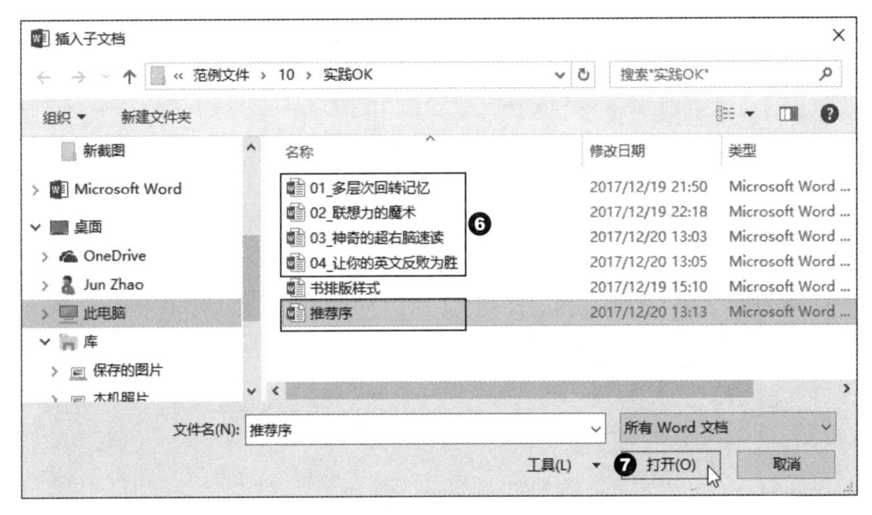

图 10-115

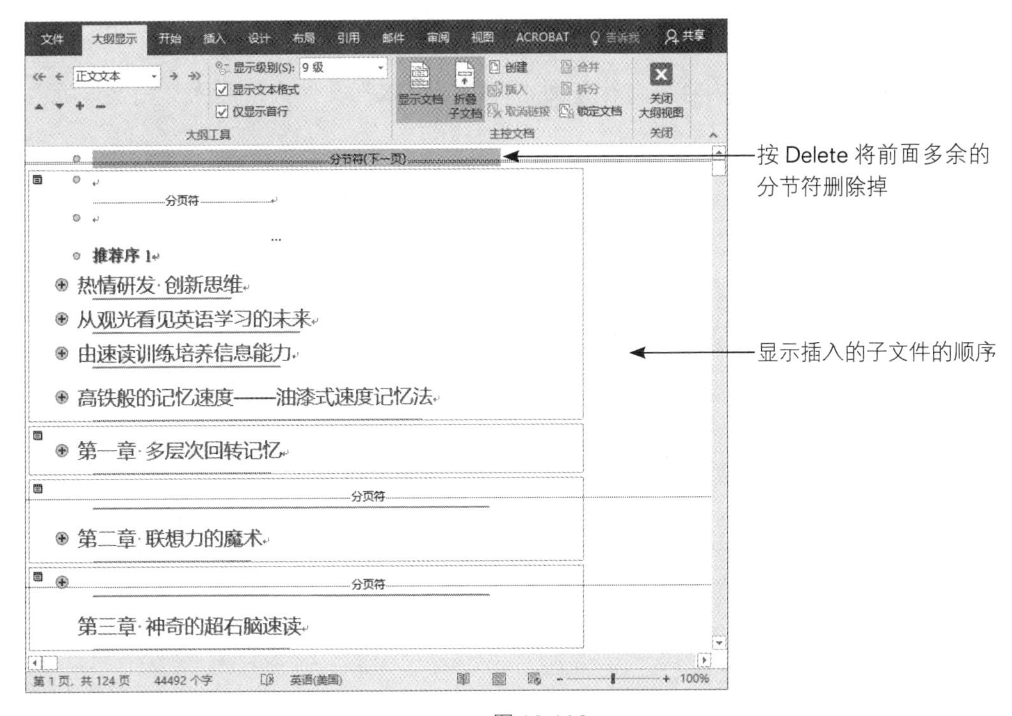

图 10-116

2. 保存主控文档：先切换到“视图”，浏览整个文件都没问题后，在“文件”选项卡中选择“另存为”选项，将文件保存为“主控文档.docx”，步骤如图 10-117 所示。

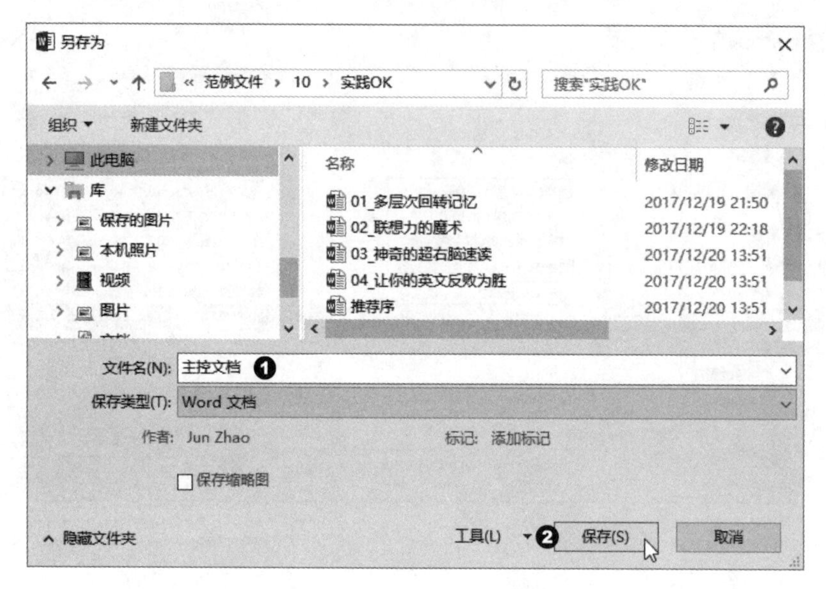

图 10-117

文件合并后的完整排版内容可自行参阅“10\ 实践 OK”文件夹中名为“完整排版内容 OK.docx”的文件。

第 11 章

快速修正排版错误

Word 程序提供了多种工具帮助作者或编排人员进行快速修正，如查找与替换功能就是提高排版效率的法宝。大家在第 3 章的实践中已经体验过如何快速删除多余的空格，以及进行标点符号的修正。本章将更深入地讨论修正错误的方法与技巧，让排版效率更上一层楼。

11.1

自动校对文件

在输入中英文文字时，Word会自动判读文字，同时分析所输入的拼写或语法是否有错，如果拼写有问题，就会马上在单词下方显示波浪状的红线，如果是语法上的错误，就会出现蓝色的波浪状线条，如图 11-1 所示。在我们在输入文件内容时，要特别注意有这类标记的地方，看看是否有什么问题。

Quick memorization method
速记心法
Remembeing a large amount of informtion is like painting. You have to look at a wall as a unit and keep painting again and again in several layers so that the wall eventually becomes even and beautiful. The Painting Quick Memorization Method applies the concept of painting to quick memorization. It is a method for quick memorization and speed reading "for large amount of information, using all parts of the brain and in a multi-level rotational manner". It utilizes the instinctive imagery association of the right brain as well as the analytical and comprehension practice of the left brain, together with a switching way of revision which makes use of a large amount of information that repeats several times in multiple layers, in order to achieve the miraculous multiplication effect for a whole-brain learning.
记忆大量信息就好像刷油漆一样，必须以一面墙为单位，反复多层次地刷，刷出来的墙才会均匀漂亮。油漆式速记法就是将刷油漆的概念应用在快速记忆，是一种“大量、全脑、多层次回转”的速读与速记方法，它利用右脑图像直觉联想，与结合左脑理解思考练习，搭配高速大量回转与多层次题组切换式复习，达到全脑学习奇迹式的相乘效果。

英文单词拼错了，会以红色波浪线条标记出来

语法错误则会以蓝色波浪线标记出来

图 11-1

如果文件中没有出现波浪状的线条，那么可能是 Word 选项功能没有启动。在“文件”选项卡中单击“选项”命令，切换到“校对”选项卡，确定“键入时检查拼写”“键入时标记语法错误”“随拼写检查语法”等复选框已处于勾选状态，如图 11-2 所示。

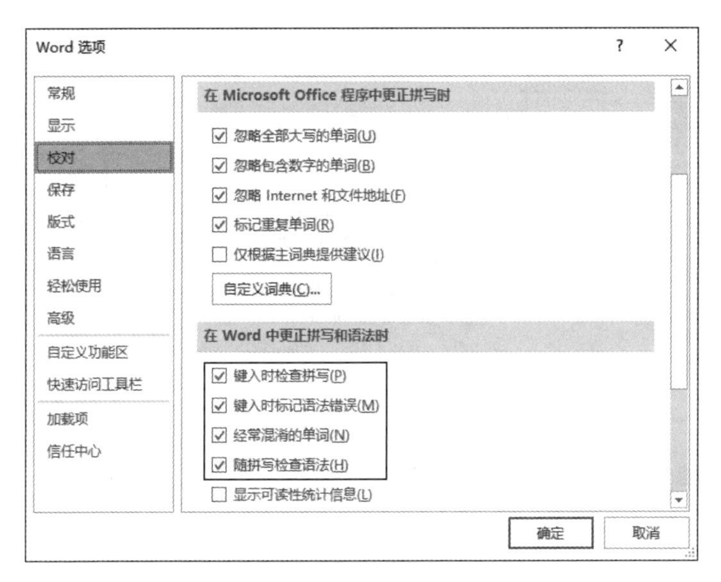

图 11-2

11.1.1 自动修正拼写与语法问题

当我们在文件中看到 Word 所标记的问题点时，只要右击该问题点的文字，就可以通过它的提示来自动修正拼写或语法问题。

➲ 自动修正拼写错误（见图 11-3 和图 11-4）

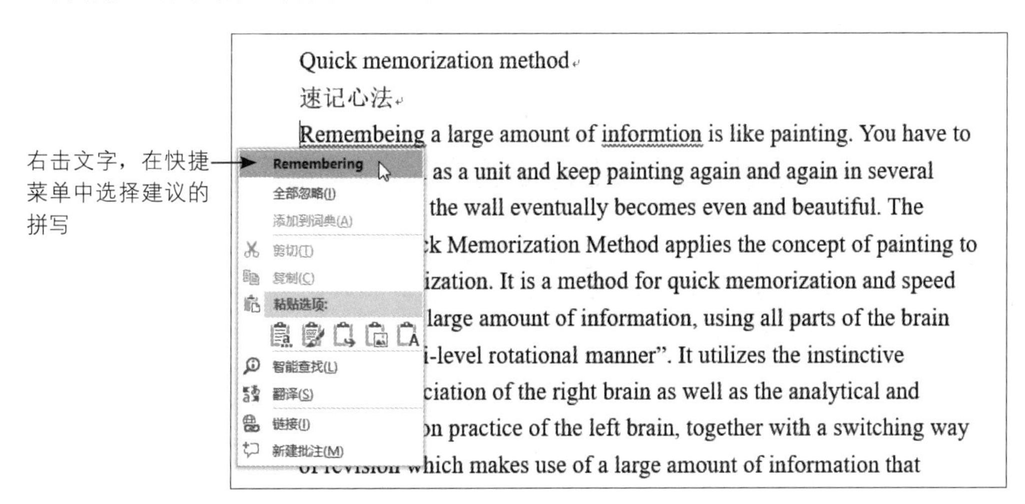

图 11-3

修正后的英文单词不再出现红色波浪线标记

Quick memorization method
速记心法
Remembering a large amount of information is like painting. You have to look at a wall as a unit and keep painting again and again in several layers so that the wall eventually becomes even and beautiful. The Painting Quick Memorization Method applies the concept of painting to quick memorization. It is a method for quick memorization and speed reading "for large amount of information, using all parts of the brain and in a multi-level rotational manner". It utilizes the instinctive imagery association of the right brain as well as the analytical and comprehension practice of the left brain, together with a switching way of revision which makes use of a large amount of information that

图 11-4

➲ 修正语法问题（见图 11-5 ～图 11-7）

miraculous multiplication effect for a whole-brain learning.
记忆大量信息就好像刷油漆一样，必须以一面墙为单位，反复多层次地刷，刷出来的墙才会均匀漂亮。油漆式速记法就是将刷油漆的概念应用在快速记忆，是一种"大量、全脑、多层次回转"的速读与速记方法，它利用右脑图像直觉联想，与结合左脑理解思考练习，搭配高速大量回转与多层次题组切换式复习，达到全脑学习奇迹式的相乘效果。

输入错误或特殊用法
忽略一次(I)
语法(G)...
剪切(T)
复制(C)
粘贴选项:
智能查找(L)
翻译(S)
链接(I)
新建批注(M)

❶ 右击蓝色波浪线标记的文字
❷ 选择"语法"选项

图 11-5

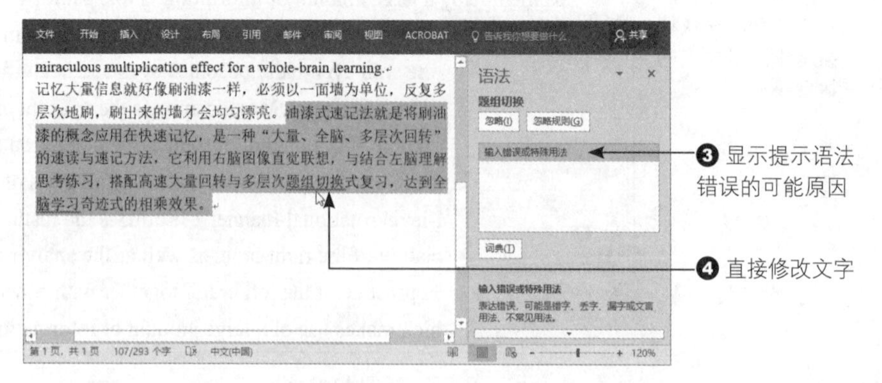

图 11-6

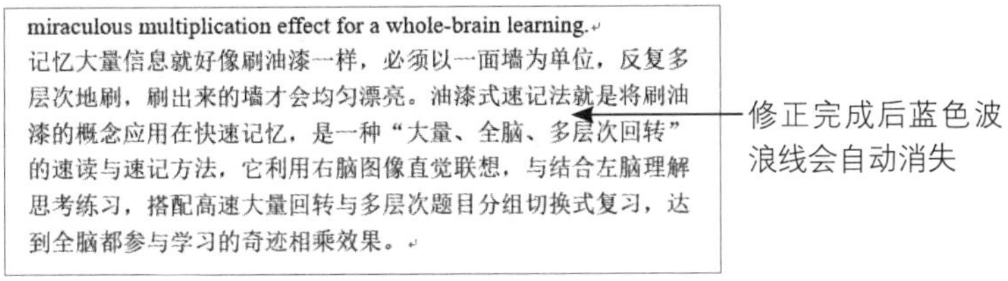

miraculous multiplication effect for a whole-brain learning.
记忆大量信息就好像刷油漆一样，必须以一面墙为单位，反复多层次地刷，刷出来的墙才会均匀漂亮。油漆式速记法就是将刷油漆的概念应用在快速记忆，是一种“大量、全脑、多层次回转”的速读与速记方法，它利用右脑图像直觉联想，与结合左脑理解思考练习，搭配高速大量回转与多层次题目分组切换式复习，达到全脑都参与学习的奇迹相乘效果。

修正完成后蓝色波浪线会自动消失

图 11-7

11.1.2 校对：拼写和语法检查

除了输入文字时自动修正错误外，也可以等到所有输入工作告一段落后，再单击“审阅”选项卡中的“拼写和语法”按钮，这样 Word 会按照标示的先后顺序来逐一校对。

将输入点放在文章的最前端，在“审阅”选项卡中单击“拼写和语法”按钮，当右侧出现“拼写检查”窗格时，按照文件内容选择“更改”或“忽略”按钮，按序逐一检阅并修正内容，具体步骤如图 11-8 和图 11-9 所示。

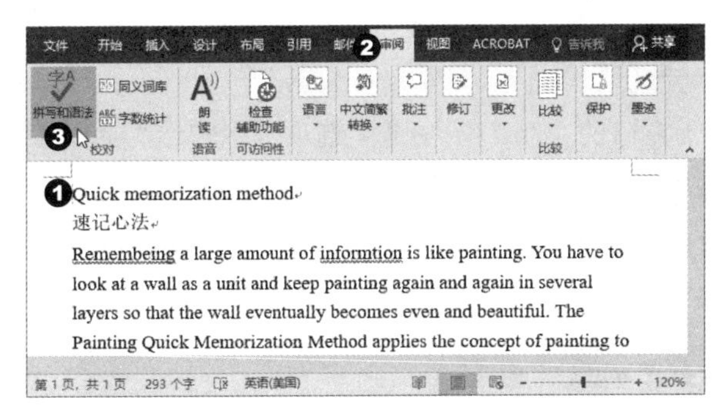

图 11-8

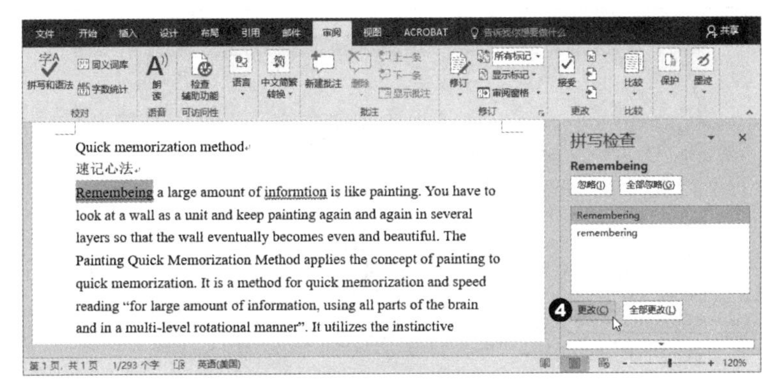

图 11-9

当所有有波浪线的文字都检查完毕后，就会出现如图11-10所示的声明检查完成对话框，单击“确定”按钮即可退出。

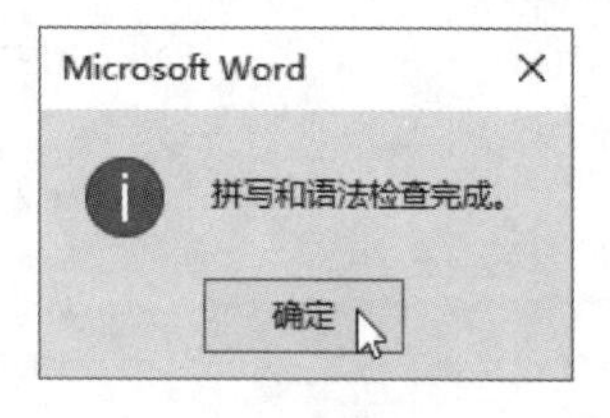

图 11-10

11.2 查找和替换文字

在编辑较长的文件时，想要从中查找并修改某一个特定的错别字，单凭肉眼搜索总会有遗漏的地方。Word 提供了“查找”与“替换”功能，可以快速在文件中找到指定的文字。下面来好好认识一下“查找”与“替换”功能，以便让错误无所遁形。

11.2.1 用导航窗格来搜索文字

“导航”窗格位于窗口的左侧。在“视图”选项卡中勾选“导航窗格”选项，或者在“开始”选项卡中单击“查找”按钮，从下拉列表中选择“查找”选项，打开“导航”窗格。在搜索栏中输入要查找的文字，按 Enter 键之后，文件中就会以黄底色把找到的文字标记出来，并且找到的文字处于被选中的状态，如图 11-11 所示。

说明

用快捷键迅速打开“导航”窗格

假如我们经常使用导航窗格来切换章节标题或搜索文字，也可以使用 Ctrl + F 快捷键。

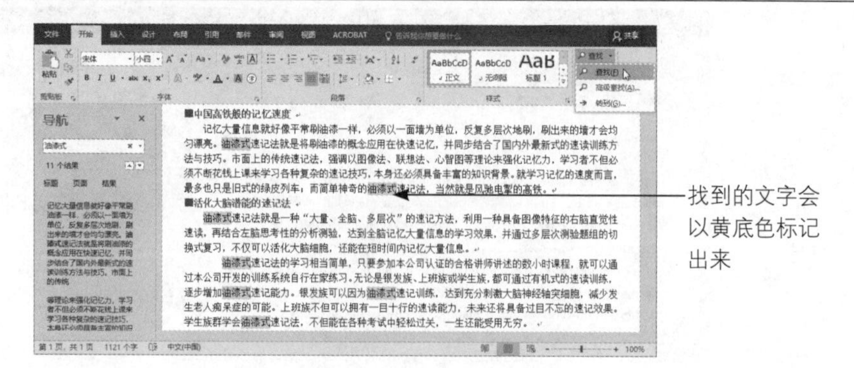

图 11-11

说 明

停止搜索结果

要消除已搜索到的黄底色标记，可在搜索字段后方单击 ✖ 按钮结束搜索，如图 11-12 所示，此时可回到文件之前的状态。

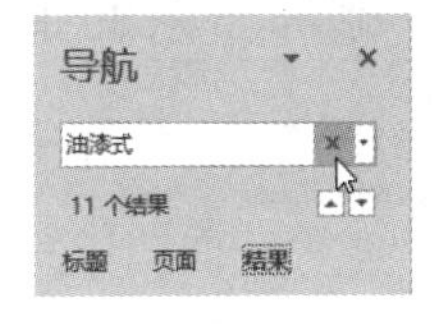

图 11-12

11.2.2 快速修改同一个错误

想要从文件中快速修改同一个错误，在“开始”选项卡中单击“替换”按钮，将会显示“查找和替换”对话框，输入要查找的内容，再在“替换为”文本框中输入要替换的文字，单击“查找下一处”按钮，将会逐一显示找到该文字的位置让我们确认，而单击“全部替换”按钮，则会将所有找到的文字一次性替换完成，步骤如图 11-13 所示。

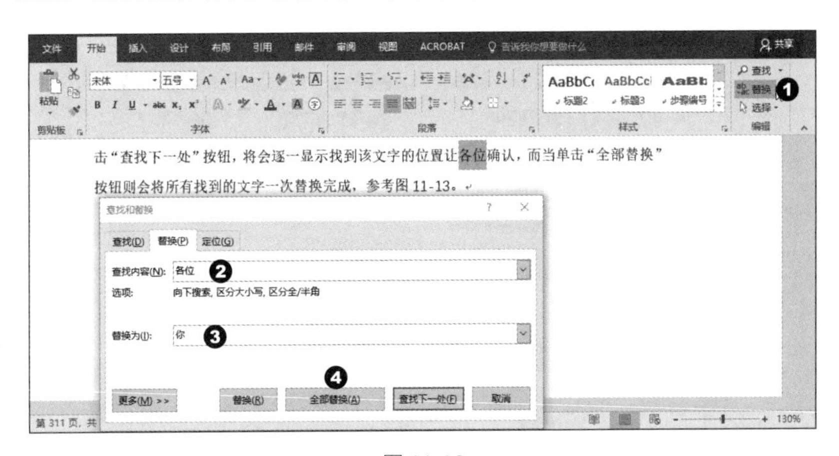

图 11-13

在“导航”窗格搜索后，可单击其后面的下拉按钮，再从下拉列表中选择“替换”选项，之后也会显示“查找和替换”对话框，让用户选择“替换”或“全部替换”，具体步骤如图 11-14 所示。

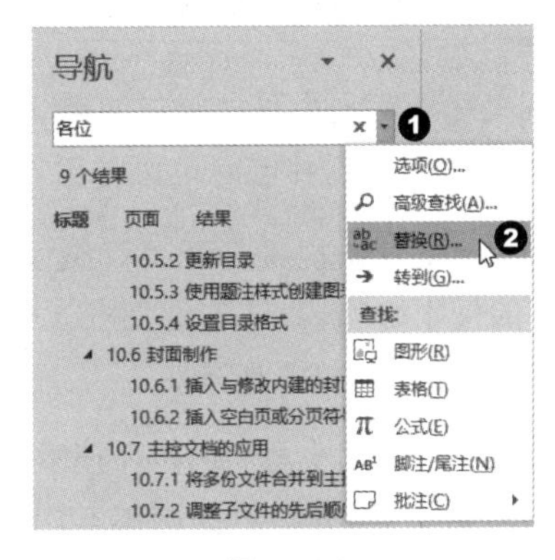

图 11-14

11.2.3　删除多余的半角或全角空格

在整理文稿时，经常有多余的半角或全角空格，如果要逐个手动删除掉，就得不停地按 Delete 键，而通过查找和替换功能能够一次性删除所有多余的半角或全角空格，步骤如图 11-15 和图 11-16 所示。

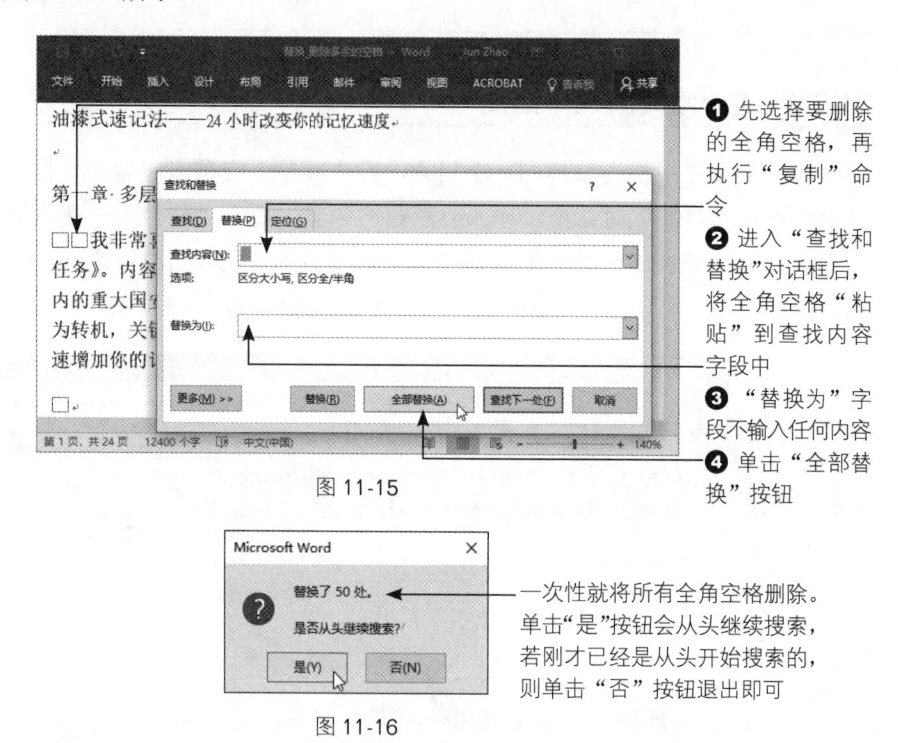

图 11-15

图 11-16

11.2.4　快速转换英文大小写

英文字母有大小写之分，如果文件中同一个单词有不同的写法，如 word、WORD、Word 等差异，那么排版时可以使用“查找和替换”功能来转换。

按 Ctrl + H 快捷键打开“查找和替换”对话框，单击左下角的 更多(M) >> 按钮会显示出下方的搜索选项，默认勾选“区分大小写”选项，而所勾选的选项会自动列在“查找内容”字段下方，如图 11-17 所示。

勾选“区分大小写”后，在搜索单词时，只有完全匹配 WORD 的文字才会被搜索到，其他如 word、Word 等单词则不会出现在查找的范围内。若取消勾选该选项，则 word、Word 等单词也会出现在搜索的范围内。

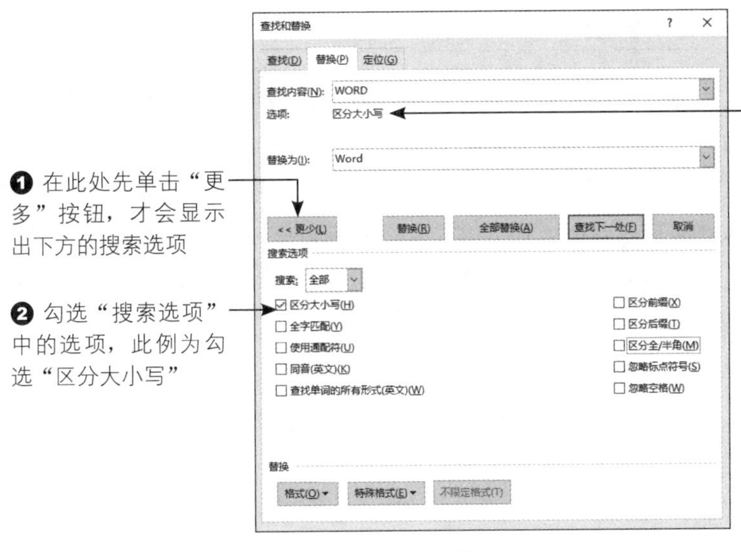

图 11-17

11.2.5 快速转换半角与全角字符

在排版文件时，有时因为输入法设置的不同或不小心处于不正确的输入模式而使得文件中同时出现半角或全角的字符。例如，Word（半角）、Ｗｏｒｄ（全角），或者出现全 / 半角混合的英文单词（如Ｗord），对于这种情况，我们可以使用“查找和替换”功能来修正。

按 Ctrl + H 快捷键打开“查找和替换”对话框后，取消勾选“区分全 / 半角”选项，再执行“替换”命令，那么无论是半角、全角还是全 / 半角混合的字符，都可以一起被替换，如图 11-18 所示。

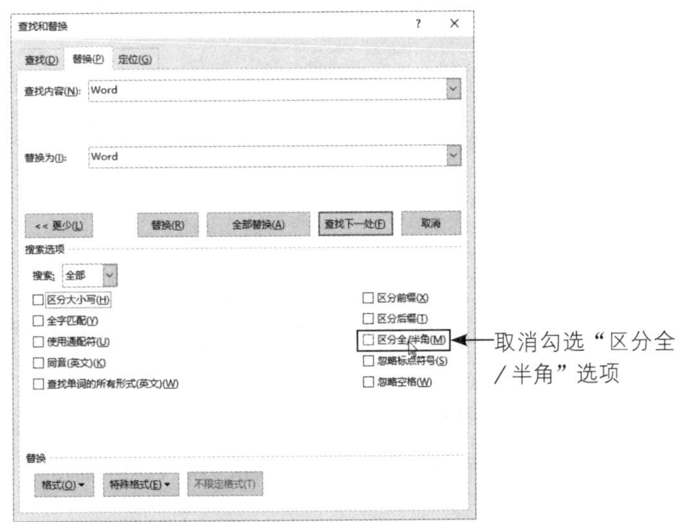

图 11-18

11.2.6 使用通配符查找和替换

通配符用于在 Word 中查找和替换时指定某一类内容。最常使用的通配符“？”可作为“任意单个字符”，如在“查找内容”中输入“P？I”，即可搜索出 PAI、PLI、PUI 等文字，中间可包含任意字符。而通配符“*”则代表任意零个或多个字符，如要查找“C*T”时，就可能搜索到 CAT、CUT、COAT、COURT 等一系列文字，也就是以 C 开头且以 T 结尾的文字都会被查找出来。若要用通配符搜索数字，则可以使用“#”，如要查找“5#”，则 51、58、50 等都符合条件。

要使用通配符进行查找和替换，先在“查找和替换”对话框中勾选“使用通配符”选项，再到“查找内容”中输入查找语法（含有通配符的搜索语法），具体步骤如图 11-19 所示。

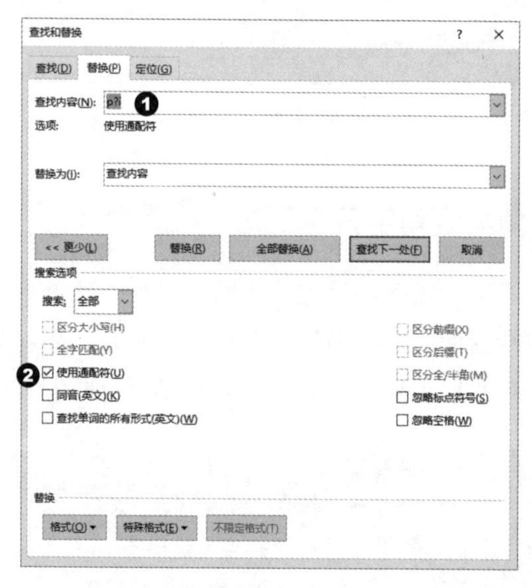

图 11-19

11.3 以“特殊格式”进行替换

在进行查找和替换时，也可以使用“特殊格式”，如多余的段落标记、多余的空白区域、任意字符、任意数字、任意字母、分节符、分栏符等，都可以在“特殊格式”下拉按钮中找到，如图 11-20 所示。

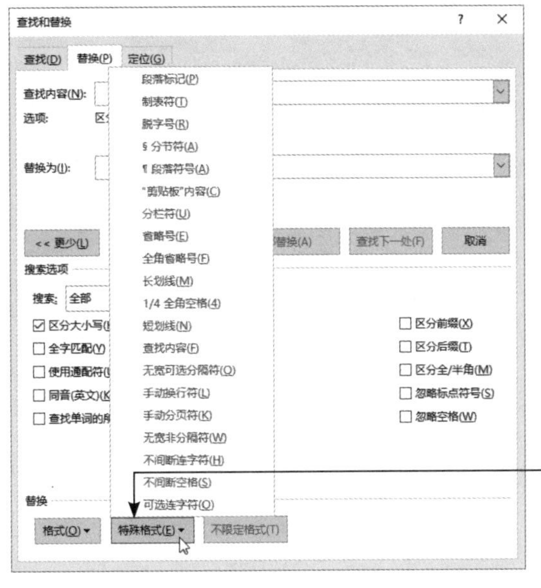

图 11-20

11.3.1 删除段落之间的空白段落

还记得本书教大家应用样式时，花了许多时间删除两个段落之间的空白段落。如果大家会使用"特殊格式"功能来删除多余的段落标记，就可以省去很多按Delete键的重复操作。下面实例的具体步骤如图 11-21 ～图 11-25 所示。

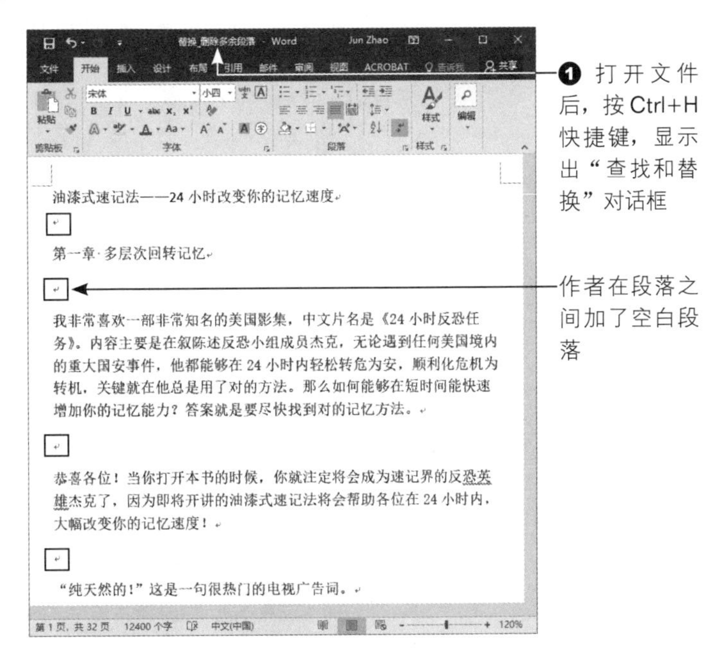

图 11-21

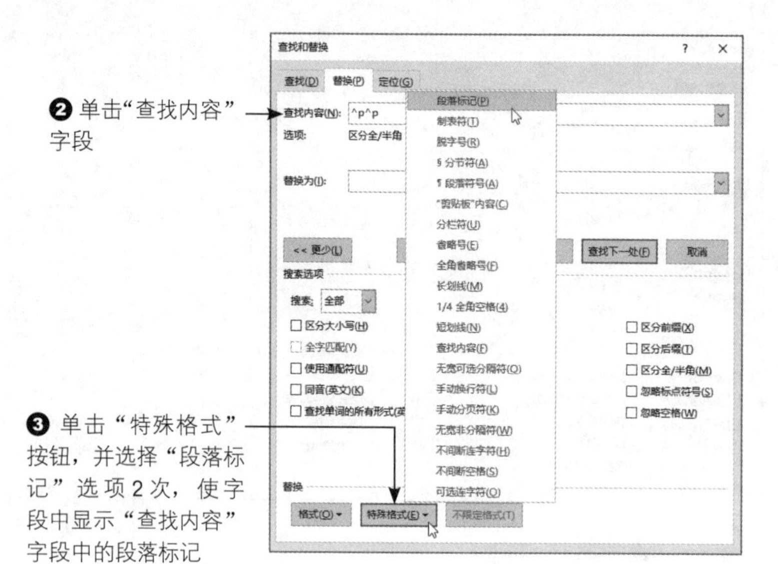

图 11-22

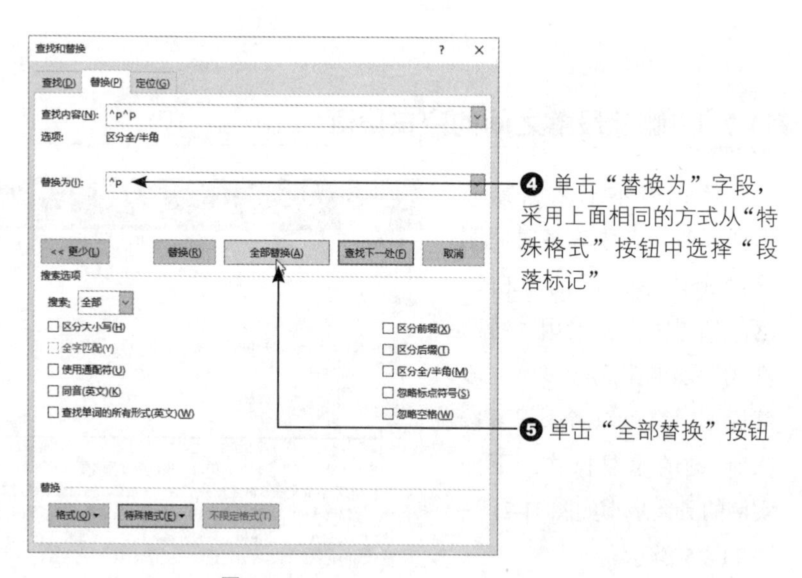

图 11-23

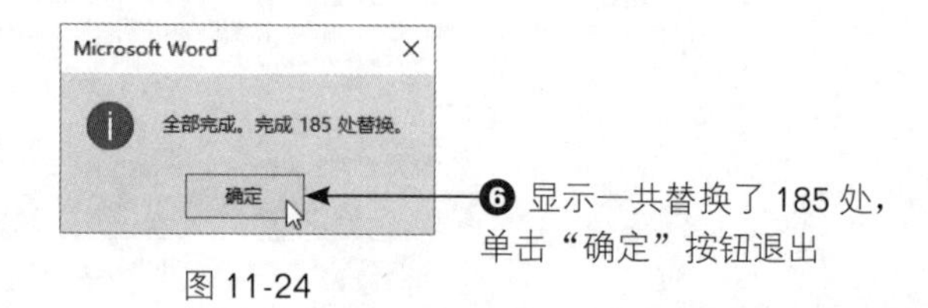

图 11-24

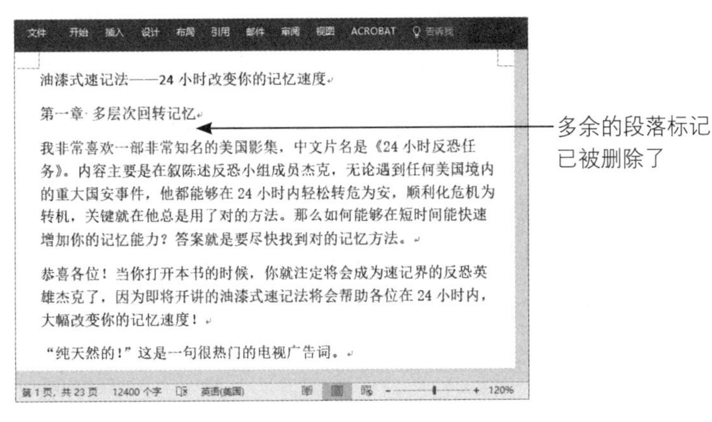

图 11-25

11.3.2 删除文件中所有的图形

想要删除文件中所有的图形，也可以通过“特殊格式”来加以删除。只要在“查找内容”字段中选择“特殊格式”下的“图形”选项，而“替换为”字段保留空白，就可以将文件中的所有图形一次性删除，步骤如图 11-26 所示。

图 11-26

11.4 查找和替换格式

Word 的查找和替换功能也可以对“格式”进行查找与替换，单击“格式”按钮，可以看到列表中包含字体、段落、制表位、语言、图文框、样式、突出显示等选项，如图 11-27 所示。

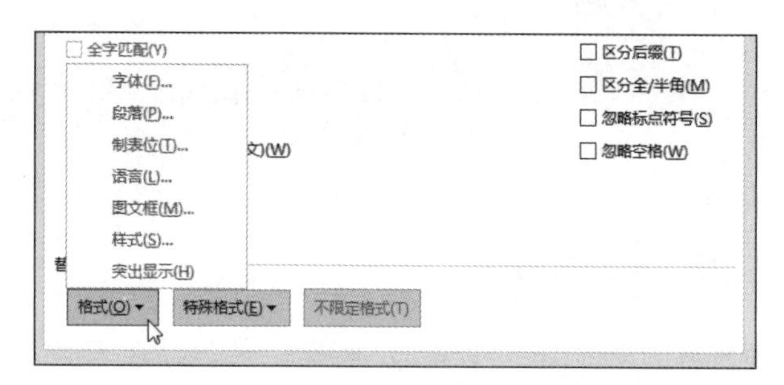

图 11-27

用户可以使用“格式”按钮对应的下拉列表所提供的各项功能来进行目标内容以及替换格式的设置。

11.4.1 替换与更改字体格式

打开“替换_格式.docx”文件，使用“开始”选项卡中的“替换”功能把“标题 1”样式的红色宋体字体变更成绿色的方正舒体字体，具体步骤如图 11-28 ～图 11-34 所示。

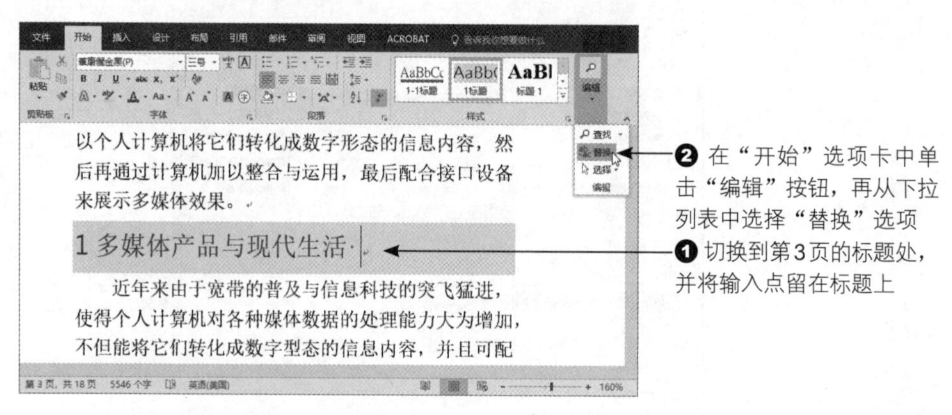

图 11-28

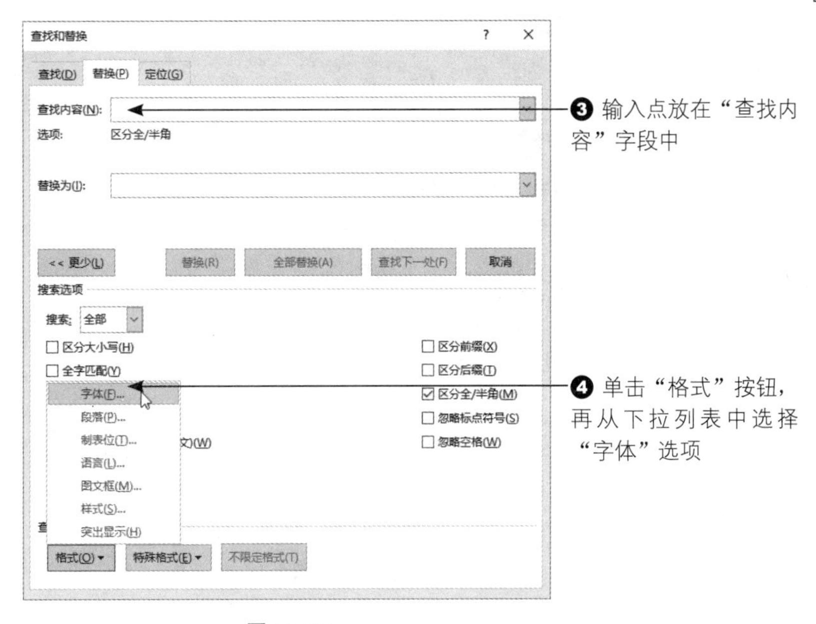
查找和替换
查找(D)
替换(P)
定位(G)
查找内容(N):
选项:
区分全/半角
替换为(I):
<< 更少(L)
替换(R)
全部替换(A)
查找下一处(F)
取消
搜索选项
搜索:
全部
区分大小写(H)
全字匹配(Y)
字体(F)...
段落(P)...
制表位(T)...
语言(L)...
图文框(M)...
样式(S)...
突出显示(H)
区分前缀(X)
区分后缀(T)
区分全/半角(M)
忽略标点符号(S)
忽略空格(W)
格式(O)
特殊格式(E)
不限定格式(T)
❸ 输入点放在“查找内容”字段中
❹ 单击“格式”按钮，再从下拉列表中选择“字体”选项

图 11-29

查找字体
字体(N)
高级(V)
中文字体(T):
字形(Y):
字号(S):
常规
倾斜
加粗
初号
小初
一号
西文字体(F):
所有文字
字体颜色(C):
下划线线型(U):
下划线颜色(I):
着重号(·):
无颜色
效果
删除线(K)
双删除线(L)
上标(P)
下标(B)
小型大写字母(M)
全部大写字母(A)
隐藏(H)
预览
微软卓越 AaBbCc
设为默认值(D)
确定
取消
❺ 选择文字原先设置的颜色
❻ 单击“确定”按钮

图 11-30

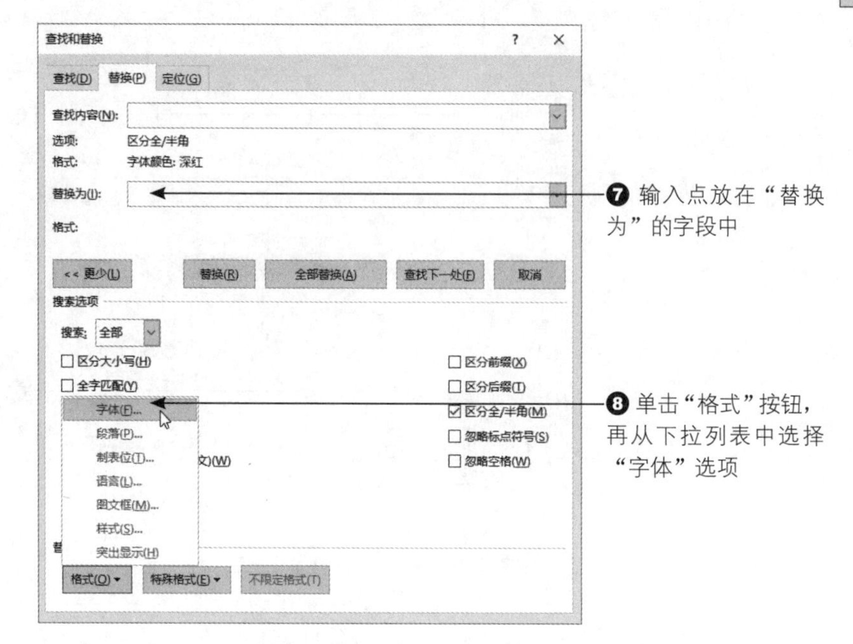
查找和替换
查找(D)
替换(P)
定位(G)
查找内容(N):
选项: 区分全/半角
格式: 字体颜色: 深红
替换为(I):
格式:
<< 更少(L)
替换(R)
全部替换(A)
查找下一处(F)
取消
搜索选项
搜索: 全部
区分大小写(H)
全字匹配(Y)
字体(F)...
段落(P)...
制表位(T)...
语言(L)...
图文框(M)...
样式(S)...
突出显示(H)
区分前缀(X)
区分后缀(T)
区分全/半角(M)
忽略标点符号(S)
忽略空格(W)
格式(O)
特殊格式(E)
不限定格式(T)
❼ 输入点放在“替换为”的字段中
❽ 单击“格式”按钮，再从下拉列表中选择“字体”选项

图 11-31

替换字体
字体(N)
高级(V)
中文字体(T):
方正舒体
字形(Y):
常规
倾斜
加粗
字号(S):
初号
小初
一号
西文字体(F):
所有文字
字体颜色(C):
下划线线型(U):
下划线颜色(I):
无颜色
着重号(·):
效果
删除线(K)
双删除线(L)
上标(P)
下标(B)
阴影(W)
空心(O)
阳文(E)
阴文(G)
小型大写字母(M)
全部大写字母(A)
隐藏(H)
预览
微软卓越 AaBbCc
设为默认值(D)
确定
取消
❾ 设置要替换的字体
❿ 设置要替换成的颜色
⓫ 单击“确定”按钮

图 11-32

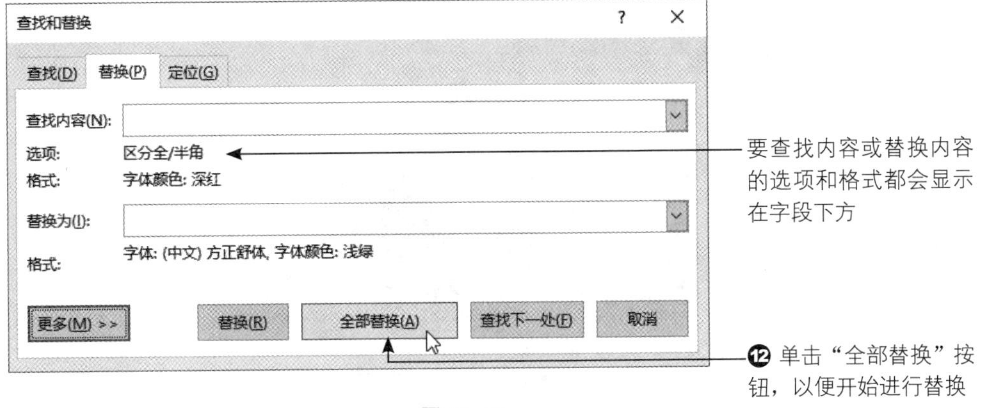

图 11-33

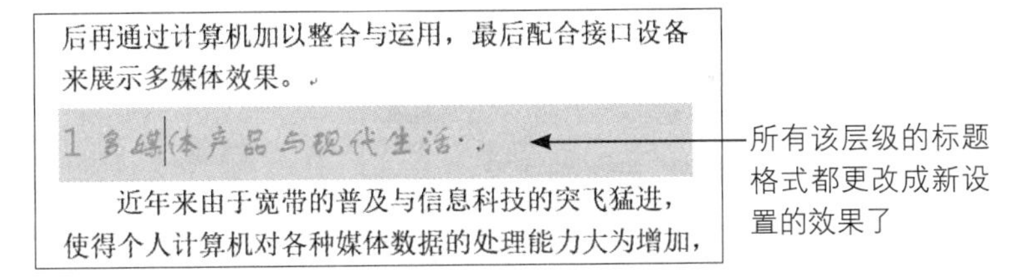

图 11-34

取消原先的格式设置

在做过格式的查找和替换之后，在“查找和替换”对话框的“查找内容”与“替换为”字段下方都会保留上次设置的格式，建议大家在进行其他查找与替换工作之前，先单击下方的“不限定格式”按钮，分别删除“查找内容”与“替换为”的格式设置，这样才不会妨碍新的查找和替换工作。

11.4.2 替换与更改图片的对齐方式

对于图片对齐的更改，也可以通过查找和替换功能来实现。这里示范的是将文件中的图片由原先的左对齐方式更改为居中对齐方式。

我们延续先前的文件进行设置，先单击文件中的图片（见图 11-35），再单击“开始”选项卡中的“替换”按钮。

进入“查找和替换”对话框后，先单击“不限定格式”按钮删除“查找内容”与“替换为”字段之前的格式设置。接着将鼠标指针放在“查找内容”字段中，单击“特殊格式”按钮，从下拉列表中选择“图形”选项，使字段显示“^g”的标记，具体步骤如图 11-36 所示。

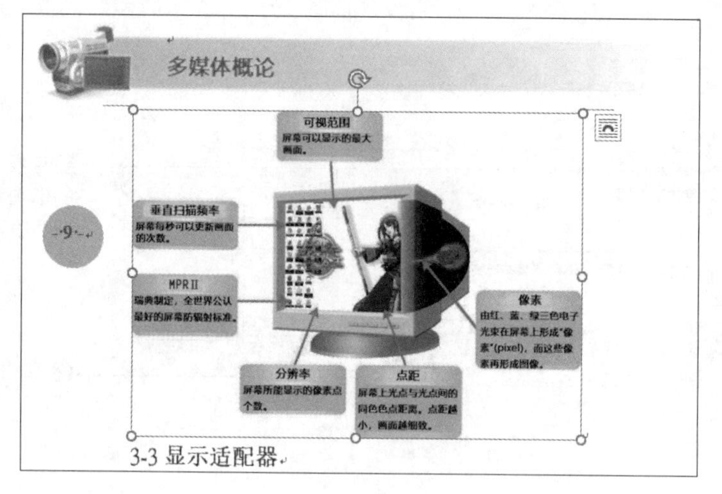

图 11-35

查找和替换

查找(D) 替换(P) 定位(G)

查找内容(N): ^g

向下搜索, 区分全/半

替换为(I):

<< 更少(L) 替换(R) 查找下一处(F) 取消

搜索选项

搜索: 向下

☐ 区分大小写(H)
☐ 全字匹配(Y)
☐ 使用通配符(U)
☐ 同音(英文)(K)
☐ 查找单词的所有形式(英文)(W)

☐ 区分前缀(X)
☐ 区分后缀(T)
☐ 区分全/半角(M)
☐ 忽略标点符号(S)
☐ 忽略空格(W)

查找

格式(O) ▾ ❶ 特殊格式(E) ▾

段落标记(P)
制表符(T)
任意字符(C)
任意数字(G)
任意字母(Y)
脱字号(R)
§ 分节符(A)
¶ 段落符号(A)
分栏符(U)
省略号(E)
全角省略号(F)
长划线(M)
1/4 全角空格(4)
短划线(N)
无宽可选分隔符(O)
无宽非分隔符(W)
尾注标记(E)
域(D)
脚注标记(F)
❷ 图形(I)
手动换行符(L)
手动分页符(K)
不间断连字符(H)
不间断空格(S)
可选连字符(O)
分节符(B)
空白区域(W)

图 11-36

然后将鼠标指针放在“替换为”字段中，再单击“格式”按钮，从下拉列表中选择“段落”选项，如图 11-37 所示，进入“替换段落”对话框后，在“缩进和间距”选项卡中，将“对齐方式”更改为“居中”，最后单击“确定”按钮，具体步骤如图 11-38 所示。

图 11-37

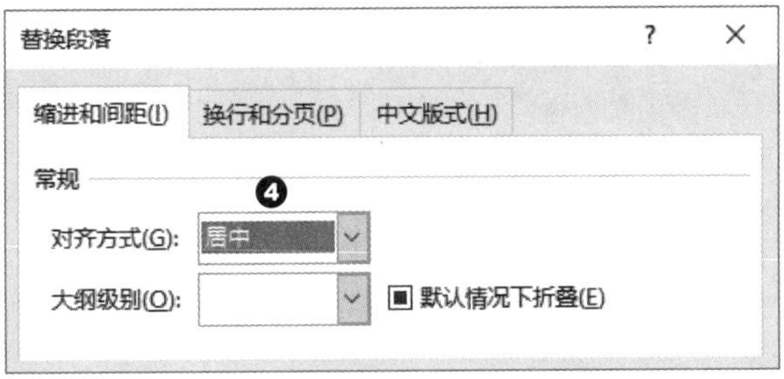

图 11-38

此时对话框会显现如图 11-39 所示的设置格式，当单击“全部替换”按钮后，就可以看到文件中的图片全部更改为居中对齐。

学习完这一章，相信大家对查找和替换的使用有了更深一层的认识，善用这个工具，在修正编辑和排版错误的时候会更加得心应手。

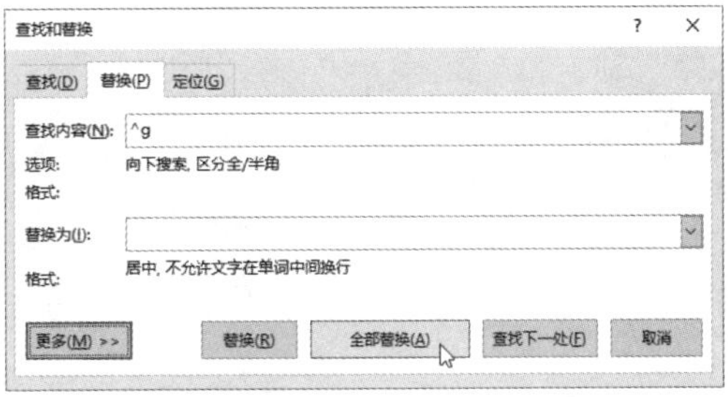

图 11-39

第 12 章

打印输出与文件保护

当排版的文件都已编排完成，也已校对完毕，最后的工作就是打印、输出，或者将文件转换成电子书的格式。另外，文件的保护也会加以说明，让我们辛苦编写的内容不能轻易让其他人在未经授权的情况下随意编辑使用，如图 12-1 所示。

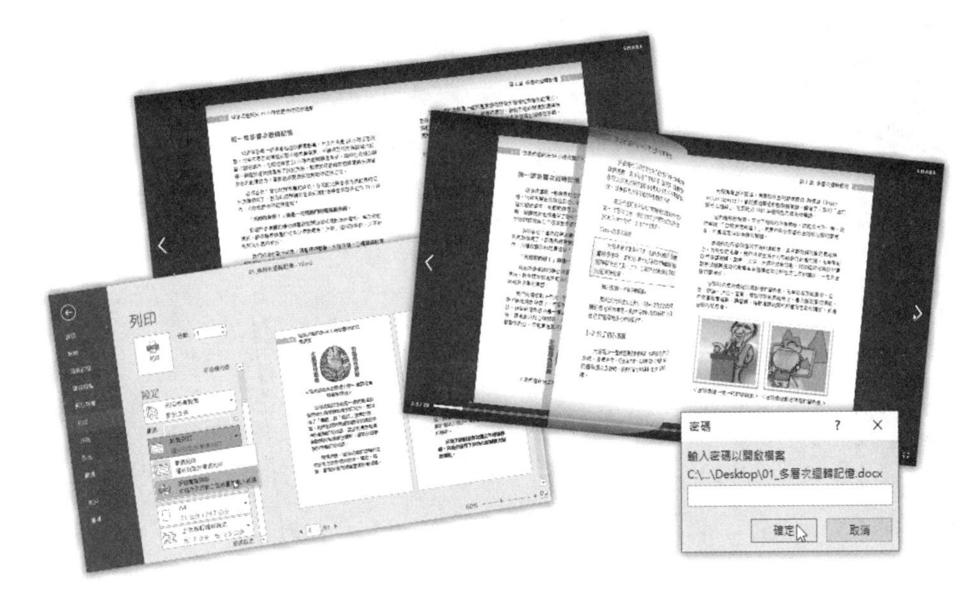

图 12-1

12.1 少量打印文件

在大多数情况下，Word 可以让个人、学校、公司、机关等单位将文件打印出来，以便在讨论的场合或正式会议中使用。想要打印文件，只要在打开文件后，在“文件”选项卡中选择“打印”命令，随后就会在右侧看到打印相关功能的设置。通常要指定打印的份数，确定“设置”处显示“打印所有页”，再单击“打印”按钮就会开始打印整份文件，打印机正常的话会将文件中的所有页面都打印出来，具体步骤如图 12-2 所示。

调整页面预览窗口的大小

在打印文件时，如果发现右侧的页面预览窗口显示不完全而影响到页面的预览，可以单击右下角的“缩放到页面”按钮，让页面的大小自动显示恰当的比例。

图 12-2

12.1.1 打印当前页面

有时候因为打印机夹纸，或者因故只需要打印某一特定的页面，可先从预览窗口切换到想要打印的页面。单击“设置”按钮（默认显示“打印所有页”），从下拉列表中选择“打印当前页面”选项，之后在单击“打印”按钮时就会只打印当前的指定页面，具体步骤如图 12-3 所示。

12.1.2 指定多页面的打印

除了打印所有页面或打印当前页面外，有时可能只打印修改过的页面。要指定多个页面进行打印，可单击“设置”按钮，再从下拉列表中选择“自定义打印范围”选项，这样就可以在“页数”字段中输入特定页码或页码范围，具体步骤如图 12-4 所示。

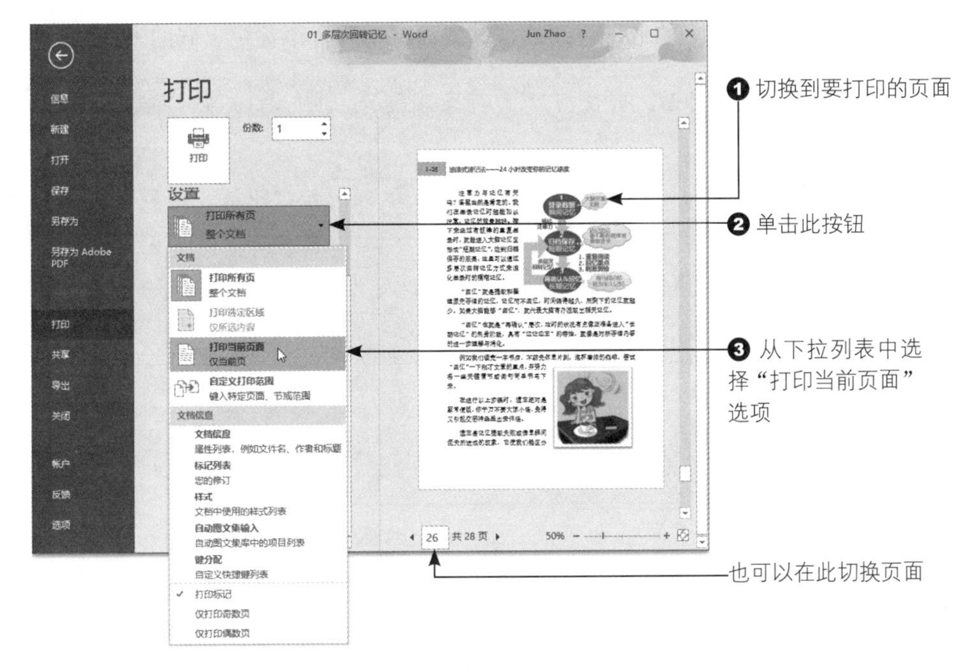
01_多层次回转记忆 - Word
Jun Zhao
打印
份数: 1
打印
设置
打印所有页
整个文档
文档
打印所有页
整个文档
打印选定区域
仅所选内容
打印当前页面
仅当前页
自定义打印范围
键入特定页面、节或范围
文档信息
文档信息
属性列表，例如文件名、作者和标题
标记列表
您的修订
样式
文档中使用的样式列表
自动图文集输入
自动图文集库中的项目列表
键分配
自定义快捷键列表
打印标记
仅打印奇数页
仅打印偶数页
信息
新建
打开
保存
另存为
另存为 Adobe PDF
打印
共享
导出
关闭
帐户
反馈
选项
26
共 28 页
50%
❶ 切换到要打印的页面
❷ 单击此按钮
❸ 从下拉列表中选择“打印当前页面”选项
也可以在此切换页面

图 12-3

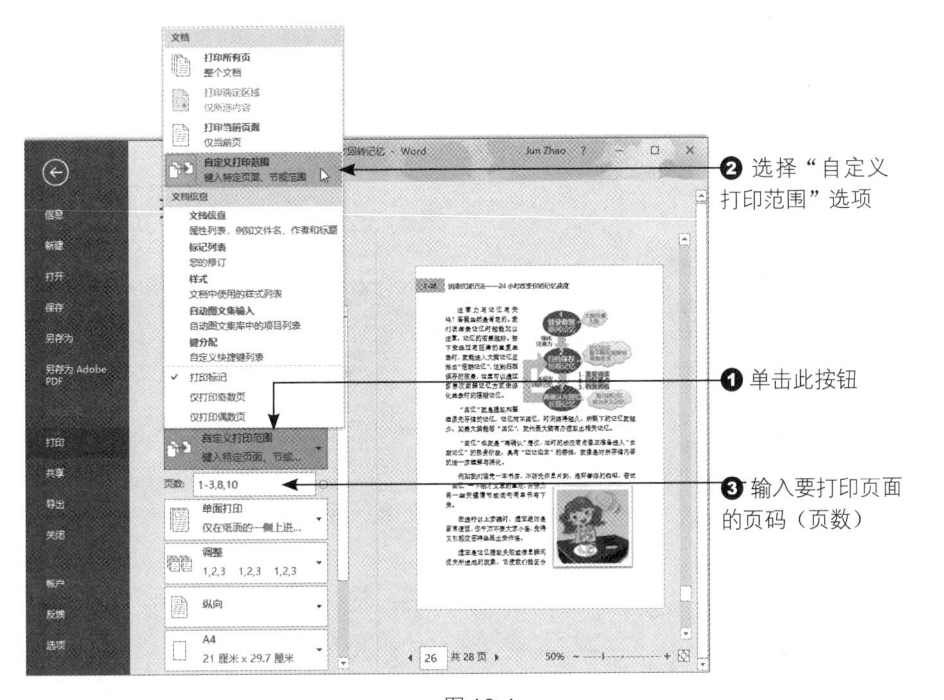
文档
打印所有页
整个文档
打印选定区域
仅所选内容
打印当前页面
仅当前页
自定义打印范围
键入特定页面、节或范围
文档信息
文档信息
属性列表，例如文件名、作者和标题
标记列表
您的修订
样式
文档中使用的样式列表
自动图文集输入
自动图文集库中的项目列表
键分配
自定义快捷键列表
打印标记
仅打印奇数页
仅打印偶数页
自定义打印范围
键入特定页面、节或...
页数: 1-3,8,10
单面打印
仅在纸面的一侧上进...
调整
1,2,3 1,2,3 1,2,3
纵向
A4
21 厘米 x 29.7 厘米
信息
新建
打开
保存
另存为
另存为 Adobe PDF
打印
共享
导出
关闭
帐户
反馈
选项
26
共 28 页
50%
❷ 选择“自定义打印范围”选项
❶ 单击此按钮
❸ 输入要打印页面的页码（页数）

图 12-4

输入的页码可以是连续的或不连续的，这里简要说明一下标记页码的方式。

- 打印连续的多个页面：可使用“-”符号来表示，例如打印第 1 页到第 3 页，可输入“1-3”。
- 打印不连续的页面：可使用逗点“,”来表示，例如打印第 8 页和第 10 页，可输入“8,10”。
- 同时打印包含连续和不连续的页面：如果输入“1-3,8,10”，就表示打印 1 ～ 3 页、第 8 页和第 10 页。

说 明

打印包含小节的页面

如果文件中设置了分节，那么可以使用 P 表示页码，S 表示节。例如，P1S2 表示打印第 2 节的第 1 页，P1S2-P8S2 表示打印第 2 节的第 1 页到第 8 页。

12.1.3 只打印选定区域

打印时，除了以页为单位外，也可以使用鼠标选择要打印的范围，在“文件”选项卡中选择“打印”命令，再从“设置”下拉列表中选择“打印选定区域”选项，单击“打印”按钮之后就会只打印选定的内容，具体步骤如图 12-5 所示。

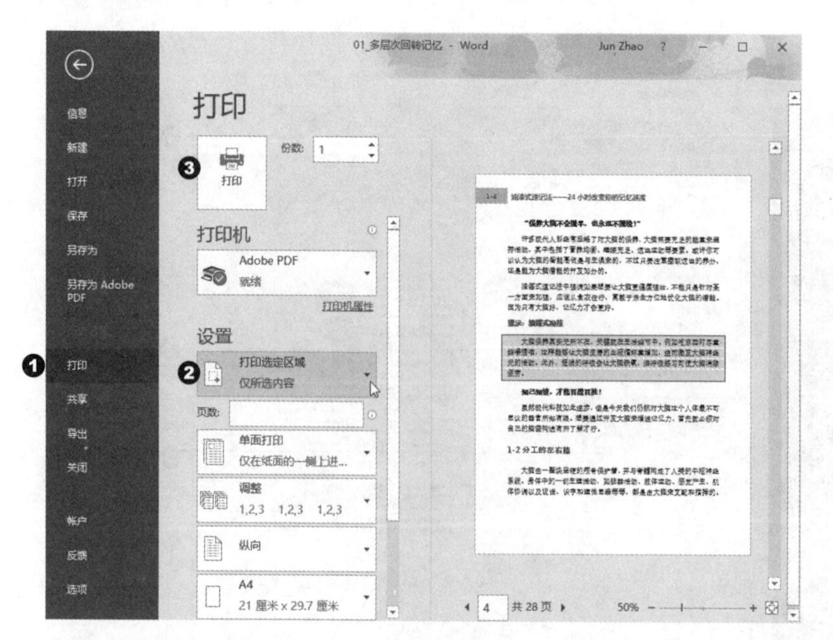

图 12-5

12.1.4 单页纸张打印多页内容

在默认情况下，每一张纸只会打印一页内容，有时因为要节省纸张或者特殊需求，也可以在一张纸上打印多页内容。在“设置”功能区的最下方单击“每版打印 1 页”处，从下拉列表中即可选择在每一张纸上要打印的页面数量，如图 12-6 所示。

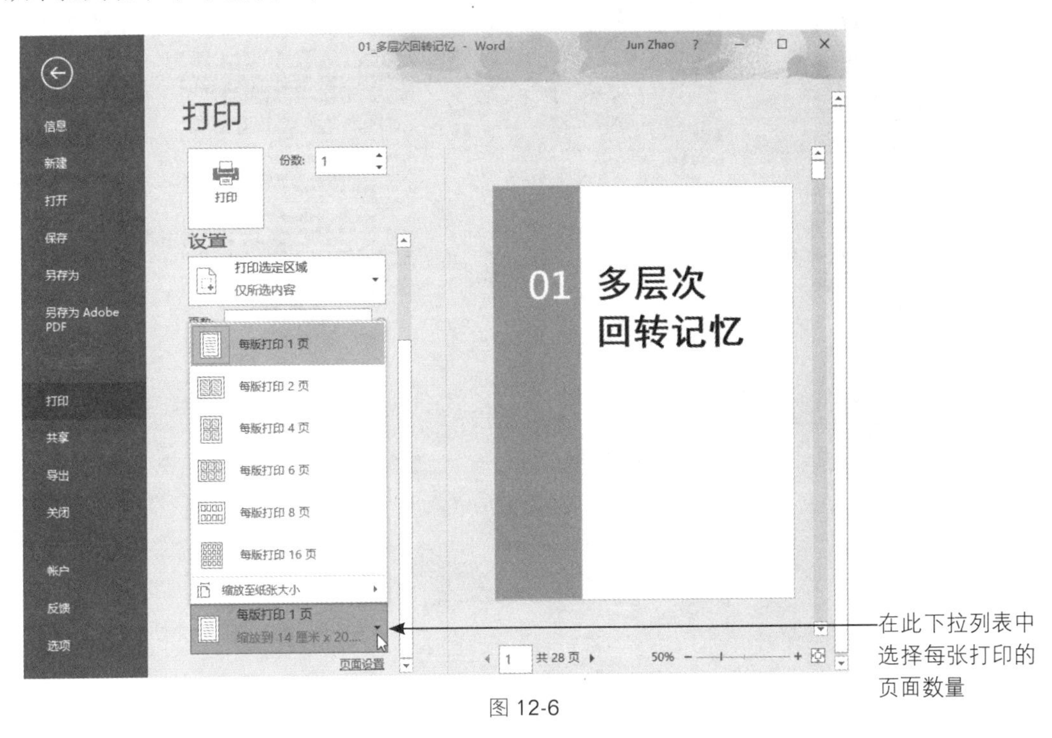

图 12-6

12.1.5 手动双面打印

使用 Word 打印功能也可以按照书籍方式打印文件页面。在“文件”选项卡中选择“打印”命令后，可在窗口下方直接单击“页面设置”链接进入“页面设置”对话框，之后在“页边距”选项卡中单击“多页”，再从下拉列表中选择“书籍折页”选项，单击“确定”按钮回到打印窗口，再单击“单面打印”处，从下拉列表中选择“手动双面打印”选项，最后单击“打印”按钮进行打印即可，具体步骤如图 12-7 ～图 12-9 所示。

W

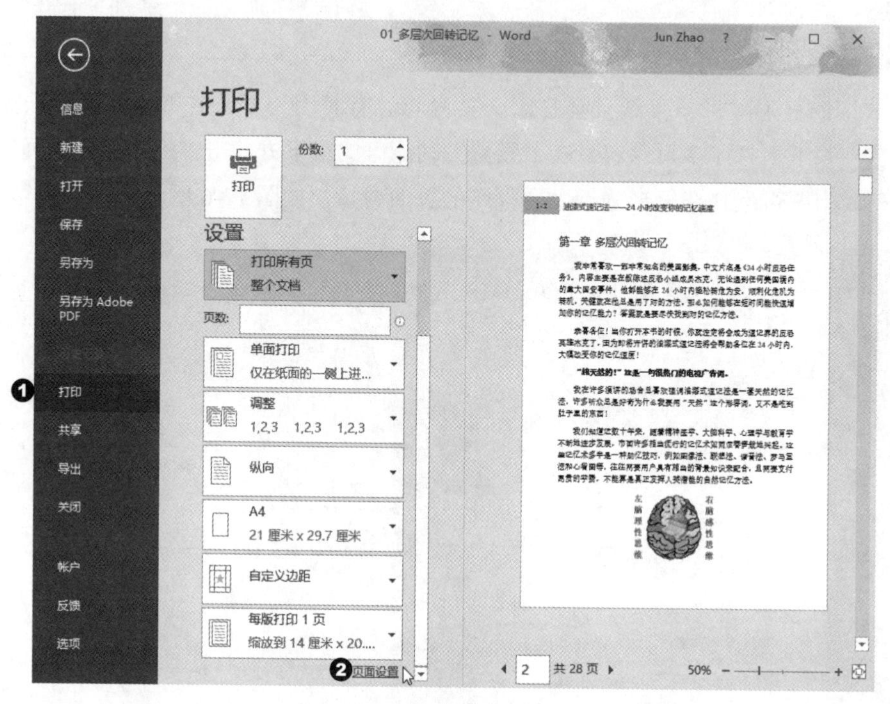
01_多层次回转记忆 - Word
Jun Zhao ?
信息
新建
打开
保存
另存为
另存为 Adobe PDF
1
打印
共享
导出
关闭
帐户
反馈
选项
打印
份数: 1
打印
设置
打印所有页
整个文档
页数:
单面打印
仅在纸面的一侧上进...
调整
1,2,3 1,2,3 1,2,3
纵向
A4
21 厘米 x 29.7 厘米
自定义边距
每版打印 1 页
缩放到 14 厘米 x 20....
2
页面设置
第一章 多层次回转记忆
2
共 28 页
50%

图 12-7

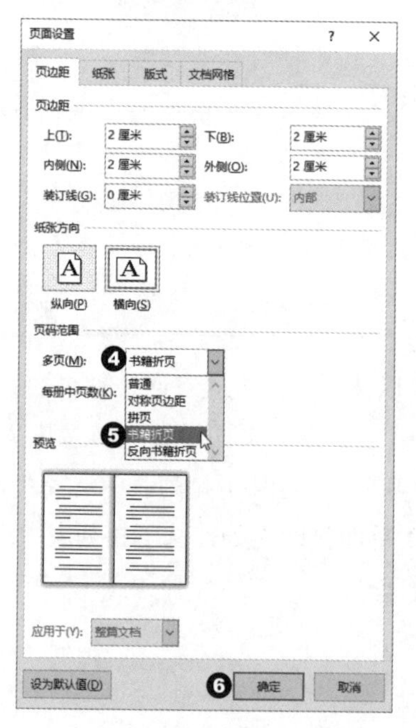
页面设置
页边距
纸张
版式
文档网格
页边距
上(T): 2 厘米
下(B): 2 厘米
内侧(N): 2 厘米
外侧(O): 2 厘米
装订线(G): 0 厘米
装订线位置(U): 内部
纸张方向
纵向(P)
横向(S)
页码范围
多页(M):
4
书籍折页
每册中页数(K):
普通
对称页边距
拼页
5
书籍折页
反向书籍折页
预览
应用于(Y): 整篇文档
设为默认值(D)
6
确定
取消

图 12-8

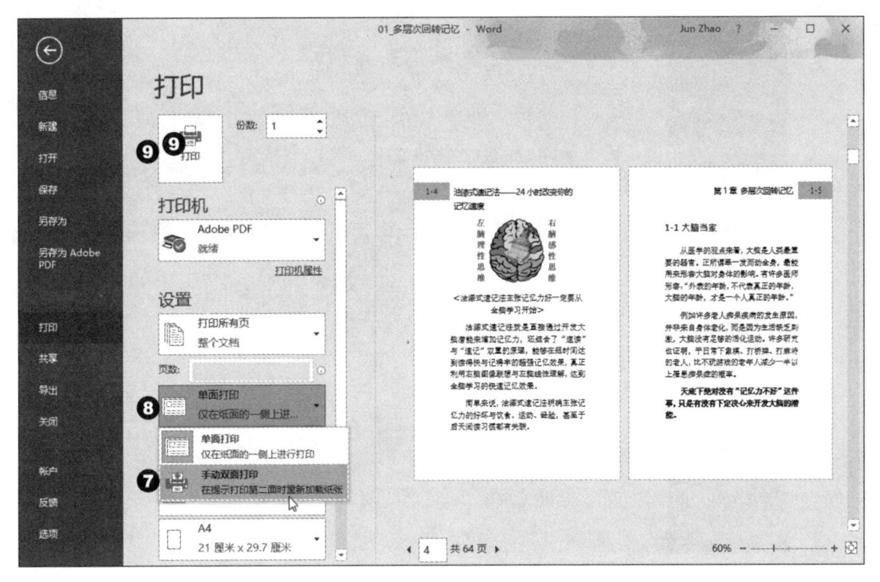

图 12-9

12.2 印刷输出

前面介绍的是个人小量的打印方式，如果想要将排版后的文件大量印刷，那么就要将文件转换成适合印刷的文件格式。

12.2.1 导出成 PDF 格式

PDF（Portable Document Format）是 Adobe 公司所开发的一种便携式文件格式，是可在任何操作系统上完整呈现并交换的电子文件格式。每份 PDF 文件中可以包含文字、字体、图形、排版样式以及所需显示的相关信息，能支持多种语言，而且无论采用哪种软件编辑，PDF 都可以保存文件的原始风貌。目前，在学术界、排版行业或高科技领域，都把 PDF 文件当成存放信息的主流文件格式之一。

要将文件导出成 PDF 格式，可在“文件”选项卡中选择“导出”命令，接着单击“创建 PDF/XPS 文档”选项，再单击“创建 PDF/XPS”按钮，在打开的窗口中确认文件名，再单击“发布”按钮即可，如图 12-10 和图 12-11 所示。

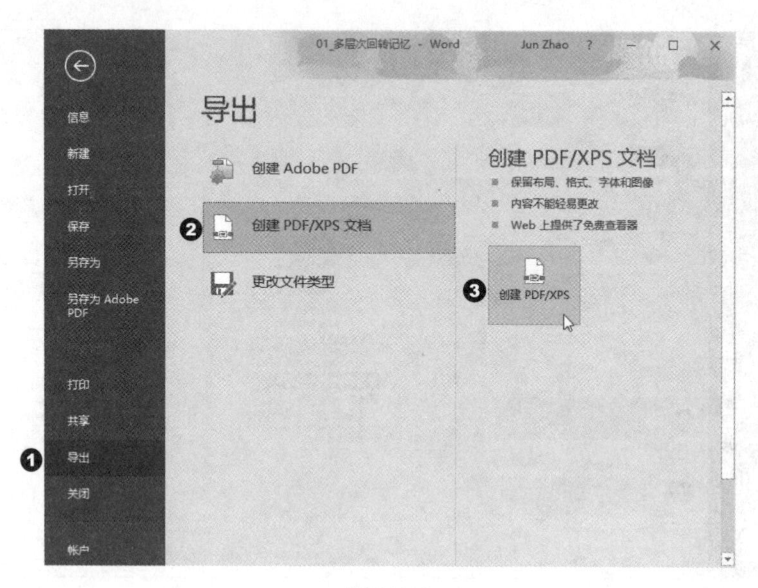

图 12-10

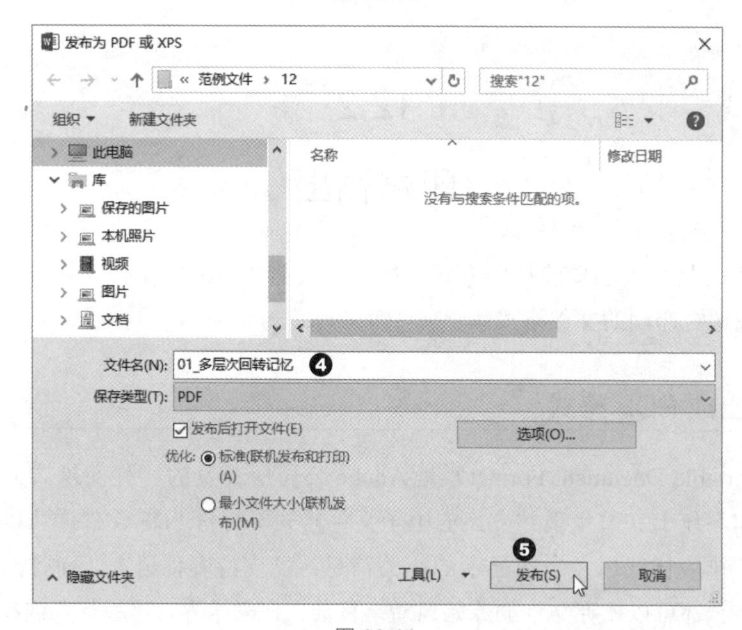

图 12-11

PDF 文件选项的设置

导出 Word 文件成为 PDF 文件时，如果想指定页面的范围、将标题创建成书签、将文件加密处理，可在下方单击“选项”按钮，再进行选项的设置即可。

除了使用“文件”选项卡中的“导出”命令来制作PDF文件外，选择“另存为”命令，也能在“保存类型”中找到“PDF”格式，如图12-12所示。

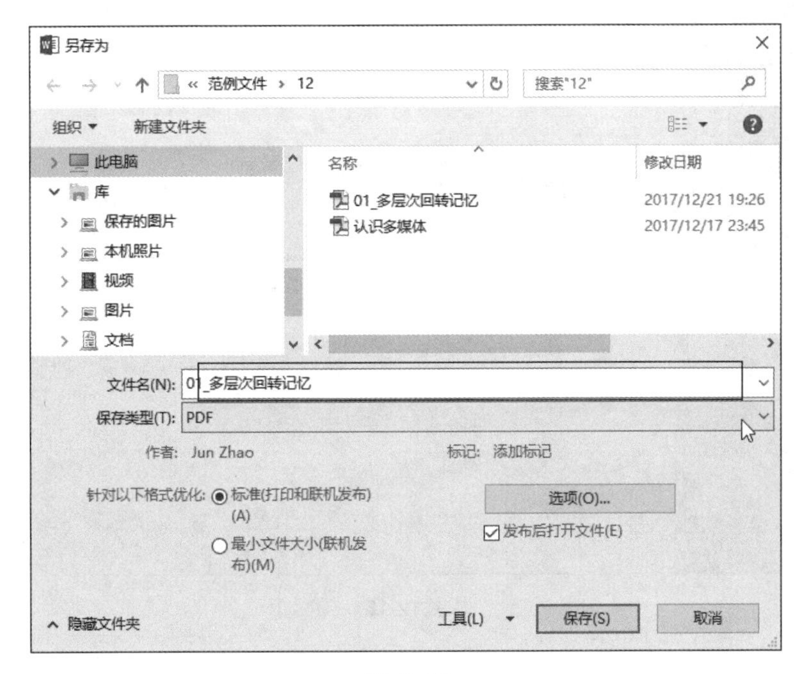

图12-12

12.2.2 Word文件输出成PRN格式

PRN文件其实是打印机语言文件，类似PostScript（PS）文件，这种格式可以包含图像、文字、图表、表格以及要打印的内容。在计算机没有接到打印机的情况下，把PRN文件复制到其他连接打印机的计算机上就可以将文件打印输出。

要将Word文件转换成PRN文件，可在“文件”选项卡中选择“打印”命令，接着单击“打印机”下面的下拉按钮，从下拉列表中选择“打印到文件”选项，单击“打印”按钮，在“打印到文件”窗口中输入文件名，最后单击“确定”按钮，就能完成打印机文件的输出。之后只要将文件复制到其他安装了打印机的计算机中，即可直接打印，具体步骤如图12-13和图12-14所示。

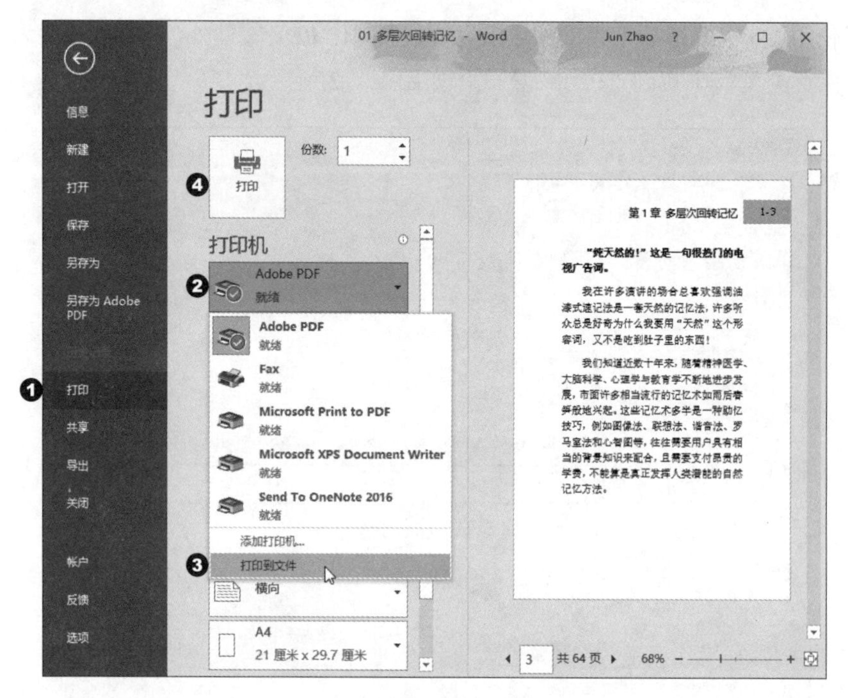

01_多层次回转记忆 - Word
Jun Zhao
信息
新建
打开
保存
另存为
另存为 Adobe PDF
打印
共享
导出
关闭
帐户
反馈
选项
打印
份数: 1
打印
打印机
Adobe PDF
就绪
Adobe PDF
就绪
Fax
就绪
Microsoft Print to PDF
就绪
Microsoft XPS Document Writer
就绪
Send To OneNote 2016
就绪
添加打印机...
打印到文件
横向
A4
21 厘米 x 29.7 厘米
第 1 章 多层次回转记忆
1-3
"纯天然的!"这是一句很热门的电视广告词。
我在许多演讲的场合总喜欢强调油漆式速记法是一套天然的记忆法,许多听众总是好奇为什么我要用"天然"这个形容词,又不是吃到肚子里的东西!
我们知道近数十年来,随着精神医学、大脑科学、心理学与教育学不断地进步发展,市面许多相当流行的记忆术如雨后春笋般地兴起。这些记忆术多半是一种助忆技巧,例如图像法、联想法、谐音法、罗马室法和心智图等,往往需要用户具有相当的背景知识来配合,且需要支付昂贵的学费,不能算是真正发挥人类潜能的自然记忆方法。
3
共 64 页
68%

图 12-13

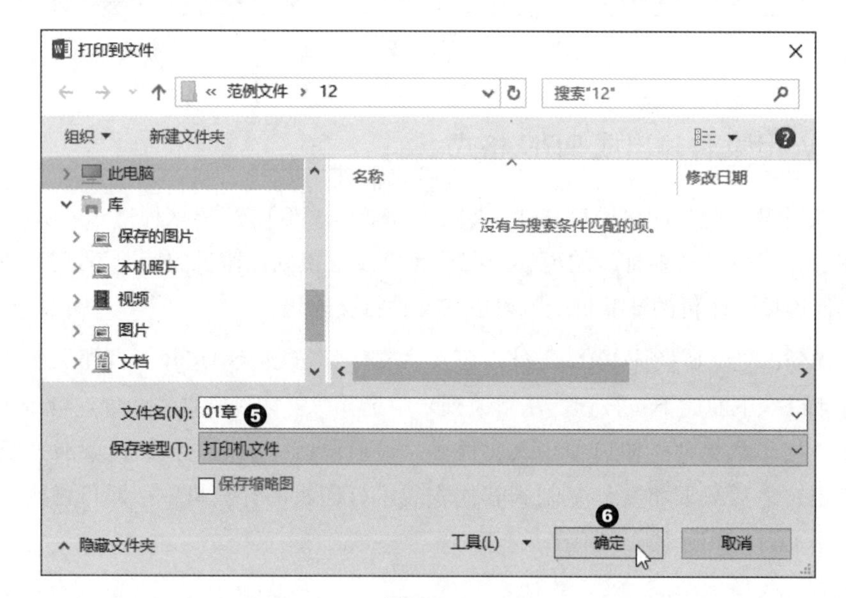

打印到文件
« 范例文件 › 12
搜索"12"
组织
新建文件夹
此电脑
库
保存的图片
本机照片
视频
图片
文档
名称
修改日期
没有与搜索条件匹配的项。
文件名(N): 01章
保存类型(T): 打印机文件
保存缩略图
隐藏文件夹
工具(L)
确定
取消

图 12-14

12.3 文件保护

文件制作完成后，需要分享给朋友时，可以使用一些简易的保护功能，以使文件不被他人任意修改。对于一些重要或需要保密的文件，不希望让不相干的人随意打开，Word 也提供了加密功能来保护，编辑者可以根据需要来选择适合的文件保护方式。如果要为文件设置密码，记得保留一份没有加密的文件，否则连自己都忘记了密码，那么文件就完全无法打开了。

12.3.1 将文件标记为终稿

将文件标记为终稿就是要让读者知道此文件已完成，同时将文件设置为只读。特点是文件的标题栏上会出现“只读”的消息正文，如图 12-15 所示。

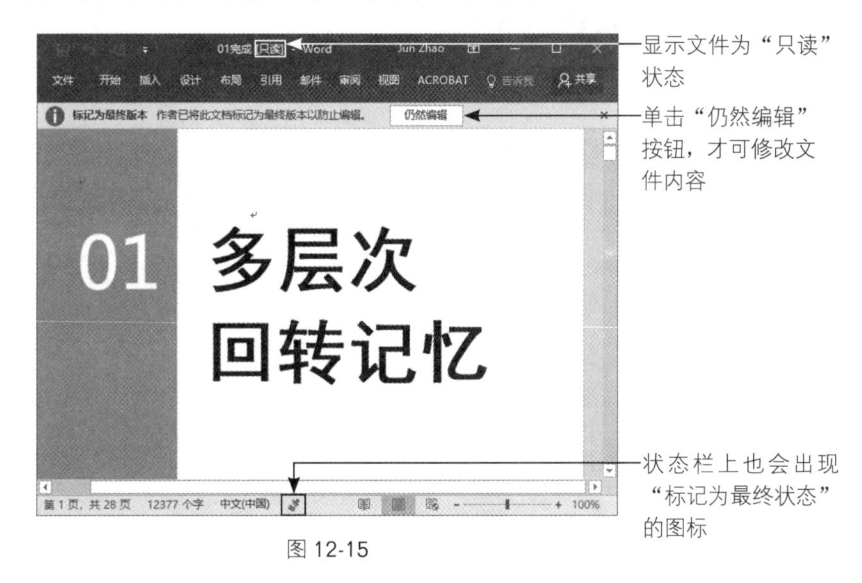

图 12-15

要将文件标记为完稿，在打开文件后，从“文件”选项卡中选择“信息”命令，在右侧单击“保护文档”按钮，再从下拉列表中选择“标记为最终状态”选项，此时会出现警告窗口，告知此文件必须先标记为终稿才能保存，单击“确定”按钮，接着就会告知文件已标记为最终状态，同时禁止键入、编辑命令和校对标记等功能，最后单击“确定”按钮离开即可，具体步骤如图 12-16 ～图 12-18 所示。

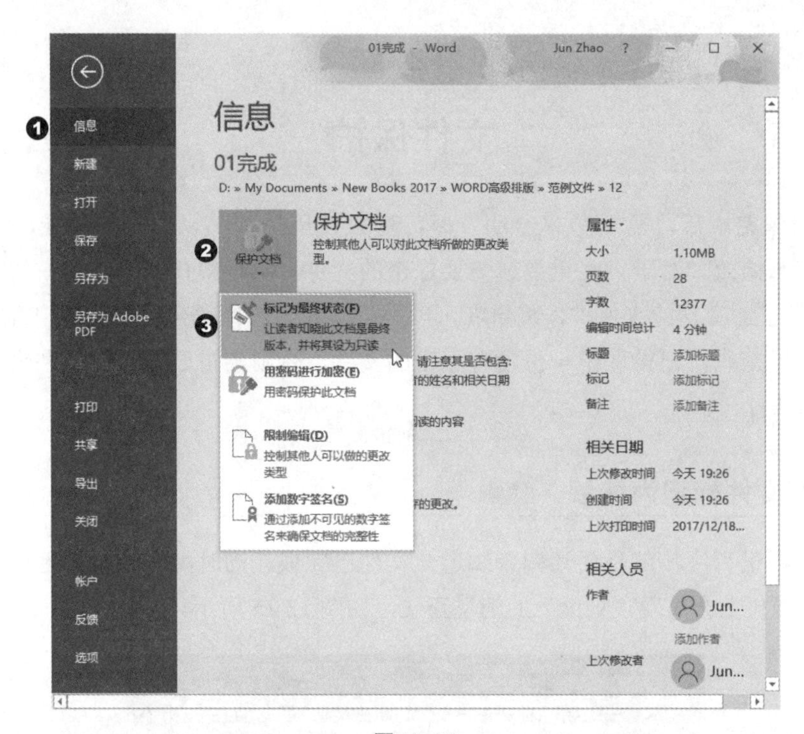

图 12-16

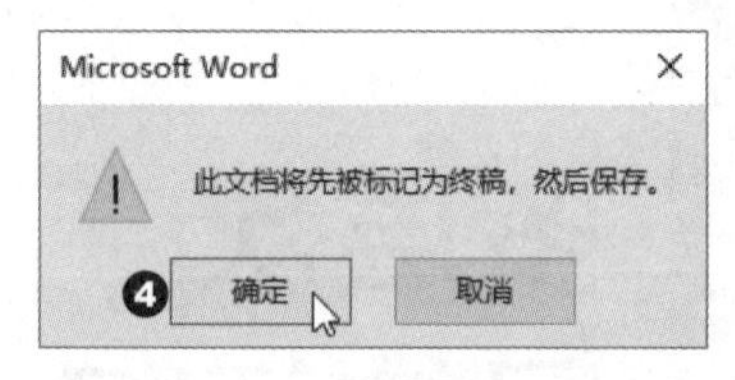

图 12-17

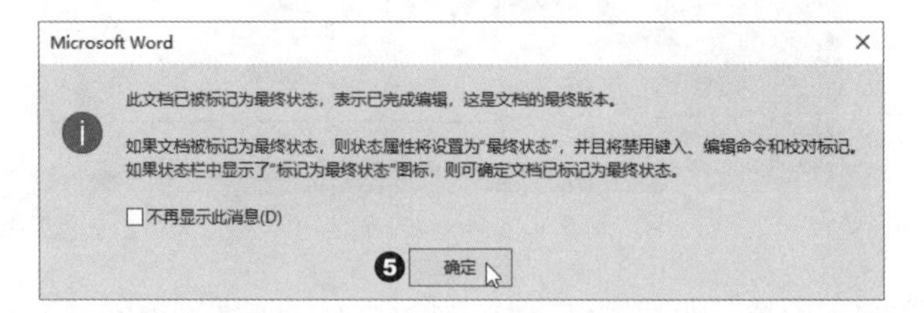

图 12-18

取消文件标记为终稿的设置

若文件已标记为终稿，要取消终稿的标记，可在“文件”选项卡中选择“信息”命令，再次单击“保护文档”按钮下的“标记为最终状态”选项。

12.3.2 用密码加密文件

用密码加密文件就是在打开文件时必须输入正确的密码，所以只有知道密码的人才能看到文件的内容，如此一来就能够保护重要文件不被外人随意窃取。

要设置加密文件，可从“文件”选项卡中选择“信息”选项，接着单击“保护文档”按钮，并从下拉列表中选择“用密码进行加密”选项，在弹出的窗口中输入密码后，再重新输入一次密码，完成加密操作，最后别忘记保存文件，具体步骤如图 12-19 ～图 12-21 所示。

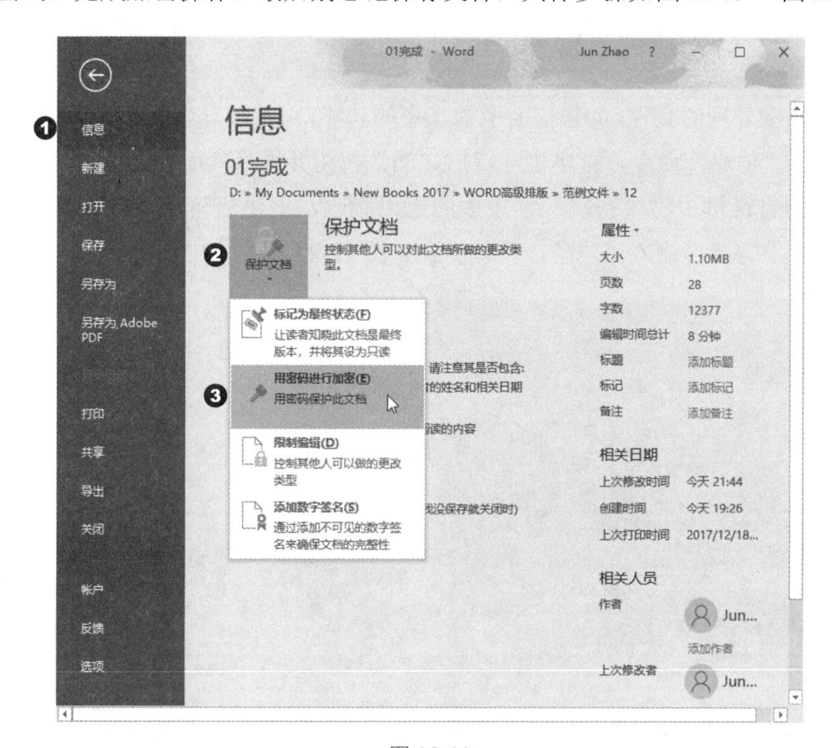

图 12-19

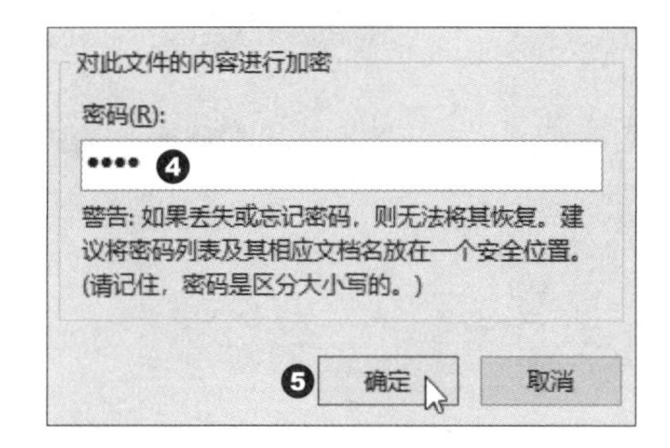

图 12-20

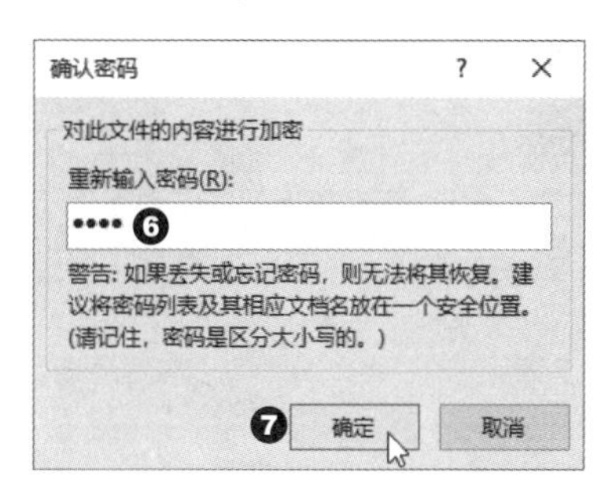

图 12-21

文件加密并保存后，下次打开文件时会要求输入密码，如图 12-22 所示。输入成功才能打开文件，反之文件则不会被打开。

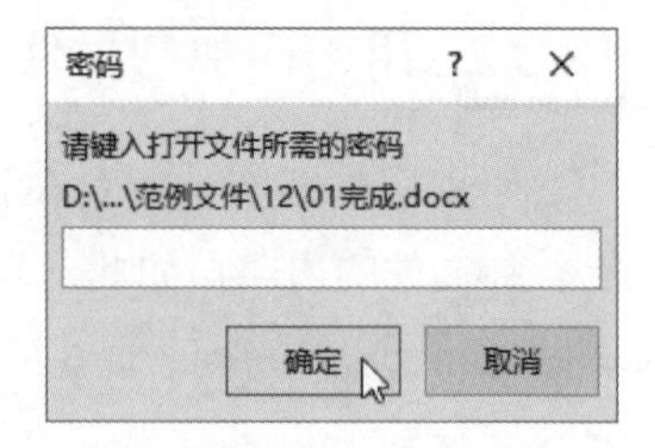

图 12-22

12.3.3 清除文件密码的设置

已进行加密处理的文件，如果想要取消加密的功能，可在打开该加密文件后，到“文件”选项卡中选择“信息”命令，再单击“保护文档”按钮并选择“用密码进行加密”选项，在而后弹出的对话框中将“密码”字段中的密码删除，退出后再次保存文件，这样下次打开文件时就不需要再输入密码了，具体步骤如图 12-23 和图 12-24 所示。

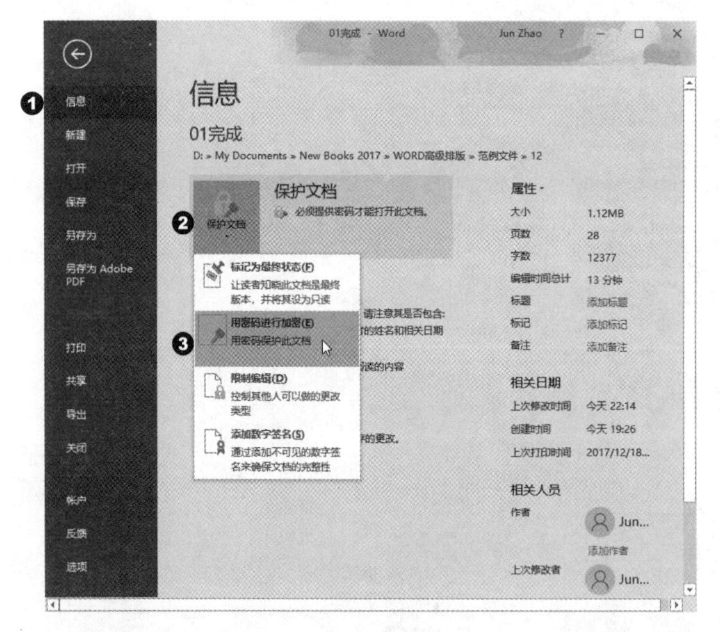

图 12-23

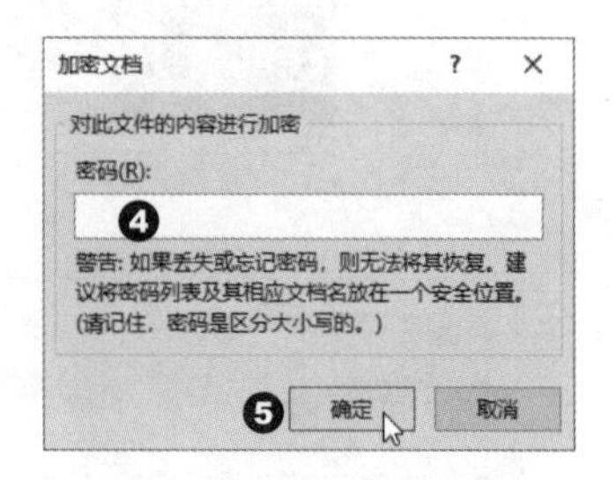

图 12-24